"十四五"时期国家重点出版物出版专项规划项目

中国能源革命与先进技术丛书

李立涅　丛书主编

# 中国能源技术革命
## 发展战略、创新体系与技术路线

李立涅　主编

机 械 工 业 出 版 社

本书根据我国能源技术革命发展战略和绿色低碳发展方向的要求，以2020年、2030年、2050年三个不同发展时期作为时间节点，对我国能源重点科技领域的能源结构、技术路线以及关键的科学和技术问题进行了深入的探讨和阐述。介绍的内容涵盖了核能、风能、太阳能、储能、油气、煤炭、水能、生物质能、智能电网与能源网融合、节能这十大能源领域的技术发展现状、体系、方向和路线。

本书可以作为从事能源科学技术和相关领域的研究人员和学者、产业界和政府部门的管理人员和决策者以及高校相关专业师生的参考书。

**图书在版编目（CIP）数据**

中国能源技术革命：发展战略、创新体系与技术路线／李立浧主编．—北京：机械工业出版社，2021.8（2023.1 重印）

"十四五"时期国家重点出版物出版专项规划项目 中国能源革命与先进技术丛书

ISBN 978 – 7 – 111 – 68599 – 9

Ⅰ．①中…　Ⅱ．①李…　Ⅲ．①能源 – 研究 – 中国　Ⅳ．①TK01

中国版本图书馆 CIP 数据核字（2021）第 131040 号

机械工业出版社（北京市百万庄大街 22 号　邮政编码 100037）
策划编辑：汤　枫　　责任编辑：汤　枫　尚　晨
责任校对：张艳霞　　责任印制：常天培
北京机工印刷厂有限公司印刷

2023 年 1 月第 1 版·第 3 次印刷
169mm × 239mm · 23.25 印张 · 2 插页 · 450 千字
标准书号：ISBN 978 – 7 – 111 – 68599 – 9
定价：169.00 元

电话服务　　　　　　　　　　网络服务
客服电话：010 – 88361066　　机　工　官　网：www.cmpbook.com
　　　　　010 – 88379833　　机　工　官　博：weibo.com/cmp1952
　　　　　010 – 68326294　　金　书　网：www.golden – book.com
**封底无防伪标均为盗版**　　机工教育服务网：www.cmpedu.com

# 丛书编委会

# 本书编委会

# 前　言

能源作为人类生存和社会发展的基础资源，始终是国家和地区经济社会发展的重要物质保障。能源既是经济资源，也是政治资源和战略资源，其可持续发展直接影响着国家安全和现代化进程。经过长期发展，我国已成为世界上最大的能源生产国和消费国，形成了煤炭、石油、天然气、电力、新能源和可再生能源全面发展的能源供给体系。同时，我国也面临着能源需求压力巨大、能源供给制约较多、能源生产和消费对生态环境损害严重、能源技术水平总体落后等挑战。

当前，世界能源供给和消费正在发生深刻变化，为了减缓全球气候变化，需要逐步减少对传统化石能源的依赖，绿色低碳的新能源和可再生能源利用因此得到快速发展，"节能减排、绿色低碳"成为能源供给消费的发展趋势。面对能源供需格局新变化和国际能源发展新趋势，我国需通过能源技术革命，促进能源供给向多元化发展，进一步提升能源利用效率，强化和完善能源供给和消费体系，助力实现碳达峰、碳中和。

中国共产党第十九次全国代表大会报告指出，"中国特色社会主义进入新时代，我国社会主要矛盾已经转化为人民日益增长的美好生活需要和不平衡不充分的发展之间的矛盾。"能源消费与经济社会紧密联系，深刻影响着经济社会发展，当前经济结构转型、气候治理等都迫切需要能源供给体系转型，加强自主创新，积极研发应用新技术，促进能源转型和高效利用，不断满足人民日益增长的美好生活需要。由于能源产业具有投资大、关联多、周期长、惯性强的特点，必须明确全面协调可持续发展的技术方向，建立起立足于本国资源和需求特点，与世界能源高科技相衔接的能源技术体系。

本书以2020年、2030年、2050年三个不同发展时期作为时间节点，从体现战略性、前瞻性和科学性要求出发，研究了能源结构，通过逐步提高非化石能源占比、改善能源技术性能和优化能源系统集成，改变现有的能源格局，走低碳、绿色、高效的发展路线。能源结构的重大转型依赖于能源技术的创新和变革，通过制定时间节点明确、时间跨度较长的总体能源科技发展路线，可以明确不同阶段的技术发展愿景，从而为提高能源领域的自主创新能力提供发展思路、途径指引和目标导向。同时，不同类型能源的技术发展趋势将呈现共基/交叉、渗透/融合、先进/高端、智能/高效等特征。技术突破和创新将更加注重基础研究、技术研发、工程示范等工作的统筹协调和衔接，以及研发、设计、制造、试验和运行等环节的相互促进和闭环的实质性协同合作，实现能源各领域弯道超车，达到世界先进水平，部分领域居于领跑水平。

本书立足于核能、风能、太阳能、储能、油气、煤炭、水能、生物质能、智能电网与能源网融合、节能这十大领域，分别叙述了各领域的技术发展现状、体系、方向和路线。由于不同能源领域的技术发展路线与其禀性、定位相关，通过总结技术发展的共同方向和趋势，有利于实现多领域能源技术协同并进。本书明确了各能源领域在三个时间节点的技术发展目标，坚持能源技术的创新性、前瞻性和颠覆性，实现能源技术的跨越式发展和引领，构建中国特色的能源技术创新体系，为保障能源需求、实现经济社会发展、应对气候变化、改善环境质量等多重国家目标提供技术支撑和持续动力。

新一轮科技革命和产业变革正在兴起，全球科技创新进入高度活跃期，新兴能源技术正以前所未有的速度加快对传统能源技术的替代，正在并将持续改变世界能源格局。我国需紧跟能源产业转型升级步伐，不断创新发展，集中力量突破重大关键技术瓶颈，推动能源技术革命，引领能源生产和消费方式的重大变革。我国能源技术革命需体现科学性、全局性和战略性，既要着眼于当前，也要考虑长远发展，为全面构建安全、绿色、低碳、经济和可持续的现代能源产业体系，以及把我国建设成社会主义现代化强国提供坚实的技术支撑。

编　者

# 目　　录

# 第1章 能源技术革命形势和方向

本章主要针对我国能源技术革命面临形势和方向进行总结，包括面临的主要挑战、未来能源构成、技术发展现状、技术发展趋势和技术革命方向。

## 1.1 我国能源技术面临的主要挑战

能源是整个世界发展和经济增长最基本的驱动力，是人类赖以生存的基础，直接关系到国民经济的可持续发展以及社会的和谐稳定。我国是世界最大的发展中国家，经过长期发展，我国已成为世界上最大的能源生产国和消费国，形成了煤炭、电力、石油、天然气、新能源、可再生能源全面发展的能源供给体系，技术装备水平明显提高，生产生活用能条件显著改善，能源事业发展取得举世瞩目的成就。进入"十三五"后，我国能源消费增长换挡减速，保供压力明显缓解，供需相对宽松，能源发展进入新阶段。在供求关系缓和的同时，结构性、体制机制性等深层次矛盾进一步凸显，成为制约能源可持续发展的重要因素，我国能源发展也面临诸多矛盾交织、风险隐患增多的严峻挑战。

### 1.1.1 能源资源总量相对不足，资源地域分布不均匀

我国一次能源资源蕴藏量较为丰富，水能资源蕴藏量居世界第一，煤炭探明储量居世界第三，已探明的石油、天然气资源储量相对不足，但油页岩、煤层气等非常规化石能源储量潜力较大。我国已探明的能源总量在世界上属于中等水平，约占世界能源总量的1/10，但人均能源可采储量则远低于世界平均水平。随着我国经济社会的快速发展，能源需求和消费将保持较快增长，2018年我国能源消费总量为46.4亿t标准煤，占全球一次能源消费总量的23.6%，连续十年居全球第一位。随着人均能源消费的快速增长，我国能源资源总量未来将处于相对不足的状态。与世界相比，我国煤炭资源主要分布于华北、西北地区，地质开采条件较差，极少可供露天开采。石油、天然气资源多分布于东、中、西部地区和海域，地址条件复杂，埋藏深，勘探开发技术要求较高。未开发的水利资源多集中在西南的高山深谷，开发难度大、成本高。而我国主要能源消费地区集中在东南沿海经济发达地区，大规模、长距离的北煤南运、北油南运、西气东输、西电东送，是我国能源流向的显著特征和能源运输的基本格局。

## 1.1.2  一次能源消费结构问题依旧突出

世界能源低碳化进程进一步加快，天然气和非化石能源成为世界能源发展的主要方向。目前我国一次能源消费仍旧以煤为主，2020 年我国一次能源消费结构中，煤炭占比为 56.7%，石油占比为 18.9%，天然气占比为 8.5%，非化石能源占比为 15.9%。煤炭与石油的消费走势趋于下降，天然气和水电、核电、风电的消费比例虽然有所上升，但非化石能源占比依然偏低。这样的能源结构充分说明我国现阶段能源利用过于单一，过于依赖煤炭、石油等化石能源，这当然与我国的能源资源现状相关，但也反映出我国能源结构的均衡性差，不能抵抗未来煤炭、石油紧缺而带来的经济风险和能源问题。因此，需要将非化石能源作为满足未来新增能源需求的重点，大力发展核电、水电、风电和太阳能发电。我国自 2010 年开始出现明显弃风、弃光、弃水等现象，风电和太阳能发电成本仍然偏高，风电、太阳能发电并网和消纳逐步成为制约可再生能源发电发展的主要原因。日本福岛核事故后，国家要求新建核电必须满足国际最高安全标准，国家核电项目审批更加谨慎，目前我国第三代核电示范工程在国内外开工建设，进展顺利，具备开展批量化建设条件，实现了核电走出去的目标，但是受福岛核事故后暂停项目审批，开展全面检查的影响，国内核电 2020 年发展目标的实现有一定滞后。

## 1.1.3  能源供给形势紧张，安全可持续发展亟待保障

英国石油公司（BP）发布的《BP 2030 世界能源展望：中国专题》预测中国能源生产量在消费中的比重从 2015 年的 85% 降至 2035 年的 79%，并成为世界上最大的能源净进口国。统计数据表明，我国煤炭供需缺口占煤炭消费量的比重于近十年稳定在 5% 左右；天然气从 2005 年的可以自给自足，逐渐发展到 2018 年超过 30% 的消费依赖于进口，近十年增长了超过 35 个百分点；石油供需缺口占石油资源消费量比率从 2005 年的不到 45% 逐步增长，到 2018 年超过了60%，且仍然有继续增长的趋势；石油对外依存度在 2011 年首度超过美国跃居世界第一的位置，我国目前已成为全球最大石油进口国。石油对外依存度是衡量--个国家和地区石油供应安全的重要指标，由于我国的石油对外依存度逐渐攀升，高依存度容易使得我国受到供应中断和国际油价波动等外部因素的影响，因此完善石油战略储备制度十分紧迫，这是维护国家能源安全的重要举措。在进口天然气方面，我国需要通过"一带一路"加强和俄罗斯、西亚、欧洲的联系，将能源进口分散到多种渠道。我国面临的地缘政治环境考验着能源安全，急需在能源进口方面进行调整，更需要对我国自身能源技术进行

革命性的转变。

### 1.1.4　能源发展导致的生态环境问题日趋严重

能源开发利用造成的环境污染是导致环境问题日益严重的主要原因。以煤为主的能源消费结构所带来的严重环境污染、煤炭燃烧的低效率和煤炭使用防污染设施的缺乏，导致我国雾霾频繁发生。煤炭消费的巨大体量和煤的高碳性，使煤炭相关二氧化碳排放量成为我国二氧化碳排放的最主要来源，同时使我国成为世界第一碳排放国。我国部分地区能源生产消费的环境承载能力接近上限，大气污染形势严峻。煤炭占终端能源消费比重高达 20% 以上，高出世界平均水平 10 个百分点。"以气代煤"和"以电代煤"等清洁替代成本高，洁净型煤推广困难，大量煤炭在小锅炉、小窑炉及家庭生活等领域散烧使用，污染物排放严重。高品质清洁油品利用率较低，交通用油等亟须改造升级。基于福岛核事故的反馈，国家核安全局对全部现有核电厂开展了安全检查或压力测试，并实施了必要的改进，全面重启了自主核电建设、运营。截至 2019 年 9 月 30 日，我国运行核电机组共 47 台，装机容量为 48751.16MW$_e$。在核电大发展背景下，我国核电站卸出的乏燃料数量在不断增长，乏燃料后处理能力严重不足，乏燃料贮存与废物处置压力日益增加。

### 1.1.5　能源综合利用效率总体偏低

"十三五"期间，我国能源供应紧张的局面基本缓解，能源强度一直稳步下降，单位国内生产总值能耗下降 15%。世界银行统计数据表明，2018 年我国单位 GDP 能耗为 0.52t 标准煤/万元，美国单位 GDP 能耗为 0.20t 标准煤/万元，与国外发达国家相比，我国能源强度依然偏高。能源综合利用效率是指能源在开采、加工、转换、储运和利用过程中得到的有效能与实际输出能之比，包括能源生产和中间环节效率及终端能源使用效率。在能源生产环节，煤电转换效率仍有提升空间；在能源传输环节，电力、天然气峰谷差逐渐增大，系统调峰能力严重不足，长距离大规模外送需配套大量煤电用以调峰，输送清洁能源比例偏低，部分地区弃风、弃水、弃光问题严重，系统利用效率不高；在终端能源使用环节，电力、热力、燃气等不同供能系统集成互补、梯级利用程度不高，需求侧响应机制尚未充分建立，供应能力大都按照满足最大负荷需要设计，造成系统设备利用率持续下降。

### 1.1.6　各能源领域尚未有明确的长周期技术路线和技术体系

各能源领域的技术取得了快速发展，但部分关键核心技术装备仍受制于人，重大能源工程依赖进口设备的现象仍较为普遍，技术"空心化"和技术"对外依存度"偏高的现象尚未完全解决。创新模式有待升级，引进消化吸收的技术成果较多，但与国情相适应的原创性成果不足。各能源领域没有明确确定未来的技术体系，无法精准识别重点的技术领域和相应的关键技术，容易造成技术力量分散，无法集中人力、物力、财力进行重点技术难题攻克，核心技术升级缓慢。相关研究机构制定了研究路线，但未形成长周期的技术路线，容易造成各能源领域的技术冗余研究，无法通过统筹兼顾，协调发展，形成技术领域的交互推进，同时没有清晰的阶段发展目标和技术的演变关系，无法形成技术节点的衔接和稳步升级。通过制定明确的技术路线和技术体系，将有助于引导广大企业和科研机构在充分进行市场调研、审慎考虑自身条件的基础上，确定本单位的发展方向和重点。

## 1.2    我国能源现状及未来能源构成

对能源长期趋势进行分析会面临诸多不确定性，如经济形势动荡或危机、能源关键技术和装备的突破、能源利用方式的重大变革等，本书从目前可以预见的趋势出发，基于现有政策情景，对 2030 年以及 2050 年我国的能源形势进行了分析。

### 1.2.1    2020 年我国能源结构

2016—2020 年，为能源结构优化期，我国把发展清洁低碳能源作为调整能源结构的主攻方向，坚持发展非化石能源与清洁高效利用化石能源并举，坚持发展非煤能源发电与煤电清洁高效有序利用并举，降低煤炭的消费比重，显著提高非化石能源和天然气消费比重，加快推进主体能源由油气替代煤炭、非化石能源替代化石能源的双重更替。

根据《能源发展"十三五"规划》和《能源生产和消费革命战略（2016—2030）》，能源消费总量控制在 47 亿~49 亿 t 标准煤。煤炭、石油、非化石能源消费比例达到 5.8:2.7:1.5。煤炭消费总量控制在 41 亿 t 以内，煤炭消费比重降低到 58%左右，基本达到峰值水平。石油消费总量为 5.9 亿 t，消费比重达到 17%。天然气消费比重逐渐上升，最终达到 10%，即 4100 亿 $m^3$ 左右。非化石能源消费比重提高到 15%以上，其中，核能利用量达到 1.7 亿 t 标准煤、水能利用量达到 3.7 亿 t 标准煤、风能利用量达到 1.5 亿 t 标准煤、太阳能利用量达到 1.4 亿 t 标准煤、生物质能利用量达到 0.6 亿 t 标准煤。2020 年我国一次能源消费结构如图 1-1 所示。

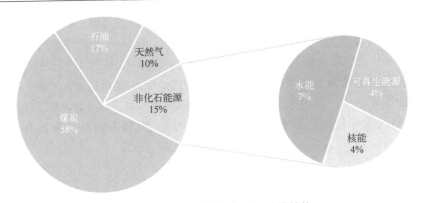

图 1-1　2020 年我国一次能源消费结构

一次能源供应能力为 48 亿 t 标准煤；国内生产能力为 41.5 亿 t 标准煤，其中，煤炭产能为 27.4 亿 t 标准煤、石油产量为 2.2 亿 t 原油（折合 3.1 亿 t 标准煤）、天然气产能约为 2350 亿 $m^3$（折合 3.1 亿 t 标准煤）、核电产量为 1.4 亿 t 标准煤、商品化可再生能源为 6.5 亿 t 标准煤。

根据《电力发展"十三五"规划》，2020 年前后，全国发电装机容量为 20 亿 kW，年均增长为 5.5%。火电装机容量在 12.1 亿 kW 左右，占比超过 60%，其中，气电装机容量增加 5000 万 kW，达到 1.1 亿 kW 以上，占比超过 5%；煤电装机容量力争控制在 11 亿 kW 以内，占比降至约 55%。非化石能源发电装机容量达到 7.7 亿 kW 左右，占比约 40%，其中，核电装机容量达到 5800 万 kW，水电装机容量达到 3.8 亿 kW（含抽水蓄能电站 0.4 亿 kW），可再生能源发电装机容量要达到 3.8 亿 kW，包括风电装机容量达到 2.1 亿 kW 以上、太阳能发电装机容量达到 1.1 亿 kW 以上（太阳能热发电装机容量达到 500 万 kW）、生物质能发电装机容量达到 1500 万 kW。2020 年电力装机结构如图 1-2 所示。

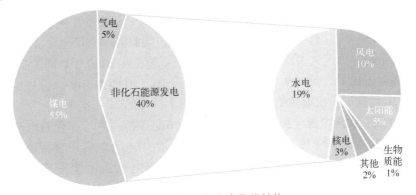

图 1-2　2020 年电力装机结构

"十三五"期间全社会用电量为 6.8 万亿~7.2 万亿 kW·h，2020 年年底，电能在终端能源消费中的比重提高到 27% 以上。非化石能源发电量比重达到 33%，其中，核能发电量为 0.4 万亿 kW·h，水电发电量为 1.25 万亿 kW·h，可再生能源发电量为 1.9 万亿 kW·h，分别占全部发电量的 6%、18% 和 29%。可再生能源发电中，风电发电量确保达到 4200 亿 kW·h，太阳能发电量达到 1445 亿 kW·h（包括热发电量 200 亿 kW·h），生物质能发电量达到 1500 亿 kW·h。

### 1.2.2　2030 年我国能源结构

2021—2030 年，为能源变革期，实现能源消费显著优化和能源绿色低碳发展，2030 年，煤炭、油气、非化石能源消费比例达到 5:3:2，非化石能源占比将提升至 20% 左右，将打破对化石能源绝对依赖的局面。风能、水能、太阳能、核能等占一次能源消费的比重将上升。化石能源结构从煤炭一家独大向着煤、气、油结构逐渐合理的方向演进，促进能源消费结构的低碳化和清洁化。

根据《2050 年世界与中国能源展望》（中国石油集团经济技术研究院，2016）和《中国能源中长期（2030、2050）发展战略研究》（中国工程院，2011），2030 年，一次能源供应能力为 56 亿 t 标准煤；国内生产能力为 46.9 亿 t 标准煤，其中，煤炭产能为 25.5 亿 t 标准煤、石油产量为 2.2 亿 t 原油（折合 3.1 亿 t 标准煤）、天然气产能约为 3500 亿 $m^3$（折合 4.7 亿 t 标准煤）、核电产量为 4.6 亿 t 标准煤、商品化可再生能源为 9.0 亿 t 标准煤。

2021—2030 年期间能源需求总量增长放缓，2030 年总量达到 53 亿 t 标准煤。一次能源消费结构持续优化，传统石化能源消费占比将下降至 68%。煤炭消费峰值已经过去，消费量回落至 36 亿 t 左右，占比降至 50% 左右；2021—2030 年间我国石油供需基本以 1%~2% 的速度增长，到 2030 年石油消费量在 6.5 亿 t 左右，占比降至 16% 左右。2021—2030 年我国天然气供需增长率降到 5% 左右，2030 年我国天然气需求 4800 亿 $m^3$，占能源需求总量比重将达到 12%；石油占比下降，天然气占比上升，油气比趋于合理，在 2030 年达到 1:0.7 左右。非化石能源占比上升到 22% 左右，其中核能为 5%，水能为 10%，可再生能源为 7%。2030 年我国一次能源消费结构展望如图 1-3 所示。

2030 年，我国电源装机总规模将达到 26.6 亿 kW 左右，非化石电源的装机比例由 2020 年的 40% 提高到 2030 年的 54%。由于电力供需形势持续宽松，且受到大气污染防治和应对气候变化压力，部分煤电机组可能提前退役，预计 2030 将进一步下降至 10.2 亿 kW；2020 年后核电建设进展将加快，2030 年累计装机规模达 1.5 亿~2.0 亿 kW；水电装机规模达 4 亿 kW，水电开发利用率进

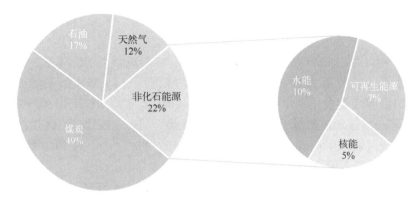

图 1-3 2030 年我国一次能源消费结构展望

一步提高；2021 年后，风电在电力市场中的经济性优势开始显现，风电年均新增装机规模在 2000 万 kW 左右，2030 年风电累计规模将达到 5 亿 kW，占总装机规模的比重将达到 19%；太阳能应用集中于光伏电站、分布式光伏以及光热发电，总装机规模达到 3.5 亿 kW；生物质能发展潜力大，预计 2030 年装机容量为 2000 万 kW，年可利用量约 4.6 亿 t 标准煤。2030 年电力装机结构展望如图 1-4 所示。

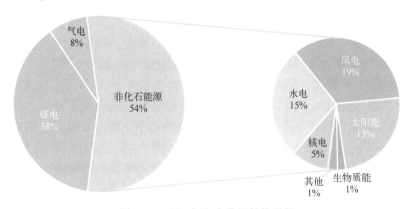

图 1-4 2030 年电力装机结构展望

全社会用电量增速较前期将有所放缓，但整体高于能源消费总量的增速，达到 8.5 万亿 kW·h。2030 年，化石能源发电量占比为 52%，煤电发电量为 4 万亿 kW·h，气电发电量为 0.5 万亿 kW·h。非化石能源发电量将达到 4.1 万亿 kW·h，其中，核能发电量为 1 万亿~1.4 万亿 kW·h，水能发电量为 41.7 万亿 kW·h，可再生能源发电量占比为 22%，包括风电发电量为 1.1 万亿 kW·h，光伏发电量达到 0.6 万亿 kW·h，生物质能发电量为 0.17 万亿 kW·h。

### 1.2.3　2050 年我国能源结构

2030 年以后的 20 年是能源革命的定型期，将形成新型能源体系。经过能源供给侧改革，能源消费在 2030 年前后达到峰值，达到 55 亿 t 标准煤左右，2030—2040 年年均增长率为-0.04%，2040—2050 年年均增长率为-0.5%，最终在 2050 年一次能源消费量下降到 50 亿 t 标准煤。通过走高比例可再生能源利用路线，实现《能源生产和消费革命战略（2016—2030）》中对 2050 年的展望，非化石能源消费占比达 50%以上。

根据《中国 2050 高比例可再生能源发展情景暨途径研究》（国家发展和改革委员会能源研究所，2015）、《中国风电发展路线图 2050》（国家发展和改革委员会能源研究所，2015）和《中国可再生能源发展路线 2050》（国家发展和改革委员会能源研究所，2015），2050 年，一次能源供应能力为 60 亿 t 标准煤；国内生产能力为 52.8 亿 t 标准煤，其中，煤炭产能为 17.3 亿~20.9 亿 t 标准煤、石油产量为 2.2 亿 t 原油（折合 3.1 亿 t 标准煤）、天然气产能约为 4300 亿 $m^3$（折合 5.8 亿 t 标准煤）、核电产量为 8.8 亿 t 标准煤、商品化可再生能源为 14.3 亿~17.9 亿 t 标准煤。

我国经济增长放缓、结构优化以及对环境污染和气候变化的高度重视，促使煤炭消费提前进入下降趋势。在严格控煤政策下，我国煤炭消费逐步下降到 2050 年的 18.6 亿 t 标准煤，年均增长率为-1%。受经济增速下降和环保政策的影响，煤电增长将受到制约，同时考虑到煤电效率的提升，预计发电用煤在 2030 年之后持续下降，届时新增电力需求将主要依赖于可再生能源和核电。2030 年之后，随着燃油经济性不断提高、燃料替代和电动汽车普及加快，成品油消费量开始出现较快下降，最终 2050 年石油消费下降到 5.0 亿 t 左右。天然气需求持续增长，2016—2050 年年均增长 3.8%左右，2050 年将达到 7000 亿 $m^3$，接近美国目前消费水平。同时天然气净进口量到 2050 年将高达 2850 亿 $m^3$ 左右，对外依存度达 40%。

我国化石能源消费将在 2030 年达到峰值，2030—2050 年年均下降 2.3%，2050 年占比达到 49%。煤炭消费比重持续下降，2050 年将达到 26%；电力替代技术快速发展，导致石油消费比重快速下降，直到 2050 年占比降到 9%；天然气消费比重则上升到 14%左右。非化石能源消费增速远快于化石能源增速，2050 年达到 15.4 亿 t 标准煤，年均增长 1.3%，消费比重达到 50%以上，其中太阳能、风能等其他可再生能源比重上升最快，由 2030 年的 7%升至 2050 年的 20%以上。2050 年我国一次能源消费结构展望如图 1-5 所示。

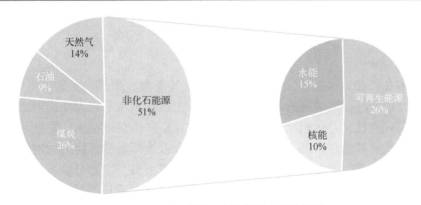

图 1-5 2050 年我国一次能源消费结构展望

2050 年，我国电源装机总规模将达到 68.8 亿 kW，非化石电源的装机比例由 2030 年的 45%提高到 2050 年的 84%。火电装机容量为 12 亿 kW，其中，煤电装机容量为 8.8 亿 kW，气电装机容量为 2.2 亿 kW，油电装机容量为 1 亿 kW。核电装机规模达 3 亿~4 亿 kW，水电装机规模达 5.5 亿 kW，风电装机规模达 23 亿 kW，太阳能装机规模达 26 亿 kW，生物质能装机规模达到 0.8 亿 kW，未来的电能供应主要以可再生能源为主。2050 年电力装机结构展望如图 1-6 所示。

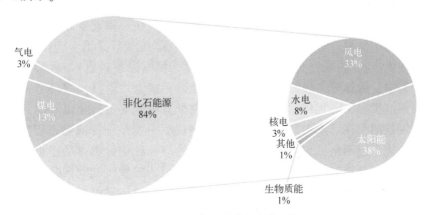

图 1-6 2050 年电力装机结构展望

2050 年，全国总发电量为 16.5 万亿 kW·h，其中煤电发电量为 1.05 万亿 kW·h、天然气发电量为 0.45 万亿 kW·h、核电发电量为 2.1 万亿~2.8 万亿 kW·h、水电发电量为 2.2 万亿 kW·h、风电发电量为 5.3 万亿 kW·h、太阳能发电量为 4.3 万亿 kW·h、生物质能发电量为 1.1 万亿 kW·h。可再生能源发电量占总发电量达到 85.8%，非化石能源发电占比达到 91%。

## 1.3  我国能源技术发展现状

我国在核能、风能、太阳能、储能、油气资源、煤炭、水能、生物质能、节能、智能电网与能源网的融合等能源领域上的技术水平已大幅提升，部分实现了跨越式发展，并达到了国际先进水平。在新一代核电技术、发电装备制造与煤炭高效清洁燃烧、风力发电设备制造、含大规模新能源接入的特大电网调度运行与安全控制等方面实现了自主创新和技术突破，但部分核心技术和装备仍落后于国际先进水平，原创高端技术自我供应能力明显不足，亟须进一步开展研发攻关。

我国核能发展坚持压水堆—快堆—聚变堆"三步走"战略，"坚持核燃料闭式循环"，明确"安全高效发展核电"。我国核电与国际核电最高安全标准接轨，并持续改进，核电机组安全水平和运行业绩良好，安全风险处于受控状态。自主第三代压水堆核电技术落地国内示范工程，并成功走向国际，已进入大规模应用阶段，可满足当前和今后一段时期核电发展的基本需要。当前正在积极开发模块化小堆，开拓核能利用范围。第四代核电技术全面开展研究工作，其中钠冷实验快堆已经实现满功率运行，计划 2023 年建成 60 万 kW 示范快堆，高温气冷堆正在建造示范工程。我国也是世界上重要的聚变研究中心之一，正在积极探索聚变能源利用；目前核能发展势头很好，但在一些重要方面与国际先进水平尚有不小差距。核电产业链包括前端（含铀矿勘查、采冶、转化、铀浓缩，燃料元件生产）、中端（含反应堆建造和运营，核电设备制造）、后端（乏燃料贮存、运输、后处理、放射性废物处理和处置，核电站退役）等环节，核电站从建设到退役要历经百年时间，放射性废物处置则需要数万年以上时间。我国核电发展长期存在"重中间，轻两头"的情况，主要是铀资源勘查程度低，燃料组件制造产能不足；乏燃料干式贮存、后处理和废物处置落后于世界，亟须赶上；延寿和退役工作正在起步，技术储备不足。随着核电规模化发展，前端和后端能力不足的现象将更加严重。自主第三代核电还需解决好安全性和经济性的平衡、主泵等少数核心装备的国产化、核设施运行与维修技术向"高端智能式"升级、加强严重事故机理与缓解措施研究、加强核电软件能力建设等迫切问题。核能领域有几项前沿或者颠覆性的技术，可能对未来能源结构产生深远影响，如海水提铀、快堆、钍铀循环、聚变能源、聚变-裂变混合能源。这几项技术理论上都可以解决全人类千年以上的能源供应问题。每一项技术又存在不同的技术路线，造成国内研究力量分散，各自为战。另外，近几年我国部分地区出现核电消纳困难的新问题。这些问题的解决需要国家进一步加强顶层设计和统筹协调。

我国风能产业发展势头良好，截至 2020 年年底并网风电装机容量为 28153 万 kW，风电并网容量近 10 年来增长近 5.26 倍，已成为世界风电并网容量最大的国家，在风资源评估与预测、装备研制、调度运行、消纳利用等方面取得了一系列显著成绩。整机技术基本与国际同步，风电设备产业链已经形成，MW 级以上风电机组配套的叶片、齿轮箱、发电机、电控系统等已经实现国产化和产业化。陆上风电已经积累了丰富的设计、施工、建设、运维和检测经验，目前我国已建立了完善的集中式风电调度运行体系和技术支持系统。与国外先进水平对比，我国风能产业也面临着一些差距和制约可持续发展的若干问题。目前，风能资源监测以测风塔监测为主，未形成资源监测网，雷达和卫星等测风技术尚未规模化展开，无法有效开展特殊环境下的风能资源监测，影响风能资源监测的准确性和连续性；同时缺乏适合我国地形气候的本土数值模式及评估软件，难以对不同尺度的风能资源进行较为准确的评估，风电预测预报体系在满足电网调度运行精细化管理方面仍有一定差距；缺乏区域风能资源开发对气候变化、大气环流，以及区域环境承载能力等方面的综合性评估体系，缺乏准确量化的评价方法和评价标准；缺少自主知识产权的风电机组设计和载荷评估软件，海上风电机组控制技术仍不成熟；基础原材料自主研发、关键零部件创新能力薄弱，制造过程中的智能化加工和质量控制技术相对落后；风电设备质量参差不齐，可靠性较低；风电共性基础技术研发力量不强，资金投入有限，在资源特性、基础材料、关键工艺、核心部件、系统集成等方面纵深不足；以物联网、云计算、大数据等为基础的信息化和互联网技术在风能产业升级方面的技术研发刚起步，风电智能化运维水平在精细化与信息化方面有待提高；5MW 及以上叶片、变流器和整机控制系统研制仍处于自主设计初级阶段；缺少海上风电场示范经验，风电机组设计开发与整个海上风电工程无法协调衔接，导致占海上风电投资成本较大比例的基础设计成本难以降低，海上风电的度电成本需要优化提高；风电场监控系统存在协议不开放、信息描述不统一、无法实现互联互通和扩展等问题；风电调度运行技术未考虑电力体制和市场化程度的影响，风电调度运行通过市场机制和竞争方式参与电力系统优化运行的机制未建立；风电集群控制系统还停留在概念设计阶段，在实践中仅关注某一功能，还缺少类似于常规电源 EMS 的统一协调控制平台。

目前，太阳能的利用主要涉及光伏发电、光热发电和光化学能转换三个方面的技术领域，成熟的技术包括光伏发电和光热发电，而太阳能光化学能转换技术仍处于实验室研究阶段。我国的太阳能光伏发电技术发展迅猛，已形成包括多晶硅原材料、硅锭/硅片、太阳电池/组件和光伏系统应用、专用设备制造等比较完善的光伏产业链。我国商业化单晶硅太阳电池效率达到 20% 以上，多晶硅太阳电池效率超过了 18%，在高效率低成本晶硅太阳电池的生产方面具有优势。生产设备部分实现国产化，薄膜太阳电池技术产业化步伐加快。通过大功率并网逆变器、电站精细化设计集成、发电功率高精预测、并网调度控制和自动化运维等关键技术研发，提升光伏发电效率，降低成本。我国在太阳能光热发电基础理论、装备开发和系统集成技术领域取得了进步，在聚光集热技术、高温接收器技术等方面取得了突破性进展；开发了具有自主知识产权的槽式高温集热管生产线，并实现批量生产；开工建设我国首座百 MW 级塔式光热电站的集成示范，规模为亚洲最大，标志着我国掌握了具有完全自主知识产权的相关技术。虽然若干技术取得突破，产业规模也不断扩大，但是在新材料、关键设备和工艺水平等方面，国内与国外还有很大差距。在薄膜太阳电池方面，欧美发达国家技术上目前处于领先和垄断地位，我国仍以引进国外先进技术为主。硅基薄膜太阳电池方面，我国虽然初步实现了生产线国产化，但主要以组装为主，设备自动化程度和可靠性有待提高；而且核心部件仍需依赖进口或委托国外加工；重要的生产原料仍然依赖进口。我国成功制备效率达 16% 的柔性钙钛矿电池（PSC），是目前效率最高的钙钛矿柔性器件，但钙钛矿电池在材料、器件设计和工艺技术等方面离实用化还有很大距离。需要关注的研究方向如下：高稳定、高性能大尺寸钙钛矿单晶体生长、切片等研究；开发高效、高稳定的柔性钙钛矿电池。建立小型钙钛矿电池组件的生产及应用示范系统，支持高稳定钙钛矿电池产业化技术研发，特别是适用于生产线的大面积钙钛矿电池及组件的关键工艺。染料敏化太阳电池方面，应研发宽光谱、长激子寿命染料的设计与规模化合成，全固态及柔性器件制备工艺。有机电池方面，应研发宽光谱、高迁移率的有机材料的设计与规模化制备技术；大面积柔性制备关键技术。同时，加强新型可穿戴用的柔性轻便太阳电池技术突破，进行示范应用。人工光合成太阳能燃料方面，必须加大基础研究的力度，争取早日在关键基础科学问题上取得原创性突破，如宽光谱捕光问题、光生电荷有效分离和迁移问题、高效的产氧和产氢助催化剂研发及其如何与捕光材料构建有效界面问题等；深入理解光化学转换过程的微观机制和催化反应的热力学和动力学本质规律，发展相关的材料、理论、方法、策略；为实现太阳能高效分解水制氢以及太阳能高效转换水和二氧化碳制太阳能燃料，需要研究提高能量转换效率、稳定性的措施，使其达到工业化要求。

电化学储能是目前最常用的储能技术，相对于其他储能技术而言，电化学储能具有能量密度高、灵活、可规模化等优势而成为储能领域强有力的竞争者。根据不同电化学电池的工作原理，其储能覆盖的规模也有所区别，大到百 MW

级，小到 kW 级。随着新技术的发展，传统的铅酸电池及镍氢、镍镉电池正逐渐被锂离子电池、铅碳电池替代，新的液流电池、钠硫电池、锂硫电池等技术正在兴起。目前我国锂离子电池大部分材料实现了国产化，由追赶期开始向同步发展期过渡，本土总产能居世界第一，移动电子设备用锂离子电池已形成国际市场竞争力，动力蓄电池支撑了新能源汽车的示范推广，储能电池已批量应用于示范项目，其中最具影响力和示范意义的张北国家风光储输示范工程（一期），14 MW 磷酸铁锂电池储能系统已全部投产。基于电动汽车蓄电池的分布式储能也正在发展，如车辆入电网技术、动力蓄电池二次利用于储能电池等。液流电池储能技术进入快速发展时期，在电池材料、部件、系统集成及工程应用关键技术方面取得重大突破，掌握了如钒电解液、双极板、离子传导膜全钒液流电池关键材料制备技术，以及液流电池电堆设计、制造及批量化生产技术，突破 MW 级以上储能系统设计集成技术，实现了全钒液流电池储能技术的商业化应用。铅碳电池的作用机理研究、高性能碳材料开发、电池设计和制造技术等取得较大进步，目前已有超过百 MW · h 的铅碳电池储能项目在建或运营。在钠硫电池和锂硫电池的基础理论研究和工程技术方面都取得了显著的进步，并已经进入实用化的初级阶段。超级电容器的电极材料、电解质和模块化应用方面都取得了很大进步。总体来看，我国在若干类型的物理和化学储能技术上取得了长足进步，形成了自主知识产权，走在世界前列，但其他新兴的储能技术要实现产业化仍面临市场、成本、技术和环境方面的多重挑战。未来，锂离子电池储能系统需进一步提高电池的功率密度、环境适应性、安全性能和循环寿命等，降低制造成本。液流电池也需要解决可靠性和成本制约发展的两个关键问题；对铅碳电池负极技术方面的研究工作还需进一步深入；钠硫电池的安全性仍较低，电池结构设计优化创新仍有较大的空间。实现锂硫电池在电动车、储能电站等领域的大规模普及应用还需要突破若干关键材料和技术，包括高安全性、长寿命金属锂负极，高稳定性锂硫电池电解液体系，高硫含量、长循环性能硫基正极材料，高一致性批量制备技术等。超级电容器的电极材料、电解质和模块化应用方面都取得了很大进步，但是国内生产的超级电容器电容碳只能满足低性能电容器产品的生产需要，亟须开发高性能、低成本的电容碳材料。

目前，我国常规天然气处于快速发展阶段，煤层气、致密气快速增长，页岩气刚起步；天然气水合物处于基础研究和先期技术研发阶段。物探技术取得了长足进步，已在世界地震勘探技术领域占据一席之地，在全球陆上地震技术市场份额占比已达到 46% 并拥有定价权，但与国外相比，在装备制造、计算机软硬件能力、关键技术的自主创新能力方面存在一定的差距。常规陆上地震勘探技术成熟，特色的复杂山地地震勘探技术先进，海洋、天然气水合物等非常规油气资源勘探技术尚处于起步阶段。我国的测井资料分析、解释技术处于国际先进水平；生产测井方面形成了特色技术系列；高端随钻测量技术总体处于跟仿和集成创新阶段。钻井技术已经进入陆上特超深层、超长位移水平井、海域超深海钻完井技术发展时期；已形成了深井超深井、定向井、水平井、分支井、鱼骨井、小井眼井、欠平衡井等钻完井配套技术；在钻井规模上，已成为仅次于美国的第二钻井大国。在页岩气革命推动下，我国压裂增产技术快速发展，已初步形成了具有自主知识产权的页岩气大型水平井多级压裂配套工程技术，在多个方面实现了重大技术突破，打破了国外技术垄断，大幅度降低了作业成本，施工质量和勘探开发的成功率成倍提高。剩余油研究向以精细数值模拟、水淹层测井解释以及油藏工程参数计算为主体的定量描述方向发展，初步形成了剩余油描述的系列配套技术，并大规模推广应用。我国老油田中夹层、薄油层、低压低渗透低产储层采收率正在得到大幅提高，由于受目前远距离随钻探测或实时导向技术的制约，目前国内最大油藏接触井钻完井尚处于概念阶段。采油工程技术进入第四次采油技术发展时期，自主知识产权的多条件约束建模技术及新一代数模软件的运算速度和模拟规模超过目前商业软件。我国滩浅海工程技术尚需要进一步配套，深海技术和深水钻井装备和配套技术研发处于产业化快速发展的初期，已经具备水深超过 1650 m 的深水钻完井工程方案设计、钻完井风险评估与井控工艺技术、钻完井作业管理技术标准与规程、深海冷海钻井装置和技术选择与优化设计研究能力。虽然在若干领域取得长足进步甚至重要突破，但是仍存在诸多不足。对于基于微电子机械系统（Micro Electro Mechanical System，MEMS）的全方位高分辨多波多分量地震勘探技术，目前尚不具备实验测试等基础研发条件。高端传感器以国外引进为主，自研能力严重不足；光纤技术研究滞后，国内开发的光纤传感器尚未应用；高分辨阵列感应电阻率、微扫等声电成像仪等研究水平低，仪器精度、分辨率、耐温等与先进仪器相差较大；三维感应电阻率、交叉偶极声波、核磁共振测井仪、电缆地层测试器等研究刚开始；基础研究薄弱，仪器仿造能力低下等。钻完井技术在这轮智能化为主的技术发展潮流中，受制于国家在高端微纳传感器技术和智能材料技术领域的短板，技术发展已进入创新瓶颈期并且导致难动用储量占比持续增大。我国无论页岩气或致密油的压裂增产技术均存在大量基础问题有待研究，处于快速跟随和艰难的探索阶段，面临一系列世界级技术难题。我国特殊地质条件下的裂缝发育规律研究、支撑剂技术、裂缝监测与描述是当前主要短板。面对地质和工程难度的快速增大，未来需要规律认识的突破和压裂技术的颠覆性创新。在 MEMS 的高精度多波多分量地震、随钻地震、新型油藏纳米示踪剂、油藏纳米机器人等前沿探测技术方面尚未起步，进而导致面三次采油后剩余油分布规律的精细定量描述技术和预测精度偏低，时效性较差，难以满足未来日趋迫切的分析需求。海洋地震勘探技术处于起步阶段，与国外相比，目前差距依然比较明显。

我国在煤炭清洁燃烧技术方面，尤其是在燃煤发电领域，一些技术的发展已经达到了世界领先或世界先进水平，但仍然有许多技术需要进一步完善和发展。燃煤发电超超临界技术方面发展迅猛，发展速度、装机容量和机组数量均已跃居世界首位。600℃、两次再热超超临界燃煤机组技术目前仍处于示范和前期推广阶段。国内已开发出用于650℃和700℃超超临界机组锅炉管材的铁镍基合金材料和镍基合金材料，但用于汽轮机转子、缸体、叶片高温螺栓的高温合金材料有待进一步开发。燃煤工业锅炉中约85%为链条炉，平均单炉容量低，装备总体水平差，运行效率低，平均热效率仅为60%~65%，比国际先进水平低20%，有相当部分锅炉脱硫、除尘等烟气净化设备缺失或达不到污染排放要求，导致能源浪费严重和污染物排放问题突出，普遍存在着煤质与锅炉设计不相匹配、煤质不稳定、锅炉运行缺失专业化管理等问题。我国北方地区仍有约20%的煤炭作为民用散煤燃烧供人们进行采暖和炊事等活动。民用散煤燃烧产生的污染物几乎不经过净化处理，直接排放空气中，其污染物排放量约为大型火电机组超净减排后排放量的10倍以上，目前仍缺乏有效的控制民用散煤的污染物排放的技术措施。我国褐煤干燥主流技术为研磨型干燥技术，多采用风扇磨三介质干燥直吹式制粉系统或带乏气分离装置的风扇磨煤机直吹式三介质干燥系统。部分工艺技术实现了工业化或建立了示范装置，但尚不能满足"安全、稳定、长周期、满负荷"的运行要求。褐煤干燥取水技术在燃褐煤超（超）临界锅炉上的应用还需进一步研究。烟气冷凝水回收在我国燃煤机组上已开展工程示范，有4台660MW超超临界机组已开展工程设计。膜法水回收技术相关研究在我国处于膜材料研发、烟气水分子捕集装置开发、工程可行性研究阶段，尚未开展膜法水回收技术相关试验与工程应用研究。我国碳捕捉、封存/碳捕捉、封存与利用（CCS/CCUS）技术的发展起步较快，在捕集和埋存/利用的技术研发和应用上取得了长足进步，在燃煤电厂烟气的二氧化碳后捕集、煤制油的二氧化碳前捕集，以及二氧化碳强化石油开采、盐水层埋存上均有示范工程在运行，但在二氧化碳的运输管道建设上、化学链燃烧等前沿技术的基础研究上，与美国等发达国家相比还较为落后。煤电大气污染物控制技术已经达到了世界先进水平，有些方面甚至处于世界领先水平。在废水零排放尤其是脱硫废水零排放处理方面，浓缩、蒸发、结晶制盐部分设备为进口，且运行能耗及成本高，经验相对不足等。

我国在水力发电领域取得了很大技术进步。我国水能资源总量、投产装机容量和年发电量均居世界首位，已在 70 万 kW 级机组研制、300 m 级别高坝设计、超大型地下厂房设计、复杂输水系统过渡过程分析、巨型输水系统结构设计等大型水电关键技术和相关科学问题上取得突破。以广州、惠州、西龙池抽水蓄能电站为代表，后续将有几十座大型抽水蓄能电站陆续建成，已在 700 m 水头 30 万 kW 级可逆式机组研制、双向过流复杂输水系统布置、地下厂房洞室群三维分析、高压岔管和厂房振动、过渡过程与控制等工程技术和科学问题研究上达到国际先进水平。小水电是解决农村用电、促进边远山区扶贫开发和环境保护的清洁能源，小水电在电站自动化程度、水力优化设计、机组性能、整装机组研发等方面取得显著成就。

在水能开发的过程中，还有许多关键技术问题：巨型水轮机及其系统的稳定性问题未得到很好的解决，振动和稳定性问题在大型机组中屡见不鲜。在单座电站及梯级电站多目标、多利益主体综合调度及流域水资源一体化管理方面缺乏有效的理论与技术支撑，超高水头、引水式电站开发技术仍需攻关，亟须开展超高水头超大容量冲击式机组、大容量高水头贯流式机组稳定性方面的关键技术和科学问题研究。在抽水蓄能电站方面，研究变速抽水蓄能技术、超高水头大容量机组关键技术、海水抽水蓄能电站关键技术、抽水蓄能与其他能源协调控制技术等。对于小水电，在低水头、大流量小水电设备的制造，微小水电的稳定、长期运行技术以及机组自动控制技术等方面与国外的先进水平相比还有相当大的差距。生态友好型小水电设计准则、鱼类友好型水轮机设计、"互联网+小水电/智能云电站"技术和生态友好的大坝建设的生态准则还需进一步开展研究。

生物质能是唯一可转换为气、液、固三种形态的二次能源和化工原料的可再生能源，根据生物质能产生的方式和特点，可将其分为两类生物质能，一是人类主动种植生产的能源作物，称为主动型生物质能，包括含油、含糖、含淀粉、含纤维素类的植物和水藻等；二是人类社会生产生活过程中产生的有机废物，如农林废物、人畜粪便、农副产品加工废物、生活垃圾等，称为被动型生物质能。被动型生物质能可通过物理转换（固体成型燃料）、化学转换（直接燃烧、汽化、液化）、生物转换（如发酵转换成甲烷）等形式转换为不同燃料类型，在我国其能源潜力巨大，每年估约 10 亿 t 标准煤。但由于开发利用水平不足以及管理政策的缺陷等原因，我国生物质能占比不到可再生能源开发量的10%，而在欧洲生物质能是最大的可再生能源，比重已占到可再生能源的 60%。我国生物质能开发利用存在利用效率低、产业规模小、生产成本高、工业体系和产业链不完备、研发能力弱、技术创新不足等一系列问题。生物质发电方面，我国的生物发电总装机容量已位居世界第二位，仅次于美国，但生物质直燃发电技术在锅炉系统、配套辅助设备工艺等方面与欧洲国家还有较大差距，燃烧装置沉积结渣和防腐技术需要突破；汽化发电技术存在效率低、规模小、副产物处置难等缺点；混烧发电技术还没有建立完善的混烧比例检测系统、高效生物质燃料锅炉及其喂料系统。因此，生物质发电在原料预处理及高效转化与成套装备研制等核心技术方面仍存在瓶颈。生物质液体燃料方面，生物柴油技术已进入工业应用阶段；纤维素原料燃料乙醇生产技术尚处于中试阶段；生物质合成燃料技术仍处于起步阶段；生物质液体燃料的转化反应机理、高效长寿命催化剂、酶转化等方面的基础研究薄弱，精制工艺和副产物回收技术开发力度不足，存在转化率不高、产品质量不稳定等问题。生物质燃气方面，生物质制氢仍停留在实验室阶段，催化合成气技术处于中试阶段；沼气技术发展迅速，大中型沼气工程建设速度明显加快，但高效厌氧发酵技术、沼气提纯与储运技术需进一步提高。生物质成型燃料方面，固体成型燃料的型黏结机制和络合成型机理尚不清楚。生物质制备功能材料方面，在热解制备生物炭上仍有很多关键技术需要突破。因此，需要加强生物质能源技术研发和产业体系建设，提出具有创新性、前瞻性的技术发展方向，为我国生物质能源技术的快速发展提供科技支撑。能源植物资源品种培育方面，研究与收集工作刚起步，而且不同单位收集的资源侧重点不同，相对分散；评价标准不同，缺乏可操作性，收集也具有盲目性；品种培育主要是传统育种，分子遗传育种才刚起步，且对培育出来的优良品种的利用与推广较少。

　　我国在电力、交通、建筑和工业等节能领域取得了很大技术进步。在电力领域节能技术方面，通过采取有效的节能政策措施和技术降低电力消耗，提高能效，同时鼓励非化石清洁能源的发展，实现结构上的节能减排。我国电网综合线损率近年来呈平稳下降趋势，但是我国线损率与主要发达国家相比仍高出1~2个百分点。我国水电、风电、光伏发电主要集中开发投产在西部低负荷地区，在增加就地消纳的同时，仍需要外送，现有的电网输送通道难以完全适应新能源快速增长的要求，导致部分地区新能源送出受限，一定程度上加剧了弃水弃风弃光问题，造成了大量的电能浪费。配电网低压设备技术水平普遍比较落后，故障率相对较高，也会相应增加损耗。用电侧节能技术应用较少，终端用电效率耗能高，用户侧节能提升空间较大，目前开展的用电侧节能方法包括需求响应、电能替代、节能设备改进等。我国需求响应中可中断负荷补偿标准太过笼统，没有考虑到用户的类型，无法对用户产生有效的激励。除此之外，我国对储能等需求响应资源的经济吸引力也远不够。在铁路运输的发展过程中，我国逐步提高铁路的运行速度，从而优化铁路系统整体的运行效率；通过借鉴国外列车技术，并进行创造性的消化与创新，逐步提升核心技术的自主研发能力，目前高速动车组的制造水平已经与外国同行相当。除了铁路运输外，我国的地铁、轻轨等轨道运输也发展迅速，节能潜力巨大。我国首列永磁电机地铁已在长沙地铁 1 号线正式投入载客运营。为了进一步提高电力机车的综合效率，可通过再生制动技术将制动能量回馈至供电系统，目前已得到广泛应用。我国上海磁悬浮列车专线是中德合作开发的世界第一条磁悬浮商运线。此外，日本和我国还对适用于市区和市郊的中低速磁悬浮进行了研究和试点，与地铁和轻轨相比，磁悬浮列车可降低噪声、减少损耗、提高运行效率。我国已成功自主研制出常导短定子中低速磁悬浮示范列车，长沙磁浮工程是我国第一条具有自主知识产权的中低速磁浮交通线。以节油为目标的新型柴油机研制取得进步，如采用两级涡轮增压及 VTA（Variable Turbine Area）涡轮增压技术。绿色船舶的研究得到重视，目前比较有代表性的是清洁能源船舶辅助系统，即仍然采用船用柴油机作为船舶推进动力，同时充分利用风能、太阳能以及波浪能等可再生能源发电，应用于电气设备或储存起来，为船上设施提供相对独立的能量来源，可在降低船舶发电机或主机能耗的同时保证船舶的正常航行。使用地面动力设备代替飞机机载辅助动力源运行，可以大幅缩短机载辅助动力源的运行时间，节省了燃油。在建筑领域节能技术方面，主要利用建筑本体（围护）结构节能、建筑设备节能以及可再生能源利用等方面技术减少建筑耗能，如采用变容量和变风量方式控制技术实现空调节能，采用能量回馈和再生技术实现电梯系统的节能，采用太阳能热水技术实现太阳能在建筑节能的应用。在工业领域节能技术方面，主要从生产设备节能、生产流程节能、工业能源优化管理节能等方面开展节能降耗工作，实施了工业锅炉窑炉和电机系统节能改造重点工程，采用局部富氧燃烧技术、煤粉复合燃烧技术、改善二次风布置、降低飞灰含碳量、重油磁化节能技术等提高炉窑燃烧效率，采用减少蒸气泄露、常温除氧、加强保温等节能技术措施减少热力损失，采用变频调速、永磁调速等先进电机调速技术改善风机、泵类电机系统调节方式，提高电机系统运行效率。广泛应用工业余气、余热、余压的回收利用节能技术，取得了显著的节能效果。

我国的智能电网与能源网融合工作刚起步，2015 年 4 月，国家能源局组织召开能源互联网会议，提出制定"能源互联网行动计划"。2016 年 3 月，国家发展与改革委员会、国家能源局发布《能源技术革命创新行动计划（2016—2030年)》，将能源互联网技术创新列为一项重点任务。国内相关研究机构和制造商正加快探索能源互联网技术研究、装备研发和工程实践，在新材料新装备支撑技术、信息通信支撑技术、广域能源互联网、区域与用户级智能能源网、互联网+智慧能源等技术方向取得了一系列成果。新材料技术的进步带动了发电、输电、储能、能量转换、传感测量、保护等新型装备的研发，这些新型装备以及信息通信技术的发展为智能电网与能源网的融合提供了重要的基础保障。目前正在开展智能电网与能源网的融合模式、典型场景和技术需求研究；未来智能电网与能源网融合将取决于电力行业、其他能源行业、互联网行业三者力量之间的博弈结果，融合模式可能存在"智能电网2.0""互联能源网"及"互联网+能源网"三种技术路线；围绕新能源全额消纳、能源利用效率提升、还原能源商品属性等智能电网与能源网的融合目标，未来存在广域能源互联网、区域与用户级智能能源网、互联网+智慧能源三种典型技术场景。我国在特高压输电、柔性直流输电、大容量储能、大电网调度、主动配电网、微电网、能源转换设备等相关技术、装备和工程方面处于国际领先水平。目前我国正在开展"互联网+"智慧能源（能源互联网）试点示范，鼓励城市综合示范区对可再生能源渗透率、灵活性资源比例等设置挑战性目标，鼓励开展100%可再生能源示范区的研究规划；探索邻近城市间能源生产与消费协同模式；探索弃风/弃光/弃水制氢、供热的循环利用模式。同时，提出典型创新模式试点示范，包括基于电动汽车、灵活性资源、智慧用能、绿色能源灵活交易和行业融合五种情景的能源互联网试点。

## 1.4　我国能源技术发展趋势

核能、风能、太阳能、储能、油气资源、煤炭、水能、生物质能、节能、智能电网与能源网的融合等不同能源技术方向的发展趋势和技术路线不尽相同，但存在重叠内容和共性部分。总结归纳起来，不同类型能源的技术发展趋势将呈现共基/交叉、渗透/融合、先进/高端、智能/高效等特征。技术突破和创新将更加注重基础研究、技术研发、工程示范等工作的统筹协调和衔接，以及研发、设计、制造、试验和运行等环节的相互促进和闭环的实质性协同合作。

### 1.4.1　不同类型能源具有共同的内生动力

各类能源技术的进步和突破越发依赖于基础材料、先进制造和信息通信等基础学科和原创性技术的发展。不同能源类型具有不同的技术发展方向，但在理论、器件和材料等层面拥有共同的基础和内生动力，同一基础性重大突破将可能同时给多个能源技术方向带来跨越性发展。未来能源技术发展趋势将更加强调能源相关技术与非能源相关技术的交叉联系和创新，尤其是能源、材料、环境、信息和数据等交叉方向的基础理论研究。比如，耐高温材料研发是提高核能、油气和煤炭等各类能源技术方向的发电装备制造水平的关键，可提高能源利用效率和机组发电效率；纳米技术是太阳能和油气资源等能源技术方向的共同支撑技术；先进传感技术在油气资源探测、风电场智能监控、水情测报、智能电网与能源网融合等方面发挥重要作用；先进电力电子变换技术是风能、太阳能、储能、智能电网与能源网的融合等能源技术方向的共同核心技术，具有广泛的能源领域应用场景，而高压大容量功率半导体器件和宽禁带半导体器件是电力电子技术发展的基础。

## 1.4.2　不同类型能源相互渗透和不断融合

在能源生产侧、传输侧和消费侧等不同环节以及在物理、信息等不同层面，各类能源互相渗透和不断融合，信息流与能量流的耦合越发紧密。在各类能源技术取得共同和全面进步的基础上，建设安全、低碳、清洁、高效的新一代综合能源系统是未来的技术发展趋势，这不是简单的某个环节的技术进步，而是贯穿各类能源生产、供给与消费的全过程，打破目前各类能源计划单列、条块分割、各自垄断的固有藩篱，为各种一次、二次能源的生产、传输、使用、存储和转换提供先进装备和可靠网络。能源体制革命与互联网渗透发展的新形势，为能源领域的技术融合创新提供了新机遇。比如，光热电站与其他能源形式的整合与集成，诸如光热-天然气联合发电、光热-生物质联合发电、光热-风电联合发电、光热-燃煤电站梯级利用等都将具有发展前景；天然气系统在负荷侧通过热电联产或冷热电三联供等耦合设备与电力系统实现交互，在源端或者网侧通过电转气技术实现多类型能源联合优化运行；热力系统在受端通过电-热耦合和存储技术和设备，完成与电力系统结合；耦合设备的增加为互联系统的供应带来更多的灵活性和可靠性，有利于就地消纳分布式可再生能源，并通过实现能量的长时间、大范围时空平移达到有效消纳大规模集中式可再生能源发电；信息通信技术实现新一代综合能源系统各能源系统、各环节之间的高效信息通信与交互共享，为综合能源系统从产能到用能的全过程实时信息采集、多能流生产协同控制、多能调度和交易服务等提供技术支撑。

## 1.4.3　能源相关技术水平更为高端和先进

能源生产、传输、使用、存储和转换等环节相关的器件/部件、装备/系统、工艺/集成等技术水平向更加高端、先进方向发展，具体体现在参数高、容量大、体积/密度大、安全系数高、集成度高等方面，主要目的是提高能源利用效率、降低能源利用综合成本。比如，铀资源利用率可到60%以上的快堆技术是核能下一步的发展方向；风能开发朝高空和海上发展，需重点突破10 MW及以上高可靠性海上风电机组的关键部件技术，包括100 m级超大型、轻量化风电机

组叶片和风电机组变流器；太阳能利用需实现单结晶硅太阳电池效率达到 25%
以上，且需掌握 35 年长寿命低衰减晶硅电池组件成套重大工艺及核心装备技
术；在储能方面，需突破 10 MW/100 MW·h 和 100 MW/800 MW·h 的超临界
压缩空气储能系统中宽负荷压缩机和多级高负荷透平膨胀机、紧凑式蓄热
（冷）换热器等核心部件的流动、结构与强度设计技术，锂硫电池能量密度达
到 300 W·h/kg，铅碳储能电池循环寿命>5000 次；油气资源开发朝深海和深井
方向发展，宽方位多分量高分辨的地震勘探技术需满足东部 4500 m/分辨率
<3 m、西部 7000 m/分辨率<7 m，识别断层断距<5 m 等需求；700℃超超临界燃
煤发电技术是煤炭清洁高效利用的核心技术，需研制 700℃机组关键材料和关键
部件，同时需掌握 600 MW 等级 700℃先进超超临界发电系统的方案设计技术；
水能资源开发利用朝高落差方向发展，需发展 700 m 水头、40 万 kW 及以上冲击
式水电站技术；直流输电朝高电压等级发展，重点突破±1100 kV 特高压直流输
电关键技术和 500 kV 以下基于架空线的柔性直流输电技术。

## 1.4.4　智能化技术深度影响和改变能源行业

以先进传感技术、信息通信技术、控制技术、物联网技术、云计算技术、
大数据技术和人工智能技术等为基础的智能化技术体系将深度渗透和影响各传
统能源行业及其产业链，可实现能源生产、传输、使用、存储和转换等环节的
全方位感知、数字化管理、智能化决策和自动化运维。在各能源系统物理层面
融合和自身智能化提升的基础上，通过互联网技术进一步促进各能源系统在信
息层面的融合，实现综合能源系统的智能化，建立能源生产运行的监控、管理
和调度信息共同服务网络，推动能源生产和消费革命，进一步提高能源利用效
率，实现可再生能源的全额消纳。比如，未来油气资源技术将由传统技术体系
转向智能化技术体系，基于纳米尺度下的微纳技术、智能材料技术、人工智能
和量子技术，以智能化精确导向钻完井系统、纳米采油、原位改质等极具颠覆
性技术组成的新一代油气资源勘探开发智能化技术体系正在形成；核电站智能
化技术方面，通过提高燃料可利用率、在线监测、智能诊断等技术减少备品备
件，实现高效运营，未来将以计算机超算技术以基础，实现核电站设计分析的
精细化与多物理场耦合；在发电设备方面，将发展基于物联网、大数据和云计
算的设备全生命周期设计、控制、智能运维及故障诊断技术；包括电网在内的
综合能源系统运行将实现高度智能化，运行状态透明化，形成趋零边际成本的
能源输送网，整个能源网络泛在化，可高智能、深优化、高可靠性地获取各类
能源，并优先支持可再生能源电力传输和消纳；基于互联网的综合能源信息融
合将带来商业模式创新，并衍生新的能源产业链。

## 1.5　我国能源技术革命方向

新一轮科技革命和产业变革正在兴起，全球科技创新进入高度活跃期，新兴能源技术正以前所未有的速度加快对传统能源技术的替代，正在并将持续改变世界能源格局能源。我国需紧跟能源产业转型升级步伐，通过不断创新发展思路，集中力量突破重大关键技术瓶颈，推动能源技术革命，引领能源生产和消费方式的重大变革。我国能源技术革命需体现科学性、全局性和战略性，既要着眼于当前，也要考虑长远发展，为全面构建安全、绿色、低碳、经济和可持续的现代能源产业体系提供技术支撑。

### 1.5.1　研发创新性技术，实现能源技术自主

创新性技术是能源技术革命的核心和牵引力。目前我国能源领域核心技术缺乏，关键装备及材料依赖进口问题比较突出，第三代核电、新能源、页岩气等领域关键技术长期以引进消化吸收为主，燃气轮机及高温材料、海洋油气勘探开发技术装备等长期落后。能源科技一直走追赶与超越并重的道路，而实践反复证明，任何关键、核心技术都不是舶来的，自主创新才是最终的落脚点。只有坚持发展创新性技术，占领能源技术高峰，彻底摆脱对外依赖，才能实现能源技术自主化，并满足短期能源技术需求，助力未来能源发展方向转型。

近期（2020 年前后），能源技术革命的方向是在能源各领域推进创新性技术研发攻关和自主创新，强化原始创新、集成创新和引进消化吸收再创新。在核能技术领域，加强关注自主第三代核电技术优化和型谱化产品开发，带动核电产业链协调发展，小型模块化压水堆示范工程开工和开始建设开发第四代堆关键技术；在可再生能源和储能技术领域，关注陆上风电机组智能制造与运维技术、高效光伏和大容量储能关键部件制造技术、复杂地质条件下的水电站筑坝技术、生物燃料规模化生产示范技术。在节能领域，关注先进节能标准、检测、认证和评估技术。在化石能源技术领域，关注油气行业 MEMS/纳机电系统（Nano-Electro-Mechanical System，NEMS）和智能材料两大核心技术，以及煤炭热解分质转换技术。在智能电网和能源网融合技术领域，关注交直流混合输电技术，以及以智能电网为核心的能源供应技术。

### 1.5.2　部署前瞻性技术，赶超国际先进水平

前瞻性技术是能源技术革命的基础和推动力。国内外的科学技术史表明，

若一国的能源领域基础研究缺乏前瞻性，其科学技术水平将长期处于跟随状态，很难追赶其他国家的先进水平。我国在世界能源技术革命和产业转型升级过程中，只有以前瞻性的战略眼光，研究布局能源技术体系，坚持发展前瞻性技术，才能在关键技术上、关键时间节点上，实现弯道超车，逐步追赶甚至赶超国际先进水平，从而推动我国能源技术革命的不断前进，促进我国能源结构升级质变。

中期（2030 年前后），能源技术革命的方向是在能源各领域加强未来潜在技术发展方向的布局，科学分析各技术的可行性及技术发展潜力，产学研用协同闭环，逐步缩小与国际先进水平的差距，甚至在某些能源技术方向取得突破，实现超越。在核能领域，以耐事故燃料为代表的核安全技术研究取得突破，全面实现消除大量放射性物质释放，提升核电竞争力；实现压水堆闭式燃料循环，核电产业链协调发展；钠冷快堆等部分第四代反应堆成熟，突破核燃料增殖与高放废物嬗变关键技术；积极探索模块化小堆多用途利用。在可再生能源和储能技术领域，关注 10 MW 级海上风电机组智能制造与运维技术、高参数太阳能热发电技术、高效储能结构设计及材料研制技术、生态友好小水电和高水头水电站设计及机组制造技术、生物质混燃发电和汽化发电。在节能技术领域，关注自主知识产权的先进节能技术体系。在化石能源技术领域，关注深层油气开发技术和特殊品质油气开发技术，以及不同煤种先进煤气化技术。在智能电网和能源网融合技术领域，关注综合能源网络技术以及透明能源网络技术。

### 1.5.3　探索颠覆性技术，领跑世界能源科技

颠覆性技术是能源技术革命的突破口和爆发点。探索和发展颠覆性技术，对我国在局部领域、关键行业和主流产品领跑世界能源科技意义深远。颠覆性技术打破传统的技术发展路线，是对渐进性技术的跨越式发展，必须突破既有思维模式和"渐进-突变"的纵向发展模式，跳出自身学科范畴，不断开拓跨学科研究，开展多种学科、多个方向的横向渗透和交叉交互研发试验工作，如量子计算、石墨烯材料、超导材料、互联网技术等在能源各领域，如石油化工、储能、新能源、电力系统等各个领域的应用。

远期（2050 年前后），能源技术革命的方向是敏锐识别、捕获和培育那些对能源供应安全具有战略影响的颠覆性技术，科学、系统地开展研究，抢占能源新科技变革的战略主动权，奠定我国在未来世界能源科技竞争格局中的优势地位。在核能技术领域，实现快堆闭式燃料循环，压水堆与快堆匹配发展；力争建成核聚变示范工程。在可再生能源和储能技术领域，关注高空风力发电等

新型风能利用技术及装备，新型高效太阳电池技术，氢储能以及多功能全新混合储能技术，水电站智能设计、智能制造、智能发电和智能流域综合技术，高品质能源植物新品种的产业化技术。在节能技术领域，关注先进节能技术与新一代信息技术深度融合。在化石能源技术领域，关注极限钻井和智能采油技术，以及新型煤基发电技术、磁流体发电联合循环发电技术。在智能电网和能源网融合技术领域，关注基于功能性材料的电子开关以及泛在信息能源网。

# 第2章  核能技术方向研究及发展路线图

本章主要针对核能技术的方向研究及发展路线图进行总结，包括核能应用技术综述，核能技术演进路线，近期、中期、远期核能发电技术，核能关键技术发展方向，核能技术的研发体系以及核能技术的应用和推广等。

## 2.1  核能技术概述

核能指核反应过程中原子核结合能发生变化而释放出的巨大能量，为使核能稳定输出，必须使核反应在反应堆中以可控的方式发生。铀核等重核发生裂变释放的能量称为裂变能，而氘、氚等轻核发生聚变释放的能量称为聚变能。目前正在利用的是裂变能，聚变能还在开发当中。目前核能主要的利用形式是发电，未来核能热电联产和核动力等领域将会有较大拓展空间。截至2019 年 12 月 31 日，全球有 31 个国家和地区运营 443 座商业反应堆，总装机容量为 3.92 亿 kW，提供约 10.4% 的清洁、基荷电力；有 54 个国家和地区运行250 座研究堆；还有约 200 座反应堆为 160 余艘舰船和潜艇提供动力。2020 年，我国大陆在运核电机组 49 台，总装机容量为 5102.7 万 kW，约占全国电力总装机容量的 2.27%；2020 年核电发电量约 3662.43 亿 kW·h，约占全国总发电量的 4.94%。

人类在解决长期能源需求的同时，还面临着空气污染和全球变暖的严重挑战。一方面，据估计全球每年有 650 万人的死亡与空气污染有关；另一方面，目前全球空气中 $CO_2$ 平均浓度为 400 ppm，2100 年需要将其控制在 450 ppm 以内，才能实现《巴黎协定》"将全球平均气温升高幅度与工业化前相比控制在 2℃ 以内"的愿景。世界核能协会认为，为实现巴黎气候大会的目标，从现在起到2050 年应该再新建 10 亿 kW 核电，届时核电占比将达到 25%，实现低碳化石能源（优先发展碳捕集与封存技术）、可再生能源和核能的协调发展，这是应对空气污染和全球变暖的现实、有效手段。

核能具有安全、低碳、清洁、经济、稳定和能量密度高的特点，发展核能对于我国突破资源环境的瓶颈制约，保障能源安全，减缓 $CO_2$ 及污染物排放，实现绿色低碳发展具有不可替代的作用，核能将成为未来我国可持续能源体系的重要支柱之一。

安全始终是核能发展的生命线。公众最关注的核能问题包括核电厂的安全和放射性废物管理安全。我国核电行业与国际最高安全标准接轨，并持续改进。我国核能法律体系日臻完善，《中华人民共和国核安全法》已于 2017 年 9 月 1 日正式通过，《中华人民共和国原子能法》立法工作也正在积极推进。

核能是最安全的产业之一，但这一事实并没有得到社会的普遍认可。关于安全的评价取决于人们对风险和收益的综合比较。核能产业链在正常情况下，工作人员所受归一化辐射职业照射剂量仅为煤电链的 1/10，对公众产生的照射仅为煤电链的 1/50，其排放实际上是一种"近零排放"。美国核管理委员会（USNRC）认为，堆芯损坏概率取 $10^{-4}$/堆·年，早期放射性大量外泄概率取 $10^{-5}$/堆·年，即可满足两个"千分之一"的定量安全目标要求：厂区外 1.61 km 范围内公众由于反应堆事故导致立即死亡的风险不超过所有其他类型事故导致立即死亡风险总和的千分之一；厂区外 16.1 km 范围内公众由于反应堆运行导致癌症死亡的风险不超过所有其他原因导致癌症死亡风险总和的千分之一。公众对核能安全的质疑主要源于历史上发生的三哩岛、切尔诺贝利、福岛三次严重核事故，这几次事故对核能发展带来了严重的负面影响。另一方面，各核电国家都积极吸取每次事故的经验反馈，促进核电安全和监管水平的进步与发展。

我国在运核电机组的安全性有保障，机组安全水平和运行业绩良好，安全风险处于受控状态，放射性流出物水平远低于国家标准。我国核电发展起步较晚，具有后发优势，从一开始就采用了成熟的第二代改进型压水堆核电机型。反应堆设计阶段就吸收了三哩岛和切尔诺贝利事故的经验反馈，并采取了持续改进的措施。福岛核事故后，我国立即对运行和在建核电厂开展了安全大检查，切实吸取福岛事故的经验反馈，暂停新的核电项目审批。经过评估和整改，核电厂应对极端外部自然灾害与严重事故的预防和缓解能力得到加强，我国核电安全性和监管水平不断提高。我国在运的 40 余台核电机组绝大多数属于第二代改进型，安全水平不低于国际上绝大多数运行机组，运行业绩也排在国际前列，WANO（世界核电运营者协会）运行指标普遍处于国际中上水平，没有发生过一起国际 2 级及以上的核事故，放射性排出物剂量水平远低于国家标准；2018 年年底开始陆续投入运营的第三代核电机组安全性更佳。专家的分析表明，日本福岛处于欧亚板块与太平洋板块"俯冲带"上，历史上大地震频发；福岛核电站为早期设计的沸水堆。我国核电采用压水堆技术路线，无论从堆型、自然灾害发生条件和安全保障方面来看，类似福岛的事故序列在我国发生的可能性不大。

我国自主先进压水堆核电技术能够满足国际上最高核安全要求。福岛事故后，自主先进压水堆核电的开发和建设，使核电的安全性达到了一个新的高度。按照我国《核安全与放射性污染防治"十二五"规划及 2020 年远景目标》的要求，我国"新建核电机组具备较完善的严重事故预防缓解措施，发生严重堆芯损坏事件的概率低于十万分之一，每堆年发生大量放射性物质释放事件的概率低于百万分之一"；"'十三五'及以后新建核电机组力争实现从设计上实际消除大量放射性物质释放的可能性"。我国自主开发的"华龙一号"和 CAP 1400 压水堆机型，采用先进的自主先进压水堆核电技术，有完善的严重事故预防和缓解措施，全面贯彻纵深防御原则，设置多道实体安全屏障，实现放射性物质包容。自主先进压水堆核电机组采用双层安全壳，外层安全壳能够承受强地震、龙卷风等外部自然灾害，以及火灾、爆炸，包括大型商用飞机恶意撞击等人为事故的破坏与袭击；内层安全壳能耐受严重事故情况下所产生的内部高温高压、高辐射等环境条件，安全壳的完整性能够保障实际消除大量放射性物质的释放。我国目前开工建设的高温气冷堆示范工程和钠冷快堆示范工程、正在开发的小型模块化压水堆等，具备更高的固有安全特征。

核电厂产生的乏燃料是严格受控的，不会出现不可控的安全问题。一个核电机组每年卸出 20~30 t 乏燃料，贮存在核电厂内部的乏燃料厂房中，乏燃料厂房贮存的容量可满足 15~20 年的卸料量和一个整堆的燃料。压水堆核电站乏燃料中含有约 95% $^{238}$U、约 0.9% $^{235}$U、约 1% $^{239}$Pu、约 3% 裂变产物、约 0.1% 次锕系元素。其中仅裂变产物和次锕系元素为放射性废物，其他均是可再利用的战略物资。我国实施闭式燃料循环的技术路线，提取乏燃料中的 U 和 Pu 作为快中子增殖堆的燃料。裂变产物中只有少量的高放射性、长寿命核素，它们经化学分离后可在热堆中有效嬗变为短寿命核素。高放射性、长寿命次锕系元素可在快堆中有效嬗变。低中放固体废物亦受到严格的控制，按规定每座核电厂的年固体废物应不超过 50 m³。我国自主设计的第一座动力堆乏燃料后处理中试厂热试成功，已正式投产；并正在规划自主建设我国首个商业规模的乏燃料后处理工程，为实现我国压水堆核燃料闭式循环奠定基础。高放废物经玻璃固化和三重工程屏障处理以及深地层最终处置，不会对环境、人类带来危害。

核能安全涉及整个核电产业链，重点是核电厂的设计、建造、运行和维护，装备制造、乏燃料贮存、后处理、放射性废物处置等环节。为保障核能安全利用，从管理层面看，必须严格按照相关法规和标准的要求，加强各个环节的过程管理、质量控制、安全监管。从技术层面看，核电安全发展的目标是做到消除大量放射性物质释放，能够达到减缓甚至取消场外应急。为实现核安全技术目标，需要持续强化反应堆安全研究。首先需要研究如何增强固有安全性，通过先进核燃料技术和反应堆技术研究创新应用保证发生严重事故的概率足够小；

同时需要研究堆芯熔融机理，通过开展堆芯熔融物在堆内迁移以及堆外迁移的主要进程和现象研究，优化完善严重事故预防与缓解的工程技术措施和管理指南；实现保障安全壳完整性研究，包括安全壳失效概率计算、源项去除等预防及缓解措施，应对安全壳隔离失效、安全壳旁路和安全壳早期失效和其他导致安全壳包容功能失效的事故序列；最后需要关注剩余风险保障措施，确保即使发生极端严重事故，放射性物质释放对环境的影响也是可控的，从而保障环境安全。

发展先进核能系统是解决核能可持续发展问题的关键。核能可持续发展面临铀资源利用率低和高放废物处置难题。如果采取一次通过，则铀资源的利用率只有约 0.6%，1 台 1 GW 核电机组每年需地质处置的高放废物达到 2 $m^3$/t 铀。通过第二代后处理技术提取钚进入压水堆复用，铀资源利用率可提高到接近 1%，需地质处置的高放废物降低到约 0.5 $m^3$/t 铀。随着快堆技术的逐渐成熟，发展快堆或 ADS（加速器驱动的次临界系统），通过第三代后处理技术提取出铀和超铀进入快堆多次循环，铀资源利用率可达 60%，并能有效嬗变超铀元素；需地质处置的高放废物量将小于 0.05 $m^3$/t 铀，且地质处置库的安全监管年限由一次通过的几十万年降低至千年以内。随着第三代核电的推广和第四代核电的逐步成熟，核电的公众接受度会逐渐提升。

核电必须安全、高效、规模化发展。我国核电发电量占比仅为 4.94%，远低于全球 10.4% 的平均水平。在确保安全的前提下，我国核电不但要发展，而且要规模化发展，才能成为解决我国能源问题的重要支柱之一，促进我国能源向绿色、低碳转型。按照《核电中长期发展规划（2011-2020 年）》，2020 年我国核电运行装机容量达到 5800 万 kW，在建容量达到 3000 万 kW（由于福岛事故后国家对核电项目的审批更加审慎，该规划落实有所滞后）。根据习近平主席在巴黎气候大会关于 2030 年我国"非化石能源占一次能源消费比重达到 20% 左右"的承诺，结合国内能源结构，预计届时核电运行装机容量约为 1.5 亿 kW，在建容量为 5000 万 kW。预计 2030 年国内总电量需求为 8.4 万亿 kW·h，核电发电量占 10%~14%，达到国际平均水平，实现规模化发展。2030—2050 年，预期实现第四代核能系统推广应用，快堆和压水堆实现匹配发展。

核能是一种重要的战略能源。核能能量密度高，核燃料易于储备，可有效提高能源自给率。对于核电而言，核燃料用量小，燃料成本占发电成本比例低，且易于运输和储备。1 台 1 GW 核电机组每年仅需新装入 25 t 核燃料，燃料所需库存空间很小，便于缺乏燃料资源的国家为应付供应中断的风险而储备较长供应时期的燃料。例如，我国建设 90 天石油进口量的储备，需要投入 380 亿美元，相当于 150 台百万 kW 核电机组 5.4 年铀储备的资金投入。因此，国际上将核燃料视为一种"准国内资源",将发展核电看作提高能源自给率的一个重要途径。

铀资源供应不会对我国核电发展形成根本制约。根据 2018 年经济合作与发展组织(OECD)发布的铀资源红皮书,全球已探明铀资源 798.8 万 t,如果按照 2016 年全球天然铀消耗量推测,则可以满足未来 130 年核电发展需求。此外,全球还有待查明铀资源约 1000 万 t,非常规铀资源 2200 万 t,可以满足较长时期全球核电发展的需要。在海水中大约含有 40 亿 t 铀,虽然浓度只有 3.3 mg/L,但总量巨大,可作为潜在铀资源。我国通过创新成矿理论,并指导北方沉积盆地找矿取得重大突破,新发现和探明了一批万吨至数万吨规模的大型、特大型砂岩型铀矿床,根据新一轮铀矿资源潜力评价的结果,预测国内铀资源量能满足 1 亿 kW 压水堆核电站 60 年发展需求。为保证我国核电规模化发展对于铀资源的需求,近期应该重点发展深层铀资源和复杂地质条件下空白区铀资源勘查、采冶技术,跟踪海水提铀技术。从长远来看,必须提早安排发展快堆及相应的核燃料循环技术,大幅提高铀资源利用率,从而解决人类上千年的能源需求问题。

核电是低碳、清洁、稳定能源。核电在运行过程中不会排放 $CO_2$ 等温室气体,也不会排放 CO、$SO_2$、$NO_x$ 等有害气体和固体尘粒。从核电全生命周期来看,核电的碳排放主要集中在铀矿开采、转化、铀浓缩、核电建设、后处理及核电退役等环节。IAEA(国际原子能机构)"2015 年度气候变化与核能报告"引用了 Ecoinvent 数据库与 NREL(美国国家可再生能源实验室)等多家实验室关于各种能源碳排放的全生命周期分析(LCA)数据库。研究发现,虽然每一种能源形式的碳排放值都有一个区间分布(体现了各个电厂全生命周期各环节采用的技术差异),但采用中位数来分析,各种数据库之间的吻合度还是很好的。根据该报告,煤电的碳排放最高(每度电 1025 g $CO_2$),随后依次是天然气(每度电 492 g $CO_2$)、带碳捕集与封存的化石电力(每度电 167 g $CO_2$)、光伏发电(每度电 49 g $CO_2$)、集中式太阳能发电(每度电 27.3 g $CO_2$)、风电(每度电 16.4 g $CO_2$)、核电(每度电 14.9 g $CO_2$)、水电(每度电 6.6 g $CO_2$)。可见,核电和风电、水电的碳排放水平最低,属于低碳能源。关于 CO、$SO_2$、$NO_x$ 等有害气体的 LCA 分析也有类似结论,即核电和风电、水电的有害气体排放属于同一水平。截至 2020 年 12 月 31 日,我国大陆地区投入商业运行的核电机组共 49 台,装机容量达到 5102.7 万 kW;商运核电机组累计发电量为 3662.43 亿 kW·h,约占全国累计发电量的 4.94%。与燃煤发电相比,核能发电相当于减少燃烧标准煤 10474.19 万 t,减少排放 $CO_2$ 27442.38 万 t,减少排放 $SO_2$ 89.03 万 t,减少排放 $NO_x$ 77.51 万 t。

与水电、风电、光电等清洁能源不同，核电能量输出是稳定的，不存在间歇性波动，年平均利用小时数可高达 7000~8000 h，提高核电比例不会对现有电网构成不安全因素。

核能产业是我国少数几个能够有实力和势头在世界上获得核心竞争力的高新技术领域，也是做强我国制造业的战略性产业之一。核能产业是高科技的综合集成，技术含量高，产业链条长，对从业人员素质要求高。在当前经济增速放缓的背景下，坚定发展核电对于推动产业结构优化升级、促进经济发展、加速我国能源向绿色低碳转型具有重要的现实意义。核电的规模化发展将拉动装备业、建筑业、仪表控制行业、钢铁等材料工业的发展。核级设备要求高、难度大，发展核电对提高材料、冶金、化工、机械、电子、仪器制造等几十个行业的工艺、材料和加工水平具有重要的拉动作用。全球范围内核电建设正迎来高潮，核电走出去已成为国家战略，核电已成为国家新名片，这对于带动装备制造业走向高端，打造我国经济"升级版"意义重大。以出口我国自主知识产权的第三代核电技术"华龙一号"为例，设备设计、制造、建安施工、技术支持均由国内提供，单台机组需要 8 万余套设备，国内有 200 余家企业参与制造和建设，可创造约 15 万个就业机会。出口价格约 300 亿元，相当于 30 万辆小汽车的出口价值。如果再加上数十年的核燃料供应、相关后续服务，单台机组全寿期可以创造约 1000 亿元产值，核电批量建设和出口对于拉动我国经济增长和结构调整的作用十分明显、潜力非常巨大。

## 2.2　核能技术发展现状

经过 60 多年的发展，核电及配套的核燃料技术成为日益成熟的产业，在世界上成为继火电及水电以外第三大发电能源，能够规模化提供能源并实现 $CO_2$ 及污染物减排。IAEA 等多家国际机构 2018 年的预测表明：在高增长情景下，2030 年全球核电发电量将比 2018 年的 2563 TW·h 增长 50%，2050 年全球核电发电量将在 2030 年的基础上继续增长 50%；低增长情景下，全球核电装机容量将缓慢降低，2040 年达到低谷，之后再逐步回升。即使在低增长情景下，全球核电发电量还是保持增长趋势，至 2030 年增幅将达到 11%，至 2050 年增幅将达到 16%。世界核电发展的总趋势没有根本变化，核电仍然是理性、现实的选择。

以压水堆为代表的热堆是目前主流商用堆型，也是 2030 年前我国核能规模化发展的主力堆型。通过吸取福岛等三次严重事故的经验反馈，压水堆的安全性逐步提高，CAP1400 和"华龙一号"等自主第三代堆型可以做到"从设计上实际消除大量放射性物质释放的可能性”，实现在任何情况下环境和公众的安全。钠冷快堆等第四代核能系统代表了核能进一步的发展方向，在安全性、可持续性（包括资源可持续与放射性废物最小化）、经济性、防核扩散方面都有更高的要求。第四代堆目前正处于研发阶段，预计 2030 年前后可能有部分成熟堆型推出，之后逐步扩大规模。受控核聚变能源更加清洁、安全且资源丰富，是未来理想的战略能源之一。聚变能源开发难度非常大，需要长期持续攻关，乐观预计在 2050 年前后可以建成商用示范堆，之后再发展商用堆。

## 2.2.1　国际核能技术应用现状

### 1. 压水堆是绝大多数国家核电开发的首要选择

截至 2019 年年底，全球共有 31 个国家和地区运营核电机组，在运核电机组共 443 台（含 3 台快堆），总装机容量为 392 GW；另外还有 55 台机组在建，总装机容量为 57.5 GW。在运机组中有 300 台压水堆、65 台沸水堆、48 台重水堆、13 台气冷反应堆、14 台石墨慢化轻水冷却反应堆，以及 3 台快堆。在建机组中有 44 台压水堆、4 台沸水堆、4 台重水堆、2 台快堆，以及 1 台高温气冷示范堆。压水堆占绝大多数，这种领先趋势还会继续扩大。沸水堆和重水堆占比仅次于压水堆，未来仍将有一定发展空间。英国的气冷反应堆和俄罗斯的石墨慢化轻水冷却反应堆即将退役并退出历史舞台。快堆和高温气冷示范堆未来会逐步发展。实践证明，压水堆有良好的安全性和经济性，是绝大多数国家核电开发的首要选择。我国核电发展确定了压水堆的技术路线，在运核电站全部是压水堆，在建反应堆除了一台高温气冷示范堆和一台快中子示范堆外，其余都是压水堆。压水堆仍将在相当长时间内占主导地位，2030 年前后第四代堆会逐步进入市场。

### 2. 现役机组性能不断改善，延寿和退役需求增加

核能界在加强核安全方面持续取得稳步进展。IAEA 及其成员国继续实施福岛核事故后制订的“核安全行动计划”。许多领域的 IAEA 安全标准的审查和修订取得了显著的进展。IAEA 和 WANO 收集的安全性能指标体现了核电厂的运行安全性仍然很高。据统计，2008—2019 年核电厂每运行 7000 h（约一年）的紧急停堆次数均低于 2008 年之前所报告的水平（0.67 次每 7000 h）。

挖掘现役机组潜力。经过技术改造和设备性能的提高，核电机组性能在不断改善，主要表现为功率提升、负荷因子提高、机组寿命延长。美国在 1978—2012 年这 34 年间没有新核电机组开工建设，但在过去的 15 年间，通过采取提升功率和增加电厂利用率等措施，使核能新增的发电能力相当于 19 个百万千瓦

机组。1980—2019 年，全球核电平均负荷因子从 60% 提高到 82.5%；2019 年有 1/3 机组负荷因子超过 90%，高龄机组的负荷因子几乎和新机组相当，并没有出现随着服役时间增加，性能显著下降的情况。美国非常重视提高核电机组运行性能，2000 年后核电平均负荷因子一直高于 90%，属于全球领先水平。我国 2015—2018 年核电负荷因子均低于 90%，主要原因是辽宁和福建两省核电消纳能力不足。我国核电正面临着参与调峰的压力。

高龄机组延寿成为趋势。截至 2019 年年底，超过 66% 的运核电机组已经运行了 30 年以上。美国在 20 世纪 90 年代开始实施运行机组的延寿改造，经寿命评估、安全分析，以及系统技术改造，设备性能提升成效显著，美国核电机组平均年龄已经接近 40 年，超过 3/4 的核反应堆已经被授权许可延寿到 60 年，2019 年至今已经有 4 台机组被批准二次延寿，可运行至 80 年。法国的核反应堆被授权延寿 10 年，但法国安全部门明确表示目前所有机组未必都能通过原定 40 年寿期的深度检查。比利时政府已经批准 3 台核电机组延寿 10 年，但尚未得到安全部门的许可。

### 3. 核电迎来发展热潮，第三代堆和小型模块化反应堆是近期发展重点

核电正迎来 20 世纪 80 年代以来新一轮的建设高潮。截至 2019 年年底，在建核电机组 55 台，总装机容量为 57.5 GW$_e$$^\ominus$。在运核电站的 30 个国家中，有 15 个正在积极新建核电机组或扩大核电计划，正在进行的新建核电项目有 45 个，总净装机容量达 46.567 MW$_e$。在正在考虑、规划或积极致力于将核电纳入能源结构的 28 个国家中，有 18 个已开始对核电基础结构进行研究；4 个已做出决定，正在建设机构能力和开发必要的基础设施，以准备签署合同和筹资新建核电站；1 个已签署合同（埃及），2 个已经开始建造（孟加拉国和土耳其）；还有 2 个国家的第一座核电站已接近完工（白俄罗斯和阿联酋）。

第三代核电项目的建设普遍延期。截止到 2016 年 9 月 1 日，共有 18 个先进第三代核电项目（8 个西屋 AP1000、6 个俄罗斯原子能机构 AES-2006、4 个阿海珐 EPR），其中有 16 个项目存在不同的延期情况。原因包括设计问题、专业技术人员短缺、质量控制问题、供应链问题、电力公司和设备供应商计划不周及资金短缺。2011—2015 年全球新增并网核电机组 29 台，建造时间中位数为 68 个月；2016—2018 年新增核电机组 23 台，建造时间中位数为 81 个月；2019 年新增核电机组 6 台，建造时间中位数为 118 个月。建造时间增加的主要表现是同类机型首台机组建设拖期严重。值得指出的是，我国自主第三代反应堆"华龙一号"所有项目建设进展顺利；"华龙一号"全球首堆工程开工建设到并网发电

---

⊖   GW$_e$ 指电功率；MW$_e$ 类同。

耗时约 67 个月，创造了全球第三代核电首堆建设最快速度。

小型模块化反应堆（SMR）研发掀起热潮。SMR 具有固有安全性好、单堆投资少、用途灵活的特点。美国政府 20 世纪 90 年代以来一直在资助开发 SMR，希望用 SMR 来替代大量即将退役的小火电机组。B&W mPower 和 NuScale 公司提出的两种小堆已获得美国政府为期 5 年、总计 4.52 亿美元的资金支持。NuScale 公司近期更新了 SMR 设计方案，功率从 50 MW（2016 年）提升到了 77 MW（2020 年）。并计划于 2022 年向美国核管会提交安全设计审查，2027 年投入商用。俄罗斯设计的两台浮动核反应堆 2007 年开式建造，但因资金不足等原因被一再推迟，最终于 2020 年 5 月投入商用。韩国设计的 SMR，即一体化模块式先进反应堆（SMART）已经开发了 20 年，该设计于 2012 年得到授权许可。法国船舶制造企业集团近期推出了水下小型模块化核电站（FLEXBLUE）概念。英国政府于 2016 年 3 月开始竞标最适合英国的 SMR。中国的 SMR 高温气冷堆正在建造当中，ACP100 小型压水堆成为世界上首个通过 IAEA 安全审查的小堆，并且正在准备建造陆上示范工程，同时开发海上浮动堆。

**4. 核燃料循环后端比较薄弱**

燃料生产能力略大于需求。近年来全球 $UF_6$ 生产稳定在每年约 7.6 万 t 铀，铀转化服务需求总量（假设 $^{235}U$ 浓缩尾料丰度为 0.25%）每年在 6 万~6.4 万 t 铀之间。全球铀浓缩能力约为每年 6500 万分离功单位，总需求将近每年 4900 万分离功单位。轻水堆燃料组件生产能力约为每年 1.35 万 t（浓缩铀），需求量保持在约 7000 t 燃料。

乏燃料后处理能力严重不足，乏燃料贮存与废物处置压力日益增加。乏燃料中约含 1% 的超铀元素、4% 的裂变产物及 95% 的铀，后处理可以极大减少需要地质处置的高放废物体积，降低长期处置风险。迄今，已从核电站卸出 40 多万 t 重金属。从商用核电堆卸出的燃料约 75% 贮存在反应堆水池或干法和湿法乏燃料离堆贮存设施。目前有 151 个乏燃料离堆贮存设施分布在 27 个国家。其余约 10 万 t 从全球核电站卸出的重金属已进行后处理。全球对普通氧化物燃料的后处理能力约为 5000 t/年，但这些后处理能力目前并非全部投入使用。另一方面，高放废物地质处置工作进展缓慢，不少国家面临公众反对压力，只有芬兰、法国、瑞典已经宣布预计运行时间，实现技术可行、社会可接受的深地质处置库。

核设施退役经验丰富、任务艰巨。截至 2019 年 12 月 31 日，全世界有 186 座核电反应堆已关闭或正在退役。其中 17 座反应堆已完全退役，还有若干座正进入退役最后阶段。根据预测，在低增长情景下，至 2030 年退役和新增的核电装机容量将分别达到 117 $GW_e$ 和 85 $GW_e$，2030—2050 年间还将继续退役和新增的核电装机容量分别达到 173 GW$_e$ 和 179 GW$_e$。在高增长情景下，假设一些计划退役的核电机组获得延寿批准，那么至 2030 年退役的核电装机容量将只有 49 GW$_e$，2030—2050 年退役的核电装机容量将只有 137 GW$_e$，新增的核电装机容量至 2030 年将达到 148 GW$_e$、至 2050 年将达到 356 GW$_e$。

## 2.2.2 国内核能技术发展现状

1983 年 6 月，国务院科技领导小组主持召开专家论证会，提出了我国核能发展"三步（压水堆—快堆—聚变堆）走"的战略，以及"坚持核燃料闭式循环"的方针；在《国家能源发展"十二五"规划》中，又提出了安全高效发展核电的主要任务，继续明确了"三步走"技术路线。

自主第三代压水堆核电技术落地国内示范工程，并成功走向国际，已进入大规模应用阶段，可满足当前和今后一段时期核电发展的基本需要。我国延寿和退役工作正在起步，应该做好技术储备；已具备完整的核燃料产业链，明确采取闭式循环路线，需加强技术突破和产能规模的发展。我国乏燃料干式贮存、后处理和废物处置均落后于世界水平，亟须赶上。

快堆、高温气冷堆、超临界水堆、熔盐堆、超临界水堆等第四代核电技术方面全面开展研究工作，其中钠冷实验快堆已经实现并网发电，目前处于技术储备和前期工业示范阶段，高温气冷堆正在建造示范工程。聚变技术方面，我国成为世界上重要的聚变研究中心之一。磁约束聚变研究领域，在两个主力磁约束聚变装置 EAST 和 HL2A 上开展了大量高水平实验研究，作为核心成员参加国际热核聚变实验堆（International Tokamak Experimental Reactor，ITER）计划，正在开展中国聚变工程试验堆（Chinese Fusion Engineering Testing Reactor，CFETR）概念设计和关键部件的预研。在惯性约束领域，建成了神光Ⅲ和聚龙一号等装置，为激光惯性约束聚变和 Z 箍缩（Z-pinch）惯性约束聚变基础问题研究提供了重要实验平台。

## 2.2.3 核能发电安全事故情况

核电历史上发生过三次重大核事故。

第一起是 1979 年发生在美国三哩岛的核电厂事故。该事故是由给水丧失引起瞬变开始，经过一系列事件造成了堆芯部分熔化，大量裂变产物释放到安全壳。由于安全壳的良好屏障作用，事故中没有人员伤亡，未对公众造成任何辐射伤害，对环境的影响也微不足道。但这次事故对世界核工业的发展造成了深远的影响。事故之后近 30 年的时间内美国没有建设新的核电机组，直到最近才开始建设第三代先进压水堆核电机组。从 20 世纪 80 年代开始，美国核电运行研究院（INPO）牵头，吸取三哩岛事故的经验反馈，在提高第二代核电厂运行安全可靠性方面开展了大量卓有成效的工作。通过 INPO 和各电力公司的共同努力，美国投运核电厂的运行安全可靠性有了长足的进步，运行性能指标总体良好。不仅如此，基于良好的安全性和经济性，美国现役核电机组纷纷申请延长20 年使用寿期，而且大多数申请已获美国核管理委员会的批准。可见，第二代和第二代改进型核电机组的安全性是有保障的。

1986 年，苏联切尔诺贝利核电厂 4 号机组发生了核电历史上最严重的事故。该机组属于石墨沸水堆，事故是在反应堆安全系统试验过程中发生功率瞬变引起瞬发临界而造成的。反应堆堆芯、反应堆厂房和汽轮机厂房被摧毁，大量放射性物质释放到环境中，产生全球范围恐慌，使核电发展蒙上一层阴影。事故的主要原因是这种堆型本身的设计缺陷，包括：反应堆在低于 20% 额定功率运行时，存在正的空泡反应性系数，易于出现极大的不稳定性；控制棒吸收体下方有一段石墨跟随体，当下插速度过慢时会引入正反应性；反应堆没有设计安全壳等。另外，运行人员严重违章操作规程，使反应堆进入不稳定工作状态，是导致事故发生的导火线。事故后苏联采取了多种整改措施，使得在运机组不可能再度发生同类事故。然而由于缺少安全壳这道最后的安全屏障，这种石墨沸水堆在全世界不会再建。

2011 年 3 月，日本东部海域发生 9 级大地震，引发巨大海啸，最终导致福岛第一核电厂发生严重核事故，多个机组发生堆芯熔化、氢气爆炸，大量放射性物质向环境释放，事故后果仅次于切尔诺贝利事故。总体来说，福岛核事故后果严重、损失巨大、影响深远。与前两次事故不同，福岛事故是由极端外部自然灾害直接导致的。地震及海啸造成多机组、长时间全厂完全断电和最终丧失热阱，超出了设计考虑的范围，而且对核电厂及周围基础设施造成了极其严重的破坏，影响了外部救援。另外，事故发生和处理过程中产生了大量放射性废水，放射性废液的泄漏和处理问题逐渐显现。福岛事故后，美国、欧盟等对其境内的核电厂开展了压力测试，我国也开展了核电厂安全大检查，切实吸取事故的经验反馈。日本福岛处于欧亚板块与太平洋板块"俯冲带"上，历史上大地震频发；福岛核电站为早期设计的沸水堆。我国核电采用压水堆技术路线，专家的分析表明，无论从堆型、自然灾害发生条件和安全保障方面来看，类似福岛的事故序列在我国发生的可能性不大。

福岛核事故后，国际上提出"从设计上实际消除大量放射性物质释放的可能性"，实现在任何情况下，确保环境和公众的安全。第三代核电的开发和建设，使核电的安全性达到了一个新的高度。

### 2.2.4 裂变核能应用技术重点方向现状

**1. "实际消除大量放射性物质释放"概念将对技术发展产生深远影响**

安全是核电发展的基石。《核安全与放射性污染防治"十二五"规划及2020年远景目标》明确要求："'十三五'期间新建核电站要从设计上实际消除大量放射性物质释放的可能性"，以确保环境和公众的安全。设计单位所做的确定论和概率论分析表明，我国自主第三代华龙系列和 CAP 系列可以实现上述目标。下一步为实现技术上减缓甚至取消场外应急的目标，还需持续深化堆芯熔融机理严重事故现象学研究，提升严重事故预防和缓解技术（设计、模拟、实验及验证）以及事故管理水平；开发耐事故燃料，提高反应堆固有安全水平；开展保障安全壳完整性研究，以应对安全壳隔离失效、安全壳旁路和安全壳早期失效和其他导致安全壳包容功能失效的事故序列；关注剩余风险，采取安全壳过滤及储罐的技术方案，保障在极端情况下，实现放射性物质的"贮存、处理、封堵、隔离"，保障核电厂即使发生极端严重事故，放射性物质释放对环境的影响也是可控的，从而保障环境安全。

**2. 第三代先进压水堆核电经济性有待提高**

第三代压水堆安全性能更好、发电效率更高，燃料经济性也更好，但是目前第三代核电首堆建设普遍延期，首堆造价高于第二代堆。实现安全性与经济性的平衡是第三代核电发展面临的现实挑战，也是所有承建商和运营商的共同目标。这一目标可以通过一系列措施实现，包括优化设计，采用标准化、模块化技术降低制造和建设成本，充分利用首堆建设项目的经验教训。在运营方面，尽量保证核电按照基础负荷发电。随着未来可再生能源发电量逐渐增大，应考虑到各项发电技术的特性，从电力系统和市场的角度来更好地整合核能、火电和可再生能源，避免发电量损失，提升成本效益。

**3. 各国普遍重视小型模块化反应堆开发**

一体化模块式小型反应堆安全性好，适于中小型电网的供电、城市区域供热、工业工艺供热和海水淡化等多个领域应用的需求，在这些特殊场合比其他能源形式更具竞争力。小型模块化反应堆类型多样，目前在建的有阿根廷（CAREM）和中国（HTR-PM），其他在近期有部署可能的类型如 mPower、NuScale 电力公司和西屋公司的小型模块化反应堆，在美国设计的 Holtec 小型模块化反应堆，韩国的 SMART，以及我国的 ACP100 等。

**4. 第四代先进核能系统初现端倪**

第四代核能系统最显著的特点是强调固有安全性，这是解决核能可持续发展问题的关键环节。美国 2000 年发起"第四代核能系统国际论坛（GIF）"，希望能更好地解决核能发展中的可持续性（铀资源利用与废物管理）、安全与可靠性、经济性、防扩散与实体保护等问题。GIF 提出 6 种堆型，包括钠冷快堆（SFR）、铅冷快堆（GFR）、气冷快堆（LFR）、超临界水堆（SCWR）、超高温气冷堆（VHTR）和熔盐堆（MSR）。行波堆和 ADS 也可以满足第四代堆的要求。上述 8 种堆型处在不同的发展阶段，详见表 2-1。其中钠冷快堆和超高温气冷堆基础较好。除超高温气冷堆和行波堆适宜采用一次通过后处理，其他几种堆型都适宜采用闭式燃料循环。

表 2-1　第四代反应堆发展现状

| 堆　　型 | 作　　用 | 技术发展阶段 |
| --- | --- | --- |
| 钠冷快堆 | 闭式燃料循环 | 商业示范堆建成 |
| 铅冷快堆 | 小型化多用途 | 关键工艺技术研究 |
| 气冷快堆 | 闭式燃料循环 | 目前有关键技术难于克服 |
| 超临界水堆 | 在现有压水堆的基础上提高经济性与安全性 | 关键技术和可行性研究 |
| 超高温气冷堆 | 核能的高温利用 | 示范工程开工建设 |
| 熔盐堆 | 钍资源利用 | 关键技术和可行性研究 |
| 行波堆 | 提高铀的利用率 | 关键工艺技术研究 |
| ADS | 嬗变 | 关键工艺技术研究 |

## 2.2.5　核能技术应用政策比较分析

### 1. 各国发展核能态度综述

福岛核事故客观上延缓了各国对发展核能的预期，但这种影响在逐渐减弱。德国、比利时和瑞士在事故前就对发展核电有争议，事故后决定逐步停止使用核能。日本一度关停了所有核电，目前迫于能源供应压力希望重启核电，但仍面临公众压力。美国、法国、俄罗斯、英国、韩国、印度、中国等有核国家仍然坚定发展核电。波兰和土耳其等国即将成为欧洲新兴核电国家。中东地区的伊朗和阿联酋等新兴核电国家对核电发展表示出浓厚兴趣。沙特阿拉伯、越南、孟加拉国、泰国、印度尼西亚、马来西亚、菲律宾等亚洲无核国家也打算发展核电。

美国坚持核能为国家长期能源战略，核电比重在较长时期内不会改变。美国 2012 年开始重启核电建设，先后有 4 台 AP1000 开工建设，另有 6 台 AP1000 获得批准。开工的 4 台机组均存在费用严重超支，其中两台已经被迫中止建设，另外两台在政府的支持下继续建设。近年来美国能源部特别重视 SMR 的发展，计划用 SMR 替代淘汰的小型燃煤发电厂。法国基于能源多样化长远考虑，计划

2025 年将核能比例由 75% 降到 50%。俄罗斯推行稳定的核能发展战略，包括发展第四代快堆技术；计划到 2028 年前每年一台大型机组并网发电。俄罗斯的核电出口和快堆技术在国际处于领先地位。英国已经制订了一个重大的新建项目规划，用于取代即将退役的核电站，但目前进展缓慢，预计将延后。韩国 2009 年从阿联酋获得了首个出口合同并希望将出口扩大到其他中东国家和非洲，计划 2035 年将核电装机容量提升到总发电量的 29%。印度制订了庞大的核能发展计划，曾经期望在 2020 年核电装机容量达到 20 GW，但实际只建成 6.5 GW。尽管如此，印度还是对未来几十年内大幅度提升核电份额寄予厚望。

**2. 主要有核国家燃料循环策略**

美国政府对燃料循环采取"边走边看"的态度，目前基于防核扩散和经济性的考虑，主张采用"一次通过"的开式循环。一些智库，包括麻省理工学院在 2011 年《核燃料循环的未来》报告中仍然认为"今后 50 年内最佳选择是开放式的一次通过循环燃料系统"；主张采用闭式循环的呼声也从未中断，例如 2005 年后曾提出 AFCI 倡议和 GNEP 倡议，试图恢复包括后处理和快堆在内的核燃料闭式循环技术路线。

俄罗斯一直坚持走基于快堆的闭式燃料循环路线，并制订了相应的快堆及其燃料循环发展计划，提出了分别基于 BN800 和 BN-C 系列快堆的燃料循环方案。

法国后处理技术和快堆技术都相对成熟、先进。在 1990 年建成的 1000 t/年轻水堆后处理厂的基础上，原计划 2020 年建成 MOX（钚铀混合氧化物）燃料和氧化铀燃料的先进后处理厂，2040 年建成 2000 t/年后处理能力的处理压水堆和快堆乏燃料的先进后处理厂，并采用 UREX+1A 流程。

英国一直坚持闭式燃料循环，1967 年建成年处理能力 1500 t 的塞拉菲尔德二厂专门处理气冷堆燃料。年处理能力 1200 t 的 Thorp 可处理轻水堆和先进气冷堆乏燃料，该厂于 1997 投入商业运行，2001 年后因事故一直停运。英国计划到 2025 年新建 16 GW 第三代核电，取代国内的气冷堆，这一阶段将采用开式循环；2050 年核电发展到 40 GW，发展热堆-快堆闭式燃料循环。

日本在福岛核事故前一直坚持闭式燃料循环路线。日本已经分离积累了相当量的工业钚，其中一部分想做成 MOX 燃料，放在热堆中使用。分离出的次锕系元素（MA）将和钚一起在快堆中嬗变。

印度提出了铀钚循环和钍铀循环相结合的燃料循环策略。在第一阶段发展铀钚燃料循环系统。印度更关注核燃料的增殖，认为 MA 的嬗变不紧迫，从实施策略上倾向于 MA 和钚一起循环。

韩国积极发展核电和燃料循环技术，但受到一定的外部条件制约。韩国发展快堆及其燃料循环的主要目的是 MA 嬗变以及钚的循环利用，倾向于采用超铀整体循环策略。

中国坚持发展闭式燃料循环。为解决制约中国核电发展的铀资源利用最优化和放射性废物最小化两大问题，统筹考虑压水堆和快堆及乏燃料后处理工程的匹配发展，通过重大科技专项解决在 PUREX 工艺流程基础上，先进无盐二循环工艺流程和高放废液分离流程工艺、关键设备、材料及仪控、核与辐射安全等技术，开展部署快堆及后处理工程的科研和示范工程建设，以实现裂变核能资源的高效利用。在核燃料闭式循环实现之前，开展乏燃料中间贮存技术和容器研制，以解决乏燃料的厂房外暂存问题；乏燃料后处理产生的高放废物将进行玻璃固化和深地质处置。

## 2.3　核能技术发展方向

### 2.3.1　核能发电领域科技发展存在的重大技术问题

#### 1. 热堆规模化发展需要解决的技术问题

1) 铀矿勘查、采冶开发需要加强。根据我国新一轮铀矿资源潜力评价的结果，在不考虑引入 MOX 燃料元件、发展快堆技术的前提下，国内天然铀只能满足近 1 亿 kW 压水堆核电站全寿期（60 年）运行所需。我国铀资源勘查程度低，考虑到从地质勘查到获得天然铀，再通过铀的转化、铀同位素分离和制造出核燃料元件入堆，至少需要 15 年以上时间，必须从现在开始加强地质勘查和采冶开发，以保证我国核电的可持续发展。

2) 第三代先进压水堆安全性和经济性需要优化平衡。目前国内外在建的第三代压水堆如 AP1000、EPR 都有不同程度的延期，造成首堆经济性较差。核电站对安全和质量的要求极高，建设过程的每个链条、每个环节，特别是关键路径上的任何一个环节出现问题都可能影响工期从而影响经济性。对于核电经济性逐步变差这一局面，核电项目从业者、行业管理者等相关各方普遍意识不够，亟待开展系统性的研究工作。

3) 核能规模化发展阶段核设施运行与维修技术需要升级。现有的部分检维修工作需要投入大量人力、耗费大量时间，并且工作强度大、辐射剂量高、出错概率和风险大，属于"低端手工式"作业。当存在大量老化机组时，必须全面升级运行维修技术，实现"高端智能式"作业。另外，当存在大量老化机组时，设备设施失效可能性和风险同时增大，特别是多个设备同时失效导致严重事故的可能性将会增加。核电设备可靠性、老化管理技术及应急响应技术都需要尽快完善和提高。

4）核电设备制造工艺尚需不断完善和固化，一些关键技术还需突破。2006年以来，核电国产化战略不断深入推进，核电设备制造能力和技术水平得到大幅提升。目前第二代改进型核电设备国产化率达到85%，具备8~10台套的批量制造产能。第三代核电"华龙一号"首堆建设国产化率将不低于85%，批量化建设后设备国产化率不低于95%，关键设备供货可以依托现有核电机组已经形成的国产化能力。CAP1400设备国产化率也有望超过85%。值得注意的是，核电装备的全面发展，也就是最近10年的事情。核电设备设计和生产环节衔接不够紧密，很多加工制造工艺还需要不断完善和固化，这样产品质量才能稳定和提高。另外，部分高端阀门、AP系列屏蔽主泵、数字化仪控系统等关键技术还需突破。

5）核电软件能力建设急需加强。近几年来，我国核电软件自主化开发取得关键突破，中国核工业集团有限公司（以下简称中核集团）的NESTOR以及国家核电技术公司的COSINE相继发布，结束了我国核电没有自主设计软件的历史，为自主第三代核电推广打下了坚实的基础。美国和欧盟正在开发"数值反应堆技术"，旨在以高性能计算技术为基础，利用多物理、多尺度耦合技术建立一个具有预测反应堆性能的虚拟仿真环境，并先后启动了CASL、NEAMS、NURESAFE等项目。国内应该联合优势力量，争取在新一轮的核能软件研发领域赶上欧美发达国家的步伐。

6）压水堆乏燃料的贮存、后处理及废物处置环节需加强。2020年，我国核电站乏燃料累积存量约7000 t，每年从核电站卸出的乏燃料接近1000 t，其后每年从核电站卸出的乏燃料将随核电站总装机容量的增加而递增。目前后端能力产能难以满足核电规模化发展对于乏燃料处理的需求。急需开展后处理能力建设，并配套发展离堆贮存技术，解决目前的核电乏燃料后处理和堆内贮存矛盾。高放废物处置工作需要尽快展开。

**2. 快堆和第四代堆发展需要解决的技术问题**

1）核裂变燃料的增殖。虽然短期内不存在铀资源制约问题，但我国核电长期规模化发展仍面临燃料供应不足的风险。压水堆对铀资源的利用率仅约1%，快堆理论上可以将铀资源利用率提高到60%以上，有望成为一种千年能源，但其研发投入还比较欠缺。钠冷金属燃料快堆增殖比高，配合先进干法后处理可以实现较短的燃料倍增时间，有利于核能快速扩大规模，应该及早开展相关基础研究。

2）超铀元素分离与嬗变。超铀元素是宝贵的核燃料，如果不加利用就会成为高放废物，它的处理是影响公众核电接受度的重要问题。采用一次通过式燃料循环，需要地质处置的高放废物将随着核电运行逐渐积累，长期环境风险较大。为建立基于快堆的闭式燃料循环，需要发展先进的湿法后处理和干法后处理技术。超铀元素的嬗变需要开发专用嬗变快堆或者 ADS。

3）先进核能的多用途利用。除了发电，核能在供热和核动力领域都很有发展潜力。开发超高温气冷堆、铅冷快堆等小型化多用途堆型，可以作为核能发展的重要补充。

4）第四代堆型的定位和取舍。第四代堆堆型很多，处在不同的发展阶段，一个国家没有必要、也没有能力全面发展。因此，应该加强核能战略研究，明确各种堆型发挥的作用、技术成熟度和发展的空间。行波堆、超临界水堆、熔盐堆、气冷快堆等堆型都有各自的优点和面临的挑战，是否应该发展以及怎样发展都是需要进一步研究的问题。

### 3. 受控核聚变科学技术需要解决的技术问题

实现受控核聚变主要有磁约束和惯性约束两种途径，两者均处于不同探索阶段，距离聚变能源的要求还比较远。磁约束聚变界正在联合建造 ITER，将在ITER 上研究稳态燃烧等离子体各类物理与技术问题，验证开发利用聚变能源的科学可行性和工程可行性。惯性约束聚变首先需要解决聚变点火问题。

实现大量聚变反应所需的关键技术，对磁约束聚变而言是加热、约束（实现聚变）和"维持"（长时间或平均长时间的聚变反应）；对惯性约束而言则是压缩、点火和"高重复频率点火"。未来的磁约束聚变装置必须以长脉冲或者连续方式运行，以便获得可控的聚变能量并稳定输出；惯性约束聚变要能获得大量聚变能量，必须实现以高重复频率点火方式运行，这具有相当大的挑战。

聚变能源商业应用前还面临研制能耐高能中子辐照的材料，建立能够实现氚自持的燃料循环等诸多工程技术挑战。发展聚变-裂变混合堆有可能促进聚变能提前应用，其在未来能源中的竞争力尚需与第四代堆及聚变堆进一步评估后确定。

## 2.3.2  研究和把握核能发电领域科技发展态势和方向

### 1. 热堆是 2030 年前核电发展主力

压水堆技术的未来总体发展方向是围绕核能利用长期安全稳定及效能最大化。安全性仍然是核电发展的前提，可以在先进核燃料研发、严重事故机理研究、完善先进理念的安全系统、设置完善的严重事故预防和缓解措施、增强对外部事件的防御能力应用、实施核废物最小化等方面开展改进研究。

实现安全性与经济性的优化平衡是第三代核电发展面临的现实挑战。可以通过应用简化理念、数字化设计体系、标准化设计、可靠性设计、安全审评国际范式以降低设计研发成本；通过推动设计制造一体化、设备国产化、标准化牵引装备制造提高产品质量、提升制造效能；通过应用模块化理念、设计简化减少管道焊缝、开顶施工等技术降低建造成本、缩短工期；通过提高燃料可利用率、在线监测、智能诊断等技术减少备品备件，实现电站高效运营。

压水堆乏燃料的干式贮存、后处理、高放废物处置需要统筹考虑，合理布局。

### 2. 快堆及第四代堆是核能下一步的发展方向

预计 2030 年前后将有部分成熟第四代堆推向市场，之后逐渐扩大规模。钠冷快堆是目前第四代堆中技术成熟度最高、最接近商用的堆型，也是世界主要核大国继压水堆之后的发展重点。钠冷快堆首先需要通过示范堆证明其安全性和经济性。快堆配套的燃料循环是关系快堆能否规模化发展的关键，涉及压水堆乏燃料后处理、快堆燃料元件生产及快堆乏燃料后处理等环节。如果非常规铀开发，比如海水提铀技术取得突破，那么快堆能源供应的需求会弱化，嬗变超铀元素和长寿命裂变产物的需求会强化。也就是说，类似海水提铀类的技术突破会使快堆的定位从增殖转向嬗变，发展规模相应减少，但快堆及其燃料循环发展还是必需的。考虑到快堆燃料循环的建立需要数十年的时间，应该及早开展相关研究工作，加强技术储备。

我国的高温气冷堆技术世界领先，在此基础上发展超高温气冷堆，将是核能多用途利用的重要方式之一。其他第四代堆技术尚处于研发阶段，在某些技术上具有一定的优势，但也存在着需要克服的工程难题。

### 3. 聚变能源是未来理想战略能源

聚变能源比裂变能源更加清洁、安全且资源比较丰富，是未来理想的战略能源之一。磁约束聚变领域，托卡马克（Tokamak）研究目前处于领先地位。我国正式参加了 ITER 项目的建设和研究；同时正在自主设计、研发 CFETR。在惯性约束领域，Z 箍缩作为能源更具有潜力，我国提出的 Z 箍缩驱动聚变-裂变混合堆更有可能发展成具有竞争力的未来能源。实现聚变能的应用尚未发现任何捷径，但需要继续关注国际聚变能研究的新思想、新技术和新途径。

## 2.4 核能技术体系

### 2.4.1 重点领域

1）压水堆研发领域。压水堆领域主要分为两方面，一方面是基于核电站的生命周期，另一方面则是基于核燃料循环的研发领域。核电站生命周期领域的研发主要涉及设计和施工、装配和建设、运行、发电和产热、维护和资源扩展、中低放废物处理和处置、退役等方面。核燃料循环领域的研发主要涉及铀矿开采、铀转化、铀浓缩、核燃料制造和再加工、乏燃料的回收和处置、高放废物处置等方面。

2）快堆及第四代堆技术研发领域。第四代堆堆型多，技术特点各异，全面开发是不太现实的。我国应以现阶段技术成熟度最高的钠冷快堆为主，同时发展以后处理为核心的燃料循环技术，解决裂变燃料增殖与超铀元素嬗变挑战。适当地发展超高温气冷堆、铅冷快堆等固有安全性好、用途灵活的小型化反应堆，可作为核能多用途利用的有力补充。适时开发用于嬗变的专用快堆或者ADS，大幅减少需地质处置的高放废物量，提高公众接受度。其他堆型，国际经验尚不足，如有发展要求，建议加强开展基础研究和应用研究。

3）受控核聚变技术研发领域。聚变能源开发难度非常大，需要长期持续攻关，乐观预计在2050年前后可以建成商用示范堆，之后再发展商用堆。磁约束聚变方面要深入参加ITER计划，全面掌握聚变实验堆技术，积极推进CFETR主机关键部件的研发，适时启动CFETR项目的全面建设。惯性约束聚变方面，鼓励Z箍缩聚变尽快实现点火，探索Z箍缩驱动的惯性约束聚变-裂变混合堆。

## 2.4.2　关键技术

根据课题研究成果，本书凝练出如下时间节点预期实现的关键技术。

创新性技术（2020年前后）：自主第三代核电形成型谱化产品，带动核电产业链发展；小型模块化压水堆示范工程开工。

前瞻性技术（2030年前后）：以耐事故燃料为代表的核安全技术研究取得突破，全面实现消除大量放射性物质的释放，提升核电竞争力；实现压水堆闭式燃料循环，核电产业链协调发展；钠冷快堆等部分第四代反应堆成熟，突破核燃料增殖与高放废物嬗变关键技术；积极探索小型模块化反应堆（含小型压水堆、高温气冷堆、铅冷快堆）多用途利用。

颠覆性技术（2050年前后）：实现快堆闭式燃料循环，压水堆与快堆匹配发展，力争建成核聚变示范工程。

下面按照3个领域分别阐述。

### 1. 压水堆领域

我国推出了以"华龙一号"和CAP1400为代表的自主先进压水堆系列机型，可实现"从设计上实际消除大量放射性物质释放的可能性"，是核电规模化建设的主力机型。根据确定的进度，在 2020 年前后，形成自主第三代核电技术的型谱化开发，开展批量化建设，带动核电装备行业的技术提升和发展；全面实施中低放废物的处理，制定轻水堆的延寿和退役方案；通过开展核燃料产业园项目整合核燃料前端产能；突破关键技术，实现后处理厂示范工程及商业规模工程的建设；在核能的多用途利用方面，开发小型模块化反应堆技术，建设陆上示范工程实现热电联产和海水淡化，同时推动浮动核电站建设，开拓海洋资源；在 2030 年左右，完成耐事故核燃料元件开发和严重事故机理及严重事故缓解措施研究；形成商业规模的后处理能力，与快堆形成闭式核燃料循环，建立地质处置库；在 2030—2050 年实现压水堆和快堆匹配发展。

核电安全发展的目标是做到消除大量放射性物质的释放，能够达到减缓甚至取消场外应急。为实现技术目标，首先需要研究如何增强固有安全性，通过先进核燃料技术和反应堆技术研究创新应用，保证发生事故的概率足够小；同时需要研究堆芯熔融机理，通过开展堆芯熔融物在堆内迁移以及堆外迁移的主要进程和现象研究，优化完善严重事故预防与缓解的工程技术措施和管理指南等，包括堆内熔融物滞留技术、堆芯熔融物捕集器和消氢技术等；实现保障安全壳完整性研究，包括安全壳失效概率计算、源项去除等预防及缓解措施，应对安全壳隔离失效、安全壳旁路和安全壳早期失效和其他导致安全壳包容功能失效的事故序列；最后需要关注剩余风险保障措施，确保即使发生极端严重事故，放射性物质释放对环境的影响也是可控的，从而保障环境安全。

根据 2016 年 OECD 发布的铀资源红皮书，按照 2014 年全球天然铀消耗量推测，全球已探明铀资源完全可以满足未来 135 年核电发展需求。为保证我国核电规模化发展对于铀资源的需求，重点发展深层铀资源和复杂地质条件下空白区铀资源勘查技术。通过创新深部铀成矿理论体系和发展深部铀资源勘查开发技术，开辟深部第二、第三找铀空间，通过拓展复杂地质条件下空白区的找矿，推进新类型铀矿的发现，提供更多铀资源战略接替和后备基地。突破深部铀资源开发的关键技术，地浸铀资源的利用率由 70% 提高到 80% 以上，地浸停采浸出液含铀浓度降到 5 mg/L 以下。建成集约化、数字化的硬岩铀矿山。推动盐湖和海水提铀技术实现工程化，实现非常规铀资源的经济开发利用。

随着核电规模快速增长，面临着乏燃料贮存和处理日益增加的需求，为解决制约中国核电发展的铀资源利用最优化和放射性废物最小化两大问题，统筹考虑压水堆和快堆及乏燃料后处理工程的匹配发展，通过重大科技专项解决在 PUREX 工艺流程基础上，先进无盐二循环工艺流程和高放废液分离流程工艺、关键设备、材料及仪控、核与辐射安全等技术，开展部署快堆及后处理工程的科研和示范工程建设，以实现裂变核能资源的高效利用。乏燃料后处理产生的高放废物将进行玻璃固化和深地质处置；在核燃料闭式循环实现之前，开展乏燃料中间贮存技术和容器研制，以解决乏燃料的厂房外暂存问题。

掌握我国中等深度处置废物源项参数，确定处置库候选场址，提出中等深度处置库工程设计总体参考方案，完成中等深度处置初步安全评价，以满足我国放射性废物中等深度处置库建造基本条件。我国正在开展高放废物地质处置的地下实验室研究，计划未来 5~10 年内完成高放废物地质处置库工程关键技术研究。

此外，我国正在研究开发 ADS，利用 ADS 或快堆可嬗变乏燃料后处理后裂变产物中长寿命、高放射性核素，使其转化为短寿命核素，乏燃料中 90% 以上的铀和钚将得到再利用，2%~3% 的高放废物将进行玻璃固化，然后深地质埋藏，可以说核废物不会对环境和人类带来影响。

### 2. 快堆及第四代堆领域

钠冷快堆是解决我国核能可持续发展的关键，直接关系到未来核能在国家长期能源发展中的地位。

将中国实验快堆建成中国闭式燃料循环技术的研发平台，重点开展快堆新燃料与新材料的研发与辐照考验工作，开展含 MA 的快堆乏燃料后处理工艺研究，并适时开展相关工艺验证。

争取 2023 年建成 60 万 kW MOX 燃料快堆示范工程，建立国际水平的快堆设计的协同设计软件平台，具备大型快堆设计的核心技术。开展符合第四代安全目标示范快堆技术研发与设计工作，技术上实际消除大量放射性物质释放的可能性，降低厂外应急的需求。进行关键设备的研发与验证，解决蒸汽发生器、控制棒驱动机构、主泵、大型钠阀等关键设备的研发与国产化问题，为商用快堆积累技术与经验。形成大型快堆的系统综合验证能力，自主建设或借助国际合作，形成快堆零功率、堆本体热工水力、全堆芯流量分配、事故余热排除系统、严重事故试验等系统综合验证能力。建立与示范快堆相匹配的 MOX 燃料生产线，开展核燃料循环中的压水堆乏燃料后处理后送入快堆燃烧的工业规模验证。

积极研发百万 kW 级商业快堆技术。开展金属燃料的技术研发工作，进一步提高快堆的固有安全性与增殖嬗变能力。开展快堆乏燃料干法后处理的研究，最终实现全部重金属（U、Pu、MA）随厂址的燃料制造—反应堆—后处理闭式循环系统。开展完全自然对流的非能动事故余热排除系统研究，技术上取消厂外应急的需求。

超高温气冷堆在提高发电效率、高温热工艺应用、核能制氢等方面都有发展优势。我国具有自主知识产权的 20 万 kW 级模块式高温气冷堆商业化示范电站目前已进入调试阶段，近期将投入商用。在此基础上开展 60 万 kW 级多模块群堆核能发电技术研究和应用，全面掌握高温商用堆技术。在现有蒸汽透平循环发电技术的基础上开发超超临界发电技术，使高温气冷堆核能发电的经济性得到大幅提升。开展超高温气冷堆技术和氦气透平直接循环发电技术的研发和工程验证，最终形成成熟的工业化应用的超高温气冷堆氦气透平循环发电技术。

铅冷快堆中子能谱硬、安全性高，在增殖与嬗变方面可能更有优势，小型化多用途利用是其主要发展方向。预计 2030 年进入铅铋冷却先进反应堆工程示范堆的运行阶段，在核电和核动力领域形成具有广阔应用前景的产品和技术体系。

ADS 具有更高的嬗变效率与安全性，但经济性可能较差。需要重点解决加速器驱动核废料嬗变技术和配套的燃料循环技术。预计 2030 年建成热功率几百兆瓦的示范装置。

超临界水堆热效率高，技术继承性较好，可能是压水堆进一步发展与改进的方向。国际上正在开展关键技术攻关和可行性研究，热中子谱超临界水堆技术路线比较容易实现。

熔盐堆以氟化盐为燃料载体冷却剂，适合于钍资源高效利用、高温核热综合利用以及小型模块化反应堆应用。可以首先开展固态和液态两类钍基熔盐堆关键技术研究。

行波堆是一种特殊设计的快堆，采用一次通过达到深度燃耗，显著提高铀资源利用率（5% ~ 10%）。需要首先研发能耐长期高能中子辐照的燃料与结构材料。

气冷快堆安全性挑战严峻，暂时以跟踪国际研究为宜。

### 3. 受控核聚变科学技术领域

磁约束聚变方面，我国积极参与 ITER 国际合作，全面掌握聚变实验堆技术。目前国际磁约束聚变研究主要力量都集中在 ITER 计划，ITER 装置计划在 2025 年进行首次等离子体放电。ITER 计划的成功实施，将初步验证聚变能源开发利用的科学可行性和工程可行性，是人类受控热核聚变研究走向实用的关键一步。ITER 需要解决的关键科学技术问题也正是国内 EAST 装置和 HL-2A 装置需要深入研究的科学技术问题。我国通过参加 ITER 计划，承担制造 ITER 装置部件，在为 ITER 计划做出相应贡献的同时，培养人才、享受 ITER 计划所有的知识产权，并希望能因此全面掌握聚变实验堆技术。

ITER 的科学目标包括：①集成验证先进托卡马克运行模式；②验证"稳态燃烧等离子"体的物理过程；③研究氘氚聚变反应中的 α 粒子物理；④燃烧等

离子体控制；⑤新参数范围内的约束定标关系；⑥加料和排灰技术等。

ITER 计划验证的聚变堆的工程技术问题包括：①大型超导磁体及其相关的供电与控制技术研究；②稳态燃烧等离子体产生、维持与控制技术，即无感应稳态电流驱动技术、堆级稳态高功率辅助加热技术、堆级等离子体诊断技术、等离子体位形控制技术、加料与排灰技术的研究；③高热负荷材料试验；④屏蔽包层技术，包括中子能量慢化及能量提取、中子屏蔽及环保技术研究；⑤包层模块（TBM）实验研究，包括低活化结构材料试验，氚增殖剂、氚再生、防氚渗透等实验研究，氚回收及氚纯化技术研究；⑥热室技术，包括堆芯部件远距离控制、操作、更换及维修技术研究。

CFETR 项目除了要全面吸收、掌握 ITER 装置相关科学技术的最新研究成果之外，为了在聚变堆上实现稳态运行，获得聚变能量，还需考虑氚的连续加料技术、稳态燃烧物理与技术、增殖包层技术、氚的快速在线提取与回收技术以及装置材料的中子辐照等科学技术问题。

惯性约束聚变领域，Z 箍缩有可能发展为聚变-裂变混合能源。当前首要任务是实现单发点火，之后将重点发展 Z 箍缩驱动聚变-裂变混合堆 Z-FFR 有关技术。Z-FFR 关键技术包括可长期重复运行的大电流脉冲功率驱动器、局部体点火能源靶和次临界能源包层。开发 LTD 型驱动器，电容器标称储能不大于 100 MJ，峰值电流为 60~70 MA，上升前沿为 150~300 ns，运行频率为 0.1 Hz。点火靶聚变能量增益 $Q \geqslant 100$；天然铀次临界能源包层能量放大 10~20 倍。

Z-FFR 概念立足于近期可以达到的聚变参数（聚变功率为 150~300 MW），减少后处理频率（5~10 年一次后处理），降低后处理难度（主要采用干法处理，不需分离超铀元素，不需对次锕系元素单独进行嬗变处理），采用天然铀为裂变燃料，换料时可只添加贫铀，通过燃料多次复用大幅提高铀资源利用率，包层处于深度次临界状态，具有固有安全特征，是一种有前景的千年能源。

## 2.5　核能技术发展路线图

### 2.5.1　核能发展总体路线图

基于核能发展"三步走"战略以及国际核能研究最新发展趋势，我国核能发展近中期目标是优化自主第三代核电技术，实现核电安全、高效、规模化发展，加强核燃料循环前端和后端能力建设；中长期目标是开发以钠冷快堆为主的第四代核能系统，大幅提高铀资源利用率、实现放射性废物最小化、解决核能可持续发展面临的挑战，适当发展小型模块化反应堆、开拓核能供热和核动力等利用领域；长远目标则是发展核聚变技术。

按照《核电中长期发展规划（2011—2020年）》，2020年我国核电运行装机容量达到5800万kW，在建容量达到3000万kW（由于福岛事故后国家对核电项目的审批更加审慎，该规划落实有所滞后。截至2020年年底，实际建成5100万kW，在建1430万kW）。根据非化石能源占比逐渐增长的趋势，结合国内能源结构，预计2030年核电运行装机容量约为1.5亿kW，在建容量为5000万kW，国内总电量需求为8.4万亿kW·h，核电发电量占10%~14%，达到国际平均水平，实现规模化发展。

2030年前后，第四代堆将逐渐推向市场，发展方向将主要取决于对燃料增殖或者超铀元素嬗变紧迫性的认识，目前预测发展规模有较大不确定性。预计2050年我国先进核能系统发展初具工业规模，基本实现压水堆与快堆的匹配发展，核电装机容量有望达到3亿~4亿kW。

聚变能源是人类社会可持续发展未来理想战略新能源之一，但是其开发难度极大，2050年后有望建成聚变示范堆。

海水提铀、第四代核能系统、钍铀循环、聚变能源及聚变-裂变混合能源都属于能源领域颠覆性技术，一旦取得突破，必将对未来的能源格局产生深远影响。图2-1是核能总体发展路线图。图2-2是核能技术发展路线图。

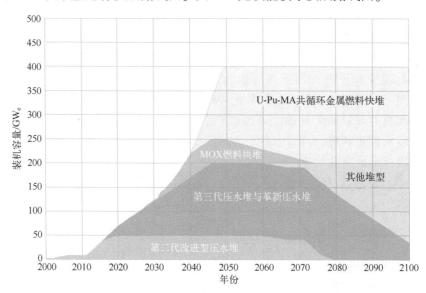

图2-1　核能总体发展路线图

注：1. 核能总规模人为限定在400 GW，压水堆规模限定在200 GW。

  2. 其他堆型主要指MOX燃料革新型压水堆，也包括小型模块化压水堆、超高温气冷堆、铅冷快堆、ADS以及聚变堆、聚变-裂变混合堆等。

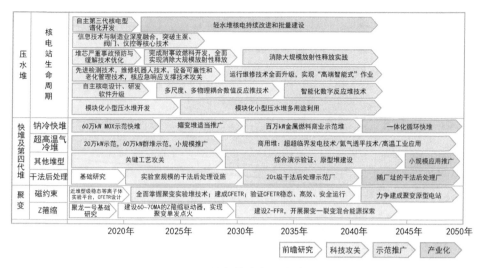

图 2-2　核能技术发展路线图

## 2.5.2　压水堆发展路线图及备选技术

### 1. 路线图

2020 年前后，形成自主第三代核电技术的型谱化开发，开展批量化建设；全面实施中低放废物的处理，制定轻水堆的延寿和退役方案；通过开展核燃料产业园项目整合核燃料前端产能；关键技术取得突破，商业规模的后处理厂开工建设；开发小型模块化反应堆技术，建设陆上示范工程实现热电联产和海水淡化，同时推动浮动核电站建设，开拓海洋资源。

2030 年前后，完成耐事故核燃料元件开发和严重事故机理研究，改进和增强严重事故预防和缓解措施，进一步完善"实际消除大量放射性物质释放"的应对措施；形成商业规模的后处理能力，与快堆初步形成闭式核燃料循环。

2050 年前后，压水堆和快堆匹配发展，实施可持续的燃料循环，建立地质处置库。

图 2-3 是压水堆发展路线图。

### 2. 备选技术

1）铀资源勘查技术。重点开展深部铀成矿理论创新与资源突破重大基础地质研究；"天空地深"一体化铀资源探测技术研发与装备研制。

2）铀资源采冶技术研究。重点开展深部铀资源常规开采技术研究；地浸采铀高效钻进与成井技术研究；复杂难浸铀资源地浸高效浸出技术研究；绿色、智能地浸采铀技术研究；黑色岩系型、磷块岩型低品位铀资源开发技术研究；

图 2-3　压水堆发展路线图

盐湖、海水提铀技术研究。

3）同位素分离技术。重点开发激光抑制凝聚法同位素分离技术。

4）先进核燃料组件技术。重点开发"华龙一号"和 CAP 系列压水堆自主先进核燃料组件；耐事故燃料组件技术选型、研制及应用。

5）压水堆核能安全技术。重点开展堆芯熔融机理和严重事故现象学研究；完善严重事故预防与缓解技术；实现"从设计上实际消除大量放射性物质释放的可能性"。

6）运行和维修安全技术。重点发展先进检测技术；核电站检、维修机器人技术；设备设施可靠性和老化管理技术；核应急响应支撑技术。图 2-4 是运行维修技术路线图。

7）智能化核电站技术。重点开发数字化设计体系；核电厂健康管理平台；全生命周期知识管理体系。近期以自主第三代核电开发为契机，实现核电设计与研发软件的完全自主化；中期以高性能计算为基础，实现设计分析的精细化与多物理场耦合，发展数值反应堆技术；长期以大数据技术为基础，实现智能化的数字化核电厂。

8）一体化模块式小型反应堆技术。近期开发单模块 10 万 kW 级压水堆 iSMR100；中期研发单模块 20 万 kW 级完全一体化模块式压水堆 iSMR200；远期开发固有安全可用户定制的 iSMR-X 一体化模块式铅铋快堆。图 2-5 是小型模块化反应堆技术路线图。

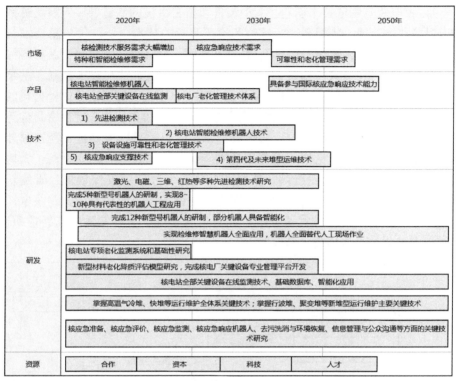

图 2-4　运行维修技术路线图

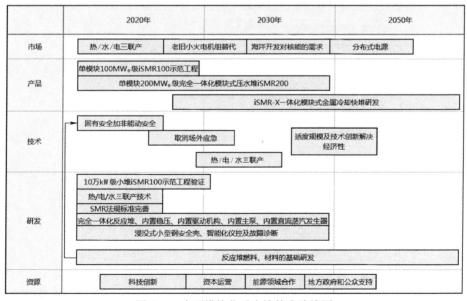

图 2-5　小型模块化反应堆技术路线图

9）核电装备制造技术创新。大型装备和精密机械的制造领域，涉及机械加工、焊接和热处理、装配制造、试验和检测等相关技术。新一代信息技术与制造业深度融合发展，推动 3D 打印、移动互联网、云计算、大数据、新材料等领域取得新突破。大型锻件制造领域，提高产品质量稳定性和成本控制。主泵制造技术领域，尽快实现 AP 系列主泵的国产化、自主化，摆脱依赖国外公司的被动局面。"华龙一号"的主泵也要实现完全的国产化和自主化，解决密封件等关键零部件依赖国外供应的状况。核级阀门领域，攻关目标主要是长期被国外垄断的高端核级阀门，包括核一级稳压器安全阀、核二级主蒸汽安全阀、大口径汽水分离再热器先导式安全阀、核级调节阀等。数字化仪控领域，研发新型数字化仪控系统平台和设备、掌握数字化系统设备的关键核心技术、核电厂数字化控制系统整体解决方案研究和产品智能化研究、主控室的人工智能研究。图 2-6 是核电装备制造技术路线图。

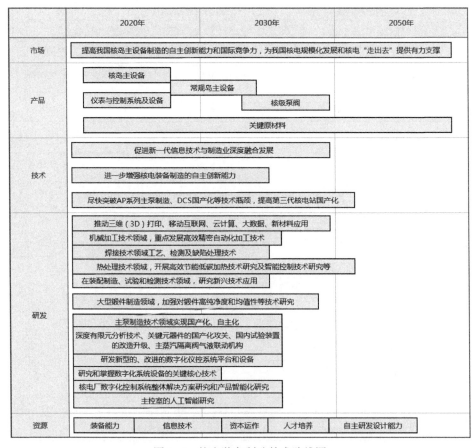

图 2-6　核电装备制造技术路线图

10）核燃料循环后段技术。开展乏燃料中间贮存技术和容器研制。研究开发基于水法后处理工艺的、结合高放废液分离要求的先进的一体化后处理技术。研究掌握针对快堆的先进的干法后处理技术。研发核设施退役关键技术。放射性废物处理技术，包括高放射性废液玻璃固化、低中放废液水泥固化、低放废水深度净化、固体废物整备。废物处置技术，包括放射性废物中等深度处置、高放射性废物地质处置（矿山式处置）、高放射性废物地质处置（深钻孔处置）。

### 2.5.3　快堆及第四代堆发展路线图及备选技术

#### 1. 路线图

快堆及第四代堆是核能可持续发展的关键环节，2030 年将有部分成熟堆型推向市场并逐渐扩大规模。我国应该以现阶段技术成熟度最高的钠冷快堆为主，尽快地实现商业示范，不断提高经济性并产业化推广。同时发展以后处理为核心的燃料循环技术并形成与核电相匹配的产业能力，力争 2050 年实现快堆与压水堆匹配发展。

适当地发展超高温气冷堆、铅冷快堆等固有安全性好、用途灵活的小型化反应堆，可作为核能多用途的有力补充。开发用于嬗变的专用快堆或者 ADS，大幅减少需地质处置的高放废物量，提高公众接受度。密切跟踪海水提铀、行波堆、超临界水堆、钍铀循环等技术的进展。图 2-7 是快堆及第四代堆技术路线图。

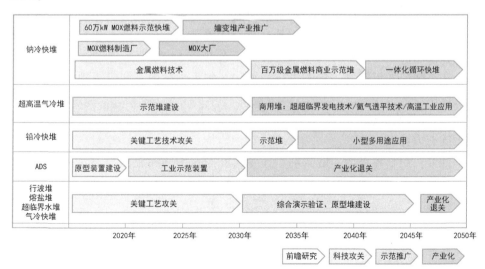

图 2-7　快堆及第四代堆技术路线图

**2. 备选技术**

1) 一体化燃料循环的自主大型商用增殖快堆技术。目前快堆处于 MOX 燃料的开式燃料循环发展阶段，2035 年的目标是实现快堆一体化燃料循环技术，在实现高增殖的同时进行嬗变，重点包括：①开展先进的燃料技术研发，金属燃料或氮化物燃料能够进一步提高反应堆的固有安全性与热工裕量；②开展 MA 整体式循环嬗变技术研发，实现长寿命放射性废物的有效嬗变与总量控制；③开展非能动的停堆与余热排出等安全技术的研发，进一步提高快堆安全性；④开展先进设计分析及其评价技术研发，实现经济性与安全性指标的合理分配。

2) 高放废物的分离和嬗变技术。压水堆乏燃料中的长寿命高放废物可以用湿法后处理分离，快堆乏燃料中的长寿命高放废物可以用干法后处理分离。将这些高放废物在专用嬗变快堆或者 ADS 内焚烧，可以有效减少高放废物量，减轻地质处置压力，提高公众对核能的接受度。近期建立配套完整的干法后处理实验设施，开展 MOX 快堆乏燃料和金属元件乏燃料干法后处理研究，根据核电反应堆燃料发展实际，确定我国干法后处理技术发展路线。2030 年，建立 MOX 燃料干法后处理的中间规模试验设施。开展快堆嬗变靶的干法后处理分离工艺研究，确定嬗变靶的分离工艺。密切跟踪行波堆研发进展，如果燃料与结构材料研发取得突破，能够耐受长期高能中子辐照，将大幅提高铀资源利用率并减轻后处理压力。

3) 核能多用途利用技术。提高高温气冷堆冷却剂出口温度，有利于提高热电转换效率并开拓核能高温供热市场。高温气冷堆蒸汽透平循环超超临界发电技术，热电转换效率可达 40%；超高温气冷堆氦气透平循环发电技术，热电转换效率可达 50%。超高温气冷堆具有较高的固有安全性，有利于靠近工业设施建设，可以提供包括 900～950℃ 的高温工艺热和 540℃ 以下各种参数的工艺蒸汽，在石油开采与炼制、煤的气化与液化、化工、冶金、制氢等领域都有可能得到应用。

4) 开发小型化铅冷快堆技术。该技术具有用途灵活的特点，可以作为核能利用的有力补充。

此外，超临界水堆、熔盐堆、气冷快堆等技术国际经验尚不足，我国研究基础也比较薄弱，如有发展要求，建议首先加强基础研究再考虑应用研究。

## 2.5.4 受控核聚变科学技术路线图及备选技术

**1. 路线图**

**(1) 磁约束聚变**

我国未来磁约束聚变发展应瞄准国际前沿，以现有的 J-TEXT、HL-2M、

EAST 等托卡马克装置为依托，开展国际核聚变前沿课题研究，建成知名的磁约束聚变等离子体实验基地，探索未来稳态、高效、安全、实用的聚变工程堆物理和工程技术基础问题。具体的技术目标如下。

近期目标（2020 年前后）：建立近堆芯级稳态等离子体实验平台，吸收消化、发展与储备聚变工程试验堆关键技术，设计、预研聚变工程试验堆关键部件等。

中期目标（2030 年前后）：建设、运行聚变工程试验堆，开展稳态、高效、安全聚变堆科学和工程技术研究。

远期目标（2050 年前后）：发展聚变电站，探索聚变商用电站的工程、安全、经济性相关技术。

为实现上述目标，我国制定如图 2-8 所示磁约束聚变（MCF）发展路线示意图。

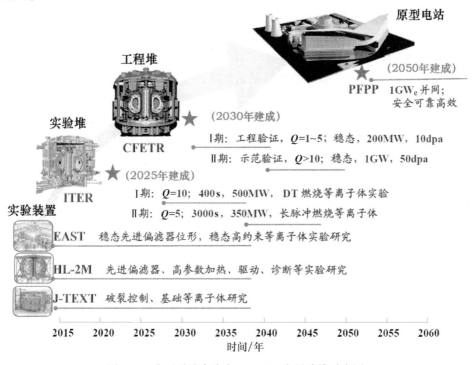

图 2-8　我国磁约束聚变（MCF）发展路线示意图

（2）惯性约束聚变

2020—2030 年建设峰值电流为 60~70 MA 的 Z 箍缩驱动器，实现聚变点火；2035 年正式建设 Z-FFR，适时开展工程演示。

## 2. 备选技术

### (1) 磁约束聚变

未来十年，重点在国内磁约束的两个主力装置 EAST、HL-2A 上开展高水平的实验研究。EAST 上可开展大量的针对未来 ITER 和下一代聚变工程堆稳态高性能等离子体研究，实现磁场稳定运行在 3.5 T，等离子体电流为 1.0 MA，获得 400 s 稳定、可重复的高参数近堆芯等离子体的科学目标，成为能为 ITER 提供重要数据库的国际大规模先进试验平台。结合全超导托卡马克新的特性，探索和实现两到三种适合于稳态条件的先进托卡马克运行模式，稳态等离子体性能处于国际领先水平。在此阶段，将重点发展专门的物理诊断系统，特别是对深入理解等离子体稳定性、输运、快粒子等密切相关的物理诊断。在深入理解物理机制的基础上，发展对等离子体剖面参数和不稳定性的实时控制理论和技术，探索稳态条件下的先进托卡马克运行模式和手段。实现高功率密度下的适合未来反应堆运行的等离子体放电，为实现近堆芯稳态等离子体放电奠定科学和工程技术基础。同时需对装置内部结构进行升级改造，以满足稳态高功率下高参数等离子体放电的要求。

在未来几年内，HL-2M 装置将完成升级，使其具有良好的灵活性和可近性的特点，进一步发展 20~25 MW 的总加热和电流驱动功率，着重发展高性能中性束注入 NBI 系统（8~10 MW）；增加电子回旋、低杂波的功率，新增 2 MW 电子回旋加热系统。利用独特的先进偏滤器位型，重点开展高功率条件下的边界等离子体物理，特别是探索未来示范堆高功率、高热负荷、强等离子体与材料相互作用条件下，粒子、热流、氦灰的有效排除方法和手段，与 EAST 形成互补。

近期，在全面消化、吸收 ITER 设计及工程建设技术的基础上，开展 CFETR 的详细工程设计及必要的关键部件预研，并结合以往的物理设计数据库，在我国"东方超环（EAST）""中国环流器 2 号改进型（HL-2M）"托卡马克装置上开展与 CFETR 物理相关的验证性实验，为 CFETR 的建设奠定坚实基础。在"十三五"后期，开始独立建设 20 万~100 万 kW 的聚变工程试验堆，预计在 2030 年前后建成 CFETR。CFETR 相较于目前在建的 ITER，在科学问题上主要解决未来商用聚变示范堆必需的稳态燃烧等离子体的控制、氚的循环与自持、聚变能输出等 ITER 未涵盖内容；在工程技术与工艺上，重点研究聚变堆材料、聚变堆包层及聚变能发电等 ITER 上不能开展的工作；掌握并完善建设商用聚变示范堆所需的工程技术。CFETR 的建设不但能为我国进一步独立自主地开发和利用聚变能奠定坚实的科学技术与工程基础，而且使得我国率先利用聚变能发电、实现能源的跨越式发展成为可能。

（2）惯性约束聚变

惯性约束聚变方面，鼓励 Z 箍缩聚变尽快实现点火，探索 Z 箍缩驱动的惯性约束聚变−裂变混合堆 Z-FFR。Z-FFR 由 Z 箍缩驱动器、能源靶及次临界能源包层构成。预计 1 GW$_e$ 电站造价约 30 亿美元，不到纯聚变电站的 1/3。Z-FFR 安全性高，后处理简化，可满足人类上千年能源需求。Z 箍缩驱动器技术相对简单、能量转换效率高且提供能量充足。例如，电能转化为套筒动能的效率约为 10%，60 MA 电流驱动器一次脉冲可在套筒加载动能高于 10 MJ，足以使能源靶实现高增益聚变。综合而言，Z 箍缩在技术特点上更适合发展为聚变−裂变混合能源。

作为一种能源，Z-FFR 需要长期稳定运行，为此要重点发展驱动器和聚变靶相关技术。驱动器方面的难点主要有两个方面：一是长寿命、高可靠性，可连续重复运行的初级功率源；二是超高功率密度电脉冲的高效传输和汇聚技术，以及可更换传输线（RTL）技术。聚变靶相关技术包括高增益靶的设计、制造、换靶，余氚回收以及聚变靶室设计。靶室结构与材料、聚变氛围设计等是制约第一壁烧蚀量和聚变剩氚回收效率的关键因素，直接决定聚变堆芯寿命、氚自持等核心性能能否满足设定要求。

## 2.6　结论和建议

### 1. 主要结论

福岛事故后，美国、欧盟等对其境内的核电厂开展了压力测试，我国也开展了核电厂安全大检查，切实吸取事故经验反馈。世界核电增长的总趋势没有改变，核电仍然是理性、现实的选择。我国专家的分析表明，无论从堆型、自然灾害发生条件和安全保障方面来看，类似福岛的事故序列在我国发生的可能性不大，我国核电的安全性是有保障的。

核能是安全、清洁、低碳、稳定的战略能源。发展核能对于我国突破资源环境的瓶颈制约，保障能源安全，实现绿色低碳发展具有不可替代的作用。我国核电发电量占比只有 4.94%，远低于 10.4% 的国际平均水平。核电必须安全、高效、规模化发展，才能成为解决我国能源问题的重要支柱之一。

按照《核电中长期发展规划（2011−2020 年）》，2020 年我国核电运行装机容量达到 5800 万 kW，在建容量达到 3000 万 kW（由于福岛事故后国家对核电项目的审批更加审慎，该规划落实有所滞后）。根据非化石能源占比逐渐增长的趋势，结合国内能源结构，核电设计、建造、装备供应能力，预计 2030 年核电运行装机容量约为 1.5 亿 kW，在建容量为 5000 万 kW，发电量占 10%~14%。2030—

2050年，预期将实现快堆和压水堆实现匹配发展，核电装机容量有望达到3亿~4亿kW。

我国核电发展具有后发优势，在运机组安全水平和运行业绩均居国际前列。以"华龙一号"和CAP1400为代表的自主先进第三代压水堆系列机型，可实现"从设计上实际消除大量放射性物质释放的可能性"，是未来核电规模化发展的主力机型。铀资源供应不会对我国核电发展形成根本制约。

核能发展仍面临可持续性（提高铀资源利用率，实现放射性废物最小化）、安全与可靠性、经济性、防扩散与实体保护等方面的挑战。国际上正在开发以快堆为代表的第四代核能系统，期望更好解决这些问题。快堆发展方向主要取决于对燃料增殖或者超铀元素嬗变紧迫性的认识，目前预测发展规模有较大不确定性。

聚变能源开发难度非常大，需要长期持续攻关，乐观预计在2050年前后可以建成示范堆，之后再发展商用堆。

### 2. 重点技术方向发展建议

以第三代自主压水堆为依托，安全、高效、规模化发展核能。优化华龙和CAP系列自主第三代核电技术，2020年前后形成型谱化产品，开展批量建设，带动核电装备行业的技术提升和发展；通过开展核燃料产业园项目整合核燃料前端产能，海水提铀、深度开采等技术取得突破；突破关键技术，实现后处理厂示范工程及商业规模工程的建设，开展乏燃料中间贮存技术和容器研制，与后处理实现合理的衔接；全面实施中低放废物的处理，制定轻水堆的延寿和退役方案，积极推进核废物地质处置和嬗变技术，使核能利用的全生命周期能够保证公众和生态安全。2030年前后，完成耐事故核燃料元件开发和严重事故机理及严重事故缓解措施研究，预期核安全技术取得突破，在运和新建的核电站全面应用，实现消除大量放射性物质的释放；海水提铀形成产业化规模，支持核能规模化发展；形成商业规模的后处理能力，闭合压水堆核燃料循环，建立地质处置库。

加快第四代核能系统研发，解决核燃料增殖与高放废物嬗变。建议我国现阶段以技术成熟度最高的钠冷快堆为主，尽快实现商业示范，不断提高经济性并产业化推广，同时发展以干法后处理为核心的燃料循环技术，争取在2050年实现快堆与压水堆匹配发展。适时开发用于嬗变的专用快堆或者ADS，紧密跟踪行波堆燃料研发情况。

适当发展小型模块化反应堆，开拓核能应用范围。小型模块化压水堆、高温气冷堆、铅冷快堆等堆型，固有安全性好，在热电联产、高温工艺供热、海水淡化、浮动核电站建设、开拓海洋资源等特殊场合有独特优势。

努力探索聚变能源。深入参加 ITER 计划，全面掌握聚变实验堆技术；积极推进 CFETR 主机关键部件研发，适时启动 CFETR 全面建设。鼓励 Z 箍缩聚变尽快实现点火，探索 Z 箍缩驱动惯性约束聚变–裂变混合堆。加强聚变新概念的跟踪。

### 3. 存在的问题和政策建议

核电产业链包括前端（含铀矿勘查、采冶、转化，铀浓缩，燃料元件生产）、中端（含反应堆建造和运营、核电设备制造）、后端（乏燃料贮存、运输、后处理，放射性废物处理和处置，核电站退役）等环节，核电站从建设到退役要历经百年时间，放射性废物处置则需要数万年以上时间。我国核电发展存在"重中间，轻两头"的情况，随着核电规模化发展，前端和后端能力不足的现象将更加严重。

核能领域有几项前沿或者颠覆性的技术，可能对未来能源结构产生深远影响，比如海水提铀、快堆、钍铀循环、聚变能源、聚变–裂变混合能源。这几项技术理论上都可以解决全人类千年以上的能源供应问题。每一项技术又存在不同的技术路线，造成国内研究力量分散，各自为战。

针对上述问题，建议国家进一步加强顶层设计和统筹协调；系统布局，建立和完善核能科技创新体系；加强基础研究，特别是核电装备材料、耐辐照核燃料和结构材料等共性问题的研究；加强包括前端和后端核电产业链的协调配套发展。建议依托我国现有的核相关领域有实力的科研机构和企业，整合国内资源，组建一个国家实验室，集中力量推进我国核能产业健康、快速发展，促进我国能源向绿色、低碳转型。

# 第3章　风能技术方向研究及发展路线图

本章主要针对风能方向的关键技术领域及技术发展路线图进行具体研究，包括风能应用技术概述、风能利用技术瓶颈与环境制约性评价、具有自主知识产权的风电发展产业体系和近期/中期/远期风电技术。

## 3.1　风能技术概述

未来我国能源的发展重点需要从化石能源转向风能等非化石能源。大规模开发利用风能等可再生能源，对优化我国能源结构、应对气候变化、保护生态环境、促进经济社会可持续发展具有重要意义。我国风能技术发展的总体目标是实现风电规模化健康发展，不断提高风能开发利用效率和消纳水平，持续增加风电在电力结构中的比重，使风电成为调整能源结构、应对气候变化有重要贡献的可再生能源。

总体来看，我国在风能开发利用、装备研制、技术水平、消纳利用等方面取得了一系列显著成绩，产业和利用规模位居世界第一位，风能产业已经成为我国未来经济增长的重要动力之一，也是我国在未来占领国际战略制高点的优势产业之一。

风能资源评估与功率预测方面，缺乏对我国复杂风资源特性的研究；资源监测以测风塔监测为主，未形成资源监测网，雷达和卫星等测风技术尚未规模化展开，无法有效开展特殊环境下的风能资源监测，影响风能资源监测的准确性和连续性；同时缺乏适合我国地形气候的本土数值模式及评估软件，难以对不同尺度的风能资源进行较为准确的评估，风电预测预报体系在满足电网调度运行精细化管理方面仍有一定差距。缺乏区域风能资源开发对气候变化、大气环流，以及区域环境承载能力等方面的综合性评估体系，缺乏准确量化的评价方法和评价标准。

风能应用装备方面，MW级以上风电机组核心部件，如主轴承、主控系统的 PLC 仍依赖进口；缺少自主知识产权的风电机组设计和载荷评估软件，海上风电机组控制技术仍不成熟；装备制造过程中的智能化加工和质量控制技术相对落后；风电设备质量参差不齐，可靠性较低；以物联网、云计算、大数据等为基础的信息化和互联网技术在风能产业升级方面的技术研发刚起步，风电智能化运维水平在精细化与信息化方面有待提高；5 MW 及以上叶片、变流器和整机控制系统研制仍处于自主设计初级阶段；缺少海上风电场示范经验，风电机组设计开发与整个海上风电工程无法协调衔接，导致占海上风电投资成本较大比例的基础设计成本难以降低，海上风电的度电成本需要优化提高；风电场监控系统存在协议不开放、信息描述不统一、无法实现互联互通和扩展等问题。

风能清洁高效利用方面，我国风能利用形式单一，主要用来发电，对风电供热、制氢、海水淡化等其他利用形式不够重视。风电调度运行技术未考虑电力体制和市场化程度的影响，风电调度运行通过市场机制和竞争方式参与电力系统优化运行的机制未建立，风电集群控制系统还停留在概念设计阶段；且受系统调峰能力、跨区输送能力、消纳机制等因素影响，"三北"（即我国的东北、华北北部和西北地区）地区弃风限电问题严重，消纳矛盾凸显。未来，随着我国更大规模风电开发利用，弃风限电问题将由区域性、季节性和时段性转变为多地区、常态化现象。而且，我国风能行业发展也面临着日益严峻的国际竞争压力，在环境和能源的双重压力下，为占据全球竞争的领导地位，发达国家大幅度增加科技投入，并针对我国发起一系列技术贸易壁垒，压迫我国风能产业空间，相关问题对我国风能产业的可持续发展带来了挑战。

在此背景下，开展风能技术方向及发展路线研究，目的在于全面掌握我国风能发展和技术应用的总体现状，以及制约风能技术发展的主要因素，研判风能技术领域的未来发展趋势，超前进行技术创新布局，抢占国际前沿技术研发和标准制定先机，推动建立适合我国资源环境特点和能源结构的风能技术创新体系，提出我国近期、中期、远期的风能技术发展目标和风能技术体系及发展路线图，切实解决制约我国风能规模化开发的科学问题与技术瓶颈，提升我国风能产业的国际地位和国际话语权，更好地服务我国风能产业的健康发展和大规模低成本开发和消纳利用。

## 3.2 风能技术发展现状

本节从资源评估与功率预测、应用装备设计制造与智能化运维、清洁高效利用三个方面对风能技术领域的发展现状进行梳理分析。

### 3.2.1 风能资源评估与功率预测

#### 1. 风能资源监测与评估技术

最早使用的风能监测数据来自于气象站和探空站的气象观测数据，如 1985

年美国能源部和斯坦福大学利用地面气象站和探空气象站的观测资料，得到了全球风能资源分布。丹麦 Risφ 国家实验室是国际上较早开展风能资源评估研究的专业机构。对于地形较为复杂、台站分布稀疏的地区，仅使用现有气象台站测风资料进行风能资源评价，其科学性、准确性、可靠性均受到一定限制，因此除采用现有气象台站测风资料外，还发展了安装测风塔对风能资源进行监测，对于风能资源丰富地区还通过建设风能资源监测网进行特定监测。随着风电开发规模增大和海上风电的兴起，以及分布式风电的发展，测风塔对风能资源监测的密度、高度、连续性等方面不满足要求，测风雷达逐渐得到应用。国外在基于资源数值模拟的风能资源评估方面开展了较多研究工作，并验证了数值模拟技术应用于风能资源评估的有效性。数值模拟技术建立在对边界层大气动力和热力运动数学物理描述的基础上，将某一地区的风况模拟结果作为风能资源评估的基本资料，可以得到较高分辨率的风能资源空间分布，优于仅仅依赖气象站观测数据的空间插值方法，可以解决无测风记录区域的风资源状况分析问题，更好地为风电开发的中长期规划和风电场建设提供科学依据。

中国气象局先后开展了四次风能资源普查（见表 3-1），前三次普查主要应用气象站风速监测数据，第四次资源普查时建立了 700 多座测风塔，专门用于对全国风能资源数值模拟结果进行验证，初步形成了我国风能资源测风网络。目前，国内外风能资源监测以测风塔监测为主，雷达等测风技术尚未规模化展开。然而，我国幅员辽阔、气候多变、地形复杂，风能开发环境差异很大，如青藏高原高海拔地区、东北高寒地区以及海上风电开发，面临着风暴、雷电、台风和冰冻等灾害，风能资源监测的准确性和连续性受到明显影响。因此，开展特殊环境的风能资源监测是这些地区风能有效开发的重要因素。另外，由于分散式低风速风电的开发和并网接入，需要开展大范围的风能资源监测。雷达和卫星等遥感方法对风能资源的监测将成为特殊环境和大范围风能资源监测的重要手段，但遥感方法监测的数据为回波等参数据，需进行反演和订正才能得到较为准确的数据，因此数据反演和订正将成为雷达和卫星进行风能资源监测的重要技术难点。关于风能资源评估，中国气象局根据我国天气气候特点，综合吸取丹麦和美国的数值模拟技术优势，建立了中国的数值模拟评估系统（WERAS/CMA），借助该模式，利用全国 2000 多个气象站近 30 年的观测资料，绘制了我国风能资源分布图。但以上评估非常依赖资源观测数据，且仅将观测数据应用于模式后处理，并未在模式系统中直接同化观测数据，其评估结果与真实风能资源状况存在一定差异。中国电力科学研究院引入美国国家大气研究中心（National Center for Atmospheric Research，NCAR）气候四维同化模式 WRF-CFDDA，对全球观测数据进行同化分析，提高了数值模式的模拟精度。总体来看，目前我国风能资源评估方法已与世界评估方法接轨，主要利用数值模拟的方法进行区域风资源的模拟和评估，但我国还没有自主研发的用于资源评估的中尺度模式和计算流体力学（Computational Fluid Dynamics，CFD）计算模型。另外，由于我国气候多变、地形地貌复杂，国外开发的数值模式和软件，在我国风能资源评估过程中存在适用性问题，评估结果会出现偏差甚至错误。因此，研发适合我国地形气候的本土数值模式及评估软件，可以弥补我国风能资源评估技术方面的不足，同时对不同尺度的风能资源进行较为准确的评估。

表 3-1　我国风能资源普查情况

| 普 查 次 数 | 高　　　度 | 技术可开发量 |
|---|---|---|
| 第一次 | | 资源分布图，未计算开发量 |
| 第二次 | 10 m | 2.53 亿 kW |
| 第三次 | 10 m | 2.97 亿 kW |
| 第四次 | 80 m | 35 亿 kW（不含 19 个省低风速 7 亿 kW） |

### 2. 风电功率预测技术

国外从 20 世纪 90 年代开展功率预测的研究与应用工作，提出了物理预测方法、统计预测方法和混合预测方法，并得到了广泛应用。近年来，随着大规模风电的集中并网运行，其对电网运行的影响逐渐显现，国外研究工作主要强调对复杂地形、极端天气事件以及海上风电的预测，提出了基于中小尺度气象模式耦合的预测方法、多数值天气预报源的集合预测方法以及大气模式与海洋模式耦合的海上风电功率预测方法。最早的研究单位是丹麦 Risφ 国家实验室，随后德国也进行了深入的研究，虽然采用的方法各不相同，但目前已经有多个商用预测系统投入运营。其中，德国太阳能技术研究所开发的风电管理系统（WPMS）是目前商业化运行最为成熟的系统。

在我国，风电发展速度快、历史数据积累少，弃风限电频发，加之我国地形地貌复杂、气候类型多样，国外已有的研究成果在国内难以直接应用。国内中国气象局、中国电力科学研究院、清华大学、华北电力大学等高校和科研机构在此方面开展了大量研究工作，针对我国风电特点和发展模式，提出了基于多实测数据的统计预测方法、基于新能源电站线性升尺度的区域预测方法等。其中，中国电力科学研究院在风电功率预测方面提出了基于微尺度 CFD 模型的物理预测方法和自适应组态耦合统计预测方法，显著提高了新能源功率预测方法的普适性，推动了预测技术在我国的快速普及应用。风电功率预测的主要输入数据是数值天气预报，它是影响新能源功率预测精度的最重要因素，准确模拟边界层气象要素变化过程是提高数值预报精度的主要途径。目前，数值天气预报的研究工作主要集中在中小尺度数值模式耦合动力降尺度技术、基于风电场站气象观测数据的快速同化技术等。总体来看，我国自主研发的风电功率预测技术充分考虑了国内风电的发展特点，因地制宜地建立了涵盖超短期、短期、中长期等多时间尺度的较为完善的风电预测预报体系，相比国外预测精度有一定优势，但在满足电网调度运行精细化管理方面仍有一定差距。目前，风电功率预测仍主要以确定性预测为主，还需补充完善概率预测、事件预测以及功率误差评估体系；数值天气预报技术水平也限制着风电功率预测精度的提高，还需完善以中尺度（Weather Research and Forecasting Model，WRF）数值预报模式为基础，包括实时四维资料同化、快速更新循环、集合预报及其统计后处理技术在内的数值天气预报运行平台。

### 3. 风电对环境与生态影响评价技术

国外对风电开发建设的环境影响研究起步较早，尤其对鸟类影响具有长期的观测研究，其中丹麦开展了风电场开发建设对有关特定哺乳动物及鸟类的影响研究；美国开展了风电场对当地鸟类、动物、渔民和旅游业等带来的影响分析，其他研究主要集中于水土流失、噪声影响和光学污染等方面的影响。关于风电的区域环境影响，国外研究主要集中在风电场对风速衰减方面，从卫星观测的海上风电场风速数据研究发现，大型风电场内风电机组的尾流效应对下风方风速的影响超过 20 km，通过数值模拟研究也得到了与其相似的结论。美国得克萨斯风电场区的研究表明，夜间地面年平均温度偏高 0.5~0.9℃，大型风电场地区夜晚气温比附近没有风电机组的地区略高；丹麦 Risφ 国家实验室研究表明，风电场下风方向风速有明显衰减，对下游超过 20 km 的范围有影响，但这种影响经过 30~60 km 的距离以后就可以消除；在 2014 年《自然通信》发表的欧洲研究结论表明，风电场的气候影响，如热量和降雨量的增加等，要比欧洲绝大部分地方的自然气候变化弱得多；美国斯坦福大学研究表明，如果全部用风能满足全球能源需求，风能开发对 1 km 以下大气层能量的损失为 0.006%~0.008%，比气溶胶污染和城市化对大气能量的损耗小一个量级。通过国外相关研究结论来看，风能对环境的影响总体非常小，可以忽略。

在我国，从大范围尺度来研究风电并网后的环境影响，还属于前沿研究领域。国内平坦地形每平方公里大约可装机 8 MW 风电，千万 kW 级风电基地建设占地面积将达到上千平方公里，目前我国缺乏区域风能资源开发对气候变化、大气环流，以及区域环境承载能力等方面的综合性评估方法。国内有学者基于区域气候模式研究了酒泉大型风电场建设对地区气候的影响，研究表明，大规模风电场的运行可能造成气温的小幅上升和近地面湿度的降低。未来，随着我国陆上和海上风电的大规模开发利用，对于可能带来的水土流失、施工扬尘、风电机组噪声、光学污染等影响，以及陆上和海洋等物种的风电场适应性问题，需要针对风电建设项目开发提出一套科学、系统的环境影响评价方法和指标体系。总体来看，我国在环境影响评价分析方面还缺乏准确量化的评价方法和评价标准。

## 3.2.2　风能应用装备

### 1. 风电机组整机设计与制造技术

目前国外主要整机制造商已经完成 4~7 MW 级大型风电机组产业化，8~10 MW 级风电机组样机也已挂机，欧美风电机组整机设计公司均进入 10 MW 级整机设计阶段，Vestas 公司发布了开发 200 m 叶轮直径的 10 MW 风电机组计划，挪威 Sway Turbine 公司、美国 AMSC 和 Clipper 公司已经完成了 10 MW 级机组的设计工作。关于风电机组的控制，国外主要整机制造商掌握了 3 MW 及以下风电机组控制技术，部分厂家对 4~10 MW 级风电机组的控制技术也已掌握。关于海上风电机组，欧洲 6 MW 海上风电机组已形成产业化能力并批量安装，8 MW 海上风电机组进入样机试运行阶段，更大容量的海上风电机组也已经开始进行设计，欧洲已具备单桩、多桩、导管架等多种样式的海上风电基础形式的设计制造能力。关于中小型风电机组，国外在中小型风力发电机设计方面具有较大优势，其产品均通过了国际认证机构的认证。关于风电机组监控系统，国外风电机组制造商均为自己生产的风电机组提供配套的风电场监控系统，如 GE 公司的 VisuPro、Vestas 的 VestasOnline、Gamesa 的 SGIPE 等。随着风电机组设计技术的提高与同一区域内风电机组数量的增加，很多公司致力于第三方的数据采集与监视控制（Supervisory Control and Data Acquisition，SCADA）系统的研究与开发。丹麦 Risφ 国家实验室开发了 CleverFarm 系统、英国 Garrad Hassan 公司开发了 GH SCADA 系统，以及美国赛风公司的 Second WIND-ADMS、美国卓越通信的 SCADA 系统，这些系统除了具备数据采集、处理、显示等基本功能外，还集成了风电场安全控制、风电场无功电压优化控制、风电场优化运行等高级功能。近几年，欧洲主流风电机组制造厂商、风电机组主控制器厂商、电网运营商在欧洲进行了若干次智能设备间的互操作实验。欧洲风能协会（The European Wind Energy Association，EWEA）在维也纳举办的风能展会上，位于英国和葡萄牙的两座实验性风电场依照 IEC6 1400-25 标准的要求进行了通信和控制。关于高空风力发电，美国、欧洲涌现了一批研发高空风电技术的公司，经粗略统计，高空风能发电公司全球已经有 50 家。关于风电试验检测，国际知名风电研究机构都建有国家级大功率风电机组传动链地面公共试验测试系统，其中美国、德国、英国建设的传动链地面测试系统功率等级高达 10~15 MW。欧洲针对海上风电机组开展了关于水文、气象、电网影响的多项检测研究活动。国外风电测试和认证机构 GL、TüV 等已启动风电机组高电压穿越性能、调频调压能力等并网性能测试的相关研究工作，并制订相关的技术标准。

在我国，风电机组整机设计已从许可证生产、请国外公司提供设计和联合设计逐步向自主设计发展。1.5 MW、2 MW、2.5 MW 和 3 MW 主流机型的风电机组已经批量生产和应用，产业链已经基本成熟，但部分关键核心技术装备仍依赖进口，设备性能和可靠性还需要提升；3.6 MW、4 MW 风电机组也已小批量生产并在海上风电场运行；5 MW、6 MW 风电机组完成样机开发，实现了并网运行；7 MW 风电机组样机正在研制。我国已经投入批量生产并应用的海上风电机组为 2.5 MW 和 3 MW，5 MW 和 6 MW 海上风电机组仍处于试验或示范应用阶段。关于风电机组控制，我国已掌握了 3 MW 及以下风电机组主控、变桨产品的产业化技术，3~6 MW 风电机组的小批量产品或样机已实现并网运行，但控制技术还需进一步优化。

关于海上风电，我国海上风电机组容量以 3~4 MW 为主，6 MW 风电机组多处于样机试验阶段，海上风电机组基础多以单桩、重力式等适用于近海、潮间带地区的基础形式为主，基础设计能力较弱。关于中小型风力发电机组，我国小型风电机组生产企业已近百家，但在中小型风力发电机设计方面，我国还远远落后于发达国家，现有的中小型风力发电机产品很少有设计，并且只有极少数中小型风力发电机组得到了国际认证机构的认证证书。

关于风电机组监控，我国早期的风电场大多采用国外整机制造商提供的风电机组和风电场监控系统，大都采用国外主流风电机组的主控制器，基于如 MODBUS、OPC 等通信协议，另外也有一些自主研发的 SCADA 系统，如华锐风电科技（集团）股份有限公司、金风科技有限公司的监控和远方监测系统。国内目前也已有多家公司自主研发了状态监测系统（Condition Monitoring System，CMS），2010 年以来，为监测风电机组振动状态，新增的风电机组几乎都配有振动状态监测系统。

关于高空风电，目前我国仍处于探索和试验阶段，另外，由于我国空域紧张，高空风能发电能否大规模应用，还需要等待空域改革的进一步进行，放开空域用于民用。关于风电试验检测，我国目前的传动链地面公共试验平台大多在 3 MW 及以下，还没有大功率风电机组传动链地面公共试验测试系统；关于海上风电检测，我国适合开发海上风电的区域集中在东南沿海，具有台风、盐雾、高温、高湿等恶劣气候特点，我国针对环境、机组、电网的专业检测技术能力尚未形成，需要加强相关检测能力的建设；关于风电并网检测，目前我国已经开展了风电机组高电压穿越性能、调频调压能力的测试技术研究，但还没有出台相关的技术规范及测试标准，需要完善相关并网技术规范及测试标准，提升检测能力。关于风电试验检测，我国目前仅有部分风电企业自建了测试平台，但测试功能相对单一，不具备公共性和独立性，且大容量试验平台需要大量的技术及经济投入。

总体来看，我国风电产业整机技术基本与国际同步，风电设备产业链已经形成，MW 级以上风电机组配套的叶片、齿轮箱、发电机、电控系统等已经实现国产化和产业化，基本能够满足国内市场需要。目前，我国大型海上风电机组紧跟欧美大型海上风电机组研发步伐，但欧美海上风电机组多为自主研发，我国海上风电机组多为与国外企业联合研发，5 MW 及以上功率等级海上风电机组的控制系统产品还依赖于进口，大型齿轮箱、发电机的可靠性仍有待提高，5 MW 及以上叶片、变流器和整机控制系统研制仍处于自主设计初级阶段。由于我国缺少海上风电场示范经验，风电机组设计开发与整个海上风电工程无法协调衔接，导致占海上风电投资成本较大比例的基础设计成本难以降低，加之机组的可靠性仍未得到验证，海上风电的度电成本需要优化提高，迫切需要通过整机设计优化、控制策略、叶片、塔架及基础设计优化整合的一体化海上风电机组设计技术，实现风电机组、基础整体综合和整个海上风电场的成本最优。我国风电场监控系统主要存在协议不开放、信息描述不统一、无法实现互联互通和扩展等问题。

**2. 数字化风电技术**

随着风力发电容量和装备的快速大规模发展，风电机组的可靠性、运行效率、工作寿命等问题开始受到专家学者们的高度关注。针对这一问题，数字化风电技术，如风电机组智能监控、智能运维、故障诊断预警等领域已开展深入研究探索。

（1）风电机组智能监控

近几年，随着风电场规模不断扩大，如何像常规电厂一样对风电场进行实时监控，成为制约大规模风电并网的关键技术。国内外很多公司也开始着手研发具备较高实用化水平的风电场数据采集与监视控制（SCADA）系统。2000 年丹麦 Risφ 国家实验室开发了 CleverFarm 系统。随后，英国 Garrad Hassan 公司、丹麦 Vestas 公司、美国赛风公司、美国卓越通讯，以及国内的一些知名制造商也纷纷推出了自己的 SCADA 系统。这些 SCADA 系统具备基本的数据采集、处理和显示功能，但所支持的通信协议有限，某个系统只能支持某些特定制造商生产的风电机组通信，不具备通用性。为了实现风电场中不同供应商设备之间互联性、互操作性和可扩展性，国际电工委员会（IEC）起草制定了 IEC 61400-25 标准。该标准包含用于搭建风电场监控系统平台的通信原理和模型概述、信息模型、信息交换模型、通信协议映射、环境监测的逻辑节点类和数据类以及一致性测试共 6 部分，是 IEC 61850 标准在风力发电领域内的延展。IEC 61400-25 标准通过对风电场信息进行抽象化、模型化、标准化，实现各设备之间的相互通信。近两年，以欧洲主流风电机组制造厂商、风电机组主控制器厂商、电网运营商为主要参与方的 IEC 61400-25 用户组进行了若干次设备间的互操作实验，某国外制造商在葡萄牙和英国建造了 2 座满足 IEC 61400-25 标准的试验性风电场，而国内目前尚未开发相关的工程实例。图 3-1 所示为风电场监控系统框架图。

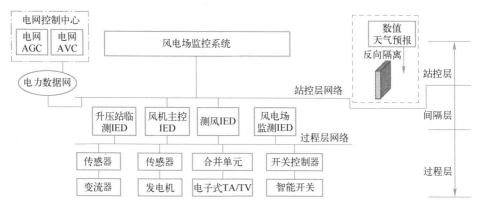

图 3-1　风电场监控系统框架

我国风电场早期大多采用国外整机制造商成套提供的风电机组和风电场监控系统，一般采用 Modbus 协议或基于过程控制对象链接与嵌入技术（Object Linking and Embedding for Process Control，OPC），自行组网，不对外开放，无法实现互联互通和扩展。我国某些风资源丰沛的地区在一段时间内先后投资安装了几批风电机组，它们可能来自不同的风电机组制造商，采用不同的通信协议。即便是采用了同一制造商生产的风电机组，由于电力电子技术、控制技术、单机容量的不同，它们拥有的控制方式也可能不同，且需要不同的运行参数和调控指令。这造成了一个风电场甚至需要安装数十套不同监控系统的情况，严重制约了风电场的运行管理和改造升级。

（2）风电机组智能运维

国外在风电场智能化运维管理系统研究起步较早、实用化水平也相对较高，并将天气影响因素考虑在内展开对风电机组维护策略的研究。作为风电场控制系统的载体，GHSCADA、CleverFarm 等系统除具有完成传统的数据采集、分析、展示的功能外，还在功能上集成了风电场安全控制、无功电压优化控制、风电场优化运行等高级控制功能，已初步体现了风电场智能化运维的理念。西门子的 TeamCenter 系统、SAP 的 SAP 系统以及 IBM 的 Maximo 系统在风电场管理中的应用实现了对维修资源的优化配置，也在一定程度上实现了风电场运维的智能化应用。关于风电机组故障智能诊断预警，一些风能利用发达的国家，如丹麦、德国、西班牙等拥有明确有效的风电产业链，并开展风电装备运行状态评价和全寿命周期评估，将风能资源、风电规划、风电场评估、风电机组设备运行状态与检测结果、风电场运行维护、风电场性能评估等统一考虑，用于开展风电机组状态评价、故障诊断以及经济性运行。目前国外已经形成了几个颇具影响力的故障诊断研究中心，SKF 公司的 WindCon 系列为目前行业内评价最好、技术最成熟的产品，可以实现振动信号的分析及趋势预测，并具有一定的预警和报警功能，但在精确确定故障类型方面还存在一定困难。关于海上风电运维，欧洲已经发布相关的导则和标准，海上风电运维手段相对完善。

在我国，国内传统风电场运维策略主要包括例行维护（检查、清洁、加油、加防冻液等）、故障检修（某种程度的故障检修、试验或更换主要部件）和状态维护三种手段。国内也有研究机构提出将可靠性为中心的检修理论引用到设备维修管理中，考虑设备可靠性、维修性、经济性等影响因素，提出了事后维修、定期维修和状态维修三种维修策略。远景能源有限公司开发了"智慧风电场管理系统"，冀北电力有限公司依托国家风光储输示范工程开发了"风光储联合发电系统设备状态检修辅助决策系统"，初步实现了风电机组、光伏发电单元、储能单元等设备状态检修的辅助管理决策。关于风电机组的故障智能诊断预警，我国目前已经面临大批风电机组陆续出质保期的现状，风电机组可利用率下降、齿轮箱漏油和叶片等易损零部件因故障及更换造成的频繁停机现象严重。国内一些高校、科研院所和整机厂家逐渐开始重视风电机组健康状态诊断技术，并开展了初步研究，已有一些通用状态监测产品应用到风电领域。在理论研究方面，搭建了风力发电机传动链振动测试平台，以单片机为核心利用无线模块实现数据无线传输，处理分析振动信号，基于自适应 Morlet 小波滤波器技术对齿轮箱的齿裂早期故障征兆进行提取并进行实验验证；在对旋转机械系统振动信号的降噪、故障特征提取中，提出了基于分形、小波和神经网络的故障诊断方法；在对 MW 级风电机组状态监测及故障诊断研究中，采用硬件的电子谐振器进行共振解调技术分析，总结了故障诊断中的相关判据。总体来看，我国陆上风电已经积累了丰富的设计、施工、建设和运维经验，同时应用环境也更加多元化，在丘陵、山区等复杂地形和低温、低风速等特殊环境的应用越来越多，但我国陆上风电智能化运维水平在精细化与信息化方面与国际上还存在较大差距。关于海上风电运维，我国目前主要运维手段、监控方法是借鉴陆上风电场经验和设备，尚未形成适用于海上风电的运维体系，同时高运维成本、高安全风险也是海上风电运维技术发展的瓶颈。

（3）风电机组故障智能诊断预警

一些风能利用发达的国家，如丹麦、德国、西班牙等拥有明确有效的风电产业链，并开展风电装备运行状态评价和全寿命周期评估，将风能资源、风电规划、风电场评估、风电机组设备运行状态与检测结果、风电场运行维护、风电场性能评估等统一考虑，用于开展风电机组状态评价、故障诊断以及经济性运行。目前在科研方面，国外已经形成了几个颇具影响力的故障诊断研究中心，SKF 公司的 WindCon 系列为行内评价最好、技术最成熟的产品，该系统可以实现振动信号的分析及趋势预测，并且具有一定的预警和报警功能，但在精确确定故障类型方面却存在一定困难。

我国目前已经面临大批风电机组陆续过保的现状，风电机组可利用率下降、齿轮箱漏油和叶片等易损零部件因故障及更换造成的频繁停机现象严重。随着大数据技术的发展，近期国内主流制造商，如远景能源有限公司、金风科技有限公司、中国中车股份有限公司、联合动力（北京）科技有限公司、东方汽轮机有限公司等纷纷建立大数据中心并开展了风电机组状态监控及故障预警的研究，但国内风电机组故障诊断技术是在国外先进技术的基础上逐步发展起来的，开发的相关产品和国外相比都有一定差距，整体来看经验不足，产品分析和诊断功能都较为薄弱，主要以趋势判断和定性分析为主，缺乏定量分析，没有专用的评估软件，缺乏长期运行数据，尚不具备整套评估体系及成熟的方法。

### 3. 电网友好型技术

美国、欧洲等电网多次发生风电与串补装置间次同步振荡问题，特征值与阻抗理论分析方法已应用于风电系统参数优化设计，机组运行稳定性稳步提升。风电惯量、一次调频及故障穿越控制研究整体处于理论研究与实验样机阶段，GE、VESTAS 等制造商研究了机组惯量控制对频率稳定性的影响，开发了具备低电压和高电压穿越的试验样机。

随着风电比例的不断上升，我国对风电机组的并网性能提出新的要求，包括高电压穿越性能、调频调压能力等。目前，我国已开展风电机组高电压穿越性能、调频调压能力的测试技术研究，但还没有出台相关的技术规范及测试标准。国外的风电测试和认证机构 GL、TüV 等也已启动风电机组高电压穿越性能、调频调压能力等并网性能测试的相关研究工作；国外对风电机组的高电压穿越性能、调频调压能力都有相关标准提出要求。最新的 IEC 标准中也加入了相关的要求。

我国风电机组并网特性的要求偏低，并网标准的要求不高。与欧洲风电国家相比，我国风电场接入电力系统技术规定给出的要求相对偏低，在低电压穿越方面，德国并网导则中低电压穿越要求的最低电压幅值为零，且低电压穿越过程中要求提供与跌落成比例的无功电流。在高电压穿越方面，我国尚未颁布高电压穿越相关国家、行业标准，随着特高压直流项目的投运，风电集中并网的区域电压和频率稳定性挑战日益加大。

### 4. 风电新概念技术

除了传统风力发电技术，风电新概念技术也随之快速发展。国内外多家公司正在着手开展超导风力发电机组设计，目前研究处于概念设计阶段。在风力发电机中用高温超导体来代替普通电机的铜线圈作为电机励磁绕组，极大地降低风电场的建设和安装成本、发电成本。目前超导风电机组的技术限制比较多，最重要的是低温环境问题，如何在风电机组里做到这一点还是比较困难的。另一个是超导材料的供应量和价格问题。在效率方面，超导技术的特性理论上确实可以提高发电效率，但是现在也没有任何一家公司能提供准确的数据来证明可以在多大程度上实现提高效率，降低成本。

高空发电（高空 300 m 以上）与风筝发电处于探索和试验阶段，发电机在空中的"气球路线"需解决发电机及输电电缆重量增长问题，发电机位于地面的"风筝路线"需解决"风筝"空中的运行轨迹等问题。

## 3.2.3 风能清洁高效利用

### 1. 集中式风电利用技术

丹麦、德国、西班牙和美国是世界风电开发较早的国家，在风电优化调度运行和管理等方面取得了较多经验。德国、西班牙和美国的电源结构中油气机组和抽水蓄能电站占较大比例。丹麦不仅本国电网结构坚强，而且与挪威、瑞典、芬兰、德国等周边国家通过大容量的跨国联络线实现互联，使得丹麦风电可以在更大范围内进行调节。德国处于欧洲电网的中心位置，与周边国家电力交换频繁。西班牙虽然跨国电网联系较弱，但其国内各区域之间通过 400 kV 骨干网架实现电网互联，跨区电力交换能力较强。关于风电调度管理，丹麦等四国无一例外均强调电力市场机制本身的调节作用，丹麦在这方面受益于发达的北欧电力市场，而德国也受益于欧洲大陆电网的整体互联及其邻国的水电和抽水蓄能电站。西班牙通过其本身相当比例的水电和联合循环等快速调节机组应对大规模风电的波动，并且要求在电网调峰困难时，风电场能根据调度指令参与系统调峰，在系统紧急情况下（系统过频、线路过载和潜在的系统稳定危险等），可限制风电出力并且不给予补偿。西班牙和丹麦在风电调度监控系统建设方面走在世界前列，在调度决策支持系统、调度技术支持手段、调度运行组织机构建设等方面的经验均值得借鉴。

关于大型风电基地集群控制，是指对地理上分散运行的众多风电场实施统一集中的调度、运行和控制，控制区域内全部风电场作为统一整体参与电网调度、运行和控制，风电场通过通信协议与集群控制中心实现双向信息传送，通过利用风能资源在时间、空间上的分布差异，实现风电有功输出总功率的互补平滑，将风电有功功率预测误差和波动幅度控制在合理范围内，实现风电有功功率的连续稳定输出和发电计划的优化制定，发挥风电场集群参与电网频率调节的能力，降低风电场分散运行对电网的冲击影响，提升风电场集群控制对电网调度运行的支撑能力。德国弗劳恩霍夫风能和能源系统技术研究所于 2005 年为应对海上风电大规模集中并网接入，提出了风电场集群的概念。西班牙电网公司为做好风电调度运行控制工作，于 2006 年成立了世界上第一个可再生能源电力控制中心，即实施风电场集群控制，专门负责对全国可再生能源发电进行调度控制。西班牙法律要求风力发电公司必须成立实时控制中心，所有装机容量在 1 万 kW 以上的风电场的实时控制中心必须与可再生能源电力控制中心直接互联。这些控制中心在任何时间都必须在 15 min 内能够将风电出力维持在可再生能源电力控制中心的设定值。

关于风电制氢利用，目前许多发达国家和发展中国家都制定了氢能发展战略和详细计划。2005 年美国能源署提出了两种风电制氢方案：一种是依靠电网设施集中地把风能发电制氢并存储，用管道或罐车将氢气运送到各个加氢站；另一种是依据加气站的自然条件和市场需求，直接在风力发电制氢厂附近修建加氢站。德国在"德国氢和燃料电池技术创新计划"中"氢的生产和配送"部分中明确：将利用可再生能源大规模制氢，并将氢气加入天然气管道中形成含氢的能源输送管道。德国东北部的 ENERTRAG 综合发电厂是德国首座风能、氢能、生物质能和太阳能混合能源发电厂，实现可再生能源利用转换即风力发电制氢路线的典型示范工厂。挪威利用于特西拉岛极好的风力条件建设了世界上第一座风力-氢发电站，于特西拉风力-氢发电站工作情况如下：风速正常时，风力发电为家庭和电解槽生产足够的电力，同时电解槽利用电力生产氢气，把氢加压并储存在压力容器中；当风速过小时，风力发电机不能正常运行，此时把储存起来的氢气通过氢 ICE 发电机和燃料电池转换成电能，以满足岛上正常生活的需求。

关于风电供热利用，丹麦是采用风电供热提高风电利用水平最成功的国家之一，风电广泛用于供热也是丹麦风电实现高水平利用的重要原因。丹麦实现风电供热主要采取两种方式：一是风电与热电联产机组（Combined Heat and Power, CHP）联合优化运行，低谷风电通过 CHP 配置的电锅炉或热泵转换为热能进入地区供热系统，并通过储热罐灵活调节热负荷；二是多数终端电力用户配置了热泵，将低谷时段低廉的风电转换为热能来利用。为了保障风电供热技术方案实施，丹麦依托电力市场，通过价格响应和传导机制促进风电供热实施。并且，热电厂快速调节出力的能力对于提高风电和太阳能等波动电源并网消纳非常关键。丹麦的实践经验表明，如果给予合适的激励，通过机组改造燃煤热电联产电厂调节能力可达 90%。

在我国，关于集中式风电利用技术，调度运行是实现风电等可再生能源高效消纳的重要保障，目前我国已建立了完善的风电调度运行体系和技术支持系统，并将风电纳入了年度、月度、一周、日前发电调度计划制定，在保障电网运行安全前提下，通过优化设备检修安排和常规电源开机方式，优先消纳风电；在日内实时运行中，根据风电超短期功率预测结果，滚动调整各类电源出力，尽最大能力消纳风电。目前，我国在风电调度技术领域已建成了涵盖风电场站信息接入、发电功率预测、调度计划编制、功率自动控制、评价于一体的风电调度技术支持系统（见图 3-2）。但是，国内外在风电调度运行技术方面由于电力体制和市场化程度的不同，技术上存在着本质差异，不具备可比性。但随着我国电力体制的改革，未来我国必将逐步建立起完善的电力市场体制，风电调度运行将通过市场机制和竞争方式参与电力系统优化运行。

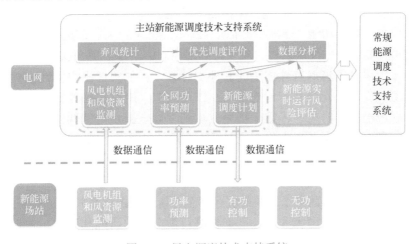

图 3-2　风电调度技术支持系统

关于风电制氢利用技术，2013 年河北建投集团与德国迈克菲能源公司和欧洲安能公司就共同投资建设国内首个风电制氢示范项目签署合作意向书，标志着我国风电制氢产业开始起步。目前，电解水制氢主要有碱性电解水制氢、固体聚合物电解水制氢及高温固体氧化物电解水制氢。碱性电解水制氢是当今最成熟的制氢技术，目前工业上大规模电解水制氢基本上都是采用该电解制氢技术；固体聚合物电解水制氢具有适宜于变工况运行及频繁启停操作、体积小、重量轻及模块化操作等特点；高温固体氧化物电解水制氢在高温下电解水蒸气制氢，从热力学方面，较大程度地降低了电解过程的电能需求，从动力学方面，显著地降低电极极化，减少了极化能量损失，电解效率高达 90% 以上。综合来看，风力发电系统的电解水制氢技术宜采用碱性电解水制氢技术。

关于风电供热利用技术，我国已于 2011 年在若干省区启动了风电清洁供暖试点工程，目的在于充分利用低谷电力负荷期间的风电电量，通过电锅炉等设备将低谷风电电量转换为热能，替代燃煤锅炉为城镇供暖。但是，风电供热技术要进一步发展和大规模应用，还需要建立在有利于资源优化配置的电力市场环境，风电供热技术的发展也有赖于完善的电力市场机制。

关于风电集群控制，随着我国甘肃、蒙西、蒙东、河北、吉林、黑龙江、新疆、山东和江苏九大千万 kW 级风电基地的大规模开发建设，对风电集群控制系统的有功控制与频率调节、分层分区无功功率控制及调节电压的能力提出了更高要求。总体来看，国外风电发达国家在资源分布和开发模式上与我国有显著差异，风电集群控制系统还停留在概念设计阶段。我国已自主研发大型集群风电有功智能控制系统，并在甘肃酒泉风电基地得到实际应用，确保了大型风电集群的安全稳定运行。但是，国内虽然已有风电集群控制工程应用的尝试，但往往仅关注某一功能，还缺少类似于常规电源 EMS 的统一协调控制平台。风电场集群控制系统的发展趋势，除了与协调控制策略以及平台功能架构有关外，还依赖于与风电场集群特性相关的其他支撑技术，如集群出力特性分析、集群功率预测、底层单元控制等常规技术，以及储能、用户互动等新技术或新理念的引入，风电场集群控制将逐步接近或达到常规电源发电特性，是其技术的发展愿景。图 3-3 所示为风电集群控制系统结构示意图。

## 2. 分布式风电利用技术

国际上对微电网相关技术开展了较为深入的研究工作，结合理论和技术研究的开展，很多国家建设了相关的实验示范系统，有的已经投入了市场化运营。北美、欧盟、日本等国家和地区已加快进行微电网的研究和建设，并根据各自的能源政策和电力系统的现有状况，提出了具有不同特色的微电网概念和发展规划，在微电网的运行、控制、保护、能量管理以及对电力系统的影响等方面进行了大量研究工作，已取得了一定进展。欧盟第五框架计划、第六框架计划持续支持了一批研究项目，建立了大量的微电网研究系统和示范系统。美国电力可靠性技术解决方案学会（The Consortium for Electric Reliability Technology Solutions，CERTS）对微电网的概念及热电联产式微电网的发展做出了重要贡献。CERTS 在威斯康星大学麦迪逊分校建立了实验室规模的测试系统，并与美国电

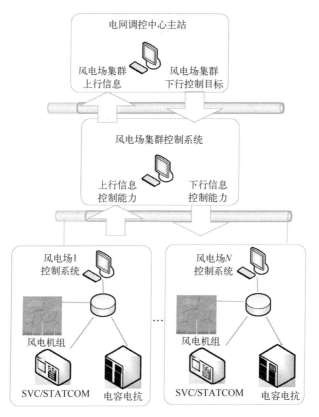

图 3-3　风电集群控制系统结构示意图

力公司合作，在俄亥俄州 Columbus 的 Dolan 技术中心建立了大规模的微电网平台。美国电力管理部门与通用电气合作，建成了集控制、保护及能量管理于一体的微电网平台。日本在分布式发电应用和微电网展示工程建设方面已走在了世界的前列，为推动微电网相关研究，日本新能源产业的技术综合开发机构（The New Energy and Industrial Technology Development Organization，NEDO）专门组织建设了 Hachinohe、Aichi、Kyoto 和 Sendai 等微电网展示工程。

　　关于风能的多能互补利用，国外在 20 世纪 80 年代开始了风光综合利用研究，1981 年丹麦科学家首次提出将风能和太阳能结合应用，当时的系统非常简单，只是由风力机和光伏电池组件拼装而成，随后美国、加拿大、西班牙、澳大利亚等国家在该领域进行了大量研究。近几年随着风光互补发电系统应用范围的不断扩大、保证率和经济性要求的提高，国外相继开发出一些模拟风力、光伏及其互补发电系统性能的大型工具软件包。通过模拟不同系统配置的性能和供电成本可以得出最佳的系统配置。国外对风电与水电联合建设的研究较早，目前国外学者已经有比较多针对性的研究，一是重视风水联合系统的不同运行方式，为风水实际联合运行提供参考；二是对风水联合运行的优化模型进行研究，优化风电最大化利用时水电站最优装机容量和单位上网电价成本；三是关注风水联合系统减少风电场弃风电量的研究，联合系统可以降低风电出力随机性，并具有可观经济效益。

关于包含风能的能源互联网技术，2008 年美国在北卡罗来纳州立大学建立了研究中心，希望将电力电子技术和信息技术引入电力系统，在未来配电网层面实现能源互联网理念；效仿网络技术的核心路由器提出了能源路由器的概念，并且进行了原型实现，利用电力电子技术实现对变压器的控制，路由器之间利用通信技术实现对等交互。德国在 2008 年也提出了 E-Energy 理念和能源互联网计划。

在我国，通过"973 计划"和"863 计划"项目开展了一系列微电网关键技术研究，内容涉及分布式发电供能系统基础问题和微电网控制、能量管理、储能、示范工程建设等多个方面，在微电网理论研究、实验室建设和示范工程建设方面取得了一系列的成果。天津大学、中国科学院电工研究所、中国电力科学研究院等高校和研究机构均建立了微电网试验测试平台。浙江东福山岛微电网、珠海东澳岛微电网、天津中新生态城微电网、青海玉树微电网等一批实际微电网工程已经投运。总体来看，我国微电网处于起步阶段，主要以试点项目为主，离商业化还有一定的距离。

关于风能的多能互补应用，主要为解决风电出力的随机波动性和对电网稳定运行带来的影响，在我国西北、华北、东北等内陆风能资源丰富地区，对风能、太阳能、水能等进行优化规划和容量配置，可以实现风能等多种类型能源的互补协调，降低风电出力的不稳定性。位于张北的国家风光储输示范工程，是目前世界上规模最大，集风电、光伏发电、储能及输电工程四位一体的可再生能源项目，在世界范围内首创了新能源发电的风光储输联合运行模式。通过突破一系列运行控制关键技术，可根据电网用电需要及风速、光照预测，对风电场、光伏电站、储能系统和变电站进行全景监测、智能优化，对风光储系统运行实现全面控制和平滑切换，完成了可再生能源发电平滑输出、计划跟踪、削峰填谷和调频等控制目标，实现了风电、光伏发电由不稳定电力转为安全、可靠、优质的绿色能源，为新能源大规模开发利用、友好接入电网提供了坚强有力的技术支撑，标志着我国在新能源综合利用技术方面取得重大突破。随着我国风能、太阳能等可再生能源的进一步规模化发展，在可再生能源发电多能互补形式、运行控制等方面还需进一步加强技术研究。

## 3.3　风能技术发展方向

### 3.3.1　风能资源评估与功率预测

在风能资源监测与评估方面,需要建立合理和优化的数据共享机制,对气象站、风电场等各类气象数据进行共享,提高数值模拟边界条件的精度,研发我国本土化的数值天气模式和风能资源评估工具。风能资源的评估向精细化发展,主要对于宏观规划后的风电场进行微观设计。目前这类工作主要依托于国外进口软件如 WAsP、WindSim 等,这类软件主要针对欧洲等平坦地区研发,对风速的变化多用一些固化的参数表示,而我国气候多变、地形地貌复杂,因此风速在水平和垂直方向的变化都复杂多变,基于国外分析软件的不足日趋显现,因此开发适用于我国气候地理特点,又简便易操作的风能资源评估软件是目前技术发展的迫切需求。风能资源监测作为风电开发的基础数据,还需进行以下研究:①特殊环境的风能监测技术。随着我国风电开向高海拔、高寒地区和海上风电方向发展,这些地区气候复杂,雷电、风暴、台风和冰冻等破坏性天气多发,给这些地区的风能监测的准确性、连续性和可用性带来很大影响,研究特殊环境下的测风技术是进行该地区风能资源监测的必要条件。②雷达、卫星等遥感测风技术和订正技术。随着低风速、分散式风电的发展,测风塔等传统手段对于风能资源的监测不能满足要求。雷达和卫星等遥感技术由于可以测到大范围连续的风能资源数据,将广泛投入使用,遥感方法对于风速监测的准确性受到格外重视,对相应的数据订正技术提出了需求。

在风电功率预测方面,主要涵盖风能资源数值模拟与气象预报技术、风电功率多时空尺度预测技术、风电功率概率预测与事件预测技术 3 个主要技术发展方向。①风能资源数值模拟与气象预报技术。掌握边界层内资源波动机理是提高数值天气预报精度进而改善新能源功率预测精度的基础,基于现场观测数据的集合-四维同化技术是提高数值天气预报精度的有效手段,结合卫星遥测资料、气象观测资料等,研发多源异构气象数据集成平台。此外,网格分辨率是影响数值天气预报精度的关键因素,基于"超级云计算"的数值天气预报动力降尺度技术是未来的重要发展方向。②多时空尺度、多预测对象的新一代功率预测方法体系。在不同时间尺度上消纳风电必须以不同时间尺度上的风电功率/电量预测为基础,构建多时间尺度风电功率预测方法体系,以满足不同时间尺度风电优化调度的应用需求。传统以风电场为预测对象的预测方法无法快速满足全面覆盖大型风电基地的建模需求,需开展面向风电集群的功率预测技术;

针对传统静态模型无法及时响应电站运行状态的改变，需要开展更智能的动态优化预测技术。③风电功率概率预测与事件预测技术。目前传统的确定性调度方法在经济调度与运行风险评估方面存在不足，可用于调度决策评估的概率预测技术将成为确定性预测的重要补充；大型新能源基地输出功率的快速、大范围波动将对电网运行带来极大风险，亟须针对这类高风险事件的准确预测开展技术研究。

在风电对环境与生态影响评价技术方面，需要进一步基于统计分析、观测、数值模式和调研等方法开展不同时间和空间尺度的气候、环境、生态和人文等方面的研究，加强风电资源环境评价关键技术研究及应用示范，掌握我国风能资源特征及分布、风电场建设对不同尺度气候和环境及生态的影响，建立风电开发对环境影响的评估标准、评估方法和技术评价体系，指导我国风电的开发布局和项目审批。

### 3.3.2  风能应用装备与智能化运维

在风电机组整机设计与制造技术方面，关于大型风力发电机组整机技术方向，大功率风电机组整机一体化优化设计及轻量化设计、大功率机组叶片、载荷与先进传感控制集成一体化降载优化、大功率风电机组电气控制系统智能诊断和故障自恢复免维护，以及大功率陆上风电机组及关键部件绿色制造，都是主要的技术发展趋势。关于风力发电机组控制技术，风电机组主动支撑电网运行的智能化控制、极端工况（覆冰、台风）下的载荷安全控制、风电机组变流器和变桨距控制系统等的模块化设计，中高压变流技术、新型变流器冷却技术，大型海上风电机组智能型整机控制系统、变流器及变桨距控制装备，以及复杂地形、特殊环境条件下大型并网风电场的运行控制优化技术，是未来风电控制技术的主要发展方向。

关于海上风力发电机组技术，适用于我国近海和远海的风电场设计、施工、运输、吊装等关键技术需要重点突破，包括适合我国海况和海上风资源特点的风电机组精确化建模和仿真计算，10 MW 级及以上海上风电机组整机设计技术，海上风电机组、塔架、基础一体化设计技术，海上风电机组及其轴承和发电机等关键部件，高可靠性传动链及关键部件的设计、制造、测试技术，大功率风电机组冷却，考虑极限载荷、疲劳载荷、整机可靠性的设计优化技术，以及恶劣海洋环境对机组内部机械部件、电控部件，及对外部结构腐蚀的影响，适应台风、盐雾、高温、高湿度海洋环境下的风电机组内环境智能自适应性控制技术等。

关于大型风电场监控系统技术，未来技术发展重点是风电机组和风电场综合智能化传感技术，风电大数据收集、传输、存储及快速搜索提取，风电场中不同制造商风电机组间通信兼容和解决方案，建立风电场监控系统信息模型，实现大型风电场群远程通信和信息无缝集成，基于物联网、云计算和大数据综合应用的陆上不同类型风电场智能化控制关键技术，以及适合接入配电网的分布式风电优化协调控制、实时监测和电网适应性等关键技术；海上风电场运行监控技术，需要重点研发海上风电场的运行维护专用检测和作业装备，以及海上机组的新型状态监测系统装备技术及智能控制技术、关键部件远程网络化监控技术。

关于风电试验和检测技术，在风电系统空气动力学实验技术方面，世界上低速风洞大部分分布在美国、俄罗斯、欧洲等发达国家和地区，国内存在较为突出的问题是缺乏流场品质一流、气动声学试验能力强的大型风洞设备；在大型风电机组传动链地面实验技术方面，需要建立国家级大功率风电机组传动链地面公共试验测试系统；在大型风电机组数模混合实时仿真实验技术方面，需要进一步研制主控系统控制器硬件在环的半实物仿真测试平台，构建虚拟的风电机组主控系统运行环境。

在数字化风电技术方面，风电场智能化运维技术正在向着信息化、集群化的方向发展。通过智能控制技术、先进传感技术以及高速数据传输技术的深度融合，综合分析风电机组运行状态及工况条件，对机组运行参数进行实时调整，实现风电设备的高效、高可靠性运行。针对海上风电运维成本高、运维工作实时难度大的运行特点，研究海上风电场运维服务风险控制方法，开发设备监测及运维管理软硬件平台，通过海上风电场运维技术软硬件开发，降低海上风电运维成本和安全风险。研究以物联网、云计算、大数据等为基础的信息化和互联网技术，所有与风电场有关的资料信息转换成数字化信息并与状态监测数据进行融合，挖掘风电场各个机组、关键设备的实际运行状态信息。大型风电场监控技术正向着提高风电场的智能化控制水平，实现不同制造商风电机组间的"互通互信"的方向发展，通过建立统一的风电场监控系统信息模型，借助已有的通信映射协议，实现风电场内信息的无缝集成，建设智能化风电场监控平台。风电机组智能故障诊断和预警，需要改变风电机组运行维护方式，充分利用风电状态监控，开展预警相关研究，变风电机组"被动"维修为"主动"维修，提高风电运维效率，增加风电开发收益，结合 SCADA 数据和 CMS 数据，开展风电机组状态预测与故障诊断方法，以及振动信号检测与分析研究，对风电机组关键部件故障进行特征提取与精确定位，并结合疲劳载荷分析和智能控制技术，对风电机组进行健康状态监测、故障诊断、寿命评估及自动化处置。

在电网友好型技术方面，我国及欧美国家在风电并网方面已开展了功率控制、故障穿越、电能质量等技术研究，降低了系统备用需求，实现了风电故障运行不脱网，风电并网性能得到了大幅提升，但仍无法适应高比例风电系统的主动支撑需求。在故障穿越阶段，风电系统首先应能有效抵御电压骤变、负序扰动、谐波畸变等各类短时及长期电网故障，同时还应为电网提供必要的电压、频率支持，增强电网稳定性。

在风电新概念技术方面，关于高空风力发电技术，作为利用 300 m 以上高空风力的前沿发电技术，与传统风力发电在风电场的规划、建设及运行等各方面存在很多不同，需要在风资源评估、风电场选址、风电场设计建设等方面开展基础研究，支撑未来高空风电开发的实施。目前高空风力发电的两种技术路线都存在其自身缺陷：发电机在空中的"气球路线"，由于发电机及输电电缆的重量随着容量的增加而增加，其升空高度受到限制，如何降低发电设备重量是该路线目前需要解决的问题。而发电机位于地面的"风筝路线"，由于其升空高度高，建造难度低的优势已经成为目前的主流技术路线；但是，其空中发电系统稳定性是其面临的最大问题，如何通过技术手段控制"风筝"空中的运行轨迹，提高系统发电效率，保证系统持续运行是未来需要研究的主要问题。

### 3.3.3    风能清洁高效利用

在集中式风电利用技术方面，我国风电以大规模集中式开发、远距离外送为主要发展模式，因此适应大规模风电集中送出的调度运行技术是未来的发展方向及目标，大规模集中式风电调度运行将向市场化、超实时、主动防御方向发展。随着风电度电成本的下降和电力体制改革的不断深化，风电将逐渐具备与常规电源相当的经济和技术优势，具备参与市场竞争的能力，未来将逐步包含日前、日内和实时市场的电力交易机制，以及与供热、供气等其他能源系统的灵活互动。同时，随着特高压输电网络的建设成熟，以及与东北亚、中亚互联，风电将实现大规模远距离跨区跨国传输和优化消纳，需要建立支撑风电跨区跨国消纳的交易技术支持系统。市场化运营也会导致含高比例风电的电力系统运行风险的增大，需要对大规模风电运行风险进行实时评估并制定风险防控策略，深化研究在线等值建模和参数辨识技术，结合超实时仿真、虚拟现实等先进技术，构建高比例风电运行风险在线评估和主动防御系统，支撑大规模风电的优化调度和市场化运营。

关于风电集群运行控制，需要充分利用多时空尺度高精度功率预测技术和广域测量技术，实现大规模风电基地时空互补特性在线评估和全方位监控，研发包括风电的大规模多类型可再生能源基地实时态势感知系统；研发大规模风电基地单机-电站-集群多层级协调控制保护系统，实现弱同步支撑电网的电压支撑、频率调节、振荡抑制以及故障隔离，保障千万 kW 级风电基地的安全稳定运行。

关于风电制氢和供热利用技术，需要在燃料电池、储氢材料、电解水制氢关键环节进行技术突破，研发适用于风电制氢的新型储氢材料、低成本电解水制氢催化剂，以及大规模储能用燃料电池关键材料，研发适用于风电供热利用的储热材料、储热装置，以及电力-热力多时空尺度相关性及其与大容量储热协同运行和系统集成关键技术，突破电力-热力联合系统中能源供应、转换、存储和负荷等各环节的非线性、不确定性、时变性等技术难点，研发基于大容量储热的电力-热力联合系统综合集成优化与控制技术，促进不同能源系统耦合交互和联合优化运行。

在分布式风电利用技术方面，微电网作为分布式风电、分布式光伏、储能等电源类型并网发电的组织形式，需要重点解决包括微电网规划与设计、微电网运行与能量管理、微电网储能、微电网信息通信等方面的关键技术；关于多能互补利用技术，需要在多能互补发电系统规划设计、多能互补发电系统的综合能量管理与控制，以及多能互补发电系统技术标准体系等方面重点进行突破；为实现分布式风电清洁高效利用，需要在分布式风电的运行集中监视与控制、区域分布式发电的虚拟电厂能量管理、多能流能源交换与路由，以及多微电网的集群协调控制和需求侧响应等方面重点开展技术研发。

## 3.4　风能技术体系

风电领域的总体技术发展是向功率精确预测、装备灵活控制、智能调度运行、主动支撑电网运行的技术性能发展，成为可控、可预测、可调度的电网友好型发电技术和主力电源。

2020 年前后：建立起适用于我国气候特征的数值天气预报模式，风电功率超短期、短期预测月均方根误差降低至 8% ~ 10%，年电量预测精度达到 90%；建立完善的大规模风电并网多时空仿真与分析手段和风电并网试验检测技术手段，掌握大规模海上风电并网技术及大规模风电智能发电技术；完成 10 MW 级及以上风电机组、100 m 级及以上风电叶片、10 MW 级及以上风电机组变流器研制；提高电力系统对大规模风电的智能优化调度能力，大幅提高电力系统对大规模风电的适应性和消纳能力，全面减少风电的弃风限电。

2030 年前后：风电功率超短期与短期预测误差降低至 5% ~ 8%，年电量预测精度达到 95%、月电量预测精度达到 90%；建立计及经济性和可靠性的风电并网分析的全景仿真和评估体系；海上风电发展成为一定程度可控、可预测、可调度的电网友好型发电技术；研制拥有自主知识产权的 10 MW 及以上功率等级海上风电机组的控制系统产品；建立包含风电的多种类型新能源发电通用试验检测体系；实现大规模风电具有与常规电源接近的调控性能，通过智能优化调度实现风电等多种新能源与常规电源协调互补，可预测、可控制；大幅提高系统消纳风电电量比例。

2050 年前后：全面实现风能资源精细化评估，风电功率超短期与短期预测误差降低至 2%~5%，年电量预测精度达到 98%；全面实现风电开发建设的环境友好；风电仿真分析技术向在线、实时分析等功能转变，并与预警、控制功能结合；实现海上风电规模化开发与高效利用；实现风电全周期监测和全过程分析评估；掌握基于预测的多电源系统高效运行与能量优化技术，实现风电电力、常规电源以及储能装置的优化调度和经济运行，基本实现风力发电全额消纳。

### 3.4.1 重点领域

#### 1. 风能资源评估与功率预测

风能资源评估与功率预测领域将重点开展资源评估与监测、发电功率预测、环境与生态影响研究，图 3-4 为风能资源评估与功率预测技术研发体系。

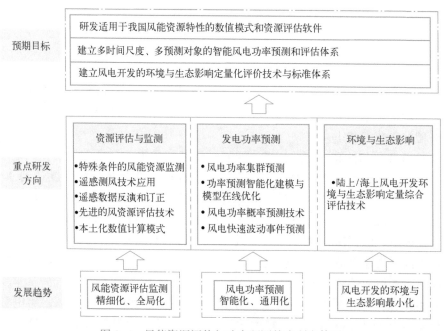

图 3-4 风能资源评估与功率预测技术研发体系

**2. 风能应用装备与智能化运维**

风能应用装备与智能化运维领域将重点开展风电机组设计制造、风电智能控制、风电运维与预警研究，图 3-5 为风能应用装备设计制造与智能化运维研发体系。

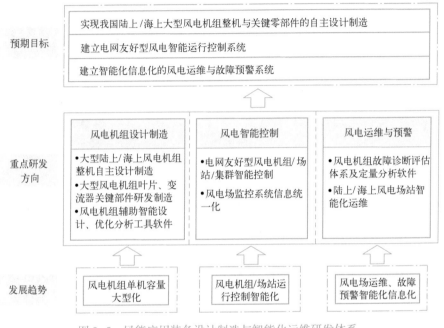

图 3-5　风能应用装备设计制造与智能化运维研发体系

**3. 风能清洁高效利用**

风能清洁高效利用领域将重点开展大规模风电运行风险预警与主动防御、风电随机优化调度与高效消纳、含大规模风电的多类型电源协调运行研究，图 3-6 为风能清洁高效利用技术研发体系。

## 3.4.2　关键技术

**1. 风能资源评估与功率预测**

在风能资源评估与监测方面，研发我国陆地、海洋及高空风资源测量评估与分析技术，建立适用于我国气候和地形特点的数值天气模式和风能资源评估软件。主要包括：建立国家级的风能资源基础数据平台，研发风能资源测量技术和关键装备，建立基于虚拟测风塔的分散式风能资源评估技术，研发海上风能和高空风能资源评估分析技术，实现高空、海洋等特殊环境风能资源评估与监测。

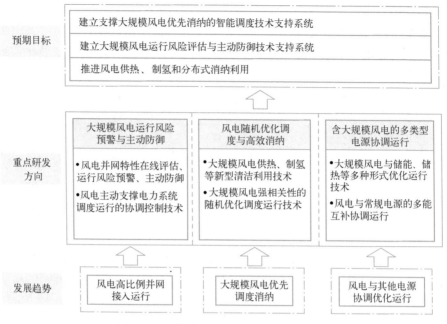

图 3-6　风能清洁高效利用技术研发体系

在风电功率预测方面，突破边界层资源数值模拟，建立适用于风电功率预测的数值天气预报关键技术，研发高分辨率、高精度的风电功率预测体系。主要包括：研发具有自主知识产权的新一代风电功率预测系统，满足大规模集中式与分布式风电多时空尺度及概率预测的高精度要求，研发适用于风电功率概率预测的集合预报技术，研发反映风电场站/集群局地效应的数值天气预报动力降尺度技术，研发风电功率快速大范围波动以及阵风影响下的爬坡事件预测技术。

在风电对环境与生态影响评价方面，研发掌握陆上/海上/高空风能资源开发对气候、环境和生态影响的评价与恢复技术，建立退役和废弃机组材料的无害化处理与循环利用技术。

**2. 风能应用装备与智能化运维**

在风电机组整机设计与制造技术方面，突破大功率陆上/海上风电机组整机及关键部件的设计与优化技术，研制大功率海上风电机组控制系统与变流器，研发风电场站/集群智能化传感和实时运行状态监测及调度控制的监控系统，研制超导风力发电机组、深海浮动式风电机组、大型垂直轴风力发电装置、适用于分散式风能开发的低风速风电机组，以及高空风力发电机组等新型风电装备。研发建立 100 m 级叶片气动性能及可靠性试验评价技术、10 MW 级风电机组传动链地面试验技术、大型风电数模混合实时仿真实验技术、海上风电试验检测技术，全面提升风电装备并网技术性能，促进风电的电网友好性和主动支撑性。

在风电机组智能化运维技术方面，重点研发基于物联网、大数据和云计算的风电场全寿命周期设计、控制和运维关键技术，建立基于云计算平台的风电场设计、监测、诊断及运维大数据综合分析平台。主要包括：陆上不同类型风电场智能化运维关键技术，深海远海风电场建设选址、设计施工与运维技术，实现风电机组/场站智能化运维和故障诊断预警。

### 3. 风能清洁高效利用

在集中式风电利用技术方面，全面支撑大规模高比例风电优化调度运行与风险防御技术，支撑大型集中式和高渗透率分布式风电并网优化调度运行，实现风电滚动协调递进控制，支撑全国可再生能源发电装机占比超过 50%、局部地区占比 100%、部分时段电量占比 50% 的电网安全稳定运行。重点突破基于电力市场机制的多能源互补优化调度技术，研发大规模风电多时间尺度滚动协调优化调度系统。研发构建基于并行计算超实时仿真系统的适用于多类型气候及地理环境的高比例风电运行风险在线评估和主动防御系统，实现风电预测不确定性、极端天气气象、连锁故障等因素导致的电网安全运行风险的在线预警、主动防御、事故自愈综合保护等技术。研发大规模风电跨区交易与优化消纳技术，建立跨区能源互联、能源综合利用、交直流混联电网等多约束条件下风电消纳量化评估方法与调控策略。

在分布式风电利用技术方面，重点研发包含风电的微电网和多能互补系统规划设计、运行控制、信息通信和能量管理技术，支撑高渗透率分布式风电的消纳应用。研发风电与电化学储能、风电供热、风电制氢等联合优化运行技术，实现大规模风电与抽水蓄能、热力、油气等其他能源形式的综合运行，建立综合考虑安全性、经济性和环境等因素的日前、日内和实时电力交易市场技术。

## 3.5　风能技术发展路线图

图 3-7 为风能领域技术发展路线图。

### 1. 风能资源评估与功率预测方向备选技术清单

1）适用于我国复杂地形和特殊环境的风能资源评估技术和监测装备研制（关键技术）。

2）适用于我国气候特征的数值天气模式及风资源评估软件研发（关键技术）。

3）大型风电场站/集群发电功率高精度预测、概率预测和爬坡事件预测技术（关键技术）。

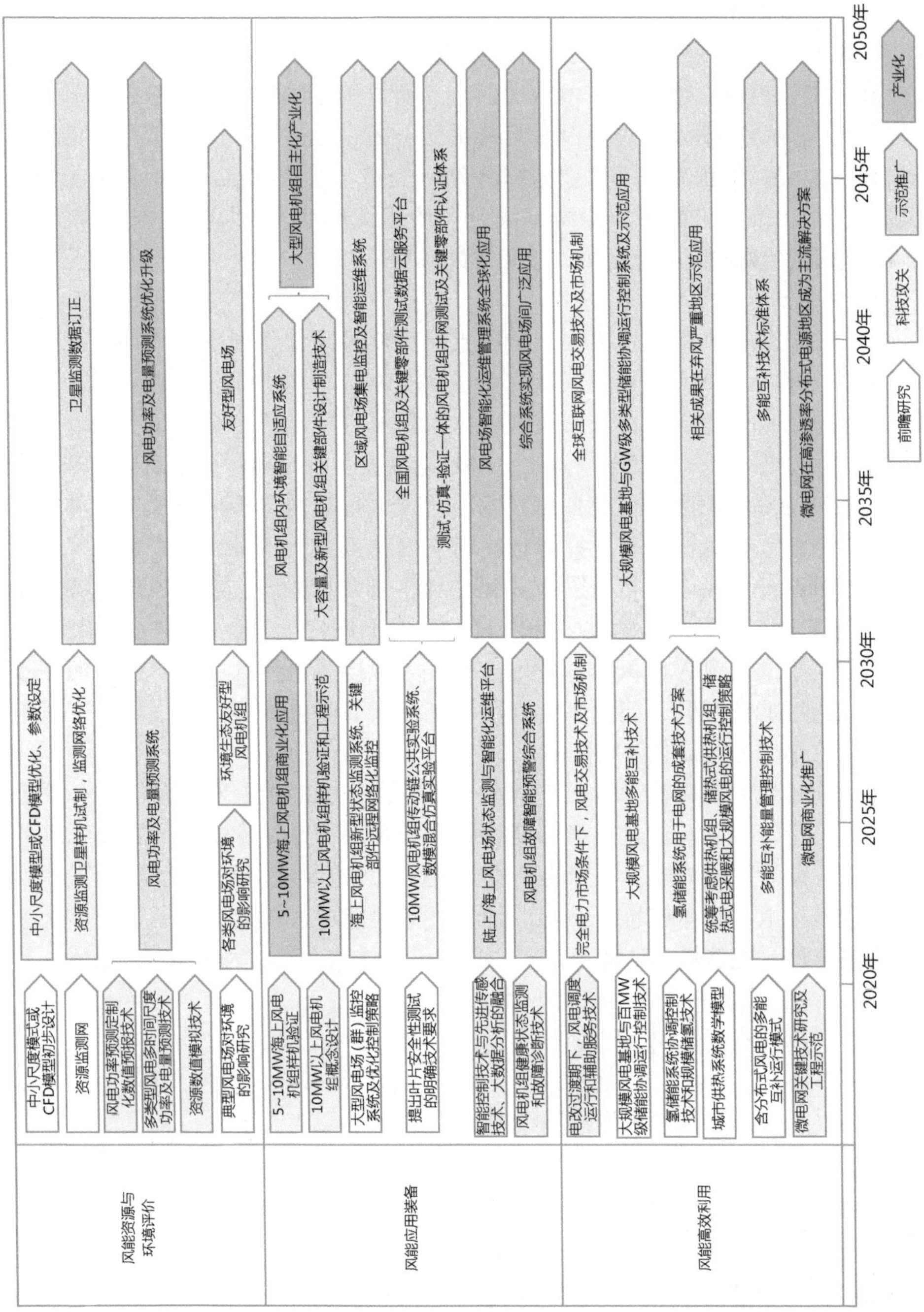

图3-7　风能领域技术发展路线图

时间轴：2020年　2025年　2030年　2035年　2040年　2045年　2050年

图例：前瞻研究　科技攻关　示范推广　产业化

**风能资源与环境评价**
- 中小尺度模型或CFD模型构建、参数设计 → 中小尺度模型或CFD模型优化、参数设定
- 资源监测网 → 资源监测卫星机试制、监测网络优化 → 卫星监测数据订正
- 风电功率预测或卫星测控化数值预报技术
- 多尺度风电多时间尺度功率及电量预测技术 → 风电功率及电量预测系统 → 风电功率及电量预测系统系统化升级
- 资源数值模拟技术
- 典型风电场环境影响研究 → 各类风电场对环境的影响研究 → 环境生态友好型风电机组 → 友好型风电场

**风能应用装备**
- 5~10MW海上风电机组样机验证 → 5~10MW海上风电机组商业化应用 → 风电机组内环境智能自适应系统 → 大型风电机组自主产业化
- 10MW以上风电机组关键技术 → 10MW以上风电机组样机试制及工程示范 → 大容量及新型风电机组关键部件设计制造技术
- 大型风电场（群）监测系统及变化控制策略 → 海上风电机组新型状态监测系统、关键部件远程网络监控 → 区域风电场集电监控及智能运维系统
- 提出中长安全性测试的明确技术要求 → 10MW风电机组主动控制公共实验系统、数据混合仿真实验平台 → 全国风电机组及关键零部件测试数据云服务平台
- 测试-仿真-验证一体化的风电机组并网测试及关键零部件认证体系
- 智能控制技术与先进传感技术、大数据分析的融合 → 陆上/海上风电场状态监测与智能化运维平台 → 风电场智能化运维管理系统全球化应用
- 风电机组健康状态监测和故障诊断技术 → 风电机组故障智能预警综合系统 → 综合系统实现风电场间广泛应用

**风能高效利用**
- 电改过渡期、风电调度运行机制辅助服务模式 → 完全电力市场条件下，风电交易技术及市场机制 → 全国互联网电交易技术及市场机制
- 大规模风电基地与百MW级储能协同运行控制技术 → 大规模风电基地多能互补技术 → 大规模风电基地与GW级多类型储能协同调运行控制系统及示范应用
- 氢储能系统应用于电网的成套技术方案、储 → 氢储能系统应用于电网的成套技术方案、储 → 相关成果在弃风严重地区示范应用
- 城市供热系统构建重大技术 → 统筹考虑供热机组、储热式电采暖和大规模风电的运行控制策略
- 含分布式风电的多能互补运行模式 → 多能互补储能管理控制技术 → 多能互补技术标准体系
- 微电网关键技术研究及工程示范 → 微电网商业化推广 → 微电网在高渗透率分布式电源地区成为主流解决方案

4）陆上/海上/高空风能资源开发对气候、环境和生态影响的评价与恢复技术（前沿技术）。

5）退役和废弃机组材料的无害化处理与循环利用技术（前沿技术）。

**2. 风能应用装备与智能化运维方向备选技术清单**

1）大功率陆上/海上风电机组整机及关键部件设计与优化技术（关键技术）。

2）风电场站/集群智能化传感和实时运行状态监测的新型调度监控系统（关键技术）。

3）超导风电机组、深海浮动式风电机组等新型风力发电设计与装备研制（前沿技术）。

4）基于物联网、大数据和云计算的风电设备全寿命周期设计、控制、智能运维及故障诊断技术（前沿技术）。

5）100 m 级大型化、轻量化风电机组叶片与气动性能评估技术（关键技术）。

6）采用大功率无线输电的高空风力发电技术及关键装备研制（颠覆性技术）。

**3. 风能清洁高效利用方向备选技术清单**

1）大规模高比例风电多时空尺度协调优化调度与风险主动防御技术（关键技术）。

2）基于电力市场机制的风电多能源互补优化设计、运行和交易技术（关键技术）。

3）考虑跨大区能源互联、能源综合利用、交直流混联电网等多约束条件风电优化运行技术（前沿技术）。

4）促进集中式风电消纳利用的供热与制氢联合运行技术（前沿技术）。

5）含大规模风电的多类型可再生能源发电基地优化设计与协调调度控制关键技术（关键技术）。

6）基于微电网、能源互联网的高渗透率分布式风电规划设计与运行控制关键技术（关键技术）。

## 3.6　结论和建议

总体来看，我国的风能资源非常丰富，风能资源技术可开发量约 42 亿 kW（包括 7 亿 kW 低风速资源），我国风电机组整机技术基本与国际同步，风电设备产业链已经形成，陆上风电已经积累了丰富的设计、施工、建设、运维和检测经验，并已建立了完善的集中式风电调度运行体系和技术支持系统。但我国陆上风电智能化运维水平在精细化与信息化方面与国际上还存在较大差距，尚未形成适用于海上风电的运维体系。关于风电机组故障智能诊断预警，国内开发相关产品的分析和诊断功能较为薄弱，主要以趋势判断和定性分析为主，还没有专用的评估软件，缺乏长期运行数据和成熟的定量分析方法。未来在风电机组智能化运维和故障诊断技术方面，应重点突破基于先进传感技术以及高速数据传输的风电机组智能控制技术，开发海上风电设备监测及运维管理软硬件平台，进一步发展大数据、云计算、物联网和互联网+等信息技术，全面保障和提升风电并网运行水平；应加强风电与其他多种能源的综合规划设计和协调调度运行，并在更大范围内实现跨省跨区消纳利用；关于海上风电、高空风电等新型风电技术，还需要进一步加强研发和示范工程验证，做好技术储备。

### 1. 存在问题

虽然我国风能科技水平有了长足进步和显著提高，但与世界风能科技强国和引领能源革命的要求相比，还有较大的差距：我国风电发展面临基础理论研究薄弱、并网消纳难等问题，亟待发展风电高可靠性开发利用技术，风电场特别是海上风电的建设运行维护技术面临很多新问题，缺乏公共平台和应用基础研究。目前面临的制约风电发展的主要问题有以下几个方面。

（1）缺少长远谋划和战略布局、顶层规划不足

目前的能源政策体系尚未把科技创新放在核心位置，国家层面尚未制定全面部署面向未来的能源领域科技创新战略和技术发展路线图。风电开发特别是海上风电的开发，其关键技术、关键设备从研发到产业化周期长、涉及因素众多，是一项复杂的系统工程，在规划中对战略及规划的顶层设计研究不足。

（2）核心技术缺乏，创新突破能力不足

目前，我国风能科技和产业技术的大部分成果是通过引进消化吸收、集成创新、部分创新实现的，在部分高端技术（如整机控制和变流器技术）、大型风电机组整机设计（如 6 MW 以上大型风电机组）等方面与国际先进水平差距明显，彰显出原始创新和技术突破能力的不足。6 MW 以上风电机组及主要零部件关键技术仍以与国外合作开发为主。

（3）产学研结合不够紧密、多头管理、资源分散

企业的创新主体地位不够突出，重大风能工程提供的宝贵创新实践机会与风能技术研发结合不够，创新活动与产业需求脱节的现象依然存在。由于部门分割、多头管理，缺乏统筹协调，因此形成科技资源配置不当，存在重复、浪费、效率不高等问题。

（4）研发资金不足

风能领域的研发工作在基础研究和应用开发方面需要大量投入，特别是在新型风电机组的研制、海上风电技术以及公共研究与试验平台等方面，往往要进行大量的技术研究、技术集成创新以及工程示范，风险较大，因此没有大量投入，特别是政府的有力投入是难以奏效的。目前风能领域的研发经费投入较低，与风能在整个能源构成中的地位以及实现国家能源转型及可持续发展战略的要求相比明显不足，应提高能源领域经费所占比例。

（5）创新体制机制有待完善

市场在科技创新资源配置中的作用有待加强，对民间创新的了解和支持不够，知识产权保护和管理水平有待提高，科技人才培养、管理和激励制度有待进一步改进。

## 2. 保障措施建议

（1）加强国家政策引导、组织领导和统筹协调机制

充分发挥部门和地方的作用，加强风力发电与相关领域的资源共享，集中组织资金和技术力量，开展重点技术研究与开发，保证各项任务的顺利落实。

（2）加大科技投入力度，建立多元科技投入渠道

进一步加大资金投入力度，建立稳定的科技投入机制，合理配置资源，实施专项计划。同时，采取适当的鼓励或税收政策，加大回报，鼓励社会力量及民间能源企业的投入，开辟多元化科技投入渠道。

（3）加强公共研发及国家重点实验室建设

整合我国现有科技研发资源，建设国家级风电技术研发基地和基础数据信息共享中心，完善国家重点实验室体系建设，为技术和成套设备的研发提供条件，协调不同职能部门之间关系，统一部署，形成合力，为我国风电技术研发奠定良好的基础，有效推动风电技术和产业的发展。

（4）组织开展工程试验示范

针对重点技术创新项目，选择设立国家风能技术创新试验示范依托工程，按照公平、公正、公开原则，通过竞争性机制确定示范工程牵头承担单位。建立国家风能技术创新示范项目跟踪监测和协调服务平台，对示范项目开展全过程、全周期的跟踪、指导和服务。按技术领域建立专家组和咨询服务指导机制，对示范效果进行及时评价和总结，并提出推广应用建议。

（5）完善评价机制

建立风能技术全动态评估机制，实施对风能重点项目的跟踪监测、科学评估和督促检查，定期对相关战略目标、计划执行等情况进行科学评估评价，及时协调解决项目实施过程中遇到的问题。必要时，根据风能技术发展形势动态

修订项目实施计划。

（6）加快人才队伍建设

充分利用海外资源，从海外吸收优秀学者加盟，充实国内风电人才队伍；充分利用国家公共研发及示范基地，加强学科人才梯队建设，培养中青年科技骨干、学术带头人、学科带头人以及战略决策型人才；结合风力发电多学科交叉的特点，打破传统学科和学历界限，将人才队伍建设与学科建设和创新体系建设紧密结合，形成完善的人才培养体系和选拔机制。

（7）加强国际交流与合作

充分利用全球技术资源，积极引进国外先进技术和经验，加强与国外技术研究发展计划的合作，及时把握世界风力发电科技发展的新动向、新趋势，实现我国风电科技发展与世界接轨，促进我国风电科技的可持续发展。

（8）发挥重视企业的参与和主导作用

突出企业的创新主体地位，风能技术研发要与企业重大风能工程提供的宝贵创新实践相结合，创新活动与风能产业发展需求要紧密结合。

# 第4章 太阳能技术方向研究及发展路线图

本章主要针对太阳能技术的方向及发展路线图进行具体研究，包括太阳能技术发展现状、主要技术发展方向、重点领域和关键技术以及近期/中期/远期的技术发展愿景等。

## 4.1 太阳能技术概述

随着世界经济的不断发展，煤、石油、天然气等不可再生能源的加速消耗，温室气体的过量排放给全球气候和生态环境带来极大破坏，清洁利用可再生能源正成为世界各国政府、产业界与大众的共识。在众多的可再生能源中，太阳能在地表的辐射能量高达 $10^6$ TW，分布广泛，利用过程清洁，具有最大的开发潜力。按目前太阳的质量消耗速率计，太阳能可维持 $6 \times 10^{10}$ 年，且获取方便，是一种清洁安全的可再生能源，也是未来的发展方向。我国幅员辽阔，太阳能资源十分丰富，适宜太阳能发电的国土面积和建筑物受光面积很大。大力发展太阳能利用技术，对于推动我国经济及社会的可持续发展具有重大和深远的战略意义。

目前太阳能的利用主要涉及三个方面的技术领域：一是光热转换；二是光电转换；三是光化学能转换。此外，还有光生物能转换，但由于光生物能的转换主要涉及生物质的后续处理过程，对于太阳能的人工利用方面涉及较少，本书不做阐述。其中光热转换最为常见，其成本低廉但是转换效率低。光电转换过程是利用光伏电池技术将太阳能转换为电能，转换效率在 15% 以上。目前，获取和转换太阳能最普遍的装置为光伏太阳电池。但是，光伏太阳电池发电后，电能必须立即被利用，或存储在二次储能装置中，需要配备高效的储能系统。更有效、实用和有发展前景的方式是将太阳能直接转换为化学能，人工的光合成路线（包括光电化学和光化学过程）在学术界引起广泛关注。光解水是人工光合过程中颇具吸引力的路径。此外，利用光催化合成燃料也是近期学术界关注的新方向。通过人工光合作用将太阳能转换、储存为稳定的化学能，不仅可以解决能源问题，而且可制备大宗化学品，这是现有光伏、光热技术所无法比拟的。虽然目前国内外人工光合作用的研究仍处于实验室阶段，尚未规模化应用，若能在稳定性、效率以及价格等方面取得突破，则完全有可能成为太阳能利用的主流方向。

## 4.2　太阳能技术发展现状

自 1954 年世界上首个光电转换效率为 6% 的单晶硅太阳电池在实验室诞生，太阳光能转换逐渐从实验室研究走向大规模应用。目前已实现规模化的技术主要在太阳能光电转换（光伏）与光热转换两大领域。太阳能光电转换的产业链包括多晶硅、硅片、太阳电池、太阳光伏组件与光伏电站。太阳电池分为晶硅太阳电池、薄膜太阳电池和新型太阳电池。晶硅太阳电池最早实现了商业化，目前产品最高效率达到 20%。薄膜太阳电池根据所使用半导体材料的不同，可分为硅基薄膜太阳电池、化合物薄膜太阳电池（如碲化镉、铜铟镓硒）、染料敏化太阳电池（Dye-Sensitized Solar Cell，DSSC）和有机聚合物电池。太阳能光热利用通常与熔盐储能技术相结合，使用代表国家为西班牙、美国。

截至 2019 年年底，我国光伏发电累计装机容量达到 20430 万 kW，其中，集中式光伏装机容量为 14167 万 kW，分布式光伏装机容量为 6263 万 kW，全国光伏发电量达 2243 亿 kW·h，光伏利用小时数为 1169h。全国弃光率降至 2%，弃光电量为 46 亿 kW·h。光伏消纳问题主要出现在西北地区，其弃光电量占全国的 87%，弃光率同比下降 2.3 个百分点至 5.9%。

### 4.2.1　晶硅太阳电池

在光伏电池行业，2019 年单晶硅太阳电池的实验室效率达 24.03%，晶硅太阳电池占全球光伏市场 91% 左右的份额，代表了光伏产业的主流技术。我国高效晶硅太阳电池生产技术水平和世界同步，产业规模全球第一，光伏产品性价比国际领先，已形成了完备的晶硅光伏产业链和光伏应用体系，掌握了从多晶硅材料提纯、单晶硅拉棒、多晶硅铸锭、高效电池制备、组件封装、光伏应用系统等核心技术，光伏企业向更大规模、更集约方向发展。我国商业化单晶硅太阳电池效率达到 20% 以上，多晶硅太阳电池效率超过了 18%，在高效率低成本晶硅太阳电池的生产方面具有优势，依托企业的光伏技术国家重点实验室也创造了大面积晶硅太阳电池效率的世界纪录。

太阳电池的光伏转换效率是光伏技术研究的核心。目前有 4 种结构晶硅太阳电池的实验室效率超过了 25%，代表了晶硅太阳电池研发的最好水平，它们分别是钝化发射极和背部局域扩散（Passivated Emitter and Rear Locally-diffused，PERL）电池、具有本征非晶 Si 界面层的异质结（Heterojunction with Intrinsic Thin layer，HIT）电池、交指式背接触（Interdigitated Back Contact，IBC）电池，以及背结和背接触（Back - Junction Back - Contact, BJBC）太阳电池。其中，PERL 电池结构是钝化发射极背部局域扩散电池，所采用的提高电池效率的技术有双层减反射膜技术、密细栅线技术以降低遮光率、采用选择性发射极技术与钝化技术以降低表面复合速率；1999 年 PERL 电池效率达 25%。HIT 电池的异质结结构，使得电池具有 750 mV 的高开路电压；异质结界面插入本征非晶硅薄层钝化了电池表面，大幅度降低了表面载流子的复合；宽带隙的非晶 SiC 薄膜作为发射极以及透明导电氧化物材料作为窗口层提高了发射极的光透过率和导电性；2012 年 HIT 电池效率达 24.7%。IBC 电池前表面无栅线，P-N 结制备在电池背面，电极采用交指形状排列的方式制备在电池背面，避免了常规电池栅线的遮光损失；该电池背面利用扩散法形成 $P^+$ 和 $N^+$ 交叉式电极接触高掺杂区，氧化硅钝化膜上开孔实现了金属电极与发射区或基区的点接触连接，降低了光生载流子的背表面复合速率；采用背接触结构使得 IBC 电池的串联电阻较低，具有高的填充因子。BJBC 电池综合了 IBC 和 HIT 电池结构的优点，全部电极制备在电池背面，避免了电池正面栅线引起的遮光损失；同时采用了 HIT 电池的异质结结构，使电池具有高开路电压；2015 年 BJBC 电池效率达到 25.6%，成为全球最高效率的硅基太阳电池。

英利集团研发的大面积（156 mm×156 mm）N 型硅双面发电高效率太阳电池经第三方认证效率达到了 21.1%（正面效率）和 18.41%（背面效率），创造了此类大面积电池的最高效率纪录；中国科学院上海微系统与信息技术研究所（以下简称上海微系统所）研发的薄膜硅/晶体硅异质结太阳电池（HIT）电池的最高效率达到了 22.95%（125 mm×125 mm），天合光能股份有限公司（以下简称天合光能）与澳大利亚国立大学联合开发的小面积（2 cm²）单晶硅 IBC 电池实验室电池效率达到了 24.4%，在大面积 156 mm×156 mm 单晶硅片上研发的 IBC 电池转换效率达到了 22.94%；天合光能采用钝化发射极及背局域接触（Passivated Emitter Rear Contact, PERC）电池结构，在 P 型多晶硅（156 mm×156 mm）衬底上研发出 20.76% 效率的高效电池，单晶电池光电转换效率达到 22.13%（156 mm×156 mm），刷新了全球大面积 PERC 电池转换效率的世界纪录。由于制造成本和实验室产业化技术成熟度的限制，工业化大规模生产的晶硅太阳电池的效率远低于实验室电池效率。目前大规模生产的普通单晶硅太阳电池的效率为 19.5% 左右，多晶硅在 18% 左右，采用高效率高成本技术路线的单晶硅 HIT 和 IBC 电池的产业化电池效率在 22% 左右，发展低成本高效率晶硅太阳电池的技术路线成为光伏产业的追求目标。

### 4.2.2　薄膜太阳电池

薄膜太阳电池是指以单质元素、无机化合物或有机材料等制作的薄膜为光电转换材料的太阳电池。根据所使用半导体材料的不同，可分为硅基薄膜太阳电池、化合物薄膜太阳电池（如碲化镉、铜铟镓硒）、DSSC 和有机聚合物电池。与晶硅太阳电池相比，硅基薄膜太阳电池的缺点是效率较低，设备成本较高。但薄膜太阳电池的优点也很明显：①弱光响应好；②温度系数低；③可做成柔性；④材料消耗少，重量轻；⑤可以做成半透明电池，加上图形、图案及艺术设计，是建筑光伏一体化（Building Integrated PV，BIPV）的理想选择；⑥可以以卷对卷（Roll-to-Roll）的方式大面积制备等。虽在大规模电站应用上薄膜太阳电池与晶硅太阳电池相比没有成本优势，但因为薄膜太阳电池可做成柔性、轻便和多结电池，故在便携、可穿戴等应用中有着特殊市场。

近年来，我国硅薄膜太阳电池领域的研究取得了较大进展。如南开大学采用多室连续沉积技术，单结微晶硅太阳电池效率达到 9.36%；小面积非晶/微晶硅叠层电池效率达到 11.8%；10 cm×10 cm 集成型非晶/微晶硅叠层电池效率达到 10.5%；成功研发了我国首条自主知识产权的、产品尺寸为 0.79 $m^2$ 的非晶硅/微晶硅叠层电池中试线，组件效率为 8.12%。陕西师范大学-中国科学院大连化学物理研究所团队，在轻便柔性衬底上研发了多结叠层电池，面积 200 $cm^2$ 的组件效率达到 10.5%。

碲化镉（Cadmium Telluride，CdTe）薄膜光伏技术是迄今最为成功的薄膜太阳电池技术，其市场占有率达到了薄膜太阳电池市场的一半以上。CdTe 光伏技术已经被成功应用在世界上最大的光伏电站 Topaz Solar Farm。截止到 2018 年年底，CdTe 薄膜太阳电池在全球光伏市场占有率达到了 7.3%。

在铜铟镓硒（CuIn$_{1-x}$Ga$_x$Se$_2$，CIGS）多晶薄膜太阳电池方面，美国国家可再生能源实验室（NREL）、德国太阳能与氢能研究中心（ZSW）、瑞士联邦材料科学与技术研究所（EMPA）、日本 Solar Frontier 等相继提高了 CIGS 的转换效率，达到 22.3%。清华大学与北京四方继保自动化股份有限公司在尺寸为 100 mm×300 mm 的玻璃基底上取得了 17% 的平均转换效率。自 2008 年开始，CIGS 薄膜太阳电池产量呈现快速增长态势，2019 年全球 CIGS 薄膜太阳电池产量超过 2.40 GW，2019—2023 年均复合增长率约为 16.15%，则 2023 年将达到 4.37 GW，但产品的稳定性与成本仍需关注。

CIGS 电池领域的研究热点和重点可概括如下。

**1. 碱金属元素掺杂的作用和作用机理**

碱金属 Na 对 CIGS 电池性能和效率的提高起到了重要作用，该研究被认为在 CIGS 电池研究过程中具有里程碑的意义。Na 的掺杂一般是通过钠钙玻璃基底中 Na 离子在 CIGS 吸收层制备或器件形成的工艺过程中扩散进入吸收层的。Na 具有显著的钝化晶界缺陷的作用，能够大幅提高少数载流子的寿命，从而减少载流子在吸收层内的复合，使得 CIGS 吸收层具有高光电转换效率；微量 Na 离子的存在有利于获得沿取向生长的 CIGS 吸收层；Na 的掺入还有利于提高空穴浓度，提高吸收层电导率，减少电池器件的串联电阻；而且 Na 可以取代 Cu 形成带隙更宽、更稳定的 $NaInSe_2$，有利于提高靠近背电极区域的导带能级，反射光生电子，减少光生载流子在背电极处的复合。通过对吸收层薄膜掺杂 Na，可以显著提高电池的开路电压和填充因子，从而提高电池的效率。与此同时，Na 的掺杂还能提高组件的大面积均匀性，有利于提高组件良品率。对于不含 Na 的衬底（例如不锈钢和钛箔、聚酰亚胺），通常需额外制备一层含 Na 膜层以获得更高的电池性能。

　　受 Na 离子作用的启发，研究发现碱金属 K 对 CIGS 电池性能也呈现有利影响，K 的影响主要集中于 CIGS 与 CdS（硫化镉）的界面，K 离子能使 CIGS 表面形成贫铜层，有利于 Cd 离子向 CdS/CIGS 界面的 CIGS 一侧的掺杂，进入原来 Cu 原子的晶格位置，从而使得表面反型，在原来的 CIGS 吸收层内形成缺陷很少的 P-N 结，从而减少界面复合，进而有利于提高电池开路电压和填充因子；其次，存在于界面的 K 有利于后续 CdS 沉积的形核和生长，提高 CdS 结晶质量，可以用更薄的 CdS 实现对 CIGS 吸收层的高质量完整的覆盖，从而有利于提高短路电流密度；K 的引入还有利于 In、Ga 互溶，有利于把 CIGS 的最优 Ga/(In+Ga) 从 0.3 提高到 0.4 以上，从而提高 CIGS 的禁带宽度，使其更加接近理想禁带宽度。

**2. 吸收层的能带结构变化**

　　研究者采用所谓的双梯度带隙，使得带隙具有类似"U"型分布。通过对 CIGS 吸收层表面进行适当 S 化处理，在 CIGS 中掺入 S 可以提高禁带宽度，实现理想带隙梯度的"U"型分布。有研究指出，背梯度带隙在超薄电池制备方面更具优势和重要性，当吸收层厚度约为 0.5 μm 时，由于背梯度带隙的存在可以使效率提高 2%。

**3. 复合机理**

　　载流子的复合类型和复合机理对于高效率电池的结构设计和制备高效率 CIGS 电池具有重要的指导意义，它们始终是 CIGS 电池领域重要的前沿研究内容。

　　CIGS 晶粒间界有自然钝化的趋向，从而为制备高效电池奠定了基础，这被认为是 CIGS 所具有的特性优势。一般电池材料例如多晶硅太阳电池的晶界会成为载流子俘获中心，从而降低载流子有效扩散长度，降低电池性能。最近的研究发现，CIGS 晶界处成分和晶粒内部成分不一致。CIGS 晶界处成分具有明显的贫 Cu 和富 Na 富 O 的特征。贫 Cu 相的存在有利于形成一个多数载流子传输的势垒，使多数载流子不易集中于晶界处，从而有利于降低晶界对载流子复合的不利影响；Na 的存在则有利于减少晶界处施主型缺陷的影响。在晶界处易贫 Se，会形成施主型 Se 空位缺陷，使能带在靠近晶界处向下弯曲，使得少数载流子在晶界处富集，增加晶界复合的概率。Na 可以提高晶界处 O 对 Se 空位的替代量，O 替代 Se 空位形成浅受主缺陷，可以减小能带向下弯曲程度，从而减少晶界复合，起到钝化晶界缺陷的作用。

研究发现，当 CIGS 中的 Ga/(In+Ga) 低于 0.3 时，界面复合较少，此时复合不成为制约 CIGS 电池效率的主要因素；当 CIGS 的中的 Ga/(In+Ga) 大于 0.3 时，由于导带的不匹配，载流子易在界面处复合，从而限制电池开路电压随着禁带宽度提高而同步提高。在器件级吸收层制备中，通常会将界面处 Ga/(In+Ga) 含量控制在 0.3 以下，以减少界面复合。过去 CIGS 的研究主要集中于吸收层体材料特性，界面研究也主要关注 CdS/CIGS 界面，对晶界特性研究较少，同样，对 CIGS/Mo 界面状况、新型缓冲层与 CIGS 吸收层之间的界面以及窗口层/缓冲层界面研究还很不充分。近年来，随着对柔性基底电池尤其是金属基柔性基底电池的研究越来越多，研究者对 Cr、Ni、Fe 等对 CIGS 吸收层性能的研究也越来越多。研究发现，CIGS 对杂质原子是有很高容忍度的，通常 Cr 和 Ni 对 CIGS 吸收层性能的影响较小，而 Fe 虽然有较大的影响，但是只要能够通过阻挡层的合理设计控制 Fe 在一定含量下则影响不大。

### 4. 宽禁带缓冲层材料研究

在高效率 CIGS 电池制备过程中通常使用 CdS 作为缓冲层。CdS 禁带宽度为 2.4 eV，将部分吸收波长小于 500 nm 的太阳光，从而降低吸收层 CIGS 对于上述波段光子的有效吸收和转化，导致 CIGS 电池在此波段的量子效率下降，不利于短路电流的进一步提高，因此，开发宽禁带且无镉的缓冲层材料具有良好的发展前景。被研究的无镉宽禁带材料有 $In_2S_3$、$Zn(O, S)$、$(Mg, Zn)O$、$(Zn, Sn)O$。在过去很长一段时间内，采用这些无镉宽禁带材料都没有取得更高的效率，似乎在性能上无可替代 CdS。虽然，采用宽禁带材料能够大幅提高电池的短路电流密度，但是电池的开路电压和填充因子都有较大幅度的下降。主要原因在于宽禁带材料例如 ZnS 的导带和 CIGS 的导带不匹配，将会形成势垒，成为促进载流子界面复合的重要因素。最近的研究表明，改变 $Zn(O, S)$ 中 O 和 S 的比例或者 $(Mg, Zn)O$ 中 Mg 和 Zn 的比例可以使得导带不匹配程度降低。Solar Frontier 和 Aoyama Gakuin 大学的研究还表明，对以缓冲层 $ZnS(O, OH)$ 为缓冲层的电池器件进行后续光照处理以及空气中退火处理（130℃）能够减小吸收层缓冲层之间的能带不匹配，减少界面缺陷和吸收层中的 N1 缺陷密度，电池效率可提高 2%~8%。正是基于这方面的突破，目前 Solar Frontier 的无镉宽禁带缓冲层电池效率达到了 22.3% 的世界纪录。而 ZSW 也在最近报道了 21.0% 的 Zn(O, S) 缓冲层电池，这个电池结构不需要类似 Solar Frontier 所采用的后续处理，原因在于 ZSW 还同时采用（Mg, Zn）O 来替代 i-ZnO 以减少能带失配。

### 5. 柔性基底电池制备与研究

常用柔性基底包括金属箔基底（不锈钢、钛箔、钼箔、铜箔等）和聚合物基底（聚酰亚胺）。相比于玻璃基底太阳电池，柔性基底太阳电池具有很多优势：可以卷曲，电池厚度很薄、重量轻，生产过程中能耗少，易于卷对卷大面积连续生产，便于携带和运输。而且柔性基底电池可以大大拓展 CIGS 的应用领域。柔性 CIGS 太阳电池由于其优良的抗辐射性能以及轻质的特点使其可应用于航空航天领域；可与建筑外墙相结合，作为 BIPV 应用产品；可与汽车相结合，置于汽车顶部或者侧面，作为新能源汽车动力；可以与充电宝、户外装备相结合，形成可供电终端设备。但同时，由于采用了柔性基底，也因此生产了新的研究难点和技术挑战。

对于聚合物基底（PI），热稳定性差和大的热膨胀系数就会产生诸多甚至是致命的技术难题。差的热稳定性使得 CIGS 薄膜热处理温度受到限制（不超过 450℃，短时间不超过 500℃），因此很难得到高品质的 CIGS 吸收层。通常采用的共蒸发工艺和溅射后硒化工艺需要的合适温度均在 500℃ 以上，因此，长期以来 PI 衬底所采用的低温工艺获得的电池效率是显著低于刚性基底的。最近 EMPA 采用改良的共蒸发工艺，对蒸发源沉积速率进行了更加精确的调控，可以在 450℃ 的温度条件下制备得到结晶性良好、带隙梯度分布合理的 CIGS 吸收层薄膜，从而获得了 20.4% 的效率，超过了之前由刚性基底保持的 20.3% 的效率纪录。但是，对于溅射后硒化工艺，还没有相关高效率 PI 衬底电池的报道，而更多的是采用 SS 基底进行柔性电池制备。研究表明，对于 SS 基底，从基底中扩散到 CIGS 吸收层的 Fe 离子对吸收层性能是不利的，Fe 的引入会形成 $Fe_{In}$ 和 $Fe_{Ga}$ 深能级缺陷，对电池开路电压和填充因子不利。但是，通过 Fe 离子阻挡层的沉积已经实现了良好的阻挡效果，只要 Fe 的杂质浓度控制在 10 ppm 以下，则对电池性能的影响不大。常用的阻挡层为无机阻挡层（$SiO_2$、$Al_2O_3$、$Si_3N_4$）和金属阻挡层（Ti、Cr、W）。

钙钛矿太阳电池（PSC）在多方面优于现有的其他类型的太阳电池，这得益于钙钛矿材料优异的综合性能：①不仅可以高效地吸光，还能激发出电子空穴对，用以充当载流子输运材料；②钙钛矿电池具有很高的开路电压，最高达

1.3 V，与半导体化合物电池的开路电压相近；③结构简单，一般常用的钙钛矿太阳电池结构为阴极/电子传输层/钙钛矿活性层/空穴传输层/阳极，可采用 p-i-n 型平面异质结结构；④钙钛矿活性层可以通过涂布法、气相沉积法及混合工艺制备，工艺简单、成本低；⑤由于钙钛矿活性层制备方法多样，且对基底要求不高，因此可在塑料、织物等柔性基底上采用卷对卷技术大规模制造。

钙钛矿材料由于具有极长的载流子传输距离、极低的缺陷态密度、很高的光吸收系数等优异性质，是优异的光伏材料、光电材料、激光材料和发光材料，其理论效率可达 31%。2015 年，$FAPbI_3$ 基钙钛矿电池的效率为 20.2%。根据最新的太阳能效率数据图，钙钛矿太阳电池目前最高的 PCE（功率转换效率）为 15.6%，由日本国立先进工业技术研究院研发，测试的电池面积为 1.02 $cm^2$。目前，经过 NREL 认证的钙钛矿太阳电池光电转换效率已经达到 22.1%，已接近晶硅太阳电池的效率。超过 1 $cm^2$ 的较大面积电池效率也已经突破 18%。同时，基于钙钛矿材料的各种光电器件也取得良好进展，陕西师范大学–中国科学院大连化学物理研究所刘生忠团队成功制备效率达到 16.09% 的柔性钙钛矿电池，是目前效率最高的钙钛矿柔性器件。

在光电转换效率方面，钙钛矿太阳电池效率已经超过多晶硅太阳电池最高公证效率。真空制备的钙钛矿电池远比溶液法制备的电池更稳定。特别需要指出的是，大尺寸单晶，因为排除了微晶薄膜中存在的晶界、孔隙和大量表面缺陷，不仅显示了优异的光电器件性能，同时因为排除了溶剂和残留吸附物，热稳定性、水稳定性均得到显著提高。在低成本方面，因为钙钛矿电池对材料纯度不敏感，不需要高温和高真空工艺，因此，如果规模相当，那么材料成本和制造成本都将远低于晶硅太阳电池成本，在廉价太阳电池及其他光电器件中展现出极大的应用价值。在环境方面，由于用量少，无铅化或开发无泄漏的模组将是解决铅问题的途径。因此，有理由相信，在未来相当长一段时间里，钙钛矿太阳电池将是廉价太阳电池领域乃至整个太阳电池领域里尤为重要的组成部分，特别是在晶硅太阳电池无法应用的柔性电池领域。未来的发展将趋向于高稳定、高性能大尺寸钙钛矿单晶体生长、切片等研究以及高效高稳定柔性钙钛矿电池。

有机薄膜太阳电池方面，2016 年，NREL 公布了香港科技大学最新的 PCE 为 11.5%。国际有机电子协会认为，有机薄膜太阳电池只要其 PCE 超过 10%，生命周期在 5~20 年，长期成本低于 0.5 欧元/Wp（峰瓦），则比其他光伏电池更具竞争力。Machui 等认为 PSC 在大规模制备过程中的制造成本仅占总花费的 2%，其余大部分均被材料成本所占据。因此，开发低成本稳定的，且具有更强的光子转化能力的新材料对于推进 PSC 的商业化至关重要。

由于可以更广泛地采用柔性基底材料，DSSC 也得到了相当高的关注。同硅薄膜太阳电池相比，DSSC 具有原料易获取、工艺和设备简单、便于大面积连续生产、颜色可调等特点。当采用柔性基底时，DSSC 可很方便地大面积制备，并实现卷对卷生产。目前，采用全金属柔性基底的 DSSC 最高转换效率达到了8.6%，而采用 PEN 塑料基底的柔性 DSSC 效率达到 8.1%。纤维基 DSSC 具有柔性、轻质、活性面积高等特点，可以方便整合到可穿戴编织物中。

## 4.2.3　太阳能热发电与熔盐蓄热

太阳能热发电是利用聚光太阳能集热器将太阳辐射能吸收、聚集并转换为热能，后经热交换器产生高温高压的过热蒸气，驱动汽轮机并带动发电机发电。至今已经有槽式、碟式、塔式、线性菲涅耳式和地面接收式 5 种聚光太阳能热发电形式，其中以槽式聚光技术最为成熟，目前只有槽式系统正式进入了大规模商业化阶段；塔式聚光光热（Concentrating Solar Power，CSP）电站仍处于示范和测试阶段，正开展小规模的商业化；另外，线性菲涅耳式 CSP 技术和抛物碟式 CSP 技术也正在进行试点示范。

目前世界上太阳能热发电容量最大的国家是西班牙和美国，截至 2018 年年底，全球光热发电装机总容量达到 6069 MW，其中西班牙光热发电总容量为2362 MW，美国为 1832 MW，两者合计达到全球总容量的 90%。2018 年新增装机容量 936 MW，摩洛哥以 350 MW 的新增装机容量领跑，南非新增装机容量200 MW 位列第二。国际能源署在 2014 光热发电技术发展路线图中预计，2050 年全球用电量的 11% 将由光热发电技术来提供。绿色和平国际组织和欧洲太阳能热发电协会发布的联合预测报告中指出，到 2020 年，光热发电在全球能源供应份额中占 1%~1.2%，2030 年占全球需求的 3.0%~3.6%，2050 年占全球需求的 8.5%~11.8%，即 2050 年世界总的太阳能发电量将超过 830 GW。槽式CSP 电站是最早实现商业化的 CSP 电站类型，在目前全球商业化运行 CSP 电站中占比达 85% 以上。在西班牙 45 座商业化运行的 CSP 电站中，有 40 座为槽式电站。美国在 20 世纪 90 年代初就有 9 座抛物面槽式系统投入商业并网运行，总装机容量达到 354 MW。

在国内，2016 年 9 月共 20 个项目入选中国首批光热发电示范项目名单，总装机容量为 1.349 GW，包括 9 个塔式电站、7 个槽式电站和 4 个菲涅尔电站，分布在青海省、甘肃省、河北省、内蒙古自治区和新疆维吾尔自治区。光热发电在发电效率和稳定性上优于光伏发电。从技术角度上，光热发电有三大优势：一是上网功率平稳，时间长。光热发电带有储热系统，而光伏无储热系统。二是余热可综合利用。这可使光热发电与常规能源实现互补，实现减煤目标，达到节能减排效果。三是优异的环境特性。光热发电每兆瓦时电量排出二氧化碳仅有 12 kg，光伏发电是 110 kg，天然气发电为 435 kg，煤电为 900 kg。

与光伏发电相比较，光热发电宜与熔融盐、水等储热介质结合进行储能，损耗小，更适宜大规模集中式发电，储热成本低且效率高，年发电小时数长，与其他发电可有效契合，输出电力稳定，电力具有可调节性。虽然可供光热发电的太阳能资源低于光伏发电，但配有储能系统的光热系统年发电时间远高于光伏发电系统。

在选择不同的光热发电技术路线时，效率是重要因素。目前的槽式系统效率通常在 15%，塔式为 20%~35%，碟式聚光器的光学聚光比可以达到 600~3000，光学效率可以达到约 90%，吸热器工作温度可以达到 800℃以上，系统峰值光电转换效率为 25%~30%。投资成本高与投资周期长是制约太阳光热发电的两个重要因素。投资成本过高主要是由于太阳能能量密度低、技术复杂、设备制备成本高等因素。投资周期长则主要是由于太阳能的间歇性、可利用时间短等因素导致系统发电效率低。

目前，我国光热发电产业商业化示范项目刚刚起步，在太阳能光热产业链技术层面上要解决的问题还很多，比如，关键零部件的制造技术不足、缺乏大型发电系统建设和调试经验等，具体在储能、节水、系统集成、核心部件优化、技术国产化等几个方面都需要努力攻关。

另外，我国太阳能热发电集中在西北高寒地区，西北特殊的地理环境和气候对光热电站的建设提出了严峻考验：集热镜场要注意防风、防腐蚀、防风沙和冰雹、传动机构防冻等问题；储能系统要防冻堵；发电系统则要注意干旱缺水、保温及防冻等。

与太阳能热发电配套的常用技术为熔盐蓄热，主要是利用熔融盐通过显热或潜热的方式实现能量的储存，具有蓄热密度大、充放热过程温度波动范围小、结构紧凑等优点。熔盐具有很高的热容和热传导值以及高的热稳定性和质量传递速度。一般不含水，电导率较高、分解电压较大。熔盐储能技术寿命长，储能规模大，环保性好，具备明显的经济优势。

目前针对不同类型太阳能光热电站，熔盐蓄热系统有多种模式，主要为单罐与双罐蓄热系统。单罐又称为斜温层单罐，斜温层单罐内装有多孔介质填料，依靠液态熔融盐的显热与固态多孔介质的显热来蓄热。单罐蓄热系统的优点是投资费用低，与双罐系统相比可几乎节省一个罐的制造成本，但斜温层单罐系统在一个罐同时储存高低温熔融盐液，熔盐的注入和出料过程比较复杂，不能完全实现温度的分层。

双罐蓄热系统一般由热盐罐、冷盐罐、泵和换热器组成。双罐蓄热系统中冷罐和热罐分别单独放置，技术风险低，是较常用的大规模太阳能热发电蓄热方法。

槽式熔融盐传热+双罐熔融盐显热蓄热系统与导热油传热+双罐熔融盐显热蓄热系统的主要区别是前者的传热工质和蓄热工质均采用熔融盐，省去了导热油-熔融盐换热器，可显著提高整个太阳能热发电电站的光-热-电转换效率。同样容量、同样蓄热小时数的槽式太阳能电站，其蓄热介质的用量可降低 260%，从而可将蓄热系统的成本降低 40% 以上。

塔式太阳能热电站熔融盐传热+双罐熔融盐显热蓄热系统与熔融盐传热+双罐熔融盐显热蓄热系统的工作原理类似，只是吸热器结构和形式不同，槽式系统采用的是真空管式吸热器，而塔式电站一般采用外露式圆柱形排管吸热器。该蓄热系统首先在美国 Solar Two 塔式 10 MW 试验电站中成功应用。2007 年西班牙的安达索尔（Andasol）聚光太阳能热发电工程建成 50 MW、采用熔融盐作为蓄热载体的太阳能塔式热电站，实现全天候连续稳定的发电。

全球范围内的高温熔盐储能市场基本集中于西班牙、美国和意大利三个国家。截至 2018 年年底，全球范围内高温熔盐储能设备装机容量已达到 2686 MW，其中处于绝对领先地位的西班牙，其市场占份额最大，为 1520 MW，摩洛哥为 510 MW，美国为 390 MW，中国为 212 MW，意大利为 57 MW。

在目前商业化运行的太阳能热发电站中已有近 40% 的电站采用了熔融盐传热蓄热技术。集成熔融盐蓄热技术的太阳能热发电技术能够提供稳定连续可调的清洁电力，逐渐成为发展太阳能热电产业的关键技术，也是未来解决世界能源问题的主要技术途径之一。

## 4.2.4　太阳能光化学利用

太阳能光化学利用的途径主要有太阳能分解水制氢和二氧化碳光化学转换两个方面。

热力学上，太阳能催化分解水制氢是一个涉及多电子转移的能量爬坡反应，总吉布斯自由能为 237 kJ/mol，整个反应是由三个在时间尺度上跨度多个数量级的过程共同构成：光激发产生光生电荷、光生电荷分离及表面催化反应。总太阳能利用效率由光吸收效率、电荷分离效率以及表面催化反应效率共同决定。此外，光激发、电荷分离以及表面催化反应三个过程发生在跨度很大的不同时间尺度上：光激发产生光生电荷一般在 fs～ns（$10^{-15}$～$10^{-9}$ s）的时间尺度上，光生电荷分离一般发生在 μs 尺度上（$10^{-6}$ s），而表面催化反应一般则发生在 ms（$10^{-3}$ s）甚至 s 的尺度上，整个反应过程时间跨度达到 $10^{12}$～$10^{9}$ 数量级。在这样的时间跨度范围内，大多数的光生电荷在激发后未能及时分离而发生复合，从而导致光催化分解水效率往往很低。因此，光生电荷的有效分离成为人工光合成太阳能燃料最关键的核心科学问题。

### 1. 光催化分解水制氢

粒子光催化体系即将半导体或分子光催化剂悬浮于水溶液中进行光催化分解水制氢。早期的研究主要是以紫外光响应的半导体光催化剂为主，但紫外光在整个太阳能光谱中占比大于7%，为了充分高效利用太阳能，必须发展新型的宽光谱响应的半导体吸光材料，同时在能带上能够满足光催化分解水的条件。目前半导体粒子光催化体系光催化分解水的研究主要关注可见光吸收的半导体。中国科学院大连化学物理研究所（以下简称大连化物所）李灿院士团队实现了光催化分解水量子效率达到6.8%（$\lambda = 420 \sim 440$ nm）。Domen研究组发展光催化剂片、光催化剂膜技术，通过印刷的方法构建光催化片，在pH 6.8条件下光催化分解水的量子效率达到了30%（$\lambda = 419$ nm），相当于太阳能−氢能转换（STH）效率为1.1%，首次将可见光吸收的半导体粒子光催化体系的STH提升到1%以上，接近植物的光合作用水平。由于这种光催化剂片能够通过印刷大规模合成，具有很大的潜在应用价值。

在分子光催化剂方面的研究，我国学者的研究水平走在世界的前列。大连理工大学的孙立成研究组报道了Ru基的分子催化剂，在牺牲剂存在下，化学氧化水的TOF（转换频率）可以大于300 $s^{-1}$，已经非常接近自然光合作用中心PSII中$CaMn_4O_5$的$100 \sim 400$ $s^{-1}$。中国科学院理化技术研究所吴丽珠团队研发的量子点敏化的分子产氢催化剂，在牺牲剂存在下的产氢TON（转换数）已达51400。但光催化全分解水体系的稳定性与活性仍制约着其向应用方向发展。

粒子光催化剂分解水本身由于不涉及器件，可以直接用来分解水制氢，但由于所产生的产物是氢气和氧气的混合物，还需要额外的分离技术，目前还达不到工业化应用的要求。

光电催化分解水制氢主要通过构建光电池分解水制氢和光伏−电催化剂耦合分解水制氢。光电池分解水制氢是将产氢的光阴极和产氧的光阳极利用适当的膜隔开形成光电解池。而光伏−电催化剂耦合分解水制氢是太阳电池配合电解池电解水。Ouwerkerk等利用单晶硅太阳电池配合高压电解池获得了9.3%的STH。由于使用单体太阳电池意味着只能吸收某一特定光谱范围内的太阳光，不利于提高入射光利用率，同时类似Si材料等的单结太阳电池无法提供足够的驱动力去分解水。因此，采用多结太阳电池结构构建光伏−电解水池（PV−EC）成为目前的一个研究方向。Spiccia等人以太阳电池转换效率为47%的GaInP/GaAs/Ge叠层太阳电池和泡沫Ni为阳极和阴极催化剂，构建了PV−EC体系，实现了

22%的 STH。

南京大学邹志刚院士团队发现通过简单的热剥离、机械剥离或 HF 化学腐蚀的方法均可以除去 $Ta_3N_5$ 光阳极薄膜表面的钝化层，从而减少光生载流子的复合，大幅提高其光电催化分解水性能。在模拟太阳光 AM1.5G 的照射下，表面钝化层剥离后，$Co(OH)x$ 担载的 $Ta_3N_5$ 光阳极，在 1.23 VRHE 的外加偏压下，其光电流可达 5.5 mA/cm²，打破了之前 3.8 mA/cm² 的记录值。大连化物所李灿院士团队在构建高效单体光电化学池研究方面取得一系列重大突破。构建的 $Co_3O_4/Fh/Ta_3N_5$ 复合光阳极在 AM1.5G 模拟太阳光照射下，光电流达到了 5.2 mA/cm²（1.23VRHE），稳定工作 6 h。在表面担载 Ir 基分子水氧化催化剂和引入 $TiO_2$ 空穴阻挡层，将光电流提高到 12.1 mA/cm²（1.23VRHE），接近 $Ta_3N_5$ 光阳极的理论电流值 12.9 mA/cm²，单体电池的 STH 可达 2.5%，是目前效率最高的单体光阳极。

2015 年 8 月，美国能源部人工光合作用联合研究中心宣布研发出首个完整、高效、安全、一体化的太阳能分解水制氢燃料系统原型，该系统可在 1 个太阳光照条件下达到太阳能到化学能 10.5% 的转换效率，并保持高于 10% 的效率稳定工作 40 h 以上。

虽然 PV-EC 光电分解水的 STH 效率比较高，有的甚至达到了工业化应用的要求，但是只能稳定运行至多几十个小时，距离 3000 h 的稳定运行工业化目标还有很大的距离。

### 2. 太阳能驱动转换水和 $CO_2$ 为太阳能燃料

利用光能将水和 $CO_2$ 转换为太阳能燃料是比分解水还要难的反应，因为这不仅涉及水氧化问题，还涉及更多的电子转移、产物的逆反应控制和选择性、多碳化合物的合成等。因此，目前太阳能转换水和 $CO_2$ 为燃料的研究，仅局限于在牺牲剂存在下，用模型化合物探索 $CO_2$ 转换的可行性、提高转换效率的方法、手段、产物选择性地调控等，处于初期研究阶段。

主要进展如下：日本松下公司在 2012 年开发出了使用氮化镓（GaN）类催化剂和磷化铟（InP）类催化剂的人工光合系统，制甲酸转换效率已达到 1%。通过将磷化铟（InP）类催化剂更改为铜类金属催化剂，能够合成甲烷、乙烯、乙醇等有机物，总体转换效率为 0.3%。日本东芝公司 2014 年宣布其开发的人工光合系统利用水和 $CO_2$ 成功产出 CO，太阳能转换效率达到 1.5%，研发工作集中于纳米级金催化剂及高效电解质。

## 4.3　太阳能技术发展方向

### 4.3.1　晶硅太阳电池

目前大规模生产的普通单晶硅太阳电池的效率约为 19.5%，多晶硅的效率约为 18%，采用高效率高成本技术路线的单晶硅 HIT 和 IBC 电池的产业化电池效率为 22%，发展低成本高效率晶硅太阳电池的技术路线成为光伏产业的发展方向。

晶硅太阳电池的发展目标为升级现有晶硅太阳电池产线，推广普及高效电池技术和工艺将是近期提高晶硅太阳电池效率的关键。实验室晶硅光伏技术必将持续向高效率发展，预计很快实验室电池效率将突破 26%，根据 SEMI（国际半导体产业协会）发布的光伏技术路线图，到 2020 年前后大规模生产的单晶电池最高效率有望达到 24%，多晶电池效率超过 20%。

因此，无论是在 HIT 和 IBC 高效电池的开发还是在实验室新型晶硅太阳电池研发方面，赶上甚至超过国际先进水平对于支撑我国光伏产业的发展非常必要，不仅要支持我国光伏产业规模继续保持世界第一，还需支撑光伏技术研发赶超世界先进水平。在提升太阳电池实验室效率的基础上，大力进行设备国产化，再加上我国在设备、原材料、人力方面的成本优势，以及我国在制造业方面的高效率，可以形成高效电池的制造业优势，使我国成为晶硅太阳电池技术最先进的国家。预计近期技术发展方向主要如下。

**1. 实验室 25%效率晶硅太阳电池的研究**

主要研究内容：进行晶硅太阳电池的结构优化设计，综合 PERC、IBC、HIT、BJBC 电池的特点，研究黑硅制绒技术、离子注入等精密掺杂技术、$Al_2O_3$ 等界面及表面钝化技术、3D 打印及电镀等超细栅线形成技术、异质结技术、背接触技术。

电池效率目标：实验室单结晶硅太阳电池效率达到 25%以上。

扩展研究：研究晶体硅的多结光伏电池技术，如双结钙钛矿/单晶硅太阳电池技术，双结Ⅲ-Ⅴ族半导体/晶体硅太阳电池技术，能使太阳电池的效率提高到 30%以上。

**2. 产业化 23%效率晶硅太阳电池研究及示范**

主要研究内容：高效电池表面制绒技术；异质结（或背结）形成技术；细栅线（或背电极）制备技术；背面钝化技术、低接触电阻电极形成技术；低温金属化技术等。

　　总目标：掌握 23% 效率以上高效低成本晶硅太阳电池成套重大工艺及核心装备技术，建成拥有自主知识产权的高效晶硅太阳电池示范生产线。

　　电池效率目标：高效单晶硅平均光电转换效率达到 23% 以上，成本低于 1.8 元/Wp（峰瓦）。

　　示范线目标：示范线规模大于 50 MW，实现生产线设备国产化率达到 80%，原材料国产化率达到 90%。

### 3. 35 年以上寿命晶硅太阳电池组件关键技术研究及示范生产线

　　主要研究内容：低衰减晶硅太阳电池制备技术；长寿命组件封装技术；加速老化组件寿命评价技术；组件封装关键材料技术，长寿命接线盒技术。

　　总目标：掌握 35 年长寿命低衰减晶硅太阳电池组件成套重大工艺及核心装备技术，建成拥有自主知识产权的长寿命低衰减晶硅太阳电池组件示范生产线。

　　组件寿命目标：长寿命低衰减晶硅太阳电池组件寿命 35 年输出功率衰减低于 20%，成本低于 2.5 元/Wp（峰瓦）。

　　示范生产线目标：示范线规模大于 50 MW，实现生产线设备国产化率达到 80%。

## 4.3.2　薄膜太阳电池

　　薄膜太阳电池具有材料用量少、技术含量更高、能量回收期短、污染小等特点。虽在大规模电站应用上薄膜太阳电池与晶硅太阳电池相比没有成本优势，但因其可做成柔性、轻便和多结电池，在以下应用中有着晶硅太阳电池很难代替的优势。

### 1. 屋顶建筑材料

　　在我国，太阳电池的目前最大市场是大型电站；但在国外，更大的太阳电池应用是小型屋顶电站。虽然晶硅太阳电池以低成本占据了约 90% 的市场，但因为晶硅太阳电池需要用玻璃板封装，沉重、不可弯曲，虽然在主流大规模电站应用中有明显优势，但不适用于对柔性和重量敏感的市场。CdTe 和 CIGS 电池的优势是效率高，但致命缺点是两者都使用极稀有元素（碲、铟）等，大规模制造会受到原料限制，且稀有元素价格可能会有大波动。另外，两者都使用剧毒元素镉和其他有毒元素。因为高温工艺、剧毒元素和环境不稳定性，两者不仅都需要严实的玻璃封装，又沉重、又僵硬，而且不实用于柔性衬底。虽然 CIGS 开始有柔性产品，但电池效率通常降低较多。不仅如此，以超薄不锈钢箔衬底的薄膜太阳电池机械强度高，防水、防火，是理想的屋顶建筑材料。

### 2. 野外、船、车等移动电站

　　基于超薄（厚度小于 0.05 mm）衬底的柔性硅基薄膜太阳电池，重量轻，功质比（功率/质量）高，超过 30 W/kg，比传统晶硅太阳电池高几十倍。加上可以卷曲，易于包装、携带、搬运、安装等，是野外施工等用途的理想的移动电源。

### 3. 家用、随身、可穿戴电源

硅薄膜太阳电池不仅没有镉、铅等剧毒元素，也没有重金属有毒元素，便于家庭、随身携带、可穿戴产品等用途。轻便柔性太阳电池特别适用于个人携带，便于野外作业等。同时，硅基薄膜太阳电池有很好的弱光性能，即使阴天也能保证较高的电力输出。

### 4. 近空间无人机、飞艇等电源

如将不锈钢基底改为更轻的高分子材料，可进一步减轻重量，提高功质比到 1200W/kg（大面积产品），是近空间无人机、飞艇等的理想电源。如与超薄柔性陶瓷锂电池结合的一体化太阳电池，则可以实现全天候的用电需求。美国 United Solar Ovonic 的硅薄膜太阳电池已经多次使用在 QinetiQ 的无人机飞行中，其中一次在两万米高空的平流层连续飞行 14 天，打破了连续飞行的 3 项世界纪录。

硅薄膜太阳电池有卷到卷连续制备以及层到层间歇式制备两种生产方式。前者局限于柔性基底，产量高，速度快；后者的设备可以比较简单，设备成本低。但两者都需要高真空系统和等离子体增强化学气相沉积技术。最具代表性的产业化技术从 20 世纪 90 年代 Solarex 的直流电源化学气相沉积工艺开始，成功建成了世界上第一条 10 MW 规模薄膜太阳电池（a-Si∶H/a-Si∶Ge∶H）生产线，以玻璃为基地，生产 a-Si∶H/a-SiGe∶H 双结电池。之后，United Solar 以不锈钢箔（约 0.125 mm 厚）为基底，以射频（RF）为激发源，发展了卷到卷三结电池 a-Si∶H/a-SiGe∶H/a-SiGe∶H 技术和产品。为降低硅基薄膜太阳电池的光致衰减效应，1994 年，瑞士 IMT 小组开始发展非晶硅/微晶硅叠层太阳电池，使电池效率和稳定性得到改善。使用 IMT 技术和甚高频（40 MHz VHF）电源，Oerlikon 太阳能公司（TEL Solar AG）在 2012 推出了以玻璃为基地的 ThinFab™ 生产线，将大面积电池转换效率提高到 12%。几乎与此同时，United Solar 发展了以甚高频（60 MHz VHF）电源为基础的卷到卷三结电池 a-Si∶H/nc-Si∶H/nc-Si∶H 电池技术，以不锈钢箔和高分子材料为基底，发展了柔性、超轻型太阳电池，大面积电池效率达 12%。

薄膜太阳电池的技术方向是①发展柔性、轻便电池，便于储藏、搬运、安装；②使用环境友好材料，便于随身携带，可以安全在家中使用；③提高效率、降低成本。

### 4.3.3　太阳能光化学转换

光解水制氢与光化学转换二氧化碳制燃料是太阳能光化学转换的两个重要方向。

粒子光催化剂分解水本身由于不涉及器件，可以直接用来分解水制氢，但由于所产生的产物是氢气和氧气的混合物，还额外需要分离技术，目前还达不到工业化应用的要求。

光电催化分解水制氢主要通过构建光电池分解水制氢和光伏-电催化剂耦合分解水制氢。光电池分解水制氢是将产氢的光阴极和产氧的光阳极利用适当的膜隔开形成光电解池。而光伏-电催化剂耦合分解水制氢是太阳电池配合电解池电解水。

目前太阳能转换 $CO_2$ 和水为燃料的研究，仅局限于在牺牲剂存在下，用模型化合物探索 $CO_2$ 转换的可行性、提高转换效率的方法、手段、产物选择性地调控等。

## 4.4　太阳能技术体系

世界范围内的太阳能光电转换、光热转换技术在过去的十几年中发展迅速，我国的太阳能发电产业也蓬勃上升，光化学转换的研究方兴未艾。预计从目前至 21 世纪中叶，太阳能技术将经历一个快速而稳步的发展过程。

### 4.4.1　重点领域

#### 1. 晶硅太阳电池

研发重点是晶硅太阳电池，主要在提高太阳能转换效率、降低成本以及消除硅制备过程的污染等方面取得突破。同时发展分布式太阳能与电池储能配套，通过分期付款与利息补贴等措施促进分布式太阳能发电与储能的普及。

提高电池效率是降低成本的研究重点。影响单晶硅太阳电池效率的主要原因是①栅线遮挡导致的光学损失；②在电池上表面的光反射损失；③系统电阻引起的电学损失；④光生载流子在各界面的复合损失。

使用类似 SmartWire 技术和激光辅助电镀技术，减少栅线的遮光损失，降低栅线电阻，以降低电学损耗，提高电池效率。

使用优异陷光技术如湿法黑硅表面制绒、反应粒子刻蚀（RIE）、减反膜结构以及纳米颗粒和表面等离子体共振等以更有效地减少光反射损失，增加陷光，提高电池效率。

发展新型的钝化技术如形成异质结等，优化表面钝化，提高电池的开路电压 $V_{oc}$。

N 型硅比 P 型硅有较高的少子寿命和较低的效率衰减，应推广 N 型硅电池技术，普及使用 N 型硅片的 PERC、PERL、PERT、HIT、IBC 和双面电池。

进行晶硅太阳电池的结构优化设计，综合 PERC、IBC、HIT、BJBC 电池的特点，研究黑硅制绒技术、离子注入等精密掺杂技术、$Al_2O_3$ 等界面及表面钝化技术、3D 打印及电镀等超细栅线形成技术、异质结技术和背接触技术。

提高电池效率无须显著改变产线结构、增加设备投资及增加原料成本，因此，电池片的成本通常近似与电池效率成反比。但电池效率的增加还可有效减少系统成本，因此是降低电站成本的最有效途径。

目前，生产多晶硅主要使用西门子法和硅烷法。西门子法已逐步完善，通过使用还原尾气方法，回收 $SiCl_4$，实现了完全闭环生产，提高了原料利用率，是环境友好的工艺技术。2012 年前因为环保监管差，生产过程中排出的尾气有 $SiCl_4$、$SiHCl_3$、$SiH_2Cl_2$、$H_2$ 和 HCl 等，曾经被列为高污染行业。目前的多晶硅生产厂家已经克服了以上问题，污染问题已基本解决。硅烷法是将硅烷通过以多晶硅晶种作为流化颗粒的流化床中，使硅烷裂解并在晶种上沉积，从而得到颗粒状多晶硅。因硅烷气体为有毒易燃性气体，安全性差，限制了硅烷法在工业生产中的应用。

大规模电站并网一直是我国发展光伏发电的瓶颈，分布式电站可就地发电、就地使用，是大力普及太阳电池应用的有效方法。自 2013 年起，我国已成为全球光伏第一大市场。目前，已经有 23 个国家的太阳电池安装总量超过 1 GW。和其他光伏大国（如德国、日本、美国等）相比，其他国家以分布式为主，我国则以大型电站为主。过去几年，各种分布式电站技术已日益发展，渐趋成熟，如逆变器、最大功率点跟踪（MPPT）、微电网、多能互补、储能、工程设计优化模型和软件、智能化分布式光伏和微电网等。近几年政府也支持了光伏农业、光电建筑，实施了"金太阳工程""领跑者计划"、微电网示范工程、光伏扶贫计划等，但火电竞争市场和弃光弃风依然非常普遍。建议大力支持分布式太阳能电站建设并与电池储能结合，最好争取分期付款，国家补贴利息，以提高分布式太阳能发电的利用率。

槽式太阳能热发电系统是已经经过 30 多年商业化运行验证的成熟技术，它与储热系统结合可以克服太阳能资源固有的间歇性、不稳定的特点，因此是最具有电力系统友好型的可再生能源发电技术之一。

**2. 薄膜太阳电池**

目前的晶硅太阳电池产品，晶体硅的厚度大约 180 μm，薄膜太阳电池厚度一般只有几微米，约为晶硅厚度的 1/100。薄膜太阳电池的原材料用量少、制备温度低、能量回收期短、技术含量更高、污染小等，具有一些独特优势。硅基薄膜太阳电池虽在大规模电站应用上与晶硅太阳电池相比没有成本优势，但可做成柔性、轻便和多结电池，在便携、可穿戴等应用中有着特殊市场。

硅基薄膜太阳电池的优点是很容易制备多结电池以吸收尽可能宽的太阳光谱。目前，高效太阳电池研究领域的显著趋势是使用几种不同带隙的半导体，发展多结叠层电池，使整个太阳光谱得到更有效的利用，实现更高电池转换效率。

铜铟镓硒薄膜太阳电池有多年发展历史，目前的小面积电池国际最高效率达 22%，但大面积重复难度大。在组件方面，日本 Solar Frontier 计划在 2~3 年内把制造成本降低到 0.3 美元/W。铜铟镓硒薄膜太阳电池的优点是实验室效率高，缺点是①合金结构复杂，工艺重复性差；②电池结构需用 CdS，含剧毒元素 Cd；③含稀有元素 In。

针对具有梯度带隙（GBG）CIGS 薄膜太阳电池，如何提高太阳光光子的吸收和转化，如何扩大对太阳光谱的利用和转化范围是光伏技术需要考虑的最基本的问题。前者主要针对某一种光子吸收材料，对于那些能量（其波长小于吸收限波长）大于禁带宽度的光子如何提高光子的量子效率。而后者则是如何扩大吸收层对光谱的响应范围。考虑到扩大光谱响应（光子数量）与最小光子能量之间基本矛盾，显然采用具有单一禁带宽度的半导体吸收层是不够的。

多 P-N 结 CIGS 薄膜太阳电池的提出基于扩大电池器件对太阳光谱响应范围的基本思路。研发双结或三结 CIGS 薄膜太阳电池既具有挑战性和前沿性，又具有技术可能性。所涉及的主要科学问题、技术难点和主要内容包括：①$E_g$ 的优化。主要研究工作包括，基于各种合理界定的条件，通过计算与模拟，从理论上对多结电池中各 P-N 结吸收层的禁带宽度进行优化，在此基础上着重进行各吸收层的设计和制备工艺试验。②基于带隙优化结果、Ⅰ-Ⅲ-Ⅵ系黄铜矿相 CIGS 系化合物中晶格常数匹配以及缺陷的影响，优化设计材料体系。③隧穿层（结）的设计与制备。对于多结电池，隧穿层（结）的设计与制备最为关键，必须考虑结的隧穿特性、晶格匹配、制备工艺条件的相容性等。④界面特性的研究。界面特性研究是多结电池研究中必然会面临的具有基础性的挑战课题。

杂质能带是由深能级的缺陷构成的。少量的深能级缺陷会在电池内部形成复合中心，按照 Shockley-Read-Hall（SRH）机制复合，属于非辐射复合，大量的非辐射复合过程会降低电池的性能。但是，当杂质密度增加，其单个原子形成的局域态连接成周期性的扩展态时，这种非辐射复合会被抑制，从而可以达到上述的电子激发过程，杂质带太阳电池也就具有了可行性。所以，这就要求材料能实现足够量的重掺杂。

钙钛矿材料由于具有极长的载流子传输距离、极低的缺陷态密度、很高的光吸收系数等优异性质，使其成为优异的光伏材料、光电材料、激光材料和发光材料。目前，经过 NREL 认证的钙钛矿太阳电池光电转换效率已经达到22.1%，已接近晶硅太阳电池的效率。超过 1 cm² 的较大面积电池效率也已经突破18%。同时，基于钙钛矿材料的各种光电器件也频放异彩，显示出钙钛矿材料在光电领域的广阔应用前景。

### 3. 太阳制氢

人工光合成取得革命性突破，将从根本上变革能源和化工产业，有助于解决人类面临的三大问题：气候变化、能源安全以及经济和生态系统可持续发展。这也是当今最重要的自然科学研究核心问题之一，是全世界共同关注的焦点。设计与制备新型光催化剂，以不需要外部牺牲电子给体的方式将水的氧化分解和 $CO_2$ 的催化还原这两个半反应进行高效耦合是未来人工光合成研究的重点方向。尽管近年来研究取得了重大的突破，但如何将光子收集、激发、电荷分离及催化这一系列化学过程通过精确设计的分子催化体系从纳米尺度上进行精密调控，是目前构筑人工光合成体系最重要的挑战，需要集合化学、材料、物理、生物等多学科研究力量。

## 4.4.2 关键技术

### 1. 晶硅太阳电池转换效率提高与综合利用技术

进行晶硅太阳电池的结构优化设计，综合 PERC、IBC、HIT、BJBC 电池的特点，研究黑硅制绒技术、离子注入等精密掺杂技术、$Al_2O_3$ 等界面及表面钝化技术、3D 打印及电镀等超细栅线形成技术、异质结技术和背接触技术。

研究晶体硅的多结光伏电池技术，如双结钙钛矿/单晶硅太阳电池技术，双结 III-V 族半导体/晶体硅硅太阳电池技术，能使太阳电池的效率提高到30%以上。

研究高效电池表面制绒技术；异质结（或背结）形成技术；细栅线（或背电极）制备技术；背面钝化技术、低接触电阻电极形成技术；低温金属化技术等。

研究低衰减晶硅太阳电池制备技术；长寿命组件封装技术；加速老化组件寿命评价技术；组件封装关键材料技术，长寿命接线盒技术。

研究晶硅太阳电池制备成本降低技术，大幅度推广产线自动化，提高良品率。金刚线切割减薄硅片厚度，降低硅材料消耗，节约原材料，降低成本。

研究分布式光伏智能化技术、分布式光伏直流并网发电技术、多接入点、直流并网分布式光伏发电系统集成技术、分布式光伏/储能/主动负荷运行控制技术、区域性分布式光伏功率预测技术、光伏微电网互联技术等,推动分布式太阳能电站与电池储能结合。

### 2. 薄膜太阳电池制备技术

研究适用于柔性衬底的多结硅薄膜太阳电池组件规模化生产工艺技术、卷对卷连续规模生产核心设备等。

优化 IGS 电池中的吸收层设计并使之从吸收层顶到吸收层底的厚度方向的带隙 (Eg) 形成从大到小的梯度分布 (称为正带隙梯度分布,相反方向的分布称为负带隙梯度分布),将大大扩展对太阳光谱的响应范围。采用具有不同 Ga 成分的系列 CIGS 四元陶瓷靶材,通过磁控溅射的工艺,在基底上按顺序沉积不同 Ga 含量的 CIGS 薄膜 (先低 Ga 后高 Ga 的 CIGS 四元陶瓷靶材),然后经过后续热处理形成带隙梯度 CIGS 吸收层。

中间带太阳电池技术,充分利用三个能量段的光子能量,开路电压不会高于半导体所能吸收的最低能量的光子带隙。

研究重掺杂过渡族等元素技术在半导体中嵌入致密的量子点阵列的工艺方法制备获得中间带吸收层的技术。

研究 I-III-VI 族材料体系的优化技术。可替代的并因此可以调节禁带宽度的元素包括 III 族的 B、Al、Ga、In、Tl 元素和 VI 族的 O、S、Se、Te。去除剧毒的 Tl 和极其稀缺的 Te,可以由 Cu、(B、Al、Ga、In)、(O、S、Se) 组合黄铜矿相的吸收层,并考虑四元或五元。

发展高稳定钙钛矿薄膜连续高速沉积技术,高效、高稳定性、环境友好电池制备技术,低成本钙钛矿电池组件生产关键技术及工艺,钙钛矿电池生产的关键成套设备,大尺寸钙钛矿单晶生长和单晶器件制备技术等。

染料敏化太阳电池方面,研发宽光谱、长激子寿命染料的设计与规模化合成,全固态及柔性器件制备工艺。

有机电池方面,研发宽光谱、高迁移率的有机材料设计与规模化制备技术;大面积柔性制备关键技术。加快推进新型可穿戴用的柔性轻便太阳电池技术突破,实现示范应用。

研究高稳定、高性能大尺寸钙钛矿单晶体生长、切片等技术;高效高稳定柔性钙钛矿电池技术。

### 3. 太阳能光解水制氢

从理论计算、物理化学表征和合成模拟三个角度出发深入理解分子水平上的光催化机理,尤其强化光生载流子分离、传输及反应等微观过程的机理研究,为设计与制备新型光催化体系提供理论指导。

集成不同材料和过程以提高其捕获、传输和转换太阳能的能力，包括设计与发现交联膜网络，为全过程提供物理支撑网络，以及设计界面材料连接吸光材料和催化剂，能够高效控制集成系统。

探索利用自组装和自修复机制进一步提高合成的光催化剂分子及其集光系统的光稳定性，使其能长时间发挥高效的催化效果。

探索具有成本效益的高性能吸光材料和廉价非贵金属基光催化剂，为大规模产业应用奠定基础。

开发和设计系统架构，能够将实验规模从纳米尺度放大到宏观尺度，建立小/中型人工光合试验系统与示范系统，为逐步扩大生产做准备。

## 4.5 太阳能技术发展路线图

### 1. 近期愿景（2020 年前后）

进行晶硅太阳电池的结构优化设计，综合 PERC、IBC、HIT、BJBC 电池的特点，研究黑硅制绒技术、离子注入等精密掺杂技术、$Al_2O_3$ 等界面及表面钝化技术、3D 打印及电镀等超细栅线形成技术、异质结技术和背接触技术。实现实验室单结晶硅太阳电池效率达到 25% 以上。

掌握效率 23% 以上高效低成本晶硅太阳电池成套重大工艺及核心装备技术，建成拥有自主知识产权的高效晶硅太阳电池示范生产线。高效单晶硅平均光电转换效率分别达到 23% 以上，成本低于 1.8 元/Wp（峰瓦）。示范线规模大于 50 MW，实现生产线设备国产化率达到 80%，原材料国产化率达到 90%。

掌握 35 年长寿命低衰减晶硅太阳电池组件成套重大工艺及核心装备技术，建成拥有自主知识产权的长寿命低衰减晶硅太阳电池组件示范生产线。长寿命低衰减晶硅太阳电池组件寿命 35 年输出功率衰减低于 20%，成本低于 2.5 元/Wp（峰瓦）。示范线规模大于 50 MW，实现生产线设备国产化率达到 80%。

### 2. 中期愿景（2030 年前后）

薄膜晶硅技术基本成熟，将薄膜做成高质量的多晶硅薄膜，大幅度提高电池效率，降低成本。掌握适用于柔性衬底的多结硅薄膜太阳电池组件规模化生产工艺技术、卷对卷连续规模生产核心设备。简化铜铟镓硒薄膜太阳电池的生产工艺，优化合金结构，减少剧毒元素 Cd 的影响。采用新一代替代材料铜锌锡硫，使 CIGS 电池从吸收层顶到吸收层底的厚度方向的带隙（Eg）形成从大到小的梯度分布，扩展对太阳光谱的响应范围。研制成功中间带太阳电池，大幅度提高光电转换效率。

将基体半导体的带隙调整到理论最佳带隙，形成中间带吸收层，实现更高的光电转换效率。设计带匹配的 N 型层和 P 型层，解决界面复合问题。全面优化研究 I-Ⅲ-Ⅵ族吸收层材料体系，发现 Li、Na、K 离子作用的本质以及联合作用的效果，优化渗入量。建立小型钙钛矿电池组件的生产及应用示范系统，支持高稳定钙钛矿电池产业化技术研发。染料敏化太阳电池方面，研发宽光谱、长激子寿命染料的设计与规模化合成，全固态及柔性器件制备工艺。加快推进新型可穿戴用的柔性轻便太阳电池技术突破，实现示范应用。

**3. 远期愿景（2050 年前后）**

成功研发以柔性基底的超薄可穿戴无毒太阳电池（见图 4-1），在电池材料、基底材料以及制备工艺方面进行改进与创新，实现效率提高。在此基础上，发展廉价的批量生产工艺与装备，推广至墙壁、公路等应用场合，实现商业化。

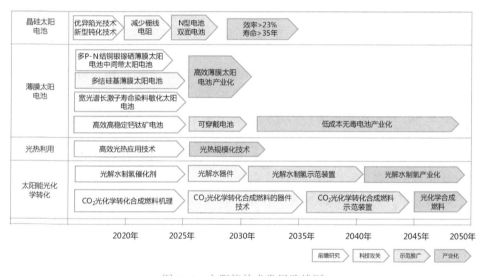

图 4-1　太阳能技术发展路线图

在光解水制氢的基础上，突破 $CO_2$ 的光化学转换技术，2030 年实现太阳能高效制氢，转换水和 $CO_2$ 制太阳能燃料，其效率、稳定性与成本达到工业化要求，2050 年实现太阳能光化学转换的工业化应用。

## 4.6　结论和建议

光伏发电在可再生能源中发挥着重要作用，在资源的无限性、发电过程和制造过程的环境友好特性等方面具有理想的可持续发展的特征，从人类更加长远发展看，具有巨大的发展潜力。光伏发电在我国能源变革的过程中将发挥极其重要的作用，它不但是重要的战略型新兴产业，而且在节能减排和建立绿色文明社会中发挥重大作用。

我国正处在能源变革时期，由化石燃料能源为主的传统碳基能源体系向以光伏发电为代表的可再生能源为主的新能源体系转变。在这个能源变革中，光伏发电以其特有的可持续发展特征将发挥极其重要的作用。2050 年我国太阳能发电（主要是光伏）装机容量将达到 27 亿 kW（即 2700 GW，其中光伏为 2000 ~2500 GW，其余为太阳能热发电），年增装机容量将达到 150 GW 以上。我国将建成一个体量庞大、技术先进、环境友好、效益显著的光伏发电能源体系和光伏制造业体系。

现阶段，我国商业化单晶硅太阳电池效率达到 20% 以上，多晶硅太阳电池效率超过了 18%，在高效率低成本晶硅太阳电池的生产方面具有优势，依托企业的光伏技术国家重点实验室也创造了大面积晶硅太阳电池效率的世界纪录。但我国晶硅太阳电池最高效率的实验室研究与国际差距较大，国际先进的前沿技术晶硅太阳电池研发平台处于空白状态。我国各类太阳电池实验室最高电池效率纪录与国际先进水平相差在 1~2 个百分点，HIT 和 IBC 等高效晶硅太阳电池实验室和产业化效率水平与国际先进水平差距明显，太阳电池生产线高端装备及关键辅材依赖进口。晶体硅组件的占有率超过 85%，在约 30 年的寿命周期后，为了对资源的再利用及生态环境的保护，大规模晶体硅光伏组件进行回收和无害化处理装备及生产线仍处于空白状态。

未来五年，实验室晶体硅光伏技术必将持续向高效率发展，预计实验室电池效率将突破 26%，2020 年单晶硅太阳电池最高效率达到了 24.9%，到 2022 年大规模生产的单晶硅太阳电池最高效率有望达到 26%，多晶硅太阳电池效率超过 20%。在此基础上，大力进行设备国产化，结合我国在设备、原材料、人力方面的成本优势，以及我国在制造业方面的高效率，可以形成高效电池的制造业优势，有望使我国成为晶硅太阳电池技术最先进的国家。

综合学科与产业发展状况与专家咨询建议如下。

近期（2020 年前后）：提高电池效率无疑仍是降低成本的研究重点。过去几十年间，通过电池结构设计和改进工艺技术，晶硅太阳电池效率已经提升到 25.6%，已经接近该类电池的理论极限值 29%。目前，有 4 种结构的晶硅太阳电池效率超过了 25%，即以非晶硅薄膜钝化掺杂为基础的异质结（HIT）电池、钝化发射极和背部局域扩散（PERL）电池、交指式背接触（IBC）电池，以及背结和背接触（BJBC）太阳电池。对比理论效率极限和目前的电池性能参数，发现影响单晶硅太阳电池效率的主要原因是栅线遮挡导致的光学损失、在电池上表面的光反射损失、系统电阻引起的电学损失和光生载流子在各界面的复合损失。针对这 4 个问题，需要加强下列领域的研究：使用类似"SmartWire"技术和激光辅助电镀技术，减少栅线的遮光损失，降低栅线电阻，以减少电学损耗，提高电池效率；使用优异陷光技术如湿法黑硅表面制绒、反应粒子刻蚀（RIE）、减反膜结构以及纳米颗粒和表面等离子体共振等来更有效地减少光反射损失、增加陷光，提高电池效率；发展新型的钝化技术如形成异质结等，优化表面钝化，提高电池的开路电压 $V_{oc}$；N 型硅比 P 型硅有较高的少子寿命和较低的效率衰减，应推广 N 型硅电池技术，普及使用 N 型硅片的 PERC、PERL、PERT、HIT、IBC 和双面电池。

升级现有晶硅太阳电池产线，推广普及上述高效电池技术和工艺来提高晶硅太阳电池效率。同时，关注降低晶硅太阳电池制备成本的制造技术，大幅度推广产线自动化。采用金刚线切割减薄硅片厚度，降低硅材料消耗，节约原材料，降低成本。大力支持分布式太阳能电站建设并与电池储能结合。在应用技术研究方面，继续支持分布式光伏智能化技术、分布式光伏直流并网发电技术、多接入点、直流并网分布式光伏发电系统集成技术、分布式光伏/储能/主动负荷运行控制技术、区域性分布式光伏功率预测技术、光伏微电网互联技术等。促进太阳能热发电实现商业化，关键技术达世界水平。

中期（2030 年前后）：薄膜太阳电池在基础研究基础上，实现批量生产和商业化应用，提高太阳能在建筑、企业、事业单位的利用率，特别是解决边远地区的电的供应。充分发挥薄膜太阳电池的原材料用量少、制备温度低、能量回收期短、技术含量更高、污染小等独特优势，可做成柔性、轻便和多结电池，促进其在便携、可穿戴等方面的特殊应用。加强硅基薄膜太阳电池产业化技术研发，特别是适用于柔性衬底的多结硅薄膜太阳电池组件规模化生产工艺技术、卷对卷连续规模生产核心设备等。积极鼓励新一代替代材料铜锌锡硫技术的快速稳步发展。建议支持高稳定钙钛矿电池产业化技术研发，特别是适用于生产线的大面积钙钛矿电池及组件的关键工艺。染料敏化太阳电池方面，研发宽光谱、长激子寿命染料的设计与规模化合成，全固态及柔性器件制备工艺。有机电池方面，研发宽光谱、高迁移率有机材料的设计与规模化制备技术；大面积柔性制备关键技术。

远期（2050 年前后）：预期实现可穿戴柔性轻便太阳电池技术突破，进行示范应用。有机薄膜太阳电池、染料敏化太阳电池、硅基薄膜太阳电池等应该是可穿戴应用的主角。实现太阳电池在移动设备中的广泛应用和光解水制氢，为氢能社会的实现做出贡献。

# 第5章 储能技术方向研究及发展路线图

本章主要针对储能技术的方向及发展路线图进行具体研究，包括储能技术发展现状、主要技术发展方向、重点领域和关键技术以及近期/中期/远期的储能技术发展愿景等。

## 5.1 储能技术概述

大力发展新能源已经列为国家重要发展战略之一。新能源消纳是制约新能源发展的关键技术之一。新能源一般指风能、太阳能等清洁能源，由于风能和太阳能间歇式属性，不能够长时间持续、稳定地输出电能，导致大量弃风、弃光现象发生。储能技术被称作新能源利用的"最后1公里"，能将浪费掉的能源储存起来并在需要时得以释放，能保障可再生能源发电持续、稳定地输出，提高电网接纳间歇式可再生能源能力。

储能技术在电力系统发电、输配电、用电侧都起着巨大的作用。在发电侧，储能能够平滑电力供应，提高电网对间歇式、不稳定电源大规模接入的适应性，有助于新能源的并网，有效提高新能源的消纳能力，支撑风能、太阳能大规模开发，有利于推动化石能源向清洁能源转变。在输配电侧，储能通过削峰填谷提高输配电设施的利用率，提高电力系统稳定性，保证电能质量；参与电力系统运行调度，提高电网安全稳定运行能力，促进跨区域电力资源的优化配置和高效利用。在用电侧，储能作为电能的蓄水池，可以作为备用电源使用，能将分布式能源发出的电力进行存储，促进用户与各类用电设备双向交流，是能源互联网实现能量双向互动的重要设备，可以推动微电网和分布式储能的利用。截至2019年年底，全球储能装机容量约为1.83亿kW，我国储能装机容量约为3230万kW，占全球18%。据国际能源署预测，2050年全球储能装机容量将达到8亿kW，占电力装机比例将达到10%～15%，市场规模预计可达数万亿美元，是极具发展潜力的新兴产业。

作为影响未来能源大格局的前沿技术和新兴产业，储能的重要性已被上升到国家战略层面。2015年7月，国务院在批复《河北省张家口可再生能源示范区发展规划》中提出将开展大容量储能试点，大力推广应用储能新技术。将积极开展"风电+储能""风光+储能""分布式+微电网+储能""大电网+储能"

等发储用一体化的储能应用示范。2015 年 7 月，国家发展改革与委员会在《关于促进智能电网发展的指导意见》中指出，要加紧研制和开发高比例可再生能源电网运行控制技术、主动配电网技术、能源综合利用系统、储能管理控制系统和智能电网大数据应用技术等。2015 年 7 月，国家能源局在《关于推进新能源微电网示范项目建设的指导意见》中批示，新能源微电网是要通过能量存储和优化配置实现本地能源生产与用能负荷的基本平衡，也可根据需要与公共电网灵活互动且相对独立运行的智慧型能源综合利用局域网。2014 年 11 月 19 日，国务院办公厅在《能源发展战略行动计划（2014—2020 年）》中确立分布式能源、智能电网、新一代核电、先进可再生能源、储能等 9 个重点创新领域，现代电网、大容量储能等 20 个重点创新方向。《中共中央关于制定国民经济和社会发展第十三个五年规划的建议》提出，加强电源与电网统筹规划，科学安排调峰、调频、储能配套能力，切实解决弃风、弃水、弃光问题。推进能源革命，加快能源技术创新，建设清洁低碳、安全高效的现代能源体系。加强储能和智能电网建设，发展分布式能源，推行节能低碳电力调度。

## 5.2　储能技术发展现状

储能可以分为物理储能、化学储能及热储能三种。物理储能通常包括机械储能（抽水蓄能、压缩空气储能、飞轮储能）与电磁储能（如超级电容器、超导储能等）；化学储能主要指基于电化学原理的储能技术，如铅酸蓄电池、锂离子电池、钠硫电池、液流电池及氢储能等；热储能指将热能（如太阳热）储存在隔热容器的媒介中，实现热能的直接利用或热发电，热储能又分为显热储能和潜热储能。

不同的储能技术根据其自身的特点应用的领域有所不同。图 5-1 列出了各种储能技术的使用规模。从储能形式上来看，目前 99% 以上为抽水蓄能，其技术与产业发展相对成熟，其余主要为化学储能、新型压缩空气储能等新兴储能，目前正处于快速发展期。

抽水蓄能是比较成熟的大规模储能技术，它通过电能与势能相互转换实现能量的储放，其储能时利用电驱动水轮机把水从低处抽到高处，当释放能量时，再利用水的势能驱动水轮机转换为电能，其能量转换效率一般为 70%～75%。截至 2019 年，全球抽水蓄能装机容量为 171.0 GW，占比为 93.4%，其中我国为 30.26 GW，占比为 93.7%。代表性的项目是 2007 年投产装机的 1GW 山东泰安抽水蓄能电站（见图 5-2）。抽水蓄能适用于大规模储能，建设需要有合适的地理环境，这一定程度上限制了其推广应用。

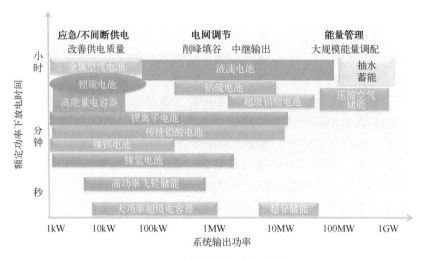

图 5-1　储能种类及使用规模

图 5-2　1 GW 山东泰安抽水蓄能电站

　　飞轮储能利用互逆式双向电动/发电机，实现电能与机械能相互转换，即在充电时，它作为电动机给飞轮加速；当放电时，它又通过飞轮带动发电机给外设供电。飞轮储能具有高功率密度、无环境污染、使用寿命长、运行温度范围广、充放电次数无限制等优点，已经在电能质量控制和不间断电源、电力系统调频、航天卫星中的姿态控制和储能、轨道交通中的制动能量回收等领域获得了广泛的应用。20 世纪 60~70 年代，由美国宇航局研究中心开始把飞轮作为蓄能电池应用在卫星上。进入 20 世纪 90 年代，高强度碳素纤维复合材料、磁悬浮技术和高温超导技术、电力电子技术的进展推动了飞轮储能的应用。自 2010 年以来，规划、在建和已经投运飞轮储能电站共 14 个，共计 81 MW，主要应用在电力市场调频、分布式发电及微电网、轨道能量回收等领域。美国 BeanconPower 公司 2010 年启动了 20 MW 系统，其在行业中处于领先地位。我国中石化中原石油工程有限公司与清华大学 2016 年 7 月联合研制了 MW 级飞轮储能新型能源钻机混合动力系统（见图 5-3），其工作原理是在钻井起下钻工况下，当动力空闲运转时，经过飞轮储能特殊装置，飞轮系统置于真空容器中，并采用超导磁悬浮技术（飞轮在真空高速转动时耗能达到最小）和数字电控技术，将机械能转换成电能，循环供给外部做功。该钻机混合动力系统能及时回收利用特殊能量，充放电循环效率为 86%～88%，发电最大功率为 1088 kW。此外，飞轮储能在配合新能源分布发电、脉冲式充放电及电网调频市场具有潜在的应用前景。

图 5-3　MW 级飞轮储能新型能源钻机混合动力系统

　　压缩空气储能是把能量以压缩空气方式储存起来，需要时再用高压空气推动汽轮机发电。高压空气通常可储存在报废矿井、油气井、山洞或建造的储气井中，地上一般采用高压的储气罐模式。压缩空气储能是仅次于抽水蓄能的大规模储能技术，与抽水蓄能相比具有能量密度高、储能效率高、不受地理条件限制、适用范围广的优势。德国 1978 年建成第一台压缩空气储能机并投入商业运行，美国 1991 年建成第二座空气储能电站。我国在此方面起步较晚，没有投入真正的商业运行，目前葛洲坝中科储能技术有限公司与中国科学院合作研发的 10 MW 先进压缩空气储能系统项目推进顺利，建成后可为中国葛洲坝集团机械船舶有限公司分布式能源发电系统提供调频、调压、稳定输出、能源备用等服务。2017 年 5 月，中国科学院工程热物理研究所储能研发中心自主设计研发的 10 MW 压缩空气储能系统在贵州省毕节市完成联合调试，压缩空气储能示范平台在额定工况下的效率达到 60.2%。

　　压缩空气发电系统具有储能容量大、环境友好、综合效率高等特点，在电网调峰、消纳新能源等方面具有广阔的应用前景，有望成为未来大规模储能技术的理想解决方案之一。

　　电化学储能是目前最常用的储能技术，相对于其他储能技术而言，电化学储能具有能量密度高、灵活、可规模化等优势而成为储能领域强有力的竞争者。

根据不同电化学电池的工作原理，其储能覆盖的规模也有所区别，大到百 MW 级，小到 kW 级。随着新技术的发展，传统的铅酸电池及镍氢、镍镉电池正逐渐被锂离子电池、铅碳电池替代，新的液流电池、钠硫电池、锂硫电池等技术正在兴起。

## 5.2.1　锂离子电池

锂离子电池是以采用可嵌入锂的材料作负极，含锂的化合物作正极，聚丙烯/聚乙烯多孔膜作隔离层，锂盐溶于有机溶剂作电解液的锂二次电池，其关键材料包括正极材料、负极材料、隔膜和电解液等。

锂离子电池正负极材料体系非常丰富，一般能在高电位可逆释放锂离子的含锂化合物和能在低电位可逆储存锂离子的材料均可构成其正极和负极材料，随着掺杂和表面改进技术的发展以及电解液技术的进步，锂离子正极材料有了较大的进展。钴酸锂/石墨体系的充电电压提升至 4.40 V，材料比容量可提升至 200~210 mA·h/g，加之其材料真密度和极片压实密度均是现有正极材料中最高的，可满足智能手机和平板计算机对高体积能量密度软包电池的需求。尖晶石结构的锰酸锂（$LiMn_2O_4$）具有三维锂离子扩散通道，原料成本比较低，生产工艺简单，热稳定性高、耐过充性好、放电电压平台高，安全性高。可在其表面包覆 $Al_2O_3$ 形成 $LiMn_{2-x}Al_xO_4$ 的固溶体来改善 $LiMn_2O_4$ 的高温循环性能和储存性能，适合于作为轻型电动车辆的低成本电池。国内锰酸锂材料因行业竞争价格下降明显，主要满足移动电源、电动工具和电动自行车市场的需求，高温循环性能进一步提升后，可满足功率型储能应用要求，特别是与钛酸锂负极配对时。NiCoMn 三元层状正极材料主要应用于动力型电池，除镍、钴、锰各占 1/3 的 $LiNi_{1/3}Co_{1/3}Mn_{1/3}O_2$ 在动力蓄电池中的应用较为成熟外，较高容量的 $LiNi_{0.5}Co_{0.2}Mn_{0.3}O_2$ 也已经进入批量应用。NCM 三元材料一般与锰酸锂混合应用于电动车辆电池，以 NCM 为主要正极活性材料的单体电池的比能量可提升至 180~200 W·h/kg，更高容量的富镍三元材料也在开发中，与锂镍钴氧相比是否具有优势尚不得而知，铝掺杂的锂镍钴氧（NCA）最早由法国 Saft 公司开发应用于卫星电池，松下将其应用于笔记本计算机电池，其能量密度可接近高电压钴酸锂电池，近几年电动汽车厂商特斯拉将这种计算机电池用于驱动电动汽车，该材料也可以与锰酸锂混合用于制造车用动力蓄电池，国内 NCA 前驱体已形成稳定产能，少数企业已完成 NCA 正极材料开发，处于产品推广过程中。磷酸铁锂电池安全性高、寿命长，我国是当前全球主要的磷酸铁锂材料和电池生产地，目前纳米化的功率型材料和高密度的磷酸锰铁锂能量型材料的稳定性均得到较快的发展，逐步满足了国内市场需求和现阶段我国新能源汽车推广的需要，特别是客车和专用车辆应用方面的需要，同时也广泛应用于电力储能和通信后备电源领域；高能量型和高功率型材料的性能趋于稳定，成本进一步降低。高电压尖晶石镍锰酸锂和高电压高比容量富锂锰基正极材料仍在研发之中。

锂离子电池的负极材料有石墨、硬/软碳、钛酸锂以及合金负极材料，石墨材料是目前广泛应用的锂离子电池负极材料，可逆容量达到 $360\,\text{mA·h/g}$，已至极限，中间相炭微球充电倍率性能优于天然石墨，但成本偏高，无定形硬碳或软碳可满足电池在较高倍率和温度应用的需求，并开始走向应用，但主要是与石墨混合应用。钛酸锂负极材料具有最优的倍率性能和循环性能，特别适合大电流充电应用，近年来通过表面改性和电解液匹配技术已基本解决电池胀气问题，可以应用于需要快速充电的电池，也是高功率储能电池的备选。纳米硅在20 世纪 90 年代即被提出可用于高容量负极，通过掺少量纳米硅材料提升碳负极材料容量至今仍是研发热点；可逆容量达到 $450\,\text{mA·h/g}$ 的添加少量纳米硅或硅氧化物的负极材料已开始进入小批量应用阶段；解决锂嵌入硅后体积膨胀导致其在电池中实际使用时循环寿命衰减的问题，可进一步提升负极材料的比容量。

图 5-4 列出了目前商用动力和储能电池的技术水平和未来 10 年预期可达到的目标，这些指标往往又是互相矛盾的，在实际产品设计中相关性能需要兼顾考虑，如总能量与循环寿命、最大充电电流与充电基础设施能力等。

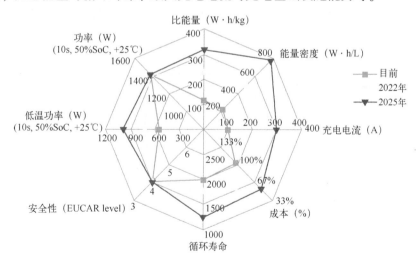

图 5-4　现有动力蓄电池的技术水平以及未来 10 年的发展目标

在应用示范方面，日本在锂离子电池领域居于领先地位，已制订至 2030 年发展规划，系统地安排研发课题，以维持其长期的领先地位，松下、NEC、索尼等著名公司都建有大规模锂离子电池生产线。韩国后来居上，LG 化学已成为全球"最大"车用锂电池供应商，有超过 5000 万个电池，超过 30 万辆电动汽车上路。三星 SDI 的锂电池业务发展受惠于三星电子在全球电子消费市场的发展，发展成为全球数一数二的锂电池巨头厂商。除了宝马，低至克莱斯勒在美国销售的菲亚特 500e 电动车，高至法拉利限量版的首款混动车 LaFerrari，都采用了三星 SDI 的电池；并针对储能市场的应用需求推出系列储能电池产品，占据了调频储能市场领先地位。

我国的锂离子电池研究项目经过 30 多年的持续支持，大部分材料实现了国产化，由追赶期开始向同步发展期过渡，本土总产能居世界第一，不仅移动电子设备用锂离子电池已形成国际市场竞争力，而且动力蓄电池支撑了新能源汽车的示范推广，储能电池已批量应用于示范项目。

国际上大的锂离子电池储能项目有日本宫城县仙台变电站 40 MW 锂离子电池试点项目、美国西弗吉尼亚州劳雷尔山 32 MW 锂离子电池项目、美国底特律的 25 MW 通用汽车 ABB 锂离子电池项目、智利梅希约内斯的安加莫斯 20 MW 锂离子电池项目、美国夏威夷 Auwahi 风电场 11 MW 锂离子电池储存系统等。值得一提的是，2015 年 5 月，美国企业 Invenergy LLC 在伊利诺伊州建成的 31.5 MW/12.06 MW·h 商用储能项目获北美储能论坛"年度集中式储能创新奖"，另外在西弗吉尼亚州的 31.5 MW/12.06 MW·h 调频储能项目被德国清洁科技研究所（DCTI）授予 2017 年度全球储能"科技驱动者"大奖，以认可和表彰其在全球储能行业的科技引领和示范作用。

国内比亚迪股份有限公司、宁德时代新能源科技股份有限公司、中航锂电科技有限公司、万向集团公司及天津力神电池股份有限公司等单位开发了多个系列的大容量磷酸铁锂离子电池产品，在电动汽车和储能等领域获得应用。比亚迪股份有限公司于 2009 年 7 月率先建成了我国第 1 座 MW 级磷酸铁锂电池储能电站、国家电网有限公司在张北国家风电研究检测中心电池储能实验室开展了 1 MW 锂离子电池系统与风电机组的联合运行实验、中国南方电网有限责任公司正在建设 5 MW/20 MW·h 锂离子电池储能示范电站。锂离子电池在我国储能领域获得了广泛的应用，最具影响力和示范意义的张北国家风光储输示范工程（一期）14 MW 磷酸铁锂电池储能系统已全部投产。

电动汽车方面，基于电动汽车蓄电池的分布式储能也正在发展，电动车可以缓解石油供给紧张、减少碳排放、改善城市环境而受到推崇，而间歇性可再生能源电源并网又使人们对其作为移动储能装置充满期待。不管是用户自己还是通过中间运营商，电动车车载电池可以作为分布式电源或者可调度负荷，通过调度，合理有序充放电，参与系统调峰等辅助服务，这就是目前研究热点之一——车辆入电网技术（Vehicle-to-Grid，V2G）。

　　电动车辆用锂离子动力蓄电池二次利用于储能电池也有很大的发展空间,当电池只能充满原有电容量 80% 的时候,就不再适合继续在电动汽车上使用,如果将其用在电网中,稳定可再生能源的输出、进行调峰及其他辅助服务,将大大提高动力蓄电池的利用率,这其中存在很大的市场空间。

　　发展商用化的锂离子电池储能系统,需进一步提高动力蓄电池的功率密度、环境适应性、安全性能、循环寿命等,降低制造成本。2020 年前后功率型电网储能电池系统的比能量≥50 W·h/kg,充放电比功率≥500 W/kg,系统全充放电寿命≥10000 次,成本低于 2.0 元/ W·h。2020 年前后能量型电网储能电池系统的比能量≥100 W·h/kg,充放电比功率≥200 W/kg,系统全充放电寿命≥5000 次,成本低于 1.0 元/ W·h。

　　目前,锂离子电池行业已经发生或正在发生结构上的重大调整,伴随着材料、工艺和装备向重大技术革新的方向发展,用于小型电池的电极制备工艺需要逐渐地被高效、低能耗和污染小的新工艺新技术所取代,大容量电池的散热和高功率输入/输出要求电芯设计发生改变,这就要求相应的材料制备技术、电池制造技术、工艺和装备不断地创新和深入发展,大规模的产业发展对资源和环境也造成了挑战,需要发展电池回收处理基础,实现材料的循环使用。锂离子电池制造技术发展的总体趋势主要有以下几个方面:一是电池产品的标准化及制造过程的标准化;二是遵从高质量、大规模、降成本的规模制造产业发展思路;三是制造过程的"三高""三化",锂离子电池制造的未来朝着"三高三化"的方向发展,即"高品质、高效、高稳定性"和"信息化、无人化、可视化";四是绿色制造。

　　建议在未来的 5~10 年,为了使动力与储能电池技术的发展满足新能源汽车、新能源和智能电网的应用和市场需求,需要解决的是安全性、寿命和低成本这三个方面的问题,它们在很大程度上取决于其电极材料体系的选择和匹配。因此如何选择长寿命、高安全和低成本的材料体系是当前锂离子储能电池的重要技术。需重点研究开发关键电池材料,包括正负极材料、电解液材料等,同时结合核心部件及电池系统的设计、优化和集成,坚持自主创新,突破关键技术,促进我国下一代动力与储能电池的开发和应用推广。

## 5.2.2　液流电池

　　从理论上讲,可以进行离子价态变化的离子对都可以组成多种氧化还原液流电池。研究人员已经研究出包括全钒(VFB)、锌/溴(ZBFB)、多硫化钠/溴(PSB)、铁/铬(ICB)、锌/镍、钒/多卤化物、锌/铈等多种液流电池。液流电池储能介质为水溶液,具有安全性好、输出功率和储能容量规模大、应答速度快、充放电循环性能好、可循环利用等特点，是国际上储能领域的研究热点。

经过 30 多年的研究与开发，国内外液流电池储能技术取得了重要进展，已经建造了多项 kW-MW 级应用示范工程。随着可再生能源的发展，其市场潜力越来越为企业界所关注，成长出一批以液流电池市场化为目标的新兴企业，液流电池技术得到显著提高并积累了丰富的工程应用经验。

我国从 20 世纪 80 年代末期开始液流储能电池的基础研究工作。中国地质大学、中南大学、清华大学、大连化物所、中国科学院金属研究所、攀钢集团研究院有限公司、中国工程物理研究院电子工程研究所等高校与研究院所在液流储能电池关键材料和结构设计方面进行了研究。从 2000 年开始在以大连化物所和大连融科储能技术发展有限公司（以下简称大连融科储能公司）为代表单位的努力下，我国液流电池储能技术进入快速发展时期，在电池材料、部件、系统集成及工程应用方面关键技术方面取得重大突破，引领我国全钒液流电池储能技术走在世界前列。掌握了如钒电解液、双极板、离子传导膜全钒液流电池关键材料制备技术，以及液流电池电堆设计、制造及批量化生产技术，突破兆瓦以上级储能系统设计集成技术，实现了全钒液流电池储能技术的商业化应用。采用了模块化、标准化的设计思想，针对市场的需求，研制出高集成度的 125 kW 和 250 kW 集装箱结构的全钒液流电池单元储能模块，实现了工业化生产；产品的可靠性、稳定性好，在运输、现场安装、灵活设计和环境适用性等方面都具有显著优势。应用标准的储能模块可以构建 MW 级大规模的电池系统。实施了包括应用于国电龙源卧牛石 50 MW 风电场的迄今为止全球最大规模的 5 MW/10 MW·h 液流电池储能系统的 20 余项应用项目。建造的 5 MW/10 MW·h 全钒液流电池储能直流侧能量效率达 70.92%，充放电转换时间小于 90 ms；该系统能够有效实现对风电场并网功率的平滑和提高风电场跟踪计划发电能力，就地及远程监控系统响应灵敏准确，报警、故障及数据报表功能完善；该系统运行效果得到电网公司、新能源运营商以及国内外同行的高度认可，标志着我国在该领域技术研发、成套产品生产等方面处于世界前列。

在全球范围内全钒液流电池研发和制造企业主要包括日本住友电工公司（SEI）、大连融科储能公司、美国 UniEnergy Technologies 公司、奥地利 Gildemeister 公司、北京普能世纪科技有限公司等。另外，英国 REDT、韩国 $H_2$、印度 Imergy、德国 Vanadis Power 和 Fraunhofer 研究所在近期也陆续推出了全钒液流电池产品和项目。日本住友电工公司（SEI）从 20 世纪 80 年代初开始研究全钒液流电池。2011 年，SEI 应用其新一代技术，以城市智能微电网为目标市场，在横滨建造了 1 MW/5 MW·h 全钒液流电池储能系统；2013 年承建北海道电力公司投资的 15 MW/60 MW·h 全钒液流电池储能系统，2016 年投入运行，用于提高新能源接入电网比例。大连融科储能公司，在关键材料、电堆、成套装备系统以及储能解决方案等核心技术方面形成了完整的自主知识产权，主导着国内外标准的制定，是全球唯一具备全钒液流电池全产业链技术服务能力和储能解决方案的企业。其产品已出口美、欧、日等发达国家，累计装机容量近 25 MW·h，占世界范围内总装机容量的 40%。2013 年，大连融科储能公司研制的迄今全球最大规模的 5 MW/10 MW·h 全钒液流电池储能系统成功通过业主的验收。2014 年，大连融科储能公司与德国博世集团（BOSCH）合作，在德国北部风场建造了 250 kW/1 MW·h 全钒液流电池储能系统，该系统是目前欧洲最大规模的全钒液流电池系统，产品受到海外客户的高度评价；与美国 UniEnergy Technologies 公司合作建造的美国首座 MW 级全钒液流储能电池电站，客户十分满意。为满足日益增长的市场需求，2014 年大连融科储能公司启动了全钒液流电池储能装备和功能性材料两个产业化基地建设。先进的技术优势、同种产品低成本的价格优势、丰富的工程经验与完善的生产设施，已使融科储能公司成为全钒液流电池储能领域的领军企业。

从全钒液流电池储能项目的应用领域分布看（见图 5-5），可再生能源接入、偏远地区供电以及微电网是目前全钒液流电池的主要应用领域。全钒液流电池的技术特点能够很好地满足这些应用场景对大规模、大容量、长寿命储能的技术要求。

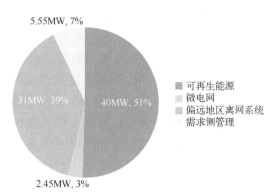

图 5-5　全钒液流电池储能项目应用领域装机比例

从图 5-6 可以看出，日本和中国是全钒液流电池装机集中区域，分别达到了 32% 和 18%，一方面是由于中国和日本可再生能源发展迅速，装机量大，造成电网的稳定性和调峰问题突出，对大容量储能电池的需求大；另一方面，日本住友电工公司和大连融科储能公司是全钒液流电池领域两大领先开发商，在其发展过程中，率先在本国实施了大量的示范项目。

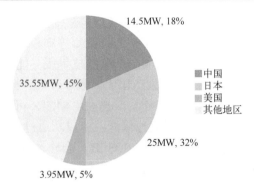

图 5-6    全钒液流电池储能项目区域分布装机比例

可再生能源发展和智能电网建设为全钒液流电池储能产业提供了广阔的市场空间。国内外的应用示范结果表明，液流电池在安全性、使用寿命等方面具有其他技术不可比拟的优势。但要实现产业化仍面临市场、成本和技术方面的多重挑战。

掌握新一代高性能、低成本全钒液流电电池关键材料、电堆、电池系统关键技术，实现国产化、规模化生产；掌握大规模储能电站设计、运行、管理控制技术；2020 年前后，电池系统能量转换效率提高到 75% 以上；电堆额定工作电流密度提高到 180 mA/cm$^2$ 以上，电池系统成本降低到 2500 元/kW·h 以下；建立起完善的原料供应、生产、物流、安装和维护的全产业链体系，实现商业化应用。

除了全钒液流电池外，锌镍、锌溴等在价格具有优势的液流电池也有较好的发展前景。锌镍单液流电池体系最早由中国人民解放军军事科学院防化研究院（以下简称解放军防化研究院）2006 年提出，中国科学院、美国纽约城市大学等单位相继跟踪研究，显示了较强的实用性和发展潜力，有可能成为一种很有竞争力的规模储能解决方案。Br$_2$/Br$^-$ 氧化还原电对因具有较高的电极电势和低廉的成本，使溴基液流电池成为研究热点之一。大连化物所利用"孔径筛分效应"固溴，设计、制备出兼具高活性和固溴功能的笼状多孔碳材料，并实现了其在锌溴液流电池中的应用，该工作为溴基液流电池电极材料的设计制备提供了新思路。

### 5.2.3  铅碳电池

传统铅酸电池无法适应混合动力以及新能源储能所要求的部分荷电态运行工况，在负极活性物质中直接引入碳材料，使铅活性物质与碳材料充分接触，碳材料的重量比大约是 2 wt.%，这一类电池则被称为铅碳（Lead-Carbon, LC）

电池（见图 5-7）。最新研究表明，负极中的碳材料可以提高大电流充电时的充电效率，抑制负极硫酸盐化。例如，当机动车刹车制动时就可以采用铅碳电池回收这一部分能量，而在规模化储能的欠充环境下，铅碳电池可表现出更好的一致性。

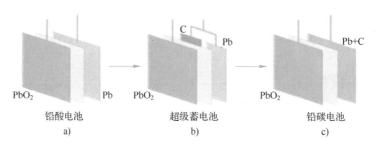

图 5-7　铅碳电池的结构示意图

关于碳材料作用机理的研究也在不断深入，2009 年时认为存在 8 种可能的作用机制，而目前被普遍认同的碳的作用机理主要为以下 3 个方面：

1）电容缓冲效应，以法拉第反应吸收额外的大电流，防止电流过大对铅负极造成损害，原理同超级电池。

2）提供更多的可供充放电反应的电极表面，Pavlov 经典的平行作用机理解释了在铅碳电池负极，电化学反应不仅在铅表面发生，在碳的表面也会发生（见图 5-8）。

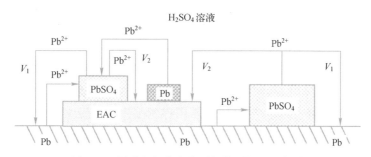

图 5-8　铅碳负极的充电平行作用机理示意图

3）空间位阻效应，防止硫酸铅大颗粒的形成，以保证其能够可逆地转化成活性铅。碳材料可以增加额外的负极结构骨架，促进酸液扩散，为 HRPSoC 工况下的电极反应提供充足的 $H^+$ 和 $HSO_4^-$ 离子。

南都铅碳电池储能系统已在超过 20 个微电网项目中获得应用，覆盖十个省市自治区，总装机容量超过 100 MW·h。

鹿西岛并网型分布式发电与微电网示范工程（见图 5-9），是国家"863 计

划"项目"含分布式电源的微电网关键技术研究"的两个示范工程之一，主要
建设风力发电、光伏发电和储能三个系统，应用混合发电优化匹配技术和智能
模式切换等技术，工程投运后将实现并网和孤网两种运行模式的灵活切换。储
能系统总容量为 2 MW/4 MW·h，项目采用南都铅碳储能装备及智能管理系统，
主要用于提升可再生能源利用率、平滑风光功率输出等功能，具备暂态有功出
力紧急响应、暂态电压紧急支撑功能。

图 5-9　浙江鹿西岛并网型分布式发电与微电网示范项目

　　珠海万山海岛 6 MW·h 分布式发电新能源微电网示范项目，是目前国内最
大的微电网示范项目，也是首个基于海岛的 MW 级"风光柴储"智能微电网项
目，开启了海岛新能源利用和智能微电网建设的新时代。该项目全部采用南都
铅碳储能装备及智能管理系统，平滑风光功率输出，输出功率波动低于 10%，
提升可再生能源利用率到 98%，使发电成本降低近 40%，彻底解决桂山、东澳、
大万山三个海岛的用电问题。

　　江苏大丰风电淡化海水非并网分布式发电微电网示范项目一期工程是科技
部示范项目，它以风力发电为主，储能系统及柴油发电机为辅，应用分布式发
供电优化配置技术和自适应控制技术，为海水淡化系统提供能源，并结合微电
网技术构建非并网风电-海水淡化集成系统，日产 5000 t 淡化海水规模。

　　无锡星洲园区电力储能电站是目前用户侧国内规模最大的园区级商用电力
储能电站项目。项目拟建设储能装机规模 15 MW/120 MW·h，南都承担先进的
储能系统及用电一体化解决方案、电站的建设和运营服务。该项目在配电端提
供储能与储能+增值服务，与星洲产业园共同为园区企业提供综合能源服务，实
现传统能源与新能源多能互补和协同供应。该项目建成投运后，每年可给高峰
用电供 4320 万度，通过智慧节能用电将给企业的生产用电成本降低 3240 万元，
同时使用户的用电负荷趋于均衡，实现电能的精细化管理与优化，提高能源利
用效率和用电可靠性，实现电力需求侧响应。上述储能项目的投运，实现了平
滑峰谷的目的，提高了园区配电网的平均负荷率，减少了园区扩容的投资。

　　铅碳电池在储能领域应用表现出十分突出的优势，但是为了适应储能市场

的快速发展和储能商业化的迫切需求，铅碳技术面临诸多挑战。

首先，碳的作用机理需要进一步明确。只有完全掌握碳在负极的电化学行为以及对电池性能的贡献，才能有针对性地设计和开发出更高性能的铅碳电池。

其次，需要开发价格低廉、性能稳定的铅碳电池用碳材料。目前使用的碳材料普遍存在价格昂贵、析氢过电位低、铅碳兼容性不佳等问题。实现低成本碳材料的批量化生产有助于进一步降低铅碳电池成本，提高析氢过电位和与铅活性物质的兼容性，可有效防止电池失水，延长电池循环寿命。此外，负极其他添加剂，如有机膨胀剂和硫酸钡等与碳材料在充放电过程中的协同作用也需要进一步明确。

再者，先进生产制造技术的发展也是铅碳电池应对大规模储能挑战的重要措施。电池管理与热管理技术也需同步发展，以保障储能系统的可靠运行。当铅碳电池在 PsoC 工况下的受限因素不再是负极，或者说，在负极发生不可逆硫酸盐化之前，其他失效模式如正极板栅腐蚀或活性物质软化已发生，在这种情况下，才需要对正极进行研究。但就目前的研究现状而言，应该把主要精力放在负极上。

从储能的成本、寿命、规模、效率和安全这五项关键指标来看，铅碳电池与其他电化学储能技术相比，具有最为理想的综合性能。在过去三年里，超过百 $MW \cdot h$ 的铅碳电池储能项目开始建设和投入运营。随着铅碳作用机理的深入研究、高性能碳材料的开发、电池设计和制造技术的进步，铅碳电池将在未来储能领域发挥越来越重要的作用。当然，在未来几年，对于铅碳电池技术的研究仍应聚焦在负极而不是其他方面。

## 5.2.4　钠硫电池

钠硫电池（Sodium Sulfur battery，NAS）以 $Na^+$ 单离子导电的 $\beta''$-氧化铝陶瓷兼作电解质和隔膜，分别以金属钠和单质硫为阳极和阴极活性物质。钠硫电池的工作温度为 $300 \sim 350℃$。钠硫电池的特性概括如下：①比能量高。钠硫电池理论比能量为 $760 W \cdot h/kg$，实际比能量达到 $150 \sim 200 W \cdot h/kg$。②容量大。用于储能的钠硫单体电池的容量可达 $600 A \cdot h$ 以上，相应的能量达到 $1200 W \cdot h$ 以上，单模块的功率可达到数十千瓦，可直接用于储能。③功率密度高，放电的电流密度可达到 $200 \sim 300 mA/cm^{-2}$，充电电流密度通常减半执行。④库仑效率高，为 $100\%$，电池几乎没有自放电现象，充放电效率几乎为 $100\%$。⑤电池采用全密封结构，运行中无振动无噪声，没有气体放出，无污染。⑥电池结构简单，维护方便，原料成本低廉。

但钠硫电池也存在一些劣势，首先，钠硫电池在 $300 \sim 350℃$ 温度区间运行，为储能系统的维护增加了难度。其次，液态的钠与硫在直接接触时会发生剧烈的放热反应，给储能系统带来了很大的安全隐患，钠硫电池中使用陶瓷电解质隔膜，本身具有一定的脆性，运输和工作过程中可能发生对陶瓷的损伤或破坏，一旦陶瓷破裂，将发生钠与硫的直接反应，大量放热，短时间内电池可以达到2000℃以上的高温，造成安全问题。此外，钠硫电池在组装过程中，需要操作熔融的金属钠，且需要有非常严格的安全措施。

自1983年开始，日本NGK公司（日本碍子株式会社）和东京电力公司合作开发储能用钠硫电池，1992年实现了第一个储能电站的示范运行至今。目前NGK的钠硫电池成功地应用于城市电网的储能中，约有250余座500 kW以上功率的钠硫电池储能电站在日本等国家投入商业化运行，电站的能量效率达到80%以上。即使在各种储能技术快速发展的前提下，钠硫电池储能仍占整个电化学储能市场的近40%，足见其在储能方面的优势。图5-10所示为目前最大的两座钠硫电池储能电站结构示意，其中34 MW（图5-10a）由17套2 MW的分系统组成，应用于日本六村所风电场51 MW风力发电系统，保证了风力发电输出的平稳，实现了与电网的安全对接；图5-10b是2016年3月在日本福冈县丰前发电站站内建造的50 MW/300 MW·h"大容量蓄电系统供需平衡改善实证业务"项目，成为全球目前功率和容量均最大的化学储能电站，它由25个2 MW子系统组成。除较大规模在日本应用外，钠硫电池储能技术还在美国、加拿大、欧洲、西亚等国家和地区得到示范和应用。

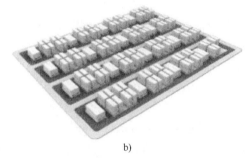

a)                                    b)

图5-10    34 MW钠硫电池电站和50 MW电站效果图

我国对钠硫电池的研究始于1968年，车用电池研究的历程基本与国际同步。2006年起中国科学院上海硅酸盐研究所和上海电力公司合作开发储能用大容量钠硫电池，研制成功了成套技术，并在2010年上海世博会期间，实现了100 kW/800 kW·h钠硫电池储能系统的并网运行。2012年成立上海电气钠硫储能技术有限公司，进行产业化推进，2015年在上海崇明岛建立了200 kW/

1.2 MW·h 储能示范电站（见图 5-11），其采用户外堆仓设计，完成了国家科技支撑计划课题"以大规模可再生能源利用为特征的智能电网综合示范工程"。

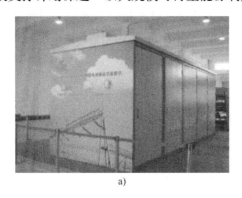　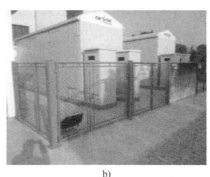

a)　　　　　　　　　　　　　　　　　　b)

图 5-11　上海世博会期间示范的 100 kW/800 kW·h 以及崇明 200 kW/1.2 MW·h 电站

钠硫电池的安全问题值得关注，钠硫电池中的陶瓷电解质隔膜一旦破裂，即发生内部短路，所发生的熔融态钠与硫的直接化学反应会释放大量的反应热，短时间内可达到 2000℃ 以上的高温，导致电池堆的燃烧甚至爆炸。在钠硫电池早期的研发过程中燃烧甚至爆炸的现象时有发生，对钠硫电池进行安全设计并从早期的车用研究阶段就开展全面和深入的工作，也是其能否实际应用的关键。表 5-1 是目前钠硫电池储能系统中采用的多层次的安全设计技术。

表 5-1　钠硫电池储能系统中的安全设计措施

| 设 计 部 位 | 措　施 |
| --- | --- |
| 电解质陶瓷 | 高强度、高致密度、复合体系 |
| 阴极 | 复合电极强化润湿，界面均匀化 |
| 阳极 | 安全管设计 |
| 电池结构 | 应力释放设计、反应中断设计 |
| 模块 | 绝缘管、填充砂、熔断器 |
| 运行体系 | 电化学监控、诊断、预测、切断 |

但总体来说，目前的钠硫电池采用全密封的结构，尽管采用了一系列安全措施，仍不能从根本上消除钠硫电池的隐患，或在电池失效发生燃烧时很难杜绝火灾的蔓延。为此，应优化电池结构，从结构设计上进行创新，才能有望大幅度提升钠硫电池储能技术的安全性。采用液流型电极设计的钠硫电池有望从根本上解决其在电池短路情况下发生的燃爆隐患，从而有效地提高电池的安全可靠性。根据钠硫电池所含活性物质以及电池反应的特点，要充分发挥液流型

钠硫电池的性能，还需要在技术上开展一系列研究，主要包括以下内容：①大功率钠硫反应区的结构设计及材料研制；②高强度电解质陶瓷膜的设计与制造工艺；③电池结构设计与封接技术研究；④高导电性电极体系研制；⑤活性物质钠与硫的储存、泵送技术研制；⑥液流型钠硫电池的安全性考核；⑦储能系统的设计与服役性能研究。

## 5.2.5  锂硫电池

锂硫电池一般是由包含活性物质硫的正极、金属锂负极组成的高能量密度二次电池体系，放电过程中金属锂负极发生氧化失去电子生成锂离子，同时正极硫发生还原反应得到电子并与锂离子结合生成放电产物硫化锂。

锂–硫电池充放电过程涉及两个电子的反应，电化学反应可以表示为

放电过程：

$S + 2Li^+ + 2e^- \rightarrow Li_2S$          正极反应（还原反应）

$2Li \rightarrow 2Li^+ + 2e^-$              负极反应（氧化反应）

$S + 2Li \rightarrow Li_2S$                 电池总反应

锂硫电池的理论放电电压为 $2.287\,V$，以两电子反应计，正极单质硫的理论比容量为 $1672\,mA \cdot h/g$，由单质硫和金属锂组成的锂硫电池的理论能量密度为 $2500\,W \cdot h/kg$ 和 $2800\,W \cdot h/L$。锂硫电池的实际能量密度有望大于 $600\,W \cdot h/kg$，届时使用与目前锂离子电池相同重量的锂硫电池组，可以使电动车的续航里程提高 3 倍以上。

国际上开展锂硫电池应用研发的主要机构包括美国 polyplus 公司、Sion Power 公司、英国 Oxis 公司，以及韩国三星公司等。国内主要有大连化物所、解放军防化研究院、北京理工大学、清华大学等。其中，Sion Power 公司是较早从事锂硫电池技术开发的公司，拥有多项锂硫电池专利，其锂硫电池工程技术研发受到了美国能源部的资助，目前已经开发出容量为 $2.5\,A \cdot h$、能量密度为 $350\,W \cdot h/kg$ 的锂硫单体电池。2010 年，Sion Power 将锂硫电池应用到高空无人机上，无人机白天依靠太阳电池充电，晚上利用锂硫电池提供动力，并创造了连续飞行 14 天的世界纪录。这一报道在世界范围内产生了显著的影响，为锂硫电池的实用化开发者提供了信心，美国、日本、欧盟等在制定动力蓄电池中长期目标时都将锂硫电池纳入了研发计划之中。近期 Oxis 公司在锂硫电池的实用化方面也取得了很好的进展，2018 年 Oxis 公司开发的锂硫电池比能量已经达到 $425\,W \cdot h/kg$。在国内，解放军防化研究院于 2014 年开发出的锂硫电池能量密度达到 $330\,W \cdot h/kg$。苏州纳米技术与纳米仿生研究所 2015 年开发出的锂硫电池比能量达到 $400\,W \cdot h/kg$，电池具有一定的循环性能。大连化物所研制出容量为

2~40A·h 的锂硫单体电池（见图 5-12），经过第三方测试，电池的比能量为 566W·h/kg（35A·h），安全性满足《QC/T 743—2006》标准的电池安全性能测试，这是目前所见报道的额定容量和能量密度最高的锂硫二次电池。同时，在锂硫电池成组技术方面，其研制的 1kW·h 锂硫电池组经第三方测试比能量达到 332W·h/kg，在此基础上研发出 12kW·h 锂硫电池组-太阳电池联合发电系统，并成功进行了示范运行。通过电池生产企业及科研机构在锂硫电池工程技术领域的开发，锂硫电池的实用化进程得到了推进，并显示出逐渐加快的趋势，锂硫电池有望应用于规模化储能等领域。

a)　　　　　　　　　　　　　　　b)

图 5-12　大连化物所开发的 30A·h 锂硫电池单体和 1kW·h 锂硫电池组

目前，锂硫电池的技术难点包括以下几个方面：

1）锂硫电池放电和充电的反应物及产物均为绝缘性材料，例如单质硫的电导率仅为 $5×10^{-30}$ S/cm；同时，材料的离子电导率也非常低。导致活性物质的颗粒尺寸较大时，明显降低活性物质的利用率。并且，低的电导率也会导致电池内阻增加，进而导致电池的倍率特性较差。同时，充、放电过程中绝缘性固态产物的不均匀沉积降低了电池的循环性能。

2）锂硫电池反应过程中存在价态复杂的多硫化物中间产物。多硫化物在醚类电解液中具有一定的溶解性，多硫化物的可溶性一方面可以促进充放电反应的进行，但另一方面造成了电池的容量损失。并且，在充电过程中高价态的多硫化物会向负极侧迁移，并在金属锂表面发生还原反应，其中一部分转变成低价态的多硫化物并重新迁移回到正极，引起"Shuttle"效应，造成电池充放电效率降低；同时还有部分高价态多硫化物与金属锂反应生成绝缘性的硫化锂覆盖在电极表面，不但会造成金属锂腐蚀，同时也增加了电池的极化，降低了锂硫电池的充放电性能。

3）锂硫电池以金属锂为负极，同样存在金属锂枝晶的生长导致的安全性问题和死锂不断产生所导致的容量损失。金属锂的反应活性极高，可与大多数锂电池电解液和锂盐发生反应，这种被称为电池副反应的过程不断消耗金属锂负极和电解液，进而影响电池反应中间产物的存在形式和电池的内部特性，其直接结果是电池极化不断增大和电池循环性能快速衰减。

4）锂硫电池的电池反应机理与锂离子电池存在较大差别，涉及"固-固-液"三相界反应、"沉积-溶解"反应等复杂过程。因此，除了需要开发新型的电池关键材料外，如何科学合理地设计电极及电池的结构也显得尤为重要。

锂硫电池无论在基础理论研究还是工程技术方面都取得了显著的进步，并已经进入实用化的初级阶段，在不同领域的示范应用已经逐步展开，其有望率先在无人机、高能电源等特定领域率先得到应用，但是要实现锂硫电池在电动车、储能电站等领域的大规模普及应用还需要突破以下关键材料和技术：①高安全性、长寿命金属锂负极；②高稳定性锂硫电池电解液体系；③高硫含量、长循环性能硫基正极材料；④锂硫电池高一致性批量制备技术。随着科研和产业界对锂硫二次电池体系认识的不断深入，以及对关键技术问题的解决，锂硫电池的普及应用将逐步实现。

### 5.2.6　超级电容器

超级电容器又叫电化学电容器、黄金电容、法拉电容，是一种新型储能装置。超级电容器按储能机制可划分为三大类：第一类以双电层电容为主要机制，即在充电时，正极和负极的碳材料表面分别吸附相反电荷的离子，电荷保持在碳电极材料与液体电解质的界面双电层中，称为双电层电容器；第二类以赝电容为主要机制，即正极和负极表面分别以金属氧化物的氧化/还原反应为基础或以有机半导体聚合物表面掺杂不同电荷的离子为基础，称为电化学赝电容器；第三类超级电容器的两电极分别以双电层（活性炭电极）及赝电容（电池电极的法拉第反应）为主要机制，称为"混合型电化学电容器"。

超级电容具有以下优点：①充电速度快，数秒~数分钟可充电到其额定容量的95%以上；②循环寿命长，深度充放电循环使用次数可达100万次；③大电流放电能力超强，能量转换效率高，大电流能量循环效率≥90%；④功率密度高，可达10kW/kg，为电池的5~10倍；⑤产品使用、储存以及拆解过程均没有污染；⑥安全系数高，长期使用免维护；⑦很小体积的电容器可以达到法拉级的电容量。

#### 1. 电极材料方面

电容碳性能的提高伴随着成本的大幅攀升，国际上高性能电容碳的价格高达50万~100万元/t。国内生产的电容碳，价格相对便宜，但比电容较低，只能满足低性能电容器产品的生产需要。电容器厂家不得不在成本与性能之间做出艰难的选择。因此，开发高性能、低成本的电容碳材料，成为超级电容器发展的关键和迫切需求。近年来一些新型的电容碳材料不断出现，主要有具有类石墨微晶结构的纳米门碳、碳化物衍生碳、纳米孔玻态碳、模板碳以及石墨烯等。这些新型的碳电极材料结构上各有特点，电容性能各有优势，但离实用化还有一定的距离。

　　金属氧化物由于其赝电容远大于碳材料的双电层电容而引起了众多研究者的兴趣。将金属氧化物材料纳米化或复合到高比表面、高电导率的多孔碳材料之上，能有效地提高金属氧化物活性物质的利用率及电极的离子电导率，进而显著提高金属氧化物的电容性能，具有很好的研究前景。

　　导电聚合物电极材料具有比能量高、工作电压高、成本低廉等优点，但短期内循环寿命差的问题难以得到彻底解决。

　　混合型电化学电容器 AC/KOH/Ni(OH)$_2$ 体系是最早被研究并实现产业化的混合型电容体系，其能量密度可达 10 W·h/kg 以上。近年来，有机体系非对称电容器的研究比较活跃，其中，将锂离子电池的一个电极用于超级电容器组成锂离子电容器体系，有望将超级电容器的能量密度提高到一个新的水平。如日本研发的以碳基嵌锂材料为负极、活性炭为正极的锂离子电容器的能量密度可达 14 W·h/kg。

　**2. 电解质材料方面**

　　离子液体具有电导率高、电化学窗口宽、不挥发、不燃烧、热稳定性能好等特性。将离子液体用于超级电容器，不仅可以提高电容器的安全性，而且可使超级电容器的工作电压提高到 4 V 以上，从而大幅提高其能量密度和功率密度。目前功能化离子液体的设计与研究相对较少，是一个有前景的发展方向。

　　尽管液体电解质电容器技术取得了巨大进步，但仍存在容易漏液、溶剂挥发、适用温度范围窄等难以解决的问题。使用凝胶电解质和固态聚合物电解质来提高电容器稳定性，避免漏液的研究越来越多。

　**3. 模块化方面**

　　模块化是超级电容器储能技术的重要发展趋势。近年来，国内外已有一些单位开始将超级电容器模块应用于智能电网，以实现可再生能源发电的平稳并网和电能质量调节。上海奥威科技开发有限公司（以下简称上海奥威）、北京集星联合电子科技有限公司等超级电容器生产厂商在超级电容器储能模块集成方面取得了一定的进展，但这些单位储能模块设计周期长，集成和试验验证成本高，和实用还有较大的差距。

　　超级电容器的主要用途包括以下几个方面：

1）辅助峰值功率输出。向应用产品提供峰值功率，其他电源供给正常功率，可减少发动机或电池的负荷。

2）再生能量储存。在高能量、短频率时间、500 K 寿命周期及适于再生能量储存的高电力特性等应用产品中，作为能量储存装置。

3）备用电源。超级电容器可为备用电源提供完美的解决方案。

4）替代电池。在超级电容器 UPS 或负责短期能量供给的远程控制装置等应用产品中，超级电容器作为主能量储存装置使用。

超级电容器已经在交通运输、辅助峰值功率输出、能量回收与可再生能源领域得到广泛的应用。

交通运输方面：由 Maxwell Technologies 公司生产的 Power Cache 超级电容器，已由通用汽车公司的 Allison Transmission Division 组成并联混合电源系统和串联电源系统用在货车和汽车上。Thunder Volt 公司也将 Power Cache 超级电容器用于其新开发的重型混合电力推进系统 Thunder Pack。Maxwell 公司和 Exide 公司联合开发出蓄电池与超级电容组合系统，并将其应用于卡车低温起动、中型和重型卡车、陆上和地下的军事用车中。Maxwell 公司正在向 Oshkosh 汽车公司提供 Power Cache 超级电容器，为美国军方制造 HEMTTLMS 概念车。

国内上海奥威于 2006 年 8 月，在上海建成了世界上首条投入商业化运营的电容公交线路。2010 年 5 月，61 辆超级电容城市公交客车在世博会上进行示范应用。上海奥威承建了塞尔维亚贝尔格莱德的超级电容公交示范线和以色列特拉维夫 M5 路超级电容公交示范线。2017 年，上海奥威与白俄罗斯企业合作打造的新型 18 m 超级电容公交车样车在明斯克成功完成实地运行试跑，在明斯克建设年产 100 万台超级电容器产业基地，为电动城市客车和储能式有轨电车提供核心部件，并在"丝路"带动近百亿规模的产业链。哈尔滨巨容新能源有限公司开发研制的电动车用超级电容器已应用在哈尔滨的电车供电系统中。2014 年，中国中东股份有限公司推出了全球首列超级电容 100% 低地板有轨电车。

辅助峰值功率输出与能量回收方面：Maxwell 技术公司正在为电力和自动化技术集团 ABB 公司提供超级电容器，用于费城城际轻轨升级换代。ABB 将 Maxwell 的超级电容器用于最新混合设计，以提升能量回收效率，同时延长电池使用寿命。除了能将 SEPTA 铁路车辆耗电量降低 10% ~ 20% 外，该系统还能让 SEPTA 为美国电力联营体（PJM Interconnection Network）提供频率调节服务。

由上海奥威与相关企业合作开发的超级电容节能电梯模拟工况下综合节电率达到 24.77%，目前已形成了上百台的应用规模，仅上海虹桥国家会展中心就批量采用了 100 台超级电容节能电梯，为国际上最大规模的超级电容节能电梯集中示范应用。

上海国际港务（集团）股份有限公司于 2008 年率先展开了超级电容节能轮胎吊的研究，并先后将 70 台超级电容轮胎吊投入洋山深水港三期的运营中，成为世界上节能轮胎吊应用规模最大的港口。与传统的轮胎吊相比，超级电容轮胎吊节能幅度达到 23.3%，配备发动机的功率同比下降约 40%。

上海振华港口机械（集团）股份有限公司与哈尔滨巨容新能源有限公司联合开发的 CPLS 系列节油装置采用超级电容作为动力补偿装置。目前，该项技术已经在包括美国、加拿大以及我国多个大型港口使用。辽宁百纳电气有限公司为洋山深水港中港站随机功率潮流控制系统工程制造的超级电容器储能系统已经在洋山港进行应用。

可再生能源：Maxwell 生产的超级电容器模块被中国国电集团公司选为风电场储能示范项目的主要核心元件。2016 年其所建成的世界上规模最大的风电场超级电容器储能系统成功通过调试。系统中的超级电容器有效地弥补了锂电池在平抑风电场瞬时大功率波动方面的不足，平滑了风电场出力，使之符合并网接入要求。江苏双登集团股份有限公司开发出应用于太阳能储能系统的超级电容器产品，并已经成功应用于 2008 北京奥运会太阳能路灯示范项目。

超级电容器的远期前景看好，但未来能否大规模推广应用还取决于能否突破关键技术和成本的高低。制约超级电容器应用的主要因素包括：①能量密度偏低、价格偏高。提高能量密度、降低制造成本成为超级电容器发展面临的主要课题，而实现这两个目标的关键是碳电极材料，因此应研究高性能、低成本的电容碳制备技术。另外，应加强新型电极材料、新型电解液、超级电容器新体系的研究和探索，追踪和引领国际最新研究动向，为产业化生产具有国际领先水平的下一代超级电容器打下坚实的基础。②虽然针对轨道交通等大功率的场合已有一些研究工作，但对于应用于智能电网的超级电容器储能系统集成关键技术还有待进一步的研究，如 MW 级大功率超级电容器储能系统用电压平衡电路、热行为分析和热管理策略、MW 级超级电容器储能系统接入电网运行控制策略以及与电力系统间的相互影响等。

## 5.2.7　基于可再生能源的氢储能

在新能源体系中，氢能是一种理想的二次能源，与其他能源相比，氢热值高，其能量密度（140 MJ/kg）是固体燃料（50 MJ/kg）的两倍多；且燃烧产物为水，是最环保的能源，既能以气、液相的形式存储在高压罐中，也能以固相的形式储存在储氢材料中，如金属氢化物、配位氢化物、多孔材料等。对可再生和可持续能源系统，氢气是一种极好的能量存储介质。氢气作为能源载体的优势在于：①氢和电能之间通过电解水技术可实现高效率的相互转换；②压缩的氢气有很高的能量密度；③氢气具有成比例放大到电网规模应用的潜力。

水电解技术是以水为反应物，在直流电的作用下，将水分子解离为氢、氧。根据电解质的不同，水电解技术分为碱液水电解（Alkaline Water Electrolysis，AWE）、固体聚合物质子交换膜（Proton Exchange Membranes，PEM）水电解，固体聚合物阴离子交换膜（Alikaline Anion Exchange Membrane，AEM）水电解以及固体氧化物（Solid Oxide Water Electrolysis，SOE）水电解。碱液水电解技术是最早工业化的水电解技术，已经工业化几十年，最为成熟。PEM 水电解技术的工业化近年来发展迅速，而 SOE 水电解技术仍处于实验室研究阶段。碱性阴离子交换膜水电解的研究近几年刚刚起步。

碱液水电解技术是以 KOH、NaOH 水溶液为电解质，如隔膜采用石棉布等作为隔膜，以镍基材料为电极，在直流电的作用下，将水电解生成氢气和氧气；产出的气体纯度约 99%，需要进行后续脱碱雾处理；且在液体电解质体系中，所用的碱性电解液（如 KOH）会与空气中的 $CO_2$ 反应，形成在碱性条件下不溶的碳酸盐，如 $K_2CO_3$，会阻碍产物和反应物的传递，大大降低电解槽的性能。另一方面，由于碱性液体电解槽难以快速启动或变载，制氢的速度也难以快速调节，因而液体碱性电解槽难以与具有快速波动特性的可再生能源配合。

PEM 水电解池是基于质子交换膜燃料电池相关技术发展而成的。PEM 水电解池采用质子交换膜替代石棉膜，用以传导质子，并隔绝电极两侧的气体，这就避免了碱性液体电解槽使用强碱性液体电解质所带来的缺点。同时，PEM 水电解池采用零间隙结构，即"Zero Gap Configuration"，电解池体积更为紧凑，使电解池的欧姆电阻也大幅降低，从而提高了电解池的整体性能。PEM 水电解具有效率高、气体纯度高、绿色环保、能耗低、无碱液、体积小、安全可靠、可实现更高的产气压力等优点，被公认为制氢领域极具发展前景的电解制氢技术之一。

最初，PEM 水电解技术于 20 世纪 70 年代被用作美国海军的核潜艇中的供应氧气装置。20 世纪 80 年代，美国国家航天宇航局将 PEM 电解水技术应用于空间站中作宇航员生命维持及生产空间站轨道姿态控制的助推剂。近年来，PEM 水电解在民用方面取得长足进步。

日本的"New Sunlight"计划及"WE-NET"计划始于 1993 年，将 PEM 水电解制氢技术列为重要发展对象，目标是在世界范围内构建制氢、运输和应用氢能的能源网络。2003 年，该计划已达到电极面积 $1.0 \sim 3.0$ $m^2$，电流密度 25000 $A/m^2$，单池电压 1.705 V，温度 120℃，压力 0.44 MPa。2015 年以来，为配合丰田"Mirai"燃料电池车的商业推广，81 座加氢站已列入日本 2016 年的建设计划。

欧盟于 2014 年提出 PEM 水电解制氢三步走的发展目标：第一步是满足交通

运输用氢需求，构建适合于大型加氢站使用的分布式 PEM 水电解系统；第二步是满足工业用氢需求，包括生产 10 MW、100 MW 和 250 MW 的 PEM 电解池；第三步是满足大规模储能需求，包括在用电高峰期利用氢气发电、家庭燃气用氢和大规模运输用氢等。欧盟提出 PEM 水电解制氢要逐渐取代碱性水电解制氢的计划。在欧盟规定电解器的制氢响应时间在 5 s 之内，目前只有 PEM 水电解技术可达到此要求。

2012 年，Hydrogenics 公司与德国意昂集团签订 "Power-to-Gas" 项目，在 Falkenhagen 地区用电低峰期用剩余的电力通过电解水生产氢气，于 2013 年起注入当地的天然气管道中，在用电高峰时为电网提供能量，提高了电能的利用率，减少了峰谷电的浪费。

在商业化进程方面，美国 Proton Onsite（原 Proton Energy System）、Hamilton、Giner Electrochemical Systems、Schatz Energy Research Center、Lynntec 等公司在 PEM 水电解池制造方面处于领先地位。其中，Hamilton 公司所生产的 ES 系列 PEM 水电解器，产氢量为 6~30 Nm³/h，氢气纯度达到 99.999%。Giner Electrochemical Systems 公司研制的 50 kW 水电解池样机高压运行的累计时间已超过 150000 h，在高电流密度、高工作压力下运行，且不需要使用高压泵给水。目前，Proton Onsite 公司的产品占据了世界上 PEM 水电解制氢 70% 的市场，广泛应用于实验室、加氢站、军事及航空等领域。

在我国，关于 PEM 水电解的研究起步较晚。中国船舶集团有限公司第七一八研究所自 1994 年开始关注 PEM 电解水技术，并于 2010 年研制出新型隔膜，应用于电解槽中取得了制氢和能耗的双层突破。中国航天科技集团有限公司也开展了 PEM 水电解制氧研究，已研制了产氧气量 ≥3 Nm³/h 的单模块电解池及系统装置，输出压力为 5.0 MPa、纯度为 99.5%。山东塞克塞斯氢能源有限公司的 PEM 水电解制氢产品的产氢量为 0.3~2.0 Nm³/h，纯度可达 99.9995%。大连化物所从 20 世纪 90 年代开始 PEM 水电解制氢研究，在 2008 年开发出产氢气量为 8 Nm³/h 的电解池堆及系统，输出压力为 4.0 MPa、纯度为 99.99%。2010 年，大连化物所开发出产氢气量为 1 Nm³/h、输出压力为 1.0 MPa 的 PEM 水电解制氢机，单机能耗为 4.2 kW·h/Nm³H₂，优于国外产品。

固体氧化物池（Solid Oxide Cells，SOC）采用固体氧化物作为电解质材料，可在 400~1000℃ 高温下工作，具有能量转换效率高且不需要使用贵金属催化剂等优点。固体氧化物电解电池（Solid Oxide Electrolyzer Cell，SOEC）高温电解是固体氧化物燃料电池（Solid Oxide Fuel Cell，SOFC）发电的逆过程，能利用风能、太阳能、核能所产生的电力高效地电解水蒸气、二氧化碳或两者的混合物而得到氢气、合成气和氧气，合成气可通过费托反应制备液体燃料，实现二氧化碳减排，适合于大规模储能。

利用 SOC 进行电能和燃料化学能之间的能量转换具有以下几个突出优点：

首先，与其他能量转换技术相比，SOC 具有高的能量转换效率。研究结果显示，实际 SOEC 系统的效率分别可达到95%以上。其次，SOC 的发电和电解技术可以减排 $CO_2$。SOEC 或可逆固体氧化物燃料电池（Reversible Solid Oxide Fuel Cell，R-SOFC）电解可将 $CO_2$ 转换成燃料，实现大规模储能，提供交通和电力生产的能源。燃料发电（SOFC 或 R-SOFC 发电模式）和直接燃烧产生的 $CO_2$ 可通过捕捉技术回收，并电解利用。整个能源过程并没有 $CO_2$ 的排放，最终实现碳的循环利用。第三，SOC 具有很高的灵活性，优于其他技术。其灵活性主要体现在 3 个方面：①在用电需求较低的时候，SOFC 可以进入低负荷运行，SOEC 或 R-SOFC 将电网中富余电力通过高温电解制备氢气或液体燃料进行能量存储。在用电高峰，SOFC 可以进入高负荷运行，R-SOFC 进入发电模式。利用它们的灵活性，可以实现电能的时间和空间转移。②SOFC、SOEC 和 R-SOFC 具有模块化结构，且效率不受容量影响，发电容量或产气容量可根据实际情况灵活调节。③SOFC、SOEC 和 R-SOFC 可以通过电网和燃料网与可再生能源、传统能源进行系统集成，它们不受规模和地域限制，具有系统集成方面的灵活性。

20 世纪 60 年代，为了向潜艇和太空飞船持续供应氧气，美国宇航局开始探索 SOEC 电解 $CO_2$、$H_2O$ 或 $CO_2+H_2O$ 的制氧技术。到 20 世纪 80 年代，SOEC 的研究重点逐渐由制氧转向制氢。德国的 W. Doenitz 等首次实现 SOEC 高温电解 $H_2O$ 制氢。2006 年，为了实现 $CO_2$ 的资源化利用，美国 Idaho 在 SOEC 制氢研究的基础上，利用 $CO_2/H_2O$ 共电解制备合成气（$H_2+CO$），并通过费托合成制备出液体燃料，扩大了 SOEC 在能源环境领域的应用。

进入 21 世纪，SOEC 进入了一个活跃研究期。日本的三菱重工、东芝、京瓷等公司的研究团队对 SOEC 的电极、电解质、连接体等材料和部件、电解池测试装置和测试方法等方面开展了广泛的研究。美国 Idaho 国家实验室、美国 BloomEnergy、丹麦托普索燃料电池公司、韩国能源研究所，以及欧盟 Relhy 高温电解技术发展项目，都对 SOEC 技术进行了深入的研究，研究方向也由电解池材料研究逐渐转向电解池堆和系统集成。目前 SOEC 电堆规模最大的是美国 Idaho 国家实验室的项目，电堆功率达到 15 kW，采用 $CO_2+H_2O$ 共电解制备合成气。2008—2010 年，Idaho 与 Ceramatec 公司合作，实现了运行温度在 650～800℃范围内产物 CO 和 $H_2$ 的定量调控。他们还将电解产物直接通入 300℃含有 Ni 催化剂的甲烷化反应器，获得了 40～50 vol.%的甲烷燃料，证实了 $CO_2/H_2O$ 共电解制备烃类燃料的可行性。2012 年，美国科罗拉多矿业大学的 W. L. Becker 等采用 Idaho 的电解堆实验数据，建立了 $CO_2/H_2O$ 共电解+F-T 合成的系统理论模型，计算结果显示系统效率可达 54.8%（HHV<sup>⊖</sup>），远高于传统的化工合成。近年来，国内一些研究单位如大连化物所、清华大学、中国科技大学等都开展了 SOEC 研究，形成了一定的研究积累。

SOEC 比 SOFC 对材料要求更为苛刻。首先，在电解的高温高湿条件下，常用的 Ni/YSZ 氢电极中 Ni 容易被氧化而失去活性，其性能衰减机理和微观结构调控还需要进一步研究。常规材料的氧电极在电解模式下存在严重的阳极极化和易发生脱层，氧电极电压损失也远高于氢电极和电解质的损失，因此需要开发新材料和新氧电极以降低极化损失。其次，在电堆集成方面，需要解决在 SOEC 高温高湿条件下玻璃或玻璃–陶瓷密封材料的寿命显著降低的问题。

目前我国是世界第一大氢气生产国，已连续七年居世界第一位，预计 2050 年氢能在我国能源体系中的占比约为 10%，氢气需求量接近 6000 万 t，年经济产值超过 10 万亿元。另一方面，随着日益增长的弃水、弃风、弃光消纳需求和峰谷差增大压力，基于可再生能源发电的电氢能量转换设想逐渐被认可并推广。随着氢能应用技术的开发，基于可再生能源大规模消纳的电制氢技术，有望成为电网和制氢行业共同的选择。

## 5.3 储能技术发展方向

储能技术有利于促进风能、太阳能大规模开发，推动化石能源向清洁能源转变，优化电力资源，推进分布式供电发电发展，是国家战略需求；电化学储能是目前最常用的化学储能技术，相对于其他储能技术而言，电化学储能具有能量密度高、灵活、可规模化等优势而成为储能领域强有力的竞争者。不同电化学电池的储能覆盖的规模较广，可涵盖从 kW 级到百 MW 级的储能要求。

我国在液流电池、锂离子电池、铅碳电池、钠硫电池等方面取得了长足进展，有望实现大规模应用。2020 年前后，推广铅碳电池，发展以锂离子电池和全钒液流电池为主的储能应用。

### 5.3.1 铅碳电池技术

从储能的成本、寿命、规模、效率和安全这五项关键指标来看，铅碳电池与其他电化学储能技术相比，成本较低，目前成本约为 800 元/kW·h，峰谷电价高于 0.7 元可以实现盈利。在过去几年里，超过百 MW·h 的铅碳电池储能项目开始建设和投入运营。随着铅碳作用机理的深入研究、高性能碳材料的开发、

---

⊖ HHV 即高热值。

电池设计和制造技术的进步，铅碳电池将在未来储能领域发挥越来越重要的作用。在未来几年，对于铅碳电池技术的研究仍应聚焦在负极。实际运行发现放电末期负极电位循环衰减，这说明电池性仍然受限于负极。也就是说，在负极添加碳后，尽管 PsoC 循环寿命可以延长 5~6 倍，但是电池最终的失效原因仍然在于负极不可逆的硫酸盐化。因此，未来的研究重点仍需集中在负极，继续深入研究抑制负极硫酸盐的解决措施，以进一步提高电池循环寿命。具体建议如下：

首先，碳的作用机理需要进一步明确。只有完全掌握碳在负极的电化学行为以及对电池性能的贡献，才能有针对性地设计和开发出更高性能的铅碳电池。其次，需要开发价格低廉、性能稳定的铅碳电池用碳材料。目前使用的碳材料普遍存在价格昂贵、析氢过电位低、铅碳兼容性不佳等问题。实现低成本碳材料的批量化生产有助于进一步降低铅碳电池成本，提高析氢过电位和与铅活性物质的兼容性，可有效防止电池失水，延长电池循环寿命。此外，负极其他添加剂，如有机膨胀剂和硫酸钡等与碳材料在充放电过程中的协同作用也需要进一步明确。再者，先进生产制造技术的发展也是铅碳电池应对大规模储能挑战的重要措施。电池管理与热管理技术也需同步发展，以保障储能系统的可靠运行。当铅碳电池在 PsoC 工况下的受限因素不再是负极，或者说，在负极发生不可逆硫酸盐化之前，其他失效模式如正极板栅腐蚀或活性物质软化已发生，在这种情况下，才需要对正极进行研究。但就目前的研究现状而言，应该把主要精力放在负极上。

总之，对于铅碳电池要着重进行铅碳负极配方的优化及充电机制的研究，研究抑制负极硫酸盐化的解决措施，以进一步提高电池循环寿命。需要开发价格低廉、性能稳定的铅碳电池用碳材料，以解决目前使用的碳材料普遍存在价格昂贵、析氢过电位低、铅碳兼容性不佳等问题。

## 5.3.2 锂离子电池技术

目前，锂离子电池行业已经发生或正在发生结构上的重大调整，伴随着材料、工艺和装备向重大技术革新的方向发展，用于小型电池的电极制备工艺需要逐渐地被高效、低能耗和污染小的新工艺新技术所取代，大容量电池的散热和高功率输入/输出要求电芯设计发生改变，这就要求相应的材料制备技术、电池制造技术、工艺和装备不断地创新和深入发展，大规模的产业发展对资源和环境也造成了挑战，需要发展电池回收处理基础，实现材料的循环使用。锂离子电池制造技术发展的总体趋势主要有以下几个方面：一是电池产品的标准化及制造过程的标准化。目前，虽然锂离子动力及储能电池制造技术已有各自优点和缺陷，但并没有完善的标准。标准是技术实现产业化的基础，也是支持行业健康发展的重要因素。二是遵从高质量、大规模、降成本的规模制造产业发展思路。三是制造过程的"三高""三化",锂离子电池制造的未来朝着"三高三化"的方向发展,即"高品质、高效、高稳定性"和"信息化、无人化、可视化"。建立数字化锂离子电池制造车间,包括在制造过程引进制造参数、制造质量的在线检测智能部件、机器人自动化组装、智能化物流与仓储、信息化生产管理及决策系统实现动力蓄电池制造的智能化生产,确保锂离子动力及储能电池产品的高安全性、高一致性、高合格率、高效率和低制造成本。四是绿色制造。环境的可持续发展是人类自身发展的必要条件,全社会的普遍认知和需求已经对锂离子电池提出了更高的品质要求。

在未来的 5~10 年,为了使动力与储能技术的发展满足新能源汽车、新能源和智能电网的应用和市场需求,需重点研究开发关键电池材料,包括正负极材料、电解液材料等,同时结合核心部件及电池系统的设计、优化和集成,坚持自主创新,突破关键技术,促进我国下一代动力与储能电池的开发和应用推广。具体建议如下:

1) 发展电极材料低成本绿色制造技术。
2) 建设数个年产万吨规模的新型正极和负极材料示范工厂。
3) 建成几个年产数千吨级电解质锂盐的、万吨新型电解质溶剂的生产厂。
4) 建成几个年产 1 亿 $m^2$ 电池隔膜的生产厂。
5) 开展电池新工艺研究。
6) 研究电池二次利用和回收技术。

### 5.3.3　液流电池技术

液流电池利用离子价态变化的离子对的氧化还原反应进行储能,储能介质为水溶液,具有安全性好、输出功率和储能容量规模大、应答速度快、充放电循环性能好、可循环利用等优点。目前,全钒液流电池技术正在进入工程应用、市场开拓阶段,开始实现商业化。可再生能源接入、偏远地区供电以及微电网是目前全钒液流电池的主要应用领域。进一步提高可靠性、降低成本,是近期实现液流电池产业化的主要任务。掌握新一代高性能、低成本全钒液流电电池关键材料、电堆、电池系统关键技术,实现国产化、规模化生产;掌握大规模储能电站设计、运行、管理控制技术。建立起完善的原料供应、生产、物流、安装和维护的全产业链体系,实现商业化应用,满足大规模、大容量、长寿命储能的技术要求。鉴于钒的价格较贵,大幅降低全钒液流电池成本存在一定的局限性,建议在大规模推广全钒液流电池同时,也要注重研发新型液流电池如锌溴液流电池,在其技术基本成熟后,进行工程示范。

针对液流电池技术提出具体建议如下：

1）发展电池材料制备及批量生产技术。

2）发展电池成组、系统集成与智能化管理控制技术。

3）推进液流电池储能工程应用。

4）开展检测平台与标准研究。

### 5.3.4 钠硫电池技术

钠硫电池是一种以陶瓷材料为电解质和隔膜的二次电池，它的能量密度高，成本低，已在储能领域获得了较为成功的应用。但由于钠与硫在电池运行温度条件下的直接反应十分剧烈，导致电池存在很大的安全隐患，因此，钠硫电池的安全问题始终是其大规模推广应用的隐形障碍。提升安全可靠性，消除安全隐患也一直是钠硫电池进一步开发的主攻方向。如将液流电池的设计理念应用于钠硫电池，不仅可以有机地结合钠硫电池的高比能特性以及液流电池的大容量特性，而且更重要的是有望通过对活性物质钠与硫的切断，及时阻断短路反应的蔓延，实现对钠硫电池安全性根本的提升。

液流电池与通常使用固体材料电极或气体电极，以及采用固体电解质陶瓷隔膜的钠硫电池等不同的是，其活性物质是流动的电解质溶液，在电池的设计中，电池电化学反应区与活性物质储藏区是分离的，当活性物质从储藏区泵送到反应区时电池开始工作，因此，液流电池的功率与容量设计可以独立。液流电池的另一特点是，电池反应可以通过活性物质的输送和切断及时开启和中止。由于液流电池的活性物质被溶解在电解液中，因此，活性物质的浓度有限，且在使用过程中还会发生析晶等现象，导致液流电池的比能量通常都比较低。液流电池的设计理念已被应用于锂离子电池等高比能量电池中，有效地结合了锂离子电池的高比能量和液流电池的大容量特性。

至 2030 年，突破液流型电极设计的钠硫电池技术，有望从根本上解决其在电池短路的情况下发生的燃爆隐患，从而有效地提高电池的安全可靠性。重点发展降低成本技术与规模化生产技术，实现规模化示范应用。具体建议如下：

1）进行大功率钠硫反应区的结构设计及材料研制。

2）开发高强度电解质陶瓷膜的设计与制造工艺。

3）开展电池结构设计与封接技术研究。

4）进行高导电性电极体系研制。

5）进行活性物质钠与硫的储存、泵送技术研制。

6）建立液流型钠硫电池的安全性考核机制。

7）开展储能系统的设计与服役性能研究。

## 5.3.5　锂硫电池技术

锂硫电池具有高能量密度、低成本、环境友好等优点，被认为是最接近实用化的下一代高比能量二次电池体系。锂硫电池无论在基础理论研究还是工程技术方面都取得了显著的进步，并已经进入实用化的初级阶段，在不同领域的示范应用已经逐步展开，其有望率先在无人机、高能电源等特定领域率先得到应用。至 2050 年，解决高比能量锂硫电池的循环寿命问题，使锂硫电池达到商业化应用。但是要实现锂硫电池在电动车、储能电站等领域的大规模普及应用还需要突破以下关键材料和技术。

（1）开发高安全性、长寿命金属锂负极材料

金属锂是非常活泼的还原剂，与大多数的溶剂或锂盐可以发生反应，针对金属锂负极存在的过充电或大倍率充电易形成锂枝晶造成电池的安全隐患及金属锂的循环效率低等问题，通常采用金属锂保护技术，即在金属锂表面制备保护层，如薄碳层、石墨烯等，隔绝其与有机电解液的接触，或开发硫化锂或可溶性多硫离子作正极材料的锂硫电池体系。

（2）建立高稳定性锂硫电池电解液体系

与液态和凝胶电解质相比，固态电解质具有最高的安全性，可以解决高能量密度锂电池的安全性问题。将固态电解质应用于锂硫电池不但可以避免多硫化物的溶解流失，同时可以避免多硫化物对金属锂的腐蚀，还能一定程度地解决锂硫电池的安全性问题。但是，固态锂硫电池中“电极/电解质”界面的稳定性仍需关注，此外固态电解质会使比能量有一定程度的降低。然而，全固态锂硫电池仍是有望实现实用化的技术途径之一。

（3）开发高硫含量、长循环性能硫基正极材料

解决单质硫作为正极材料存在的电子和离子传导能力差、生成的中间产物多硫化物溶解流失，及由此带来的“穿梭效应”以及金属锂的腐蚀，可以利用碳材料与单质硫复合的方法、硫化锂作电池的正极材料、硫化聚合物等方法抑制硫的溶解流失。

硫与高分子聚合物间的化学键将硫锚定在聚合物链段上，这样就可以限制硫的溶解流失。同时，如果聚合物骨架具有一定的导电性，还可以提高材料的电子传导能力。因此，采用硫化聚合物的技术路线有望提高电池的循环稳定性和倍率性能以及电池的比能量，但是这一技术路线目前还面临着挑战。阐明该类材料的储锂机制，并在此基础上进一步提高比容量和放电电压是极具发展潜力的研究方向，可作为今后研发的重点之一。

### 5.3.6 超级电容器技术

超级电容器的远期前景看好，但未来其大规模应用规模还取决于关键技术能否获得突破和产品价格能否大幅度下降。超级电容器产业的发展趋势如下：①多元化，即超级电容器将朝着产品类型多样化和产品价格低廉化方向发展，并在电动汽车、通信、智能电网储能等更多领域得以应用；②系统化，即超级电容器产业将由原来单纯的超级电容器单体制造向着模块化、系统化方向发展，即根据客户的不同需求及应用环境，向客户提供包括超级电容器单元、控制管理系统以及安全保护模块在内的系统化解决方案；③标准化，即制定在超级电容器产品研发、生产、测试以及应用过程中共同的规则，特别是要逐步建立和完善相应的国家标准和行业标准。

为了加速超级电容器在大规模储能领域的应用，建议重点开展以下几个方面的工作：

1）提升国产电容碳的质量，满足高端超级电容器生产需求。重点解决电容碳循环稳定性和批量生产产品质量一致性差问题。

2）突破高性能电极制备技术瓶颈。重点研发活性炭电极的干法制备工艺。在此基础上，开发具有自主知识产权的新型活性炭电极制备技术。

3）推进超级电容器与二次电池复合储能产品的研发与示范应用。大力支持锂离子电容器和铅碳超级电池关键材料和技术的研发、器件试制和应用示范。

4）推动产学研结合，政府设立超级电容器产学研基金。为了解决科研与生产需求脱节问题，有必要从政府层面推动产学研的高效紧密结合。如鼓励企业对制约其生产和产品升级换代的核心技术难题面向全国研究机构和高等学校进行招标，基金会对影响全行业技术发展水平的研发项目给予一定比例的资金资助。成果转化成功后，企业要将盈利收入中的一部分转化成产学研基金，形成良性循环。

5）加速开展 MW 级二次电池（如铅酸电池）–超级电容器混合储能电站的建设与示范运行。在示范电站的建设中，鼓励使用国产超级电容器产品。通过示范应用，可以全面检验国内超级电容器产品质量、系统集成技术水平，为产学研合作提供平台，最终达到全面提升我国超级电容器储能系统集成能力的目标。

### 5.3.7 基于可再生能源的水电解技术

为解决风能、太阳能等可再生能源的季节性不均，需将这类可再生能源转换为燃料如氢，进而进行长时间的储存，可再生能源电解水制氢可满足这种需求。

水电解制氢技术的发展，为消纳可再生能源、提高可再生能源利用率与上网电力的品质奠定了技术基础。PEM 水电解技术替代碱液水电解技术是一个发展趋势。目前，PEM 水电解技术还需要进一步完善，主要从降低成本、进一步提高性能等方向开展研究工作，在规模化方面进行工业化放大，以适应大规模可再生能源电解制氢需求。

提高性能与效率、提高耐久性等方面，PEM 水电解电极反应中阳极析氧反应极化远高于阴极析氢反应的极化，是影响电解效率的重要因素，选择高的比表面积与孔隙率、高的电子传导率、高活性电催化剂，是改善电极反应的三相界面，有利于降低电化学极化的有效技术路径。PEM 水电解的欧姆极化主要来源为电极、膜和集流体内进行电子、质子传导时产生的欧姆电阻，优化耐压复合膜技术，可降低欧姆极化。进一步研究 PEM 水电解适应波动可再生能源发电特性的快速响应能力。

固体氧化物水电解（SOEC）是固体氧化物燃料电池（SOFC）的逆过程。由于其具有高效及与可再生能源兼容等特点，目前，SOEC 进入了一个活跃研究期，主要是针对 SOEC 的电极、电解质、连接体等材料和部件、电解池测试装置和测试方法等方面开展了广泛的研究，目前技术距离实用化还有较大的距离。建议通过鼓励基础研究与应用研究，逐步解决高温 SOEC 水电解技术的材料与电堆结构设计问题，至 2050 年实现高效 SOEC 储能的示范应用。

SOEC 比 SOFC 对材料要求更为苛刻。首先，在电解的高温高湿条件下，常用的 Ni /YSZ 氢电极中 Ni 容易被氧化而失去活性，其性能衰减机理和微观结构调控还需要进一步研究。常规材料的氧电极在电解模式下存在严重的阳极极化和易发生脱层，氧电极电压损失也远高于氢电极和电解质的损失，因此需要开发新材料和新氧电极以降低极化损失。其次，在电堆集成方面，需要解决在SOEC 高温高湿条件下玻璃或玻璃-陶瓷密封材料的寿命显著降低的问题。

## 5.3.8 新的化学电池技术

化学储能技术是新能源消纳的关键途径之一，有着多种体系并行发展。有机体系的锂离子电池等技术体系采用可燃溶液而有安全隐患，示范应用中也确出现了一些燃烧、爆炸的事故。因此，在现有储能技术有序验证、安全示范之外，仍迫切需要研究和发展高性安全、长寿命、低成本和环境友好的储能体系。

水溶液的电池体系安全性高，铅碳电池、金属氢化物镍电池等体系已经有较多的示范，且运行安全、技术成熟。水溶液锂/钠离子电池体系安全性高、成本低，是储能电池新的研发热点。水系锂/钠离子电池处于基础研究阶段，研发主要集中在关键材料研发和体系匹配设计等方面，虽其能量密度较低，但循环寿命有望比铅碳电池、金属氢化物镍电池等体系进一步提高，又可解决有机系锂离子电池所涉及的安全性和高成本问题。南京航空航天大学张校刚团队合成了锰酸锂（$LiMn_2O_4$）/纳米碳管复合物，在硫酸锂水溶液中经 1000 次循环后容量仅衰减了 3.6%。复旦大学夏永姚团队以活性炭作为负极与锰酸锂（$LiMn_2O_4$）组成混合型超级电容器，10C 的倍率下充放电循环 20000 次的容量仅衰减 5%。武汉大学杨汉西团队研究了 $NaTi_2(PO_4)_3Na_2NiFe(CN)_6$ 钠离子电池，其原料丰富，是极为可取之处。

采用锌等金属电极的水溶液电池体系也是研发的重要方向之一，其比能量较高，循环寿命也不低。南京精研新能源科技有限公司彦竞报道了沉积型锌负极和锰酸锂（$LiMn_2O_4$）的混合型水系二次电池，循环 4000 次，容量保持率达到 95%。清华大学深圳研究生院康飞宇团队研究了二氧化锰锌离子电池。杨裕生团队研究了多变价锰酸锂材料，在特别设计的电解液中电极比容量大大提高、循环稳定性也很高，与金属锌组成水系电池，比能量可与有机系锂离子电池相当，达到 100 W·h/kg 以上。水系锂/钠离子电池值得大力发展，其中高比容量负极材料是关键之一，必须着重提高负极材料的稳定性和比容量。

至 2022 年，突破水系锂/钠离子电池和锌锰电池工程化技术，解决关键材料和循环寿命问题，从而提供一条安全的储能技术途径；2020 年前后，完善降低成本技术与规模化生产技术，实现规模化示范应用。具体建议如下：

1）进行水系电池的关键材料研制和结构优化设计。

2）发展适于水系电池体系的电池成组、系统集与智能化管理控制技术。

3）重点支持相关研发单位加速新型储能电池体系的研发进程。

## 5.4　储能技术体系

储能技术体系如图 5-13 所示。

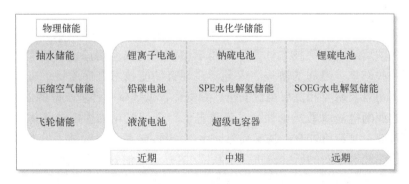

图 5-13　储能技术体系

## 5.4.1　重点领域

1）锂离子电池。目前锂离子电池面临的主要技术问题是提高可靠性与耐久性，要发展钛酸锂负极和固体膜锂电池。

2）铅碳电池。铅碳电池需要研究碳的作用机理与发展高循环次数（大于10000 次）的铅碳电池。

3）液流电池。需掌握高性能、低成本、国产化的全钒液流电池材料，采用具有自主知识产权的多孔膜，大幅减低材料成本，完善产业链，提高工作电流密度和系统的可靠性与耐久性，做到全自动运行。

4）钠硫电池。钠硫电池的安全性问题源于反应的能量，若限制钠硫电池内反应物的存量，如硫电极，即使膜被击穿，电压下降时，可关闭硫进口阀，则可控制反应产生的热，爆炸的风险即可避免，这在氢氧燃料电池中已得到证明。在钠硫电池中，硫电极为解决导电问题，采用碳毡为导体，硫仅在孔中，所以建议采用硫单循环即可。主要技术难题是对电池结构进行改进设计和验证。

5）锂硫电池。锂硫电池具有高的比能量，是很有前途的储能电池，主要技术难题是锂硫电池的循环次数较低，若要应用于储能，循环次数至少要大于 3000 次。

6）超级电容器。缺乏关键材料及电极制备等核心技术，产品性能一致性差，循环寿命、抗大电流冲击能力有待提高。

7）质子交换膜电解水制氢。主要解决可再生能源季节性不均，以及弃风量大的问题，即风电场在原地制氢，采用氢燃料电池根据需要再发电，也可送入附近的天然气输送管道。

8）高温水电解（SOEC）制氢技术。SOEC 用于蒸气电解，效率高，可达90%以上，发电效率也可达 70%。用于储能和发电总效率大于 60%，是可选大规模储能方案之一。

## 5.4.2　关键技术

1）锂离子电池。电极材料低成本绿色制造技术；电池二次利用和回收技术。

2）铅碳电池。研发新型高比表面碳和自动生产线，完善产业链，特别是负极高比表面活性炭材料的制备技术与检测技术，通过生产过程的自动化提高材料的一致性，延长电池寿命。

3）液流电池。电解液、离子传导膜、电极等材料的制备及批量化生产技术，耐蚀泵、阀等制造技术。

4）钠硫电池。电池结构进行改进设计和验证技术；钠硫电池液流电池化

（即采用液流型电极设计的钠硫电池）技术，研制液流电池型的百 kW 级钠硫电池，并进行示范运行。

5）质子交换膜电解水制氢。研究超低贵金属电催化剂和工作压力大于 80 大气压的电堆密封技术。利用可再生能源，实现质子交换膜电解水制氢 MW 级示范运行，通过高效催化剂、低膜阻复合膜技术大幅度降低电解槽成本，实现商业化运行。

6）锂硫电池。锂电极枝晶问题或找到新的替代材料；多硫化物溶于电解液和反应问题；改进硫电极结构或研发新的替代材料。

7）超级电容器。提升国产电容碳的质量，突破高性能电极制备技术，实现产品多元化、系统化与标准化。

8）SOEC 制氢技术。研制中温电池结构与材料，解决电极可逆性与衰减率问题，优化电堆的结构设计与密封，提高运行可靠性与耐久性。

## 5.5　储能技术发展路线图

### 1. 近期愿景（2020 年前后）

储能技术体系将主要涵盖锂离子电池与铅碳电池，主要用于分布式电源，包括家庭电源与分散电站，一般到 MW 级；铅碳电池可与超级电容器组合，有望大幅度提高储能的安全性。液流电池将应用于百 MW 级规模储能。

成功研发钛酸锂负极和固体膜锂电池与高循环次数（>10000 次）的铅碳电池；实现新型高比表面碳和自动生产线，提高材料的一致性，延长电池寿命。掌握高性能、低成本、国产化的全钒液流电池材料，提高工作电流密度和系统的可靠性与耐久性，做到全自动运行。进一步提高液流电池的系统效率达到 70%~75%。

### 2. 中期愿景（2030 年前后）

突破液流化的钠硫电池技术，从根本上解决其在电池短路情况下发生的燃爆隐患，研制液流电池型的百 kW 级钠硫电池，并进行示范运行。采用超低贵金属电催化剂和工作压力大于 80 大气压的电堆密封，降低成本，同时实现质子交换膜电解水制氢 MW 级示范运行和实现商业化运行。

### 3. 远期愿景（2050 年前后）

实现高循环次数（大于 3000 次）的锂硫电池，解决锂电极枝晶问题，实现锂硫电池的规模化示范运行。

成功研制中温电池结构与材料，解决电极可逆性与衰减率问题，提高 SOEC 运行可靠性与耐久性，实现百 kW 至 MW 级示范运行。

图 5-14 为主流储能技术的发展路线图。

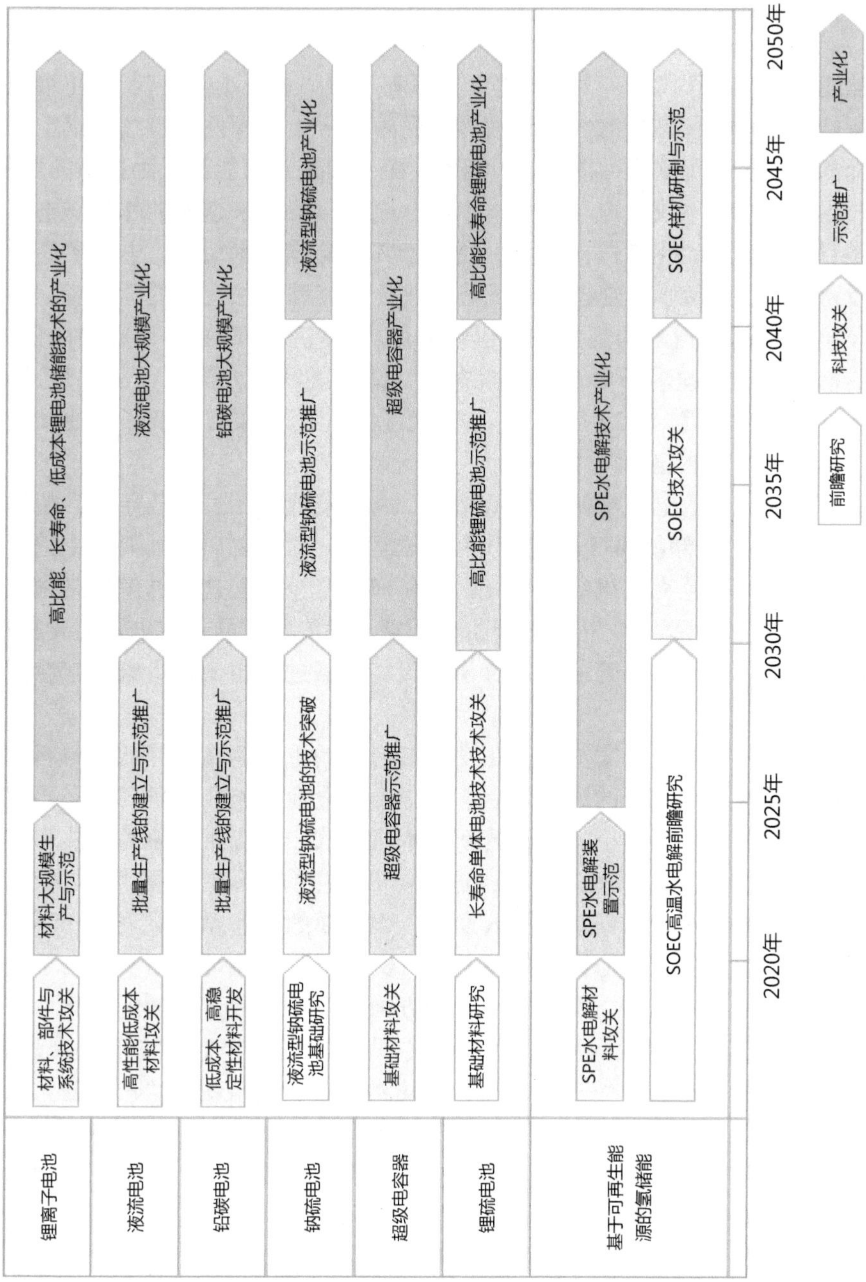

| | 2020年 | 2025年 | 2030年 | 2035年 | 2040年 | 2045年 | 2050年 |
|---|---|---|---|---|---|---|---|
| 锂离子电池 | 材料、部件与系统技术攻关 | 材料大规模生产与示范 | 高比能、长寿命、低成本锂电池储能技术的产业化 | | | | |
| 液流电池 | 高性能低成本材料攻关 | 批量生产线的建立与示范推广 | 液流电池大规模产业化 | | | | |
| 铅碳电池 | 低成本、高稳定性材料开发 | 批量生产线的建立与示范推广 | 铅碳电池大规模产业化 | | | | |
| 钠硫电池 | 液流型钠硫电池基础研究 | 液流型钠硫电池技术突破 | 液流型钠硫电池示范推广 | 液流型钠硫电池产业化 | | | |
| 超级电容器 | 基础材料攻关 | 超级电容器示范推广 | 超级电容器产业化 | | | | |
| 锂硫电池 | 基础材料研究 | 长寿命单体电池技术攻关 | 高比能锂硫电池示范推广 | 高比能长寿命锂硫电池产业化 | | | |
| 基于可再生能源的氢储能 | SPE水电解材料攻关 / SOEC高温水电解前瞻研究 | SPE水电解装置示范 | SPE水电解技术产业化 | SOEC技术攻关 | SOEC样机研制与示范 | | |

图例：前瞻研究 / 科技攻关 / 示范推广 / 产业化

图5-14 储能技术发展路线图

## 5.6　结论和建议

储能技术被称作风能、太阳能等新能源利用的"最后 1 公里"，能将浪费掉的能源储存起来并在需要时得以释放，能保障可再生能源发电持续、稳定地输出，提高电网接纳间歇式可再生能源能力。随着国家对新能源激励措施的增强，储能技术将在电力系统发电、输配电、用电侧都起着越来越大的作用。电化学储能是目前最常用的化学储能技术，相对于其他储能技术而言，电化学储能具有能量密度高、灵活、可规模化等优势而成为储能领域强有力的竞争者。不同电化学电池的储能覆盖的规模较广，可涵盖从 kW 级到百 MW 级的储能要求。我国在液流电池、锂离子电池、铅碳电池、钠硫电池等方面取得了长足进展，有望实现大规模应用。2020 年前后，推广铅碳电池，发展以锂离子电池和全钒液流电池为主的储能应用。

铅碳电池与其他电化学储能技术相比，成本较低。在过去几年里，超过百MW·h 的铅碳电池储能项目开始建设和投入运营。对于铅碳电池要着重进行铅碳负极配方的优化及充电机制的研究，研究抑制负极硫酸盐化的解决措施，以进一步提高电池循环寿命。需要开发价格低廉、性能稳定的铅碳电池用碳材料，以解决目前使用的碳材料普遍存在价格昂贵、析氢过电位低、铅碳兼容性不佳等问题。

锂离子电池行业已经发生或正在发生结构上的重大调整，伴随着材料、工艺和装备向重大技术革新的方向发展，用于小型电池的电极制备工艺需要逐渐地被高效、低能耗和污染小的新工艺新技术所取代，大容量电池的散热和高功率输入/输出要求电芯设计发生改变，这就要求相应的材料制备技术、电池制造技术、工艺和装备不断地创新和深入发展，大规模的产业发展对资源和环境也造成了挑战，需要发展电池回收处理基础，实现材料的循环使用。锂离子电池制造技术发展的总体趋势主要有以下几个方面：一是电池产品的标准化及制造过程的标准化。二是遵从高质量、大规模、降成本的规模制造产业发展思路。三是制造过程的"三高""三化"，锂离子电池制造的未来朝着"三高三化"的方向发展，即"高品质、高效、高稳定性"和"信息化、无人化、可视化"。四是绿色制造。环境的可持续发展是人类自身发展的必要条件，全社会的普遍认知和需求已经对锂离子电池提出了更高的品质要求。

液流电池利用离子价态变化的离子对的氧化还原反应进行储能，储能介质为水溶液，具有安全性好、输出功率和储能容量规模大、应答速度快、充放电循环性能好、可循环利用等优点。目前，全钒液流电池技术正在进入工程应用、市场开拓阶段，并开始实现商业化。可再生能源接入、偏远地区供电以及微电网是目前全钒液流电池的主要应用领域。进一步提高可靠性、降低成本，是近期实现液流电池产业化的主要任务。掌握新一代高性能、低成本全钒液流电池关键材料、电堆、电池系统关键技术，实现国产化、规模化生产；掌握大规模储能电站设计、运行、管理控制技术。建议①发展电池材料制备及批量生产技术；②发展电池成组、系统集成与智能化管理控制技术；③推进液流电池储能工程应用；④开展检测平台与标准研究。

钠硫电池是一种以陶瓷材料为电解质和隔膜的二次电池，它的能量密度高，成本低，已在储能领域获得了较为成功的应用。但由于钠与硫在电池运行温度条件下的直接反应十分剧烈，导致电池存在很大的安全隐患，因此，钠硫电池的安全问题始终是其大规模推广应用的隐形障碍。提升安全可靠性，消除安全隐患也一直是钠硫电池进一步开发的主攻方向。如将液流电池的设计理念应用于钠硫电池，不仅可以有机地结合钠硫电池的高比能特性以及液流电池的大容量特性，而且更重要的是有望通过对活性物质钠与硫的切断，及时阻断短路反应的蔓延，实现对钠硫电池安全性根本的提升。目标是至 2030 年，突破液流型电极设计的钠硫电池技术，有望从根本上解决其在电池短路情况下发生的燃爆隐患，从而有效地提高电池的安全可靠性。将重点发展降低成本技术与规模化生产技术，实现规模化示范应用。建议①进行大功率钠硫反应区的结构设计及材料研制；②开发高强度电解质陶瓷膜的设计与制造工艺；③开展电池结构设计与封接技术研究；④进行高导电性电极体系研制；⑤进行活性物质钠与硫的储存、泵送技术研制；⑥建立液流型钠硫电池的安全性考核机制；⑦开展储能系统的设计与服役性能研究。

锂硫电池具有高能量密度、低成本、环境友好等优点，被认为是最接近实用化的下一代高比能量二次电池体系。锂硫电池无论在基础理论研究还是工程技术方面都取得了显著的进步，并已经进入实用化的初级阶段，在不同领域的示范应用已经逐步展开，其有望率先在无人机、高能电源等特定领域得到应用。至 2050 年，解决高比能量锂硫电池的循环寿命问题，使锂硫电池达到商业化应用。但是要实现锂硫电池在电动车、储能电站等领域的大规模普及应用还需要突破以下关键材料和技术：①开发高安全性、长寿命金属锂负极材料；②建立高稳定性锂硫电池电解液体系；③开发高硫含量、长循环性能硫基正极材料；④开发锂硫电池高一致性批量制备技术。

氢储能技术可以实现季节性的储能。基于可再生能源的 PEM 水电解与 SOEC 水电解技术是实现氢储能的重要技术。PEM 水电解技术替代碱液水电解技术是一个发展趋势，PEM 水电解装置国际上已有产品销售，国内也有样机产出。

未来需要从降低成本、进一步提高性能等方向开展研究工作，在规模化方面进行工业化放大，以适应大规模可再生能源电解制氢需求。SOEC 进入了一个活跃研究期，未来需要针对 SOEC 的电极、电解质、连接体等材料和部件、电解池测试装置和测试方法等方面开展广泛的研究，目前技术距离实用化还有较大的距离。建议通过鼓励基础研究与应用研究，逐步解决高温 SOEC 水电解技术的材料与电堆结构设计问题，至 2050 年实现高效 SOEC 储能的示范应用。

# 第6章　油气资源技术方向研究及发展路线图

本章主要针对油气资源技术的方向及发展路线图进行具体研究，包括油气资源禀赋探究、油气资源采集与利用基础技术储备方向、清洁油气资源探索方向及技术路线、油气资源技术的研发体系、油气资源的应用技术、油气资源技术体系研究及发展路线图等。

## 6.1　油气资源技术概述

油气资源技术是油气勘探开发技术的总称，包括探测工程（物探、测录井等）、油气藏工程、钻井工程、完井工程、采油工程、地面工程（含海洋工程）、信息工程7大技术领域。油气资源技术发展与世界油气工业的发展同步，始于1859年。20世纪80年代中后期，油气资源技术开始逐渐从油公司业务中分离出来，进入专业化发展时期，形成了相对统一的油田技术服务板块（以下简称"油服"）。目前，大多数西方油公司仅保留部分与油气藏直接相关的技术研发力量（如油气藏工程、采油工程等），而将探测、建井、地面工程等高端通适性技术和专业化重装技术研发及服务交由油服企业承担，进而形成了油公司和油服公司两个利益集团或竞争群组。我国的油气资源技术体系发展大体经历了独立自主（1978年前）、引进跟仿（1979—1995年）、集成创新（1996年迄今）三个时期，在世界技术前沿引领下特色发展；已形成国家油公司主导、民营企业辅助、国际开放合作的技术创新格局。

油服板块作为油气资源技术创新的主体，既是这轮石油危机的重灾区，也必将成为未来世界油气行业革命的引爆点。未来只有依靠颠覆性的技术创新和管理创新，才能在助力油公司走出低谷的同时完成自我革命。事实上，世界三大油服企业自2008年以来的科技竞争几近白热化。三大油服企业正全力加快智能化精确导向钻完井系统、智能化纳米采油、原位改质等极具颠覆性的新一代油气资源技术发展和新一轮全球技术布局；辅以在低油价期间建立的与油公司共存亡的战略架构、低位收并购形成的更加优化的一体化技术链结构，以及更加精悍的员工队伍，无疑为引领和引爆油气行业革命做好了准备。

我国虽然是一个能源资源结构多元化的国家，但目前的一次能源结构突显二元性，电力主要来自煤炭，运输燃料动力主要来自石油，两者共计占我国一次能源消费总量的 82.29%。未来一次能源消费结构将需要从历史高位沿低碳化方向快速多元化调整，为此，"稳油兴气"对我国能源体系未来 35 年的结构性调整具有十分重要的战略意义。

我国剩余石油资源依然丰富，但勘探发现难度和经济开采难度持续增大。从勘探角度看，我国常规石油资源新增探明储量在 2011—2012 年达到峰值，勘探程度与美国 20 世纪 60 年代末期大体相当，但发现难度和发现成本持续增加；陆上隐蔽油气藏勘探已进入深度隐蔽勘探阶段；陆上探井目标埋深已接近 9000 m，浅海主力勘探对象正在从凸起转向洼陷带近致密岩性油气藏，深海勘探目标的水深超过 1500 m。从开发角度看，我国 2018 年原油产量为 1.9 亿 t，同比下降 1.3%，常规石油剩余储量品质明显劣化，储产转化压力持续快速增大；陆上传统常规产区呈现"两高一低"特征（综合含水为 87.5%、可采储量采出程度为 76.7%、平均采收率为 29.2%），剩余石油储量中的难动用储量占比超过 60%；致密油中 93.4% 为高开采难度的陆相含蜡基原油。半个世纪前，我国在开创性的陆相生油理论指导下创建了国家油气工业，并依靠复式油气勘探开发理论和技术创新屹立于世界之林；未来也必须依靠自主发展陆相致密油开采技术，尽可能延长原油产量高原期，为国家能源体系的重大战略调整争取到发展的空间和时间。

我国天然气工业处于快速发展初期，2019 年天然气产量为 1736.20 亿 m³，总体保持储量、产量、消费量同步增长。但在 147.7 万亿 m³ 剩余可采资源量中，陆上常规天然气资源主要集中在四川盆地、鄂尔多斯盆地、塔里木盆地、准噶尔盆地超深层，四大常规气田埋深 5300~7200 m，未来将挺进 9000 m 以深领域；海域常规天然气主要分布在莺歌海盆地高温高压环境，以及东海盆地近致密复杂断裂构造区；页岩气资源量虽然居世界首位，但主要分布在 5000 m 以深的构造应力环境复杂区域，开采难度远高于北美页岩气藏（分布在深度小于 4500 m 的简单构造区域）。因此，我国天然气开采技术发展将面临超深层高效大位移水平井钻完井、超深复杂构造区大型水平井精细有效压裂等一系列世界级的难题。

综上来看，为了确保我国"稳油兴气"战略目标的实现，未来亟须发展革命性的油气资源技术。

## 6.2　油气资源技术发展现状

### 6.2.1　世界油气资源技术发展总趋势

世界油气资源技术 160 余年的发展过程中，经历了三个时值约 50 年的技术发展长周期。2000 年以来，开始进入以智能化为主的技术发展时期，总体呈现智能化、一体化、信息化、微型化、绿色环保和低成本发展趋势，技术聚合程度不断增大。

**1. 油气资源技术体系总架构**

现代油气资源技术体系雏形起于 20 世纪 50 年代初，以科学钻井和数字地震为两大技术支柱，科技共同体的总架构包括工程应用技术、核心技术和基础科学 3 个层次（见图 6-1）。其中，工程应用技术分为探测工程、油藏工程、钻井工程、完井工程、采油工程、地面工程、信息工程 7 个技术领域；7 大工程系列共享测、传、控、材料 4 大核心技术领域；任何核心技术的突破，都将带来多个技术领域的重大进展。

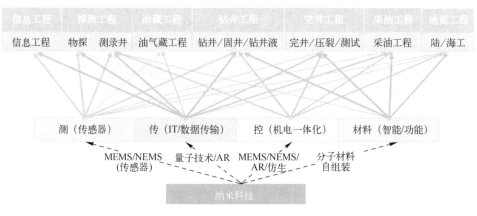

图 6-1　油气资源技术科技共同体结构特征示意图

**2. 油气资源技术发展具有多重周期**

世界油气资源技术在 160 余年的发展历程中表现出多重周期。其中，100年、50 年、10 年、5 年分别为超长周期、长周期、主周期和短周期。

世界工业革命决定了油气资源技术的 100 年超长周期。人类近代史上经历过三次工业革命。第一次工业革命始于 18 世纪 60 年代初，以蒸汽机、珍妮纺纱机、平版印刷术发明为主要标志；第二次工业革命始于 19 世纪 60 年代，以内燃机和发电机等发明为主要标志；第三次工业革命始于 20 世纪 50—60 年代，以计算机、电子技术、空间技术、原子能、生物工程为主要标志。第四次工业革命可能出现在 2040—2050 年期间，将以受控核聚变、电力技术、量子调控、仿生科技、深空探测等为主要特征。世界油气资源技术历史上经历过两次工业革命。第一次出现在 1859 年，形成以机械顿钻技术和地质踏勘技术为核心的早期技术体系，世界油气工业由此兴起；第二次出现在 20 世纪 50—60 年代，形成科学钻井和数字地震两大革命性技术为标志的现代技术体系；第三次将可能出现在2040—2050 年，以仿生钻采技术和原位改质为主要标志。

世界油气资源技术的 50 年长周期与世界科技革命周期一致。其中，钻井技术经历了顿钻法钻井（1859—1901 年）、旋转法钻井（1901—1949 年）、科学钻井（1949—2000 年），以及 2000 年以来的智能钻井 4 个发展时期。与传感器和材料科学相关的探测工程技术、钻井液和固井等入井材料技术具有 30 年长周期；如物探和测井技术先后经历了光点/模拟（1913—1964 年）、数字/数控（1964—1999 年）3 个时期，2000 年以来进入基于微纳技术（MEMS/NEMS）的全新发展时期。水基钻井液经历了清水（1859—1904 年）、分散相泥浆（1904—1966年）、非分散相泥浆（1966 年迄今）3 个时期，其主要功能在 20 世纪 90 年代后期已从维护井壁稳定，保证安全钻进，发展到保护油气层、增产。

油气资源技术的 10 年主周期与油气行业上游的产业周期密切相关，油气资源技术的 5 年短周期为企业技术升级换代周期。由于油气资源技术市场的多寡头垄断，斯伦贝谢等主要油服公司的升级换代控制着高端技术市场的总体发展节奏。

油气资源技术发展的周期性，为 2050 技术方向的选择和技术路线图的编制奠定了科学基础。

### 3. 油气资源技术的发展总趋势

世界油气资源技术已呈现一体化、智能化、微型化、信息化、实时动态及绿色环保趋势，低成本成为主体需求，技术领域的聚合速度不断加快。其中，地震技术在 2000 年以来的物理内涵已从勘探、开发拓展到工程领域；从 VSP、井间层析、随钻地震、微地震，到导向钻井，与测录井、压裂增产、钻井等测量信息的融合速度不断加快。钻井技术随着勘探带来的极限技术空间持续减小、开发对钻井技术的挑战日益严峻，以及纳米技术、材料技术、智能化技术等基础科技浪潮的推动，2010 年以来，智能钻头、智能钻柱、智能钻机、智能液、智能固井、近钻头地质导向钻井、精细控压钻井、双向闭环信息体系、井筒完整性和无风险钻井系统等，为技术前沿热点。测录井技术从电缆测井、随钻测井、随钻录井、近钻头测量，到 2000 年以来兴起的智能钻头［在钻头完成随钻测量（Measure While Drilling, MWD）、随钻测井（Logging While Drilling, LWD）、随钻地层评价测量系统（Formation Evaluation While Drilling, FEWD）等］和2010 年以来出现的电化学纳米测井、光谱纳米测井、纳米机器人测井等一系列技术前沿热点，显示出与钻完井工程和油藏工程的聚合速度不断加快，融合程度不断加深。完井测试在 1989 年以后，经历了智能化和一体化两次大的变革，2009年的页岩油气革命带来的上游流程再造，极大地推动了完井测试与钻井工程、油气藏工程、采油工程的一体化进程。采油工程无疑是后石油时代石油工程技术的重心，2000 年以来进入智能采油或纳米采油阶段。地面工程在过去几十年最主要的创新体现在海洋工程技术领域，2010 年以来呈现集约化、海底化趋势。

20 世纪 50—60 年代兴起的科学钻井和数字地震两大革命性技术，从根本上解决了这类难以用传统旋转法钻井和模拟地震进行有效勘探开发油藏的关键技术需求问题。随着 2009 年全球勘探普查工作基本结束和美国页岩革命，以新区发现为需求导向的世界油气勘探开始转向已知油气区。老油区大量剩余油、大量难动用表外储量、页岩油气大规模压裂改造和裂缝监测与描述、多级压裂和复杂分支井的完井采油等对探测精度、实时性、系统性、控制性、可视化都提出了全新的要求，在低油价下，这些需求已超出现有科学钻井、传统数字地震技术范畴。2000 年以来北海、印度尼西亚等 28 个国家和地区石油产量全面递减；2010 年以来，我国、俄罗斯，以及西方主要油公司常规石油储量中的难动用占比超过 60%，一定程度上是因为技术发展相对于开采需求的滞后。总体上，20 世纪 50 年代技术革命带来的发展红利，在 2010 年就已基本耗尽，未来发展将需要新的颠覆性技术。

2000 年前后经历的这场以智能化为特征的技术革命与世界科技革命有关，将影响其后 50 年的油气勘探开发。这一技术群的核心技术发明出现在 2000 年前后，1998 年基于 MEMS 的新型多分量数字传感器在地震勘探领域的应用；2000年，哈里伯顿智能钻头核心专利的出现、水平井多级压裂技术的兴起、智能完井的快速发展；2007 年 NEMS 技术在油气资源技术领域的应用，测井机器人、油藏纳米机器人的出现，纳米采油及原位改质技术的兴起等，标志着油气资源技术正在经历一场全局性变革，最终将在智能化的高度实现一体化整合，并将主导未来 50 年前沿资源领域的勘探开发进程。这些关键技术集中产业化爆发的时间大体出现在 2020 年前后，其中，基于 MEMS 的地震技术和部分石油工程纳米技术已经产业化，智能钻头、纳米机器人等与 NEMS 相关的重大关键技术目前处于试验测试阶段。

发生在 2040—2050 年间的世界油气资源技术革命将与世界工业革命相应，具有 100 年超长周期特征，因而更加具有颠覆性。到 2050 年，油气资源技术将以仿生、调控和原位改质为基本特征，以纳米技术、分子材料自组装技术、量子技术、仿生学、人工智能等构建起未来主要技术形态。

## 6.2.2 世界油气资源主要技术领域发展形势

### 1. 探测工程技术发展形势

地震勘探技术：反射波地震勘探技术始于 1913 年，1921 年投入应用；经历了光点/模拟地震（1913—1964 年）、数字地震（1964—1997 年）两个长周期。1998 年以来，基于 MEMS 的新型多分量数字传感器的出现，对地震勘探技术的影响是革命性的，标志地震勘探技术进入全方位全波高分辨各向异性探测新时期。这类基于 MEMS 的三分量数字检波器，具有全方位信息、大动态范围、多记录通道、多分量保真度、小面元网格和高覆盖次数等特征，耗电量低，设备轻便，采用感应器倾斜校正，能自适应消除噪声和串音，不受外界电磁信号干扰，能有效降低野外采集成本。2010 年以来的地震勘探技术前沿热点主要为基于 MEMS 技术的地震采集系统、裂缝监测与各向异性反演、随钻地震、全波反演与多尺度建模、海底地震（多波）勘探技术、大道带数据处理及管理优化、电/磁/震多震源类型组合勘探等。斯伦贝谢和哈里伯顿两大油服引领技术前沿，占据新一代地震采集、处理技术制高点；在叠后处理、解释和建模技术上，斯伦贝谢的 Mangrove 软件和同期出现的 PeloScan、3G 建模等共同代表未来发展方向。

*测井技术*：测井技术始于 1927 年，先后经历了模拟记录（1927—1960 年）、数字/数控测井（1961—1999 年，电缆测井、随钻测井），2000 年后进入微纳（MEMS/ NEMS）测井技术时期。其间，2000—2010 年为 MEMS 测井技术研发阶段，以近钻头测量、随钻地层评价、导向钻井和井筒完整性评价技术为主要热点，钻、固、测技术进一步聚合。这些技术在 2010 年后相继进入产业化阶段，2012 年斯伦贝谢推出的 NeoScope 服务为业界首次完全无源 LWD 地层评价服务，可以明显减小钻井风险和提高作业效率；2014 年以来三大油服相继推出井筒完整性评价系统。2010 年以后，NEMS 技术的产业化推动测井技术进入发展新阶段。由于油气储集空间主要在微纳尺度域，NEMS 技术使探测技术快速扩展到油气资源技术的几乎所有领域，包含电化学纳米测井、光谱测井（光子探测）技术、智能钻头测井、纳米机器人测井、随固测井、智能（钻井）液探测、压裂裂缝成像、无线完井测试、油藏纳米机器人等，测井传感器的载体从测量短接、钻头，发展到钻井液/固井水泥浆/压裂等入井材料和地层流体等，探测精度从 cm、mm、μm 到 nm，智能化、微型化、物联化趋势十分明显。

*录井技术*：录井技术始于 20 世纪 30 年代。20 世纪 30—60 年代主要为半自动采样和气相色谱等物理检测技术；1960—2009 年，发展了岩石地热解、定量荧光、核磁共振等一系列检测方法。2009 年页岩气革命以来，大位移水平井导向钻井和低成本的技术需求，使元素录井、随钻录井、地层指纹库等技术应运而生。2010 年以来的录井技术进入以 NEMS 核心技术驱动的智能化发展新时期，近钻头录井正在快速取代传统地面录井，探测的实时性和精准程度得到极大提高。事实上，由于入井流体中的纳米传感器承担了传统测井、录井和示踪剂的

主要功能，因此基于 NEMS 的技术形态正在实现测、录井两大技术分支的聚合。

## 2. 钻井工程技术发展形势

钻井技术是贯穿世界油气工业 160 余年兴衰更替的一条历史红线，经历了顿钻钻井（1859—1900 年）、旋转法钻井（1901—1948 年）、科学钻井（1949—1999 年）3 个 50 年长周期，2000 年后开始进入智能钻井新时期。2010 年以来钻井技术前沿热点包括导向钻井、智能钻头、智能钻柱、智能液、智能固井、精细控压钻井、等径钻完井、深海多钻柱和无隔水管钻井、无钻机钻井等。其主要技术发展和前沿特征如下。

导向钻井：2000 年以来经历了近钻头几何导向和近钻头地质导向两个发展阶段。其中，近钻头几何导向钻井（2000—2010 年），由高效钻头、导向动力钻具、MWD 及双向信息系统组成；可连续完成定向造、增、稳、降斜及扭方位操作，而不用起钻变更钻具组合的钻井方式；井下随钻测量工具将井斜、方位和工具面等几何参数传给地面控制系统，由后者及时纠姿和控制井眼轨迹。近钻头地质导向钻井（2010 年迄今），在拥有几何导向能力的同时，增加随钻测井（LWD）及随钻地层评价与数据体修正结果，地面/动力钻具实时调整和控制井眼轨迹，使钻头沿地层最优位置钻进。

钻头：智能钻井系统的重要组成部分，通过在钻头部署传感器、近钻头快速处理器、双向数据传输和专家系统，使之能实时测定钻头工作参数、分析判断钻头工作状态，并依靠井下及地面双重控制系统做出相应的快速反应（如自动调整或预警等）。智能钻头具有随钻测量、随钻地层评价和导向钻井功能，因而是钻头、测录井技术的换代技术。智能钻头的早期技术概念由哈里伯顿公司于 2000 年提出，贝克休斯公司于 2012 年申请智能钻头核心专利。由于钻头处于极端工程作业环境中，智能钻头的出现必须基于钻头材料技术革命。事实上，正是 2000 年以来纳米金刚石、碳纳米管、石墨烯等一系列材料技术的重大突破，为钻头技术革命奠定了材料学基础。从 1909 年第一只牙轮钻头，1946 年第一只金刚石钻头，到 2000 年第一只智能钻头的发明，具有 50 年长周期。这意味着出现在 50 年周期点上的智能钻头技术是革命性的，其影响将持续到 2050 年前后。

钻柱：在智能钻井系统中主要充当双向闭环信息高速通道和井下动力供给通道，同时具有测量、分析处理、形状记忆与自修复、环境应变等智能化功能。对智能钻柱的研究始于 20 世纪 90 年代初，具有连续管和钻杆两条技术路线。在智能连续管方向，以哈里伯顿与挪威国家油公司于 1997 年联合研发的复合连续管为代表，依靠在复合连续管的夹层中埋置光纤和动力线，构建双向高速信息通道和动力通道。在智能钻杆方向，Novatec 工程公司最早于 1997 年开始研究通过电磁感应实现钻杆中电缆软连接，智能钻杆技术在 2007 年正式投入商业应用，目前，其主要研发热点是双向闭环信息体系的构建。

钻井液：钻井液按分散介质（连续相）可分为水基钻井液、油基钻井液和气体型钻井流体等。钻井液主要由液相、固相和化学处理剂组成。2009 年页岩气革命后，钻井液技术进入智能化发展新时期，主要标志是各种功能/智能材料的应用，使钻井液各项性能指标达到全新高度。在井壁稳定方面，技术从物理封堵阶段向物理化学防塌阶段发展，主要技术进展是井壁"镶衬"技术、成膜水基钻井液技术、能替代油基与合成基钻井液的高性能水基钻井液等。在防漏堵漏方面，主要表现为智能材料的应用。其中，斯伦贝谢公司的 FORM－A－SQUEEZE 堵漏塞可用于解决各种裂缝、孔洞地层漏失及井喷事故，抗温可达 232℃且环境友好，封堵效果不受速凝剂、缓凝剂、温度及时间的影响；哈里伯顿公司的堵漏剂能治愈严重或完全泥浆漏失、层间窜流及井喷，其封堵作用通过堵漏剂与泥浆之间的化学反应而实现，不需要起下钻，在钻头下与泥浆混合后能够很快形成堵漏塞产生封堵效果。贝克休斯公司的刚性凝胶桥塞 X－LINK 为交联型聚合物和桥堵剂的混合物，适用于胶结性差的砂砾岩及破碎裂缝发育的灰岩等地层发生的严重井漏，能依据温度用缓凝剂和速凝剂控制交联速率和时间。

固井：始于 1903 年，随地质与工程环境、钻完井技术、材料科学等发展，经历了 4 个阶段。1903—1938 年，从埋管到注水泥形成一门独立的技术，单塞、双塞、专用管材/专用水泥、井温法确定水泥返高、套管注水泥工具；1940—1969 年，以水泥浆流变学设计为核心，形成分级、多管、反循环、延迟、管外注、尾管注等多种注水泥技术，以放射性示踪法确定水泥返高，管材工具配套；1970—1999 年，以颗粒级配、顶替机理、防窜机理，以水泥浆体系的稳定性设计为核心，专用水泥/系列外加剂、声波法固井质量检测、计算机仿真设计、精密机电一体化等，形成了石油工程固井技术的经典学科框架。2000 年迄今，技术在经典框架下沿着智能化、多元化方向纵深发展；其间，2000—2010 年以多元化为主要特征，围绕深海/页岩油气/SAGD 与地热/储气库等新兴领域，复杂结构井、连续管钻井等钻井技术需求发展新型固井技术；2010 年以来主要前沿热点为基于纳米/智能材料的智能水泥、井筒完整性检测、随固测井、漏失井固井与水泥堵漏、隔离液等技术，2014 年后三大油服井筒完整性检测配套工具相继产业化。

### 3. 完井工程技术领域发展形势

完井工程是衔接钻井和采油工程的关键技术环节，涵盖从下套管注水泥固井、射孔、下生产管柱、排液，直至投产的全过程，主要包括射孔完井、割缝衬管完井、砾石充填完井、膨胀管完井、封隔器完井及智能完井技术。其中，膨胀管技术是国外正在大力发展的降本新技术，始于 20 世纪 80 年代，1999 年产业化，目前呈现强劲发展势头。智能完井经历了智能化和一体化两次大的变革，早期智能完井出现在 20 世纪 80 年代末，主要对采油树和油嘴等进行遥控和监测；1989 年以后的 10 年快速发展；2008 年后，智能完井技术热点集中在多井连接、可膨胀和磁性纳米等智能材料应用、智能控制开采系统、井管理系统等方面；完井测试与钻井工程、油气藏工程、采油工程的一体化进程，也推动了从成井到油藏全生命周期测控信息体系、数据平台和专家系统的构建。2010 年以后，MEMS、纳米技术、特殊功能材料（膨胀管等）、近场通信技术等发挥着关键作用，完井测试技术呈现多井网络化及双向融合趋势。其中，智能完井技术通过油藏监测和控制技术，在一个井眼内独立控制多个储层开采量，避免由不同地层压力导致窜流，实现复杂油藏管理优化和价值最大化的技术方法和配套仪器装备。智能完井系统集井下监测、层段流体控制和智能化油藏管理技术为一体，适用于海底油井、高度非均质油藏井、深水井、多分支井、多储混合井的横向延伸井下油水分离及处理。

### 4. 压裂增产技术发展形势

（水力）压裂技术始于 20 世纪 40 年代，1999 年之前主要为直井压裂，2000 年之后进入水平井多级压裂阶段；2010 年以来，页岩油气裂缝发育机理、非达西流渗流机理、多尺度建模的力学耦合机理等基础研究取得长足进展；在纳米/NEMS 和新型材料技术推动下，压裂技术正在从实践向理论升华；技术向个性化、精细化、智能化、一体化、可视化、实时动态和全周期管理方向发展，突出体现井位、层位、压裂段、射孔簇 4 个层次的精细选位、开采方案优化设计和方案动态调整，基本形成了与产业化发展相适应的技术与方法体系。2010 年以来前沿热点主要为多功能支撑剂、纳米/压电材料裂缝精细成像与建模技术、压裂液流动监测及流向控制技术、磁性纳米可控定时交联技术、基于磁性纳米的原位改质技术、纳米化学法无水压裂及原位材料自组装技术。

### 5. 采油工程技术发展形势

采油技术经历了 3 个主要发展时期。第三次采油始于 20 世纪 60 年代，其中，聚合物驱油最早于 20 世纪 20 年代提出（美国），1964 年投入试验，20 世纪 80 年代中后期达到高峰，壳牌、埃克桑、德士谷引领发展；1986 年，美国 512 个现场试验方案中聚合物驱占 178 个，最深为 3900 m。苏联研究始于 20 世纪 50 年代，1965 年现场试验，1983 年时已经在 25 个区块进行现场试验。2000 年以来，采油工程技术在纳米技术推动下进入智能采油阶段；纳米剩余油分布描述技术、纳米采油技术、高含水油田精确调流控水技术将进入产业化，采油工程已经从直井/分支井开采系统进入水平井多级（压裂）开采系统阶段，采油工程与钻完井工程的融合程度不断增大，向着智能化、一体化、可视化、信息化方向发展。2010 年以来最引人关注的前沿技术主要包括基于磁性纳米和电化学纳米剩余油分布描述技术、超高分辨地层流体成像技术、纳米可控岩石表面活性提高采收率技术、基于纳米化学手段触发自然流动方法、磁控防砂控砂、纳米化学材料合成致密储层甜点、纳米含能材料诱导脉冲压裂方法等。

我国在不同类型油藏中具有不同前沿热点。在中高渗透高含水油田，主要进展包括储层精细结构表征（非均质油藏层内窜流机理及驱替效率、剩余油分布模型及数值模拟）、精细注采结构调控技术（置胶成坝深部液流转向方法）、水平井井筒控制与控水工艺技术、同井注采（油水分离器分离能力和效率提升）及新驱替体系、动态监测技术（C/O 测井、SNP 测井、采油井产出剖面、注水井吸水剖面）等研究工作，持续保持水驱开发领域的国际领先水平。在非常规油领域，2014 年以来主要技术进展包括纳米智能驱油、纳米催化剂稠油原位改质降黏，以及二氧化碳降混/增稠等新技术，标志我国采油技术进入纳米时代。我国聚合物驱始于 20 世纪 70 年代末期，目前是该领域技术引领者之一。

### 6. 地面工程技术发展形势

地面工程的前沿技术主要体现在海洋工程子领域。海洋工程技术发展始于 20 世纪 40 年代中后期，20 世纪 50 年代随北海油区的发现进入快速发展阶段，20 世纪 90 年代以后进入深海和超深海勘探开发阶段。目前，海洋钻井装备最大作业水深为 3810 m，海上钻井最大水深纪录为 3051 m，水下生产系统最大应用水深为 2825 m；具有标志性的巴西 TUPI 油田离岸 286 km、水深 2140 m，油藏埋深 5000 m，其中上覆盐层厚度为 2000 m。

地面工程在过去几十年最主要的创新体现在海洋工程技术领域。海洋石油工程装置大致经历了 10~25 m 水深的驳船式、坐底式钻井平台，到自升式、顺应式桩塔（CPT）、张力腿平台（TLP）、半潜式平台（Semi-FPS）、浮式生产储油装置（FPSO）、竖筒式平台（SPAR）、水下井口和柔性立管生产系统（SPS）等的发展过程，作业水深已超过 3000 m。2010 年以来，海洋工程技术呈现不同发展方向。第一种是海洋工程系统集约化趋势，典型如道达尔的 Pazflow；第二种是海底工厂，Statoil 提出的海底工厂可能成为未来浅海的主流模式。由于近海主要为领海，因此，海底工厂将可能与海底军事基地技术协同发展。海底军事基地包括海底导弹和卫星发射基地、反潜基地、作战指挥中心和水下武器试验场等。美国从 20 世纪 60 年代就开始制定一系列建立海底军事基地计划，已逐个完成了"海底威慑计划""深潜系统计划""海床计划""深海技术计划""水下居住站"和"大西洋水下试验与评价中心"等。事实上，由于石油与国防的战略契合性，2000 年以来的纳米、量子、人工智能等一系列世界基础科技重大突破都将在早期相继服务于两者，其协同程度可能超出历史上任何时期。而在陆地，地面工程将随完井采油智能化、一体化发展逐步下沉到地壳深部，也将最终带动海洋工程向地壳深部转移；根据海洋工程技术 30 年长周期预测，后者大体出现在 2050 年前后。

### 7. 核心技术发展形势

图 6-1 展示了油气资源技术体系的四大核心技术构成。

其中，纳米技术始于 1981 年，2000 年美国发布纳米技术促进计划后得以快速发展，2010 年以来的前沿研究领域主要包括纳米生物系统、纳米结构与量子控制、纳米元器件与系统结构、纳米过程与环境、多现象模型与模拟等；纳米技术正在带来油气资源开采理论与技术全面升级，正在形成纳米勘探开发理论，以及纳米探测技术、纳米钻井工具仪器和入井材料、纳米采油等技术；斯伦贝谢是纳米技术起步最早的公司之一；贝克休斯、哈里伯顿公司的纳米技术呈激增态势。

MEMS/NEMS 技术是在机械的主功能、动力功能、信息功能和控制功能上引进微电子技术，并将机械装置与电子装置用相关软件有机结合而构成的系统的总称，MEMS 技术于 20 世纪 80 年代起步，1992 年美国将 MEMS/NEMS 列为在经济繁荣和国防安全两方面都至关重要的技术，2010 年硅基 MEMS 基本成熟，NEMS 快速发展，2015 年量子传感器获得重大突破；MEMS 在油气资源领域的应用始于 1997 年，目前已经快速产业化；NEMS 在油气资源领域的应用始于 2007 年，目前处于发展早期，主要用于智能液、智能钻头、油藏和测井纳米机器人等。

智能/功能材料是继天然材料、合成高分子材料、人工设计材料之后的第四代材料；有传感、反馈、信息识别与积累、响应、自诊断、自修复和自适应 7 大功能。美国 1985 年提出智能材料研究计划、2011 年提出和实施材料基因组计划，目前快速发展。材料自组装是分子及纳米颗粒等结构在平衡条件下，通过非共价键作用自发缔结成热力学上稳定的、结构上确定的、性能上特殊的聚集体的过程，初级结构是分子结构，第二层次结构是超分子结构，第三层次结构是描述分子相互作用形成较高有序的聚合体或结晶过程，最后一个层次结构是描述自组装材料如何自发合并成为器件或器件集合体。2015 年，德国 Leibniz 研究所的科学家实现对纳米结构的自组装、降解以及寿命和单一聚合物链的形成进行编程控制，以及美国的 "A2P" 技术标志自组装技术进入第四层次。2010 年以来，智能材料在油气资源技术三大旗舰企业的专利中占比超过 15%，并且同比增幅超过 7%。

人工智能与机器人是工业 4.0 的核心技术领域之一，受到世界主要大国高度重视。仿生眼、仿生机械手臂、虚拟电子大脑、拥有人造器官与血液的仿生机器人等都处于快速发展时期。Google X 实验室"谷歌大脑计划"已可在 You-Tube 视频中识别出动物；Facebook 脸部识别程序 Deep Face 的识别率已达 97.25%，与人类无异。2016 年，李世石与"阿尔法围棋"对弈告负。油气资源领域是人工智能和机器人前沿技术最早应用领域之一，目前主要用于构建智能钻完井知识体系和各类海底机器人（ROV、AUV）的研发。

2050 年前后世界科技将迎来划时代的变革，"世界科技将从观测时代进入调控时代"。2000 年以后的 50 年，石油工程前沿技术总体上属于观测时代的智能化时期，建立在纳米尺度上的观测技术体系，MEMS/NEMS（传感器）、双向闭环信息体系、智能材料、人工智能是智能化技术体系的核心，地震、测井、完井、测试技术中的多尺度信息将最终聚合，并实现钻完井和油藏管理所需的任意前视要求，进而完成观测时代主体任务。到下一次技术革命之后，石油工程技术将进入调控时代，钻头将可能扮演着技术先行者角色，分子自组装技术、量子科技和仿生技术成为技术核心，颠覆性技术可能是仿生钻采系统。

## 6.2.3  我国油气资源技术发展现状与面临挑战

### 1. 探测工程技术现状与挑战

#### （1）物探技术现状与挑战

我国石油物探最早可以追溯到 1933 年电法勘探，20 世纪 50 年代初期在苏联帮助下形成综合物探队伍。经过半个多世纪的发展，我国物探技术取得了长足进步，已成为世界地震勘探技术领域的一支劲旅，在全球陆上地震技术市场份额占比已达到 46% 并拥有定价权，但与国际大公司相比，在装备制造、计算机软硬件能力、关键技术的自主创新能力方面存在一定的差距。目前，我国在物探装备方面，陆地装备拥有 15 万道带道能力的地震仪器、1.5~120 Hz 带宽的可控震源、噪声水平 50 ng 的数字检波器；海上装备已具备 26 缆的能力。处理解释技术方面，具备海陆采集处理和解释一体化功能，满足常规高密度数据处理解释、叠前深度偏移成像、多波与 VSP 数据处理要求，地震逆时偏移刚开始应用，处理工作量很少；全波形反演处于学术界探讨阶段，实际中尚未使用；转换波勘探中处理解释技术有了很大进展，而多波勘探处理解释技术仍在试验阶段；四维地震油藏监测技术也在试验阶段。总体上，常规陆上地震勘探技术成熟，特色的复杂山地地震勘探技术先进，海洋、天然气水合物等非常规油气资源勘探技术尚处于起步阶段。而对于目前基于 MEMS 系统的全方位高分辨多波多分量地震勘探技术，尚不具备实验测试等基础研发条件。

（2）测录井技术现状与挑战

翁文波先生于 1939 年在四川石油沟一号井测出的第一条电测曲线，开创了我国测井技术的先河。20 世纪 50 年代以后，我国测井技术快速发展，先后经历了 20 世纪 50 年代横向测井；20 世纪 60—70 年代声波、感应、侧向测井（模拟记录）；20 世纪 70—80 年代密度、中子、地层倾角、电缆式地层测试、微电阻扫描成像测井、碳氧比测井、自然伽马能谱测井等，进入数字测井阶段；20 世纪 90 年代后，成像测井逐步投入使用，包括核磁共振、井壁微电阻扫描成像、井壁声波、阵列感应、方位侧向等测井。目前，我国测井资料分析、解释技术处于国际先进水平；生产测井方面形成了特色技术系列；高端随钻测量技术总体处于跟仿和集成创新阶段。在随钻测量方面，1996—2000 年为技术引进阶段，先后从哈里伯顿公司引进了 PathFinder LWD、SLIM1GR MWD、Sperry-Sun 随钻地层评价仪器 FEWD 等；2000 年以后为跟仿和集成创新阶段，2001 年，中国石油化工集团有限公司（以下简称中石化）开始研制 MWD/LWD，成功研制出具有自主知识产权的新型正脉冲 MWD、随钻自然伽马测量仪和感应电阻率测量仪；依靠集成创新，初步形成了随钻地质导向现场应用技术。2002 年，中国石油天然气集团有限公司（以下简称中石油）成功研制出新型正脉冲无线随钻测量系统 CGMWD，解决了地质导向钻井所要求的数据传输高速率、大井深问题，标志着我国 MWD 无线随钻测量技术进入了一个新的里程碑。2015 年，中国海洋石油集团有限公司（以下简称中海油）自主研发的旋转导向系统和随钻测井系统联袂在渤海完成钻井作业，标志着我国在这两个技术领域打破了国际垄断，成为全球第二个同时拥有这两项技术的国家，中海油也成为全球第四、国内第一个同时拥有这两项技术的企业。然而，我国高端传感器以引进为主，自研能力严重不足；光纤技术研究滞后，国内开发的光纤传感器尚未应用；高分辨阵列感应电阻率、微扫等声电成像仪等研究水平低，仪器精度、分辨率、耐温等与先进仪器相差较大；三维感应电阻率、交叉偶极声波、核磁共振测井仪、电缆地层测试器等研究刚开始；基础研究薄弱，仪器仿造能力低下等；总体技术水平与西方一流油服同类技术相差超过 15 年。

事实上，由于我国在传感器技术领域的研发基础十分薄弱，严重制约了地震和测井等探测技术的发展。

**2. 钻完井工程技术现状与挑战**

我国石油钻井技术始于 19 世纪 50 年代，在 20 世纪 70 年代以后快速发展。1975—1980 年开展喷射钻井技术攻关，标志我国进入科学钻井时期；1981—1990 年主攻优选参数钻井、近平衡钻井技术、定向井钻完井、保护油层技术及海洋钻完井技术，为我国陆上油气勘探向岩性油气藏和海域的战略转移，以及突出先期油气发现、有效抑制井喷失控等恶性事故的发生奠定了良好的技术基础；1990—2000年聚焦水平井钻完井、深井钻完井、欠平衡钻井及侧钻水平井技术攻关，对低丰度油藏和油气层保护起到了重要作用；目前，我国钻井技术已经进入陆上特超深层、超长位移水平井、海域超深海钻完井技术发展时期；已形成了深井超深井、定向井、水平井、分支井、鱼骨井、小井眼井及欠平衡井等钻完井配套技术；在钻井规模上，已成为仅次于美国的第二钻井大国。

**导向钻井技术**：我国旋转导向和地质导向技术正在进入产业化爆发点。其中，自主研发的CGDS近钻头地质导向钻井系统，6参数测量零长为2~3 m，电阻率可探测钻头下0.7 m；中海油"贪吃蛇技术"标志我国已掌握转导向钻井技术、随钻测井，两系统一趟钻完成功命中1613.8~2179.33 m三处靶点，最大井斜为49.8°，最小靶心距为2.1 m；2014年，中石油水平钻井地震地质实时导向技术，油层钻遇率提高10%~15%；自动垂钻单趟最高进尺为1527.8 m，井斜角小于0.5°，机械钻速提高70%以上。

**其他钻井关键技术**：钻机处于自动控制系统研制阶段，顶驱钻机装置可满足2000~12000 m石油天然气钻井需要，已经出口到世界上28个国家和地区，超过50%的顶驱在国外作业；钻头虽然市场规模较大，但缺乏三维建模、水力模拟、数据采集、复合片设计制造、钻头室内试验等核心技术和基础研发条件，与国外存在明显差距；在连续管技术方向，2020年连续管制造检测关键技术获得突破，油管缠绕能力可达2.875~4500 m，连续管作业机21 MPa/40 MPa带压作业机，拟建造超大管径、复合管/智能管；固井和钻井液技术，除低温系列外，极限指标类技术总体达到国际先进，智能化尚处于起步阶段；井下无源数据通信：数据传输速率为3.5 bit/s（深2876 m）和11 bit/s（深982 m），无线随钻测井电磁波传输，脉冲信号解码率提高30%，实现了超薄层水平井地质导向钻井，近场通信处于研制中；控压钻井井底压力控制精度为±0.35 MPa。

**完井技术**：我国完井技术发展基本与钻井技术同步；传统完井技术日益完善，膨胀管、页岩气大位移水平井多级压裂完井技术快速发展，但在现代完井技术方面存在明显差距。在膨胀管技术方向，技术概念从2000年引入国内，中石化自2004年开始自主研发，8年来相继攻克了膨胀套管材料、螺纹选择及加工、膨胀机构设计及制造和缺陷涡流检测等7项技术难题，开发及应用膨胀套管修复技术、侧钻井膨胀套管完井技术、膨胀式尾管悬挂器技术、膨胀筛管技术等多种新技术，为油田开发完井及修井工程提供了一种新的技术手段和方式；中石油自主研发的膨胀式尾管悬挂器2010年在哈萨克斯坦实验成功，标志着中石油膨胀管技术获得重要突破。在封隔器完井技术方向，我国在页岩气革命推动下快速发展，其中，中石油2008年自主成功研制自膨胀封隔器，填补了国内空白；2016 年自主研发的全球最短速钻压裂桥塞并在吐哈油田试验成功，标志着我国石油体积压裂速钻桥塞技术已达到世界领先水平。中石化 2012 年以来先后自主研制开发多级滑套、裸眼封隔器、自膨胀封隔器、可钻桥塞、固井压裂滑套、智能滑套等分段完井工具并在现场得到快速应用，不仅打破了国外技术垄断，而且有效地抑制国外技术服务价格。在水平井完井技术方向，我国已具备采水采气联合控制水气脊进、射孔井分段控水完井、裸眼井分段控水完井、水平井井下智能找堵水及分层开采完井、水平井均衡排液完井等技术，中石化率先在国内成功研发了水平井筛管完井一体化技术，已经初步形成了比较完善的水平井筛管完井一体化技术，但面临的主要技术难点有水平井均衡排液提效和低渗透砂岩油气藏水平井精细多段压裂改造等。在智能完井技术方向，国内目前虽然还没有成型的智能完井系统，但在智能井技术方面已开始进行研究和探索，中石化已研制出整体性能与国外同类产品接近的高强管外封隔器，能达到现场要求的遇油遇水自膨胀管外封隔器；形成了均衡供液筛管分段完井技术和数据采集技术；成功研制自动调流控水装置并快速应用于开发生产。

　　总体上，我国依靠钻完井技术的自主创新，支撑着国家油气工业从无到有并走向辉煌；但在这轮智能化为主的技术发展潮流中，受制于国家在高端微纳传感器技术和智能材料技术领域的短板，技术发展已进入创新瓶颈期并且导致难动用储量占比持续增大。

### 3. 压裂增产技术现状与挑战

　　我国压裂改造技术始于 1955 年。2010 年以来，在页岩气革命推动下，我国压裂增产技术快速发展，已初步形成了具有自主知识产权的页岩气大型水平井多级压裂配套工程技术，在多个方面实现了重大技术突破，打破了国外技术垄断，大幅度降低了作业成本，施工质量和勘探开发的成功率成倍提高。但由于我国页岩气藏的地面条件与北美差异大，国内陆相致密油地下条件与北美存在明显差异，从开发模式到开采技术均面临一系列世界级难题，难以完全借鉴北美经验，亟待原始创新。

　　甜点评价与开发模式：国内已初步形成了页岩气和致密油测井"七性关系"评价方法体系及地震甜点预测等技术。与北美相比，我国主要差距在于原始资料积累较少、页岩油气藏分类过于粗化，对主要页岩气探区的吸附和解吸附特征，以及陆相致密油藏的渗流规律、构造复杂地区裂缝发育规律等机理层面的关键问题还缺乏深入研究。在页岩气开发模式方面，形成页岩气山地井工厂技术。在致密油领域，在成藏组合具有毯状特征、地应力差和非均质性较小、储层黏土含量较低、天然能量不足的陆相致密油区，采用平台化水平井组体积压裂，井间距为 600~1000 m 不等，用一平四（直）注的注采井网注水或水吞吐，

尝试 $CO_2$ 驱油技术；在致密油成藏组合具有箱状特征、水平页理较发育、地应力差偏大、流动性不足的地区，主要开展直井分层压裂、水平井压裂、多层分支水平井压裂等开采试验。但由于页岩气已进入构造断裂复杂区，致密油大多需考虑补充能量开采，低成本压裂开采模式尚在探索过程中。

页岩气压裂开采技术：我国页岩气压裂开采技术一直快速跟随国际前沿，快速发展形成了一体化工程设计、水平井优快钻井、油基钻井液、弹塑性水泥浆、滑溜水压裂液、压裂工具、网络压裂及产能评价、裂缝监测与压后评估、3000 型压裂车等重大装备为主要内容的，具有自主知识产权的配套技术链，具备 2500 m 水平井钻完井及分段压裂技术支持与服务能力，实现了页岩气勘探的重大突破，发现了千亿方的焦石坝页岩气田并投入了商业开发，全面支撑了我国页岩气勘探开发工作。随着页岩气勘探开发的持续深化，我国页岩气正在或即将挺进深层构造断裂复杂区、超深页岩气区、盆外页岩气区及沙漠页岩气区，由于地质和工程难度的快速增大，未来需要规律认识的突破和压裂技术的颠覆性创新。

致密油压裂增产技术：2010 年以来，我国致密油多分支水平井钻井、连续管钻井/鱼骨井压裂增产技术取得长足进展。但由于陆相致密油储层横向变化明显、甜点影响因素复杂、导眼井密度不足，导致油藏地质模型不确定性较大；加之随钻测井和一体化导向钻井技术应用程度较低，影响到国内致密油藏水平井钻井的整体效果。国内陆相致密油藏的压裂改造技术因高含蜡、高黏度、低气油比，以及天然能量不足，陆相致密油藏压后产量普遍递减快；在近断层的致密油区，超前注水或水驱开采不同程度出现水锁、水窜和暴性水淹等复杂局面；在咸化湖致密油区，HIWAY 压裂等新技术尚未达到预期效果；在水平层理或页理较发育的致密油区，直井兼探的常规试油日油产量高，但水平井压裂试油产量反而较低等。

总体上，我国无论页岩气或致密油的压裂增产技术均存在大量基础问题有待研究，处于快速跟随和艰难的探索阶段，面临一系列世界级技术难题。从技术构成看，我国特殊地质条件下的裂缝发育规律研究、支撑剂技术、裂缝监测与描述是当前主要短板，未来发展将受到智能材料、MEMS/NEMS 等核心技术发展的制约。

### 4. 采油工程技术现状与挑战

我国的采油工程技术始于 20 世纪 50 年代，经历了探索、发展、扩展及体系化等多个发展阶段，形成了适应我国多种类型油气藏的二次、三次采油配套技术。其中，我国聚合物驱始于 20 世纪 70 年代末期，目前是该领域技术引领者之一。2014 年以来，我国采油工程技术进入纳米时代，围绕剩余油描述、最大油藏接触井、纳米采油和原位改质、热力驱等前沿技术的技术发展现状如下。

剩余油描述技术：我国剩余油研究从"六五"开始起步，描述内容涉及油藏、油田、区块等不同尺度下剩余油的空间位置、形态、数量及其随时间变化特征研究，主要采用油藏数值模拟、井间示踪剂、流线模型方法、沉积相和高分辨层序地层学、C/O 比测井、神经网络等分析手段。随着油藏描述从宏观向微观、从定性到定量、从描述向预测的迅速发展，我国剩余油研究也从以地质、测井手段为主的综合定性解释逐步向以精细数值模拟、水淹层测井解释以及油藏工程参数计算为主体的定量描述方向发展，初步形成了剩余油描述的系列配套技术，并大规模推广应用。目前面临的主要问题是分析方法主要局限于传统信息的深度挖掘，在基于 MEMS 的高精度多波多分量地震、随钻地震、新型油藏纳米示踪剂、油藏纳米机器人等前沿探测技术方面尚未起步，进而导致面三次采油后剩余油分布规律的精细定量描述技术和预测精度偏低，时效性较差，难以满足未来日趋迫切的分析需求。

最大油藏接触井钻完井：随着以地质导向钻井技术为核心的复杂结构井钻井配套技术的形成，我国老油田中夹层、薄油层、低压低渗透低产储层采收率正在得到大幅提高。但是，由于受远距离随钻探测或实时导向技术的制约，目前国内最大油藏接触井钻完井尚处于概念阶段。而对于蛇形井等最大油藏接触井，一个单井眼能够在一个层状油藏的任一砂岩层有多于三个的排油点，因此，除了剩余油精细描述、钻井实时导向外，智能完井和全生命周期管理将为主要瓶颈。

纳米采油技术：我国在 2000 年以后开始应用纳米技术提高采收率。2002 年中石化与山东大学合作，开展了纳米材料在采油过程中的封堵、封窜技术研究并取得初步成效。2014 年，中石油以"纳米智能驱油、原位改质降黏及二氧化碳降混/增稠"等为代表的跨越式新技术的成果验收，以及新型纳米膜驱油新技术（邦德 007 md 膜剂）在长庆油田的成功应用，标志我国采油工程技术进入第四次采油技术发展时期。目前，中石油已初步建立纳米智能驱油颗粒表面修饰方法，设计合成出 4 种不同特性的智能纳米驱油剂样品；提出稠油原位中温可控自生热降黏与高效催化改质技术思路，研制出具有氧化/改质双功能的催化剂系列样品，经室内初步评价，可将特稠油改质反应门限温度降至 300℃，降黏率达到 90%；基于 CT 岩芯扫描技术的油田开发实验方法取得重大进展，实现岩芯内油气水三相饱和度的同步高精度测定，并研发了三相相对渗透率测试、岩芯非均质表征等实验新技术；自主知识产权的多条件约束建模技术及新一代数模软件的运算速度和模拟规模超过目前商业软件。

我国未来采油工程技术的主要难点是陆上陆相高含水油藏、陆相致密油藏、复杂构造环境区页岩气，以及海域陆相或过渡带成因的近致密油气藏的经济有效开采。由于陆相构造、沉积、成烃、成藏环境的复杂性，对我国传统油区剩余油分布的描述、最大油藏接触井钻完井和纳米采油技术难度将明显超过北美等以海相为主的油气区，这将是世界级难题。

### 5. 海洋工程技术现状与挑战

我国海洋油气勘探开发始于 20 世纪 50 年代中期，1966 年钻探第一口海域探井，1969 年发现第一个海上油田，其后经历了三个阶段发展。1992 年随国家海洋油气区块对外开放进入历史转折时期，开始发展滩浅海特色海洋工程配套技术及装备；1997 年后通过对外开放，2005 年以后战略性进入海外深海领域。"十二五"期间，通过实施创新升级战略，加速海洋工程装备自主研发进程，并以"981"的投产为深海装备的里程碑标志。目前，我国滩浅海工程技术尚需要进一步配套，深海技术和深水钻井装备以及配套技术研发处于产业化快速发展的初期。

海洋物探技术与装备：通过承担"滩浅海高精度地震勘探技术研究"等国家"863 计划"项目，以及萨哈林、尼日利亚、ADDEX 等多个海外深海勘探开发项目研究，形成了独具特色的滩浅海地震勘探采集技术，开发了具有自主知识产权的滩浅海地区高精度地震勘探处理软件系统和多波多分量处理软件，初步掌握了深海储层预测与评价技术；具有海洋多缆物探船 1 艘、其他地震船 5 艘、地质工程船 2 艘。

海域油气勘探开发技术：海洋地震勘探技术处于起步阶段，油气目标评价、储量评价、油藏建模、油藏模拟、油藏管理、勘探开发项目技术经济评价等技术与方法研究，主要通过国外深海冷海合作项目学习和借鉴先进技术，目前差距依然比较明显。

深海冷海钻完井关键技术：已经具备水深超过 1650 m 的深水钻完井工程方案设计、深海固井工艺、深海钻井液技术、导管喷射下入技术、钻完井风险评估与井控工艺技术、钻完井作业管理技术标准与规程、深海冷海钻井装置和技术选择与优化设计研究能力。已经初步形成深海旋转导向、地质导向、随钻地层评价技术装备，以及低温固井、钻井液等关键技术，整体技术研发尚处于快速发展初期。

滩浅海工程技术与装备制造：形成了设计建造、安装调试、工程总承包的技术优势，以及国内领先水平的滩浅海工程装备研究设计技术，配套形成先进、适用的滩浅海物探、钻井、修井及海油陆采地面工程设计和施工技术。具备 CCS 海洋工程设计资质，拥有滩海工程实验室；柱体桩腿自升式平台研发设计达到国际先进水平；初步具备 400 ft$^{\ominus}$、300 ft 桁架腿平台研发能力；海底管道检

---

$\ominus$　1 ft = 0.3048 m。

测、维修技术正在完善配套。具备平台建造安装、平台自控设施安装、海管、海缆、平台结构及管线预制、施工船舶作业能力；40 m 以内海洋石油工程建造和安装居国际先进水平；具有大型平台整体浮装就位技术、水下基盘安装工艺、浅海油田海底管道浮拖法施工技术。

深海海洋工程装备制造：在海洋钻机、海洋修井机、海洋固井橇、海洋压裂机组和高压管汇等方面形成了特色，处于国内领先水平。4000~7000 m 海洋模块化钻机比传统钻机轻 30%，应用于中海油 SZ36-1、LD32-2 平台，井架出口康菲、美国 Nabors 等公司。海洋修井机占国内在用海洋修井机的 55%，海洋固井橇出口俄罗斯、阿联酋等国。TPCS-522A 双机双泵海洋防爆自动混浆固井橇，作为唯一的国产化设备应用于海洋石油 981。海洋压裂机组：制订了压裂成套设备行业标准。2000 型海洋压裂机组销售中石油海洋工程公司，被国外租用。高压管汇与海洋钻机配套的 2″~5″、21~105 MPa 的压井、节流、固井、井口测试等防硫化氢腐蚀、高耐磨管汇产品，出口斯伦贝谢、阿联酋石油公司等。

**6. 核心技术领域现状与挑战**

纳米技术：我国纳米研究始于 20 世纪 90 年代中期，经过 20 多年的高强度发展，已成为世界纳米研究的主要国家之一。2013 年国防科技大学精密工程创新团队自主研制的磁流变和离子束两种超精抛光装备，创造了光学零件加工的亚纳米精度，这一成果使我国成为继美国、德国之后第 3 个掌握高精度光学零件制造加工技术的国家，并成为世界上唯一同时具有磁流变和离子束抛光装备研发能力的国家。我国在纳米基础科学研究方面的主要成就包括实验上首次发现反常量子霍尔效应，为世界基础研究领域的重要科学发现；在国际上首次实现亚纳米分辨的单分子光学拉曼成像，将具有化学识别能力的空间成像分辨率提高到 0.5 nm 等。已经建立了多个国家级纳米技术研究平台，碳纳米管触摸屏、电池用碳纳米管导电浆料、纳米抛光液、纳米传感器等产品在多个行业实现规模化生产；传染病快速检测、生物组织工程修复材料、纳米化药物研发不断推进；在催化等领域的应用得到快速发展。但整体研发和应用与世界一流水平依然存在明显差距。在油气资源领域，纳米基础实验测试平台尚处于建设阶段，已经严重制约了核心技术的发展。

MEMS 技术：我国 MEMS 技术已经获得突破，自 20 世纪 80 年代以来，一直将传感器、执行器与微系统列入国家高新技术发展重要方向之一。2014 年，中国科学院上海微系统与信息技术所（以下简称上海微系统所）与瑞士 IDQuantique 公司合作，正式推出了由上海微系统所研制的量子通信的核心元器件 SNSPD，SNSPD 依托的是超导电子学微纳工艺技术；中国科学院超导电子学卓越创新中心已建成国际领先的低温超导器件工艺平台，可生产高性能超导薄膜材料，实现高可靠性的微纳加工工艺和系统集成技术。2015 年，中国电子科技集团公司第十三研究所的"6 英寸 SOI MEMS 标准加工技术及在高性能 MEMS 器件中的应用（863）"通过验收。该项目突破了高精度体硅 SOI 结构关键工艺技术、体硅 SOI 圆片级封装技术、微小参数圆片级自动测试及低应力封装等关键技术，建立了圆片级在片测试系统，形成了适用于高性能 MEMS 器件加工的 6 英寸 SOI MEMS 标准工艺，实现了批量封装生产，已为国内多家 MEMS 设计单位提供了批量加工服务。2016 年，北京清芯华创投资管理有限公司收购美国 CMOS 图像传感器大厂豪威（OmniVision）；北京思比科微电子技术股份有限公司（superPix）研制成功 1200 万像素高性能图像传感器芯片，标志我国首次突破千万级像素大关。目前，我国油气资源领域尚不具备 MEMS 相关技术研发力量。

新型材料：我国智能/功能材料研究始于 20 世纪 90 年代初，目前在纳米材料，以及石墨烯等超材料、金属材料自愈合、形状记忆合金、压电陶瓷、高分子自修复与自清洁材料、生物仿生人工骨、仿生水凝胶等材料方向已有一批研究成果达到国际先进水平，部分达到国际领先水平。目前，我国油气资源领域在纳米和智能材料方面的研究总体处于基体材料的研发和应用阶段，典型如纳米钻井液、纳米压裂液、邦迪 007（纳米）采油技术等；环境响应材料研发正在快速起步，其中，自愈合固井水泥已进入工业应用，温敏、速敏等环境响应材料等在研发阶段；但在 MEMS/NEMS、石墨烯、磁性纳米等执行机制研制方面，尚处于筹备阶段。

人工智能与机器人：我国人工智能跻身世界先进行列，机器人主要处于产业机器人阶段。其中，"百度大脑"已相当于 2~3 岁孩子的智力水平，其运行速度是 2012 年谷歌推出的"谷歌大脑"的 100 倍，是斯坦福大学人工智能实验室 2013 年推出的计算机大脑的约 10 倍，已走在世界人脑工程研发领域的最前沿。在产业机器人方面，我国于 1972 年开始研制自己的工业机器人，从 20 世纪 90 年代初期起，工业机器人研制取得长足进步，先后研制成功了点焊、弧焊、装配、喷漆、切割等各种用途的工业机器人，形成了一批工业机器人产业化基地，为我国机器人产业的腾飞奠定了基础；2016 年 1 月，我国自主研发的 4500 m 级深海资源自主勘查系统"潜龙二号"（AUV）成功首潜，但与发达国家相比，我国工业机器人还有一定差距。纳米机器人是当代前沿技术，中国科学院沈阳自动化研究所成功研制了一台纳米微操作的机器人系统样机，可在纳米尺度上切割细胞染色体，部分性能达到世界先进水平；我国重庆某研究所研制的名为"OMOM 胶囊内镜系统"的纳米机器人医生可以进入人体肠道系统，将图像传到计算机屏幕上，该技术处于世界领先水平。在我国油气资源技术领域，目前人工智能主要与物联网结合，用于油气生产作业管理、海域无人值守平台和各类油气探测专家系统；产业机器人方面，水下机器人 ROV 已经用于我国"981"平台的深海油气钻探，而活动范围大、机动性能好、安全、智能化的 AUV 正在研发阶段；测井和油藏纳米机器人研究正在筹备阶段。

　　量子技术：在量子通信产业化方面我国已走在世界前列，并在国防、金融等领域铺开，正在国际上担当"领跑者"角色。2015 年完成的"多自由度量子隐形传态"名列 2015 年度国际物理学领域的十项重大突破榜首，已取得 260～300 km 最大通信距离的好成绩。我国正在开展量子计算机研制，但在油气资源领域尚未涉足量子技术研究。

## 6.3　油气资源技术发展方向

　　世界油气资源技术前沿为我国油气资源技术发展指明了总体发展方向。但我国在不同时期的技术方向选择和技术发展目标，必须满足我国不同时期油气资源开采的技术需求。

### 6.3.1　我国石油资源产业链及有序发展框架

　　2018 年，我国常规、非常规石油可采资源量共计约 411 亿 t，其中常规石油可采资源量和未动用储量为 267.15 亿 t（含南海中南部 27.4 亿 t，提高采收率 29.7 亿 t）；非常规可采资源量为 125.98 亿 t（页岩油 60 亿 t、油页岩油 23.4 亿 t/6% 采收率）。为了确保产量总体稳定在 2 亿 t，未来将需要依靠多种成藏组合开采模式并存；页岩油、低渗透、浅海稀油、提高采收率（已知油区）4 种成藏组合开采模式的资源占比超过 77%，为未来主要领域；主要成藏组合模式具有大约 30 年生命周期，在全球勘探开发进程制约下有序更替。

### 6.3.2　我国天然气资源产业链及有序发展框架

　　我国天然气剩余可采资源量为 147.7 万亿 $m^3$（增加南海中南部和深部煤层气），其中，常规占 40%、非常规占 60%。常规天然气处于快速发展阶段，煤层气、致密气快速增长，页岩气刚起步；天然气水合物处于基础研究和先期技术研发阶段。这些天然气资源大体可以分为 10 种成藏组合开采模式，主要开采模式具有 30 年生命周期；2010 后具有多元化发展特征，2040 年后天然气水合物可能成为主要接替领域。

## 6.4　油气资源技术体系

我国油气剩余油气资源丰富，但 2000 年以来各类难动用储量占比的持续增大，意味开采技术已进入瓶颈期；而我国海域、非常规、超深层油气资源独具特色的成藏特征，使其开采面临众多世界级难题，为此，必须根据世界油气资源技术发展趋势、我国油气资源开采技术需求以及油气资源技术基础，优选 10 大关键技术，构建我国油气能源技术革命的技术体系（见表 6-1）。

表 6-1　我国 2050 重大技术需求与技术体系

| 序　号 | 名　　称 | 资源领域 |
| --- | --- | --- |
| 1 | 油气成藏规律研究及勘探开发理论持续创新 | 各主要油气资源领域 |
| 2 | 宽方位多分量高分辨物探技术及全尺度动态建模 | 各主要油气资源领域 |
| 3 | 精确导向智能钻完井技术 | 各主要油气资源领域 |
| 4 | 剩余油分布描述及注入流体前沿动态监测技术 | 各主要油气资源领域 |
| 5 | 大幅提高采收率纳米采油技术 | 各主要油气资源领域 |
| 6 | 复杂构造区全尺度精细缝网压裂技术 | 页岩气、致密油气 |
| 7 | 滩浅海低品位油气藏经济有效开采配套技术 | 滩浅海复杂断块、近致密、稠油等 |
| 8 | 深海（超深层）油气勘探开发配套技术 | 深海（超深层）油气 |
| 9 | 新兴非常规油气成藏组合开采模式 | 油页岩、油砂、深煤、水合物等 |
| 10 | 石油工程智能化核心技术及重大装备制造 | 各主要油气资源领域 |

**1. 油气勘探开发理论持续创新**

资源领域：近年来，我国在超深层、古老地层天然气、潜山内幕油藏、海域等的一系列重要发现，致密油勘探开发的问题，页岩气进入深层面临的挑战，以及国家油气远期战略布局等，都要求在多领域开展新一轮油气成藏规律再认识，以指导未来勘探。

技术需求：①中西部超深层和古老地层天然气成藏规律及富集条件研究，陆相咸化-半咸化-淡水湖致密油成藏规律研究及选区评价；②东部复式油气区深度隐蔽油气藏成藏规律研究及目标评价；③近海洼陷带近致密油气成藏规律研究及选区评价；④深水区大中型油气田成藏规律研究及选区评价；⑤油页岩和油区深煤成藏规律研究及资源评价；⑥天然气水合物成藏规律研究及资源评价。

**2. 宽方位多分量高分辨的地震勘探技术及全尺度动态建模**

资源领域：高度复杂（构造沉积）、深度隐蔽、难动用、非常规，需高照度、高精度、高带道能力的物探技术，解决走滑断裂系、裂缝发育带、滑脱结构面、溶蚀缝洞等有关的深层超深层各向异性介质的精细成像问题。

技术需求：①东部 4500 m/分辨率<3 m、西部 7000 m/分辨率<7 m；识别断层断距<5 m，横向分辨率满足天然裂缝发育带分布探测需求。②潜山内幕油气藏、走滑断裂、滑脱断层等近垂直或水平断面精细成像。③致密油气藏、页岩气天然裂缝发育特征、各向异性、可压性等岩石物理参数分析与评价。④海底宽方位多分量高精度地震勘探。⑤高分辨增强前视随钻地震。⑥实时地质导向钻井的随钻地层评价及动态体变换。

### 3. 精确导向智能钻完井技术

资源领域：①埋藏更深、规模更小、特征更隐蔽、非均值性更强、压力系统和油气水关系更复杂、技术密度更高、综合开采成本持续增大，输导体系地位突显；②滩坝砂等（超）薄油层，复杂断块（剩余）油、溶洞，裂缝性油气藏，页岩气等甜点精确钻探。

技术需求：①（特）超深、超长位移水平井、复杂分支井的精确导向钻井；②复杂井系统智能完井 ；③井间通信和井下信息体系；④主管柱与隔层、天然断层缝网体系有机结合，依靠减小井下复杂工况、大幅减裁主管柱，实现单井可采储量极大化、成本极小化。

### 4. 剩余油分布描述及注入流体前沿动态监测技术

资源领域：陆上成熟油区综合含水 87.5%、可采储量采出程度为 76.7%，平均采收率为 29.2%，还有超过 29.7 亿 t 剩余常规油分布不清。致密油压裂后，裂缝体认识不清；众多油区注水后水体分布不清；海域面临类似的"三不清"问题。

技术需求：①已知油气区剩余油分布、人工裂缝、射孔深度等精细描述；剩余油边界描述精度达到 m 级，人工裂缝开度描述精度达到 nm 级。②水、气驱/压裂液等作业流体流态、通道（层/断层/风化壳等）、流动路径监测；油气藏开采过程中边底水动态监测。③全周期实时动态监测；动态信息能整合进现有数据体（地震、复杂井系统）进行油气藏动态管理。

### 5. 大幅提高采收率纳米采油技术

资源领域：我国石油资源以陆相含蜡基原油为主（包括常规油、致密、稠油油砂、高凝油、油页岩等），原油流动机制复杂，流度普遍偏低，储层非均质性强，可压性普遍较弱，地层流体性质变化大，油气水关系复杂。老油区常规油藏平均含水率高达 90%，而平均采收率仅 35% 左右，挖潜空间很大，但稳油控水难度大；稠油开采热效率偏低；致密油单井产量递减快、能量补充难度大。

技术需求：①剩余油及水驱优势通道分布描述技术；②常规油藏纳米表面

活性驱油技术；③常规油藏智能稳油控水技术；④稠油/油砂/沥青纳米原位改质降黏技术；⑤陆相致密油纳米原位改质增强流动性技术；⑥陆相致密油纳米材料压采一体化增产技术；⑦低熟未熟油（油页岩）纳米原位催化裂化增产技术。

### 6. 复杂构造区全尺度精细缝网压裂技术

资源领域：我国页岩气资源十分丰富，是未来天然气开采的主要对象；但多聚集在深部老地层中，埋深普遍较大，经历过多期构造运动，天然裂缝较为发育，成岩/成烃/成藏史复杂，高温高压、岩层起裂难度大，需要在复杂构造应力场背景下一段一策高效缝网压裂。

技术需求：①复杂构造页岩气区一体化 3G 建模技术；②复杂构造页岩气区定向射孔与非对称压裂技术；③复杂构造页岩气区全尺度精细缝网压裂技术；④纳米示踪剂裂缝精细成像与动态监测技术；⑤沙漠区超深层纳米含能材料少水压裂技术；⑥复杂构造页岩气区低成本重复压裂技术；⑦重复压裂。

### 7. 滩浅海中小型油气藏群经济有效开采技术

资源领域：我国近海 40.27 亿 t 石油地质储量中，重质稠油 17.4 亿 t，占 43.2%；8500 亿 $m^3$ 天然气储量中，莺琼高温高压区约占 30%，东海近致密区约占 15%。近海剩余 156.8 亿 t 石油资源量中，渤海占 52%、珠江口占 30%，其中，渤海正处于构造向洼陷和环洼带岩性油气藏勘探的过渡阶段；珠江口盆地浅海剩余资源主要分布在中深层构造-岩性、北部潜山披覆、洼陷带岩性圈闭中。相对分散的近致密油气藏将成为未来主要目标，开采经济性挑战日益严峻。

技术需求：①浅海重质稠油纳米原位改质降黏及剩余油分布；②浅海近致密中小岩性油气藏群规模化开采与压裂增产；③浅海复杂构造区近致密气、煤成气协同开采。

### 8. 深海油气勘探开发配套技术

资源领域：水深 500~2800 m，离岸 80~300 km，埋深 3000~9000 m；大型三角洲及海底扇储集体；底辟构造、岩性圈闭；异常高压（压力系数为 1.4~2.2），温度变化范围大。

技术需求：①深水集约化/撬装化钻采平台、浮式液化天然气生产储卸装置（FLNG）；②深水应急救援系统；③深水控压钻井技术及装备；④深水智能完井（测试）技术与装备；⑤深水井筒完整性检测与评价技术；⑥深水开采高效管理及生产优化。

### 9. 新兴非常规油气成藏组合开采模式

资源领域：油页岩（原位）埋深 1000~2000 m，可采资源量为 21.5/35.84 亿 t（按 15%/25% 采收率估算）。油气区深部煤层埋深 1500~2000 m，煤层气可采资源量为 26 万亿 m³，大部分与现有油气区共生；可通过煤层气、（超级）液态煤或原位改质方式利用。浅层油砂油可采资源量为 23 亿 t。天然气水合物为 50~70 万亿 m³，主要分布在南海和青藏高原冻土带。

技术需求：环保型原位改质技术；经济、协同、环保。

**10. 石油工程智能化核心技术及重大装备需求**

石油工程技术装备制造业为我国油气工业的支撑性产业。海洋石油 981、1.2 万 m 陆地石油钻机、3000 型压裂车、X70/X80/X90/X100 级管线钢、CGDS-I 近钻头地质导向钻井系统、旋转导向钻井系统、EILog 测井系统等重大装备的自主实现，标志着我国石油工程装备制造业正在进入从跟仿、集成向自主创新的重要转型期；亟须通过一系列瓶颈技术或核心技术的突破，实现从"中国制造"向"中国创造"转变。

核心技术需求：①纳米技术；②微纳机电系统（MEMS/NEMS）及传感器；③智能/功能材料；④人工智能；⑤信息技术（量子技术）。

重大装备需求：①钻井工程装备；②海洋石油工程装备；③物探技术装备；④采油工程装备；⑤油气储运工程装备。

**11. 机遇与挑战**

机遇：我国的油气资源技术发展已处于历史性的战略机遇期。①我国石油工业处于高原期、天然气工业处于快速发展期，支撑有力；②剩余油气资源虽然十分丰富，但大量难动用、非常规、深海、超深层和老油区大幅提高采收率对技术依赖性快速增大，需求迫切；③我国的油气资源技术体系经历了 70 余年的发展和积淀，正处于从跟仿到自主创新的转型阶段，内部条件具备；④国家综合实力和科技创新强度均达到历史新高，外部条件有利。因此，利用该战略机遇期实现从跟随到引领的跨越式发展，具有历史的必然和得天独厚的条件。

挑战：我国的油气资源技术发展面临多重挑战。①MEMS/NEMS 和智能材料技术已成为制约自主创新发展的两大瓶颈，两者都需要创建全新研发体系和依托国家层面的战略协同；②大量难动用储量对技术需求的迫切程度，与基于 MEMS/NEMS 和智能材料两大核心技术的高端技术发展之间短时期难以有效协同，需要引进、集成、自主创新同步；③世界油气工业进入低油价通道，将严重制约高端技术的先期培育，需要科技政策创新。

# 6.5  油气资源技术发展路线图

**1. 总体战略目标**

指导思想：抓住世界油气资源技术重大变革的战略机遇，以我国油气资源合理开采和国家能源安全保障为核心目标，通过大力培育油气资源技术创新体系，强化国家、企业科技创新体系的战略协同，充分利用全球创新资源，实现从跟随到引领的历史性跨越；依靠颠覆性技术使油气储量大幅增长、综合开采成本大幅下降。

总体目标：2030 年后我国成为世界油气资源技术发展的主要引领力量。依靠技术进步，使国内原油产量到 2030 年基本稳产在 2.0~2.2 亿 t，天然气产量在 2030 年达到 3000 亿 $m^3$ 以上。

2020 年前后：建立油气行业 MEMS/NEMS 和智能材料两大核心技术基础研发体系，原始创新技术占比达到 5%~10%；依靠技术创新，确保原油产量>2.0 亿 t、储量接替率>100%，天然气产量平均同比增幅>4%，储量接替率>200%。

2030 年前后：建立油气行业 MEMS/NEMS、智能材料两大科技成果高效转化体系，以及材料自组装、量子技术基础研发体系，原始创新技术占比达到20%~30%，我国油气资源技术体系整体换代率>50%，整体跻身世界先进；依靠技术进步，保持原油产量基本稳定、储量接替率>100%，天然气产量同比增幅>3.5%，储量接替率>150%。

2050 年前后：建立油气行业材料自组装、量子技术科技成果高效转化体系，原始创新技术占比>35%，我国油气资源技术体系整体换代率>80%，引领技术发展；依靠技术进步，力求保持原油产量基本稳定、储量接替率接近 100%，天然气产量维持在 3000 亿 $m^3$ 长期稳定，储量接替率>120%。

2. 发展路线图

自 2000 年以来世界油气资源技术前沿已经开始从传统技术体系转向智能化体系；纳米尺度下的微纳技术、智能材料技术、量子技术，以及人工智能为其核心技术。我国在相关核心技术领域总体处于前沿突破阶段，部分领域尚缺乏必要的研究基础，油气行业相关基础科研体系尚未建立，因此，我国油气资源技术目前已进入瓶颈期。在 2030 年之前，技术发展路线需要考虑到国内外在核心技术领域的优势差异，从引进、集成逐步发展到自主创新。2030 年之后，充分利用我国在核心技术领域、原材料市场、消费市场优势，从跟随、并行发展到引领。其中，探测工程、钻井工程、完井采油工程三大领域的重大关键技术发展路线图如图 6-2 所示。其中，2020 年后跻身 MEMS 地震勘探技术、纳米采油技术和智能钻完井国际先进行列，2030 年后成为主要引领者之一。

3. 近期愿景（2020 年前后）

发端于 2000 年的智能化油气资源技术，经过 10 年基础研发体系构建和核心技术研发阶段后，自 2010 年以后进入为期 10 年的智能化关键技术研发阶段；到

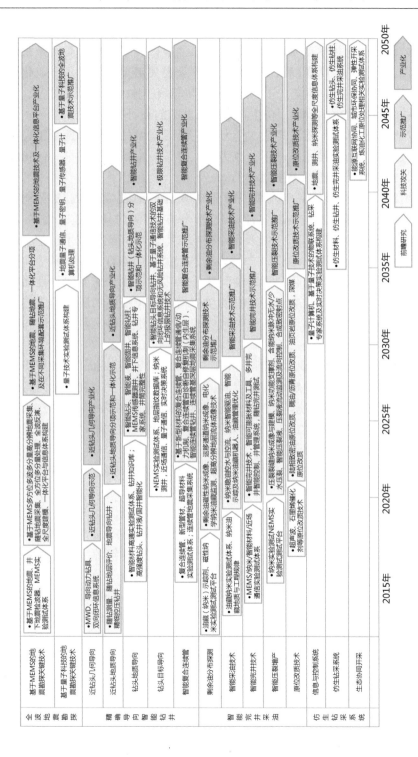

图6-2　油气资源技术发展路线

2020 年前后，以探测和材料为主的、结构相对简单的智能化技术，可能相继进入产业化阶段，如电化学纳米测井技术、剩余油成像技术、材料类纳米采油技术、剩余油成像技术、高强度新型材料钻头等重大关键技术将进入产业化爆发点。而基于 NEMS、量子科技、分子材料自组装等核心技术的颠覆性技术，系统性智能化技术尚处于攻关阶段；仿生技术进入基础前瞻研究阶段。

探测/油藏/信息工程技术领域：作为油气资源技术的前端，探测工程、油气藏工程技术将在信息技术推动下，成为油气资源技术体系中最早一体化的两大领域，将在 2020 年前后实现技术聚合。

1）物探技术在全数字高密度真三维全波场/延时地震/微地震/随钻地震采集技术、叠前偏移成像/真振幅/多波多分量/全方位/各向异性逆时偏移/微地震/随钻地震等资料处理技术、全波反演/裂缝处理/应力场反演技术、基于层序地层模型约束的自动化解释技术/多学科多信息裂缝储层综合描述技术等前沿技术的带动下，进入与深度隐蔽和页岩油气开采相适应的高分辨各向异性油气藏精细勘探阶段；由于信息维度和信息量的快速增大，在断层和层这类成熟分析领域将主要通过智能化或自动化方式快速实现，分析重心转向各向异性和应力场分析。

2）测录井技术主要表现为传感器和随钻地层评价工具的部署将进一步向钻头前移，前视距离和横向分辨率同步提高，在与智能钻头技术融合的同时，常规测录井信息和实时导向信息与实时体变换的地震数据体融为一体。

3）固井测井、智能液监测、压裂监测、完井监测、油藏纳米机器人采集的信息进一步向地震数据体聚合。

4）以复合连续管或钻杆为载体的双向信息通道最终将在 2020 年前后，以高分辨多分量地震数据体为基础，形成油气资源技术信息子系统。

5）远程技术决策支持系统（OSC）、无风险钻井系统（NDS）与油气资源技术信息子系统整合。事实上，斯伦贝谢 2012 年在 Petro 平台上发布的 Mangrove 即为油藏工程与压裂完井信息体系的融合；2020 年的一体化将是在随钻导向钻井推动下，进一步向地震和钻井信息体系的融合。

钻井工程技术领域：经过近钻头几何导向钻井（2000—2010 年）、近钻头地质导向钻井（2011—2020 年）两个阶段的发展后，钻井技术进入钻头地质导向阶段（2021—2030 年）。2020 年后，智能钻头、智能钻柱、智能液、智能固井相继进入初期产业化阶段，并各自沿智能化纵深发展；精细控压钻井将随 MEMS/NEMS 传感器技术发展，依靠与智能液等技术的融合，而使压力探测精度进一步提高，实现精准控压；等径钻井、深海钻井（多钻柱、无隔水管钻井）、无钻机钻井等技术，则将随智能材料技术发展而出现重大进展。值得指出的是，一旦智能钻头投放市场，钻井技术服务模式将出现重大变化，由于智能钻头承载几乎所有钻井高端技术，因此，未来钻井工程技术服务将可能采用交钥匙合同，斯伦贝谢、哈里伯顿、贝克休斯三大掌握该核心技术的油服公司将以单井钻（完）井工程一体化完全承包方式进行，并将通过基于智能化技术的一体化服务极大获益；石油工程将整体进入低成本时代。

完井工程技术领域：在 2009 年页岩气革命和提高采收率等重大技术需求推动下，大位移水平井多级压裂完井、各类复杂分支井的规模化应用、老油区调流控水等，对完井测试技术提出了新的更高的需求；而 MEMS/NEMS 技术、智能/功能材料技术、信息技术的快速发展，使无线智能完井技术快速发展，并带动基于光纤的有线智能完井测试技术升级。那些在 2010 年以来的前沿技术，如多井连接、可膨胀和磁性纳米等智能材料应用、智能控制开采系统、近场通信、井管理系统等，使同井眼内独立控制多个储层开采量，避免由不同地层压力导致窜流，通过完井调控开采期油藏液面流型等成为可能，为高度非均质油藏井、深水井、多分支井、多层合采井的试采、井下监测、层段流量智能控制与油藏全周期管理提供了技术解，从而实现复杂油藏管理优化和价值最大化。因此完井测试技术的里程碑标志将可能是多井多层多段网络化协同无线智能完井测试技术的产业化，同时升级基于光纤的有线智能完井测试技术；完井测试与钻井工程、油气藏工程、采油工程的一体化程度进一步加大，推动了从成井到油藏全生命周期测控信息体系、数据平台和专家系统的构建。

压裂增产技术子领域：2020 年，压裂增产的精细调控、精细描述（建模）、致密油原位改质、全周期管理技术进入产业化阶段，无水压裂技术取得实质性突破。2010 年以来页岩油气裂缝发育机理、非达西流渗流机理、多尺度建模的力学耦合机理等基础研究取得长足进展；在纳米/NEMS 和新型材料技术推动下，压裂技术正在从实践向理论升华；技术向精细、（智能）可控、可视、原位改质方向发展；前沿技术主要包括多功能支撑剂、纳米/压电材料裂缝精细成像与建模技术、压裂液流动监测及流向控制技术、磁性纳米可控定时交联技术、基于磁性纳米的原位改质技术、纳米化学法无水压裂，以及原位材料自组装技术等。

采油工程技术领域：2020 年，采油工程技术在纳米技术推动下进入智能采油阶段；纳米剩余油分布描述技术、纳米采油技术、高含水油田精确调流控水技术进入产业化，采油工程已经从直井/分支井开采系统进入水平井多级（压裂）开采系统阶段，采油工程与钻完井工程的融合程度不断增大，向着智能化、一体化、可视化、信息化方向发展。2010 年以来最引人关注的前沿技术主要包括基于磁性纳米和电化学纳米剩余油分布描述技术、超高分辨地层流体成像技术、纳米可控岩石表面活性提高采收率技术、基于纳米化学手段触发自然流动方法、磁控防砂控砂、纳米化学材料合成致密储层甜点、纳米含能材料诱导脉冲压裂方法等。

地面工程技术领域：2020 年地面工程技术将可能以海域的智能化海底工厂和陆上地下井工厂为里程碑标志。海底工厂是 Statoil 公司于 2012 年提出的颠覆性技术概念，是一个集油气水三相分离技术、水下增压技术、处理后的原油存储海底以及产出处理后进行回注于一体的"水下油气处理厂"，进而引导海洋工程技术海底化发展潮流，与国防的战略契合性和协同程度将可能超出历史上任何时期。由于海底工厂特殊的作业环境，大部分工程作业与运维将依靠机器人实现，并依靠大量部署传感器实现全方位监控，因此，必然需要智能化实现。而在陆地，地面工程将随完井采油智能化、一体化发展，地面管网体系将逐步下沉到地壳深部。

**4. 中期愿景（2030 年前后）**

经过 2021—2030 年智能化纵深发展之后，各领域的智能化技术将初步成型，智能钻头、纳米机器人、油页岩原位改质等一批颠覆性重大关键技术进入产业化发展阶段。2020 年前后的油页岩技术浪潮，将使油气资源技术体系沿着一体化方向快速横向扩展和一体化整合，2030 年，信息与决策子系统（含专家知识库）、智能材料子系统、智能钻采工程技术子系统技术概念将初步浮现。

探测/油藏/信息工程技术领域：2030 年，将完成基于地震数据体的多源、全尺度井下信息子系统、地面信息子系统、双向闭环信息传输体系的统一；同时，各技术领域的技术规则、决策模型、知识表达等将整合为统一的专家库。以此为核心的信息与决策子系统将可能成为 2030 年的主要里程碑。

钻井工程技术领域：2030 年将进入钻头目标导向阶段，地下井工厂呈现多级次的复杂网状结构。其中，钻头目标导向就是在钻头地质导向基础上增加目标寻优功能（智能化），以物性/含油气性/岩石物理/渗流力学等参数为导向依据，以油气田/单井油气产量最大化和综合成本最小化为目标的精准导向优化钻进，进而实现极限钻井。在这个阶段，钻井液和固井技术将发生重大变革，为了适应极限井的高度复杂的结构，将可能需要钻井液在地下多段循环并将钻屑直接用于固井，因此，流固分离、振动筛、混浆车等地面装备的很多功能需要转为在地下完成。

完井工程技术领域：2030 年完井测试技术的里程碑标志将是随钻多井多层多段网络化协同智能完井测试技术的产业化，主要技术特征是在钻进同时完成完井测试，以适应极限钻井高度复杂的井轨迹和分层开采结构；配套关键技术主要包括井间通信、完井工具与钻柱的一体化结构及丢手机制。实际上，只有钻井液和固井技术革命后，随钻完井测试才能真正实现。

压裂增产技术子领域：2020 年油页岩技术革命将使压裂增产技术进入新的发展时期，2030 年，其里程碑技术将可能集中表现为各类非常规油的原位改质、原位能源转化、无线可控微压裂。其中，原位能源转化技术可能带动 2000 m 以深的油页岩和煤层的液化、汽化、发电技术的发展。

采油工程技术领域：2030 年的里程碑技术将可能为油藏纳米机器人、可视化智能采油技术、无水清洁采油技术的产业化。其中，油藏纳米机器人具有储层孔隙空间探测、描述、改造功能；可视化智能采油技术在剩余油描述基础上，通过激活或引导极限钻井、分支井侧钻开窗、无线可控微压裂、相邻水层双向流体调控、相邻碳质层汽化注气等技术实现低成本智能化绿色采油；无水清洁采油技术是指油藏开采时，仅采出无水原油，将二采（注水、注气）和地面脱水、脱硫、脱蜡等地面粗加工环节下沉至地层，地层水通过相邻水层双向流体调控滞留地下以保存压力和降本，原油中硫化氢和石蜡等则在地下完成分离和分采，实现副产品增效。在天然气领域，可能采用类似的相邻水层双向流体调控技术和天然气脱湿技术，实现可视化无水智能清洁开采。

地面工程技术领域：在新一代采油技术发展、电力技术革命、石油能量属性被快速替代的时代背景下，2030 年的地面工程与炼油的产业链边界将可能快速弱化甚至部分消失，产业链进一步纵向整合。新一代智能油田是地面工程技术 2030 年的里程碑，核心是信息与决策中枢体系构建（总控制系统）、智能材料仓储与配置系统、智能化地下水管理系统等。

**5. 远期愿景（2050 年前后）**

历史经验表明，世界科技革命、世界工业革命、世界消费革命与世界能源革命几乎同期发生。不妨将 2000 年以来的世界科技、工业 4.0 等的发展理解为"浪潮"（量变），而将"革命"称为"奇点"（质变）。多个视角、相互独立的研究和预测多显示，世界 4 大革命将可能发生在 2040 年前后。建立在智能电网基础上的能源多元化整合平台将成为未来多源化能源体系范式；油气能源网络将在 2040 年后作为主导性能源融入智能电网，并在智能电网上逐步进行能源结构的洗牌。世界能源革命将使石油工程技术发展面临低碳/无碳、生态、成本的严峻挑战。同时，未来城市概念所表征的消费革命也将对石油工程技术发展构成制约，如马斯达尔太阳城所勾绘的沙漠石油王国的绿色乌托邦。

根据 2040—2050 年世界油气勘探开发技术需求、石油工程技术及基础科技发展趋势，以及世界 4 大革命的制约关系分析，2040—2050 年的油气资源技术形态将可能为仿生钻采系统。虽然仿生技术概念在 2040 年前后可能出现，但主要为环节性的（如仿生钻头、仿生钻柱等），只有这些环节性技术进入快速稳定发展阶段后，才能开始进行系统性整合，形成相对完整的仿生开采系统技术原型。因此，推测仿生钻采技术体系雏形可能出现在 2050 年前后。此后，石油工程技术将进入全新发展时期；开始建立（天然气主导下的）与新一代能源体系（智能电网）、工业体系、城市概念（或文明）相适应的未来石油工程技术体系。

仿生钻采系统是为适应 2040 年以后油气勘探开发技术需求和外部环境的超远期技术概念，仿生原型来自植物根系结构及其生长特征。

仿生开采系统：对于一个小型油气田，通常只需一个仿生系统；其地表只有一个井口，地下具有覆盖整个油气藏的多级复杂分支井结构，传统地面管网将由地下油藏中密布的类根系管柱替代；类根系管柱分为注、采两类，通过地表和井筒两级智能控制系统实现协同和优化；开采的动力来自智能电网，开采用水资源、$CO_2$ 等可以来自城市/工业废液和减排系统，与未来城市和能源体系形成完整生态开采系统。

仿生井钻完井：以石墨烯材料的复合连续管钻井为基本钻井方式，石墨烯的独特材料性能使连续管厚度、管径可以无限细分。仿生钻柱为由类似树干的多层特殊纳米管材组成的连续管，其最外层为可膨胀连续管，当主钻柱钻至油藏上覆区域盖层后，最外层可膨胀连续管将自动剥离管柱实现固井。仿生连续管内置的多个类根系钻柱将在各自的仿生钻头引导下完成目的层钻探，每个类根系钻柱都具有固、完、测、控多重功能；对应的多个仿生钻头在上覆层钻井过程中会整合为单一复合钻头；仅在上覆层固井后分离。每一个仿生钻头都能够独立进行目标导向钻井，自动寻找最佳油藏位置，使钻井始终沿着最利于钻进的路线钻进；能够依靠随钻地层评价结果进行随钻完井、随钻测试和井轨迹调整和优化。每一次完井后，仿生钻头都将再次分裂形成次级分支，换言之，类根系钻柱及其仿生钻头具有分形结构，并确保气、油、水通道相互分离。每一级的仿生连续管除了表层外还有 4 层，即动力层、数据通信层、受力层和养护层，其中，养护层类似树干的形成层，采用纳米材料自组装技术，用于钻柱和配套装置的全周期养护和修复，具有生长机制和自毁机制。在开采过程中，完井管具有智能采油功能；纳米机器人扮演活跃的油藏探测、表面修饰、流体改质和数据通信等多重功能；压裂支撑剂等可以依靠地层条件下的自组装技术实现修复或转变为暂堵材料。整套系统受到地面和井下决策系统双重控制。

不难预料，一旦纳米材料自组装技术、量子技术工业化，这种仿生钻采系统就将可能具有明显的低成本、低碳环保和生态开采特征，并使油气工业通过智能电网有机融入和在较长时期主导未来能源体系，那将是一次席卷全球油气行业的颠覆性变革。届时，以采油树为标志的传统油区将永远成为历史。

## 6.6　结论和建议

我国的油气资源技术体系经历了 70 余年的发展和积淀，正处于从跟仿到自主创新的转型阶段；目前，面临全球油气资源技术智能化发展和全局性结构调整的历史机遇，使实现从跟随到引领的跨越式发展，具有历史的必然性和得天独厚的条件。

为了有效保障国家能源安全，科学有效有序开采和利用大量难动用、非常规、深海、超深层和老油区剩余油气资源，需要在 10 个方向采取重大创新行动。而要在 2030 年后实现从跟随到引领的跨越，关键要突破 MEMS/NEMS 和智能材料技术等核心技术瓶颈，为此需要在国家层面进一步战略协同，优化创新体系。

# 第7章 煤炭清洁技术发展方向研究及发展路线图

本章主要目标为明晰国内外煤炭资源综合利用关键技术的发展现状，总结当前乃至未来清洁高效煤炭利用技术的发展方向，结合我国国情与国策提出煤炭依赖型社会转型的技术路线及方法，规划煤炭清洁技术的研发体系，提出煤炭利用技术的应用和推广选择建议。

## 7.1 煤炭清洁技术概述

清洁煤技术泛指与煤炭高效、清洁、低碳利用相关的技术。从煤炭利用方式来看，主要包括两大方向：①燃烧利用技术，例如燃煤发电、工业锅炉和民用散煤等；②化工利用技术，例如煤焦化以及煤气化、煤液化和电石生产等。

考虑我国目前煤炭主要用于燃烧利用，占80%左右。2019年，我国电力行业用煤占52%左右，钢铁行业用煤占17%，化工行业用煤占7%左右，民用及其他用煤占11%。与此同时，煤炭直接燃烧利用也是我国大气污染物和温室气体排放的主要来源。其中，工业锅炉和民用散煤更是当前控制大气污染排放的主要焦点。

展望未来，从煤炭利用总量的趋势看，在我国经济发展进入新常态以及推进生态文明建设、推动能源生产和消费革命等政策要求不断加强的整体形势下，煤炭消费总量已进入峰值平台期。未来，考虑经济和能源发展的周期性波动因素，煤炭消费总量可能会在高位出现一定幅度的震荡，但总体下降的长远趋势已基本难以避免。

从煤炭利用的几个主要用途看，在不断强化的散煤替代政策驱动下，工业锅炉燃煤和民用散煤的总体规模会快速下降；随着钢铁需求步入峰值平台期，焦炭的需求也会呈现出震荡下行趋势；受油价低迷的影响，其他煤化工的发展也会受到一定遏制。因此，总体来看，最有可能呈现增长趋势、成为煤炭主要用途的将是煤炭集中发电和供热。参照发达国家能源转型和煤炭利用的理念和经验，煤炭主要用于集中发电和供热也是国际一般规律。例如，欧美发达国家煤炭用于发电的比例一般高达80%，其中美国在90%以上。

因此，初步分析在未来煤炭消费总量整体下行的趋势下，煤炭用于集中发电和供热的比例却可能会持续提高，这一趋势也符合我国的资源禀赋条件和煤炭清洁高效利用的要求。参照国际经验和依据我国国情，也应主动提倡和鼓励我国煤炭未来主要用于集中式的大规模、清洁高效的发电和供热利用，致力于将煤炭用于集中发电和供热的比例提高到 70%～90%。

因此，本章主要关注"清洁煤炭燃烧技术"，具体关注的技术方向包括两大类共六小类技术。

1）煤炭燃烧技术：①用于发电的超超临界技术；②工业锅炉技术；③民用散煤利用技术；

2）煤电的节水、低碳和环保技术：①燃煤火电机组的深度节水技术；②CCS/CCUS 技术；③煤电环保技术，包括废气、废水、固废等废弃物排放控制技术。

在上述专题研究基础上，在各领域科技发展关键技术分析和清洁煤研发体系建立的基础上，广泛汇总领域专家和有关机构、部门的意见，尝试研究提出清洁煤燃烧技术的发展方向、研发体系和应用、推广的技术选择建议。

## 7.2　煤炭清洁技术发展现状

本章关注的两大类、六小类技术的国内外对比情况如下。

### 7.2.1　超超临界技术

我国在超超临界技术方面发展迅猛，2018 年年底，已投入运行的 600℃、1000 MW 超超临界机组达 111 台，其发展速度、装机容量和机组数量均已跃居世界首位。具体对比如下：

1）600℃、一次再热超超临界燃煤机组技术。通过对标发现，我国在该技术方面处于世界先进水平，供电煤耗和和供电效率方面均处于世界先进水平。

2）600℃、两次再热超超临界燃煤机组技术。据不完全统计，全世界有约 52 台两次再热超（超）临界机组投入运行，其中 25 台为燃煤机组，该技术目前在我国仍处于示范和前期推广阶段。

3）650℃超超临界机组设计技术。由于 700℃机组的核心技术是超级镍基合金部件的商业化开发，目前存在技术上和成本上的难题，国内外一些公司和研究机构已经着手研究开发 650℃等级机组和相关材料。目前，全球仅俄罗斯开发了 1 台 SKR-100 机组，机组容量为 100 MW，主蒸汽参数为 30 MPa/650℃，已经运行超过 100000 h。此外俄罗斯建设了 JSC VTI 锅炉测试平台，运行主蒸汽压力30 MPa/650℃，运行时间超过 200000 h。

4）700℃超超临界机组设计技术。欧洲、日本和美国等发达国家已将下一步的发展目标定位于蒸汽温度达到 700℃ 的超超临界机组，并制定了相应的发展计划。我国国家能源局也已组织开展了研发 700℃ 超超临界机组设计技术的科研项目。

5）无论是 650℃ 超超临界机组还是 700℃ 超超临界机组，关键是耐高温材料的研发，国内已开发出用于 650℃ 和 700℃ 超超临界机组锅炉管材的铁镍基合金材料和镍基合金材料，但用于汽轮机转子、缸体、叶片高温螺栓用高温合金材料有待进一步开发。

## 7.2.2　燃煤工业锅炉

工业锅炉是我国重要的用能装备，目前保有量约为 62 万台，其中 85% 为燃煤工业锅炉。燃煤工业锅炉每年耗煤量为 7 亿~8 亿 t，占全国煤炭消耗总量的 20% 左右，占全国一次能源消耗总量的 10% 以上；每年产生 $SO_2$ 约 1000 万 t，$NO_x$ 约 200 万 t，粉尘约 100 万 t，环境污染严重。燃煤工业锅炉中约 85% 为链条炉，平均单炉容量低，装备总体水平差，运行效率低，平均热效率仅为 60%~65%，比国际先进水平低 20%，缺乏有效的污染物控制手段，是造成我国燃煤工业锅炉资源浪费及环境污染的主要原因。

20 世纪 90 年代，德国首先将煤粉燃烧技术成功应用于工业锅炉。20 世纪 90 年代末，我国开始研发煤粉工业锅炉，2006 年完成第一台新型煤粉热水工业锅炉和第一台新型煤粉蒸气工业锅炉的工业设计，并成功投入运行。

我国燃煤工业锅炉装备和技术配套能力滞后于现代工业的装备和技术水平，有相当部分锅炉脱硫、除尘等烟气净化设备缺失或达不到污染排放要求，导致能源浪费严重和污染物排放问题突出，普遍存在着煤质与锅炉设计不相匹配、煤质不稳定、锅炉运行缺失专业化管理等问题。

## 7.2.3　民用散煤

在民用散煤方面，发达国家民用散煤利用规模较小，而在国内此问题较为突出。民用散烧煤（亦称散烧煤、散煤），包括第一产业、第三产业和居民生活的煤炭消费，不包括能源转换过程中用作原料投入的煤炭以及第二产业的煤炭消费；其中，煤炭包括原煤及固体煤产品，如洗精煤、其他洗煤、型煤、煤矸石、焦炭及其他焦化产物（固体）。2018 年我国民用散烧煤消费总量为 2.34 亿 t，占散煤消费总量约 31%。乡村生活煤炭消费和第三产业煤炭消费为民用散烧煤的主要构成，分别为 0.78 亿 t 标准煤及 0.84 亿 t 标准煤，各占散烧煤消费的 38.67% 及 41.43%；而第一产业及城镇生活煤炭消费则分别为 0.26 亿 t 标准煤及 0.14 亿 t 标准煤，各占散烧煤消费的 12.76% 及 7.14%。而由于难以全面统计的问题，散煤的实际规模可能更大，尤其是在农村。

我国散烧煤使用呈现以下特征：原煤散烧总量大，灰分硫分高，原煤质量差，低空直排，污染贡献大等。尤其北方地区农村居民冬季炊事和取暖多以煤炭为燃料，民用燃煤采用直燃直排的方式，燃烧效率较低。同时，由于民用炉具规模小、数量大，未安装烟气除尘和脱硫措施，烟气污染物是造成近年来冬季北方地区灰霾的主要来源之一。因此，控制民用散煤的污染物排放是减少燃煤污染对大气污染贡献率的重要举措。改善京津冀等严重污染地区的区域性空气污染，应重点关注散烧煤大气污染问题。

### 7.2.4　先进燃煤发电深度节水技术

#### 1. 褐煤取水技术

目前，褐煤取水干燥技术大多处于研发阶段。国外在褐煤预干燥领域，最成熟的干燥取水工艺是过热蒸汽流化床技术。德国 RWE 公司采用该技术在德国建成 3 套装置，最大脱水能力达到 110 t/h。我国褐煤干燥主流技术为研磨型干燥技术，多采用风扇磨三介质干燥直吹式制粉系统或带乏气分离装置的风扇磨煤机直吹式三介质干燥系统，部分工艺技术实现了工业化或建立了示范装置，但尚不能满足"安全、稳定、长周期、满负荷"的运行要求。在发电领域，国内各大火电集团已完成 10 个以上火电机组燃褐煤取水技术应用论证，褐煤取水技术在火电领域需求迫切。

我国尚需加强褐煤干燥取水技术在燃褐煤超（超）临界锅炉上的应用研究。主要技术需求包括：①在现有技术经济条件下的部分干燥煤掺混燃烧比例、制粉系统、锅炉适应研究；②干燥煤输送和临时仓储安全性研究；③褐煤取水嵌入式系统与独立岛式系统研究。

#### 2. 烟气水回收技术

目前欧美国家在冷凝水回收技术方面均展开了技术、工艺和工程研究。美国由能源部立项，Lehigh University 和能源研究中心共同开展了冷凝法回收锅炉烟气水分的中试研究；而在瑞典，Radscan Intervex AB 公司和西门子公司联合建设了锅炉烟气水分冷凝回收和能量回收的商业化系统，并用于瑞典 Karlskoga 热电厂的实际运行。目前烟气冷凝水回收在我国燃煤机组上已开展工程示范，有 4 台 660 MW 超超临界机组已开展工程设计。

在膜法水回收方面，欧盟的"CapWa"（Capture of evaporated Water with novel membranes）研究项目以荷兰 Twente 大学欧洲膜研究院和 KEMA 公司为主体开展了基于有机高分子中空纤维复合膜的烟气水捕集回收装置研究，在以色列 IEC 电力公司 Rutenberg 电厂进行了现场试验；美国天然气技术研究院（Gas Technology Institute）与美国联合能源集团 RMT 公司合作，开发基于中空纤维陶瓷膜气体分离的 TMC 透过膜冷凝器，实现了烟气余热和水回收，该 TMC 技术已经在燃气锅炉上实现商业化应用，但尚未在燃煤电厂开展试验研究。目前，膜法水回收技术相关研究在我国处于膜材料研发、烟气水分子捕集装置开发、工程可行性研究阶段，尚未开展膜法水回收技术相关试验与工程应用研究。

烟气水回收技术主要面向北方缺水地区的空冷机组，以回收湿法脱硫后饱和湿烟气中水蒸气为目的，需进一步开发低成本低能耗且运行稳定的烟气水回收工艺集成方案。

## 7.2.5　CCS/CCUS 技术

CCS/CCUS 技术尽管在国外已有十几年的研究历史，但大部分不同程度地处于理论研究、实验室研究、工业示范和小范围商业性运作阶段，即"特定条件下经济可行"阶段。在 $CO_2$ 捕集分离方面，目前虽然燃烧后捕集和燃烧前捕集技术达到成熟，可以大规模实践，但其能耗和成本还较高；而富氧燃烧捕集技术尚不成熟。在 $CO_2$ 驱油、驱气和封存方面，驱油技术虽较为成熟，但多数国家缺乏低成本的 $CO_2$ 气源；驱煤层气受到的影响因素较多；封存地点尚未进行全面地质勘查，缺乏安全监测技术。在 $CO_2$ 化工利用方面，多数技术刚开始工业化、成熟度不高、产品成本较高，能吸纳的 $CO_2$ 量有限。在 $CO_2$ 微藻制油方面，技术尚不成熟、还处于中试阶段，占地大、投资多、能耗高、成本高。在 $CO_2$ 矿化方面，技术还处于实验室阶段。

CCS/CCUS 的技术研发起源于欧美等发达国家，但通过国际合作和交流，我国 CCS/CCUS 技术的发展起步较快。总体上，除了在 $CO_2$ 强化石油开采有较多实际应用外，国际上均缺乏该技术全链条（捕集-运输-埋存/利用）的大规模工程示范。目前，我国在燃煤电厂烟气的 $CO_2$ 后捕集、煤制油的 $CO_2$ 前捕集，以及 $CO_2$ 强化石油开采、盐水层埋存上均有示范工程在运行。因此，我国在捕集和埋存/利用的技术研发和应用上并不落后很多，甚至有一些方面在工程应用上还处于领先地位。但在 $CO_2$ 的运输管道建设上、化学链燃烧等前沿技术的基础研究上，与美国等发达国家相比还较为落后。

## 7.2.6　煤电污染控制技术

20 世纪 80 年代，我国电力行业重点治理了燃煤电厂的烟尘污染，对控制二氧化硫、氮氧化物的排放进行了一定的技术储备；20 世纪 90 年代，烟尘得到有效控制，重点地区及大型燃煤机组二氧化硫和氮氧化物控制开始起步，在这一阶段的火电环保技术是自主研发与引进技术相结合。进入 21 世纪的前十年，燃煤电厂二氧化硫步入以烟气脱硫为主的控制阶段；进入"十二五"后，开展了以大规模加装脱硝装置和对已有的脱硫、除尘设施进行技改的工作，在这一阶段，国家对火电厂的大气污染物控制持续加严，火电厂在短时期进行了大规模、高效率的污染治理工作，客观上使火电环保技术走向了以主要采用大规模引进国外先进技术并结合中国国情进行消化、吸收、再创新道路，同时，国内一些环保产业通过自主研发，也创新出一批世界领先的环保技术。

大气污染物控制方面。由于我国的燃煤煤质复杂，平均发热量与挥发分偏低，硫分、灰分偏高，二氧化硫、烟尘和氮氧化物的原始生成浓度较高，为满足不断趋严的排放要求，我国的煤电环保技术进行不断地总结和提高，例如，脱硝技术通过催化剂改良和精确喷氨技术有效缓解空预器堵塞问题；除尘技术通过控制灰硫比防控低温省煤器的低温腐蚀；脱硫技术通过工程实施和设计优化不断升级双循环脱硫技术，降低投资成本，提高脱硫效率，减少了停机工期，旋汇耦合、双托盘等脱硫塔内提效技术也明显优于国外水平。此外，我国环保多是改造项目，环保技术应用难度远高于国外其他国家。可以说，煤电大气污染物控制技术已经达到了世界先进水平，有些方面甚至处于世界领先水平。

废水控制技术方面。燃煤电厂常规废水控制技术与国外基本相同。在废水零排放尤其是脱硫废水零排放处理方面，浓缩、蒸发、结晶制盐部分设备为进口，且运行能耗及成本高，经验相对不足等。

固废综合利用方面。各国的实际情况和法律要求不尽相同，但基本上都是要求及引导综合利用，对于不能综合利用的必须做到无害化处置（灰场）。我国则在近几十年来，逐步以堆存为主向储、用结合再向综合利用为主转变。国内外燃煤电厂脱硫石膏和粉煤灰重点多以大宗利用为主，综合利用技术水平相当。我国综合利用主要以水泥、混凝土的大宗利用为主。

## 7.3　煤炭清洁技术发展方向

### 7.3.1　超超临界技术

燃煤发电是通过产生高温高压的水蒸气来推动汽轮机发电的，蒸汽的温度和压力越高，发电的效率就越高。在 374.15℃、22.115 MPa 压力下，水蒸气的密度会增大到与液态水一样，这个条件叫作水的临界参数。比这还高的参数叫作超临界参数。温度和气压升高到 600℃、25～28 MPa 这样的区间，就进入了超超临界的范围。因此，不断提高火电机组的运行参数和热效率，尤其是发展大容量、高参数超超临界火电机组，成为清洁高效煤炭燃烧技术发展的最重要的方向之一。

目前欧洲是超超临界发电技术发展的前沿阵地，欧洲的 1000 MW 超超临界发展重点：一是以 27 MPa/600℃/620℃ 的主机参数发展新项目；二是针对热力系统进行大量优化，以期在目前参数条件下达到更高的热效率；三是研究 700℃材料和发展超高温材料的部件加工制造技术。然而，当前 700℃ 材料的研究进度缓慢，超高温材料短期内无法投入使用。如何发展 1000 MW 高效超超临界发电技术是现阶段应重点考虑的问题。

国内目前比较主流的超超临界技术包括以下几个方面。

1）此前作为主力技术的 600℃、一次再热超超临界燃煤机组技术。我国在600℃、一次再热超超临界燃煤机组技术方面已经具备了大量的工程经验和坚实的技术基础。根据 2011 年数据，上海外高桥第三发电有限责任公司的供电效率为 44.5%，供电煤耗为 276.02 g/kW·h，均已处于世界先进水平。通过对标和改进设计技术，国内火电集团和设计院借鉴国内外先进经验，对 600℃、一次再热超超临界燃煤机组技术的系统及设备进行了优化，并开展了工程化设计工作。与早期设计的 600℃、一次再热超超临界燃煤机组相比，2017 年设计的机组供电效率提高了 3.59%，供电煤耗降低了 22.6 g/kW·h。

2）近期正在快速发展的 600℃、二次再热超超临界燃煤机组技术，其中涉及一种汽轮发电机组新型布置技术。国内 600℃、二次再热超超临界燃煤机组技术处于示范和前期推广阶段，已有数台机组投入运行。在该技术的研发中，一个核心问题在于：随着火电机组初参数的提高，对高温管道材料的要求越来越高，极大程度影响了火电机组投资。因此，减少高温通道的用量成为该技术的一个研究重点。国内的一项实用新型专利"一种新型汽轮发电机组"提出了新思路。根据该专利的设想，汽轮机发电机组采用双轴，高低压轴系采用高低位错落布置，高压轴系布置在靠近锅炉出口联箱附近的高位，这样可以大幅度的减少高温管道的用量，使机组效率进一步提高。

3）未来需要重点探索的 650℃ 和 700℃ 超超临界机组设计技术。650℃ 超超临界机组设计技术的开发是由于 700℃ 机组的核心技术——超级镍基合金部件的商业化开发存在技术障碍和成本高的问题。因此，立足于现有超超临界技术，在 650℃ 机组上采用最新的耐高温材料（如铁镍基合金 G115、HR6W、GH984G、Sanicro25 等）并尽可能减少昂贵的镍基合金的使用，在控制机组造价成本的基础上，使机组发电热效率有望达到 50% 或更高。

目前，国外一些公司和研究机构已经着手研究开发 650℃ 等级机组和相关材料。国内一些发电集团［如神华国华（北京）电力研究院有限公司、中国华能集团有限公司〕及设计院、材料研究机构和主机制造厂也开始着手这方面的研究工作。

2010 年 7 月 23 日，国家能源局组织成立了"国家 700℃超超临界燃煤发电技术创新联盟"。该联盟的宗旨就是通过对 700℃超超临界燃煤发电技术的研究，提高我国超超临界机组的技术水平，实现 700℃超超临界燃煤发电技术的自主化。2011 年 6 月 24 日，国家能源局组织开展科研项目"700℃超超临界燃煤发电关键设备研发及应用示范研究"。

总体来看，我国 700℃超超临界机组设计技术仍处于设备研发及应用示范研究阶段。

## 7.3.2  燃煤工业锅炉

解决工业锅炉煤炭清洁燃烧问题主要有三个有效途径：一是通过集中供热替代；二是通过分选加工改善用煤质量；三是采用先进锅炉技术。

集中供热替代技术主要包括热电联产、区域锅炉房供热。主要优势包括：提高能源利用率，热电联产综合热效率可达 85%，区域锅炉房的大型供热锅炉的热效率可达 80%~90%；有条件安装高烟囱和烟气净化装置，脱硫除尘效率可达 90% 以上；减少工作人员及燃料、灰渣的运输量和散落量，降低运行费用，改善环境卫生；易于实现科学管理，提高供热质量。近几年，我国集中供热发展较快，集中供热量占我国供热总量的 30% 左右。

分选加工改善用煤质量的技术主要包括分选煤、动力配煤和固硫型煤。我国煤炭分选加工工艺发展迅速，技术成熟可靠。燃煤工业锅炉燃用分选煤+动力配煤，锅炉运行效率达 80%；燃用固硫型煤热效率可达 75%。分选煤+动力配煤硫分在 0.7%，灰分在 18% 左右。工业锅炉燃用分选煤除尘率按 90% 计算，$SO_2$ 排放质量浓度在 1059 $mg/m^3$，烟尘排放质量浓度在 133 $mg/m^3$。以固硫型煤固硫率 30%~40%、硫分 0.8%、灰分 28% 的型煤为例，工业锅炉燃用固硫型煤除尘率按 90% 计算，$SO_2$ 排放质量浓度在 535 $mg/m^3$，烟尘排放质量浓度在 50 $mg/m^3$。配套污染物脱除装置，可满足超低排放的要求。

先进的燃煤工业锅炉技术主要包括：①节能型低排放循环流化床工业锅炉。循环流化床锅炉（CFB）燃烧技术具有氮氧化物原始排放低，可实现在燃烧过程中直接脱硫，且具有燃料适应性广、燃烧效率高和负荷调节范围宽等优势，已成为我国煤炭洁净燃烧方向的重要炉型。我国具有完全自主知识产权的流态重构循环流化床工业锅炉技术，通过提高床质量、减少床存量、增加循环量等方式，极大降低了风机能耗并减少了粗床料对燃烧室的磨损，通过重整炉内氧化还原气氛，实现氮氧化物的超低排放与低钙硫比下的高炉内石灰石脱硫效率。

不在尾部烟道安装烟气脱硫装置以及 SNCR 脱硝装置的情况下，$SO_2$、$NO_x$ 等污染物原始排放浓度能够控制在 50 mg/m³ 以下，实现 CFB 超低排放。循环流化床锅炉能够通过挖掘自身优良的环保性能，降低锅炉自身的原始排放，适应我国严格的环保要求。②水煤浆锅炉。水煤浆是一种由 35% 左右的水、65% 左右的煤以及 1%~2% 的添加剂混合制备而成的新型煤基流体洁净环保燃料。水煤浆既保留了煤的燃烧特性，又具备了类似重油的液态燃烧特性。水煤浆外观像油，流动性好，储存稳定，运输方便，燃烧效率高，污染排放低。国内燃用水煤浆实践证明，1.8~2.1 t 水煤浆可替代 1 t 燃油，因此水煤浆在量大面广的工业锅炉中替代油气燃料有很好的前景。另外，冷凝式锅炉、半煤气流动燃烧锅炉等工业锅炉在我国都有一定的发展空间，也应予以关注。水煤浆锅炉的优点是锅炉 $SO_2$ 初始排放值低。缺点是由于水煤浆中含有约 30%（质量比）的水，所以锅炉烟气中有大量水蒸气排出，降低锅炉热效率；锅炉运行可靠性较低，容易出现燃烧器堵塞、炉内结焦等问题；制备燃料对水资源需求较大；在北方地区，要考虑水煤浆在制备、输送过程中的防冻问题。

燃煤工业锅炉建议的技术发展方向和路线如下：

1）国家应采取强有力的政策措施，大幅度增加投入和监管，加大集中供热、燃用分选加工煤推广力度，进行节能减排。工业锅炉只需经过简单改造即可燃用分选煤和配煤，适用范围较广，可广泛适用于采暖、供热、供汽等。区域锅炉房供热范围可大可小，能灵活适应负荷的变化。城市中心企业及热电联产管网覆盖不了的区域适宜发展区域锅炉房供热。

2）大力推广高效燃煤工业锅炉技术。在政府主导、政策支持及灵活的体制机制的基础上，大力推广节能效果好、系统热效率高、污染排放低的高效燃烧装置和技术，加快淘汰分散燃煤小锅炉。鼓励企业使用节能型低排放循环流化床锅炉、与可再生能源相结合的电加热锅炉等清洁高效燃煤工业锅炉技术；推动工业锅炉向大型化、智能化发展，提高自动化水平，实现煤炭清洁高效利用和节能减排。

## 7.3.3　民用散煤

民用散煤领域的主要技术发展方向包括以下几个方面。

（1）推广民用洁净型煤及配套技术

民用散煤多为高硫、高灰、低热值的劣质煤炭，直接燃烧，低空排放，对空气环境质量危害极大。推广洁净型煤和兰炭的使用是散煤治理方面的有效做法。洁净型煤是以低硫、低灰、高热值的优质无烟煤为主要原料，加入固硫、黏合、助燃等有机添加剂加工而成的煤制品，具有清洁环保、燃烧高效、使用简单等特点。兰炭又称为半焦，是无黏性或弱黏性的高挥发分烟煤在中低温条件下干馏热解得到的较低挥发分固体炭质产品，具有低灰、低硫、低磷、低铝、高固定炭比、高活化性和高比电阻率的特性，直燃直排情况下即可达标排放。

在推进民用洁净型煤生产和利用的同时，应加强型煤固硫剂技术、引火型煤技术等配套技术的研发。型煤固硫剂技术通过添加固硫剂能够减少型煤燃烧过程中硫氧化物的排放，引火型煤技术能够提高居民对炉具操作的便利性，并减少秸秆和木材的使用量和燃烧污染。

根据洁净型煤的燃烧特性，加大对型煤配套炉具的研发。由于洁净型煤的尺寸规格相同、在炉内透气性好，其燃烧特性与无烟煤块煤和烟煤块煤略有不同，在现有无烟煤炉具技术的基础上，有必要开发型煤配套专用炉具。同时，实行节能环保型煤采暖炉具产品认证，加强炉具生产市场监管，扩大节能环保型煤采暖炉具的推广和应用。

（2）发展解耦燃烧技术

解耦燃烧炉分为热解室和燃烧室。煤首先被加入热解室中在缺氧条件下热解，生成热解气和半焦；然后分别进入燃烧室燃烧，以达到抑制 $NO_2$ 排放的目的。由于加煤不会影响到燃烧室的运行工况，进入燃烧室的又是高温的半焦和热解气，所以可在燃烧室内维持一个高温的燃烧区使燃料燃尽，相对传统炉解耦燃烧炉的 $NO_x$ 排放减少 30%~40%。若使用优质煤并配套新型高效除尘脱硫设备，解耦燃煤锅炉的二氧化氮、二氧化硫和烟尘等污染物排放指标可达到超低排放标准。此外，解耦燃煤锅炉燃烧稳定，燃尽率高，排烟温度和过量空气系数低，相对传统炉节煤量可达 20%~30%。

民用散煤领域的主要建议如下：

1）建议国家相关部委联合形成散煤治理领导小组，定期定向对地方工作进行指导、监督，及时了解问题，高效应对；增加中央下发大气污染防治专项资金总量，扩大资金地区和项目覆盖面，加强监督，保证专项资金使用的透明、高效。

2）地方政府因地制宜研究制定散煤清洁化治理行动方案。政府着力于散煤治理整体规划、标准制定、监测监管，各部门间从型煤生产、销售、使用全链条形成权责分明、高效链接、互相监督的工作体系，加强第三方监督；因地制宜制定散煤治理方案，包括推广使用优质煤、洁净型煤，拓宽洗选动力煤市场，推动煤改电、煤改气；推动电热联动，充分利用工业余热；推动城镇一体化、农村家用电气化、建筑节能和取暖新能源替代，结合扶贫资金使用大力推广太阳能、风能等。

3）深入推进优质煤/洁净型煤集约化生产、销售、使用。细化补贴实施、监管、奖惩办法；政府通过招投标选择、特许经营方式，与煤炭供应企业签订保供合同并加强监管；加快引进推广优质煤/洁净型煤技术工艺流程，建立集中生产配送系统，包括生产配煤中心、供应网络、农村配送体系、先进民用炉具供应平台等。

4）推广民用洁净型煤、解耦燃烧技术等清洁燃烧技术。加快推进洁净型煤、兰炭替代散煤，既是大气污染防治、改善生态环境的重要举措，也是提高煤炭资源利用效率、推进经济社会可持续发展的有效途径。大力推广解耦燃烧炉具，不仅可以有效降低农村或城郊散煤燃烧污染物的排放，而且还能大大提高广大农民以及城郊居民的生活质量，并助推新农村建设。

## 7.3.4 先进燃煤发电深度节水技术

### 1. 褐煤取水技术

我国有丰富的褐煤资源，已探明的褐煤查明资源储量达 1300 多亿 t，占全国煤炭储量的 13%。但是由于褐煤具有水分大、能量密度低等特征，大量的水分在燃烧汽化的过程中吸收大量热量，使得锅炉效率大大降低。因此，燃褐煤发电机组具有能耗高、厂用电率大、供电煤耗低、污染物排放量大等缺点。

为提高燃褐煤机组整体效率，降低发电煤耗并且减少其污染物排放，一项研究提出了"高效褐煤发电系统"。这是一种基于高水分褐煤预干燥提质及回收技术的火力发电系统，在电厂热力流程中增设采用汽轮机回热抽气的蒸气褐煤干燥装置和干燥尾气热能废水回收系统，提高褐煤的能量密度和锅炉效率，减少汽轮机冷端损失，以达到提高褐煤机组的整体效率、降低发电煤耗并减少污染物排放的目的。

### 2. 烟气水回收技术

火电厂的主要耗水用户包括开放式循环冷却水、闭式辅机循环冷却水、工艺用水和生活用水等方面。在采取了空冷技术及用水循环再利用等节水技术或措施的基础上，火电机组的水量流失主要体现在石灰石-石膏湿法烟气脱硫系统中烟气携带走的水蒸气，这部分水蒸气量占湿法脱硫系统用水的 80% 以上。烟气中水蒸气的回收潜力较大，足以满足和补充火力发电机组的部分电厂用水。因此，烟气水回收技术成为燃煤火电机组节水技术新的突破口。

烟气水回收技术的典型技术为烟气冷凝水回收技术，其基本原理是通过热交换器冷却烟气，使烟气中的水蒸气冷凝形成液体水，从而释放烟气中水蒸气的汽化潜热，凝结水经疏水器收集获得冷凝水。

目前，国内的烟气冷凝水回收技术已开始工程示范与施工建设，预计经过示范工程后，可将耗水指标降低 0.04 $m^3/s \cdot GW$；烟气膜法水回收技术仍停留在研究及装置实验阶段。

## 7.3.5　CCS/CCUS 技术

### 1. $CO_2$ 捕集技术

当前常用的 $CO_2$ 捕集技术可分成三大类：燃后捕集技术、富氧燃烧技术和燃前捕集技术。

燃后捕集技术。燃后捕集技术就是从燃烧生成的烟气中分离 $CO_2$，主要包括化学吸收法、物理吸附法、膜分离以及低温分馏等技术。燃后捕集是一种很好的方式，因为它不影响上游燃烧工艺过程，并且不受烟气中 $CO_2$ 浓度影响，适合所有的燃烧过程。自 2007 年 12 月，华电北京热电厂建成我国第一个燃煤电厂燃后捕集示范项目以来，我国已经建成多个示范工程项目。

富氧燃烧技术。富氧燃烧技术是用高纯度的氧代替空气作为主要的氧化剂燃烧化石燃料的技术。它在保留原来的发电站结构的基础上，把深冷空气分离过程与传统燃烧过程结合起来，使烟气中 $CO_2$ 浓度可达 80% 或更高，再经过提纯过程可以达到 95% 以上，从而满足大规模管道输送以及封存的需要。富氧燃烧技术已在世界范围内成为研究和发展的主题，国内外已建成多套试验装置和系统，中国、美国和英国等国家均在积极开展示范工程，但还没有一家大规模全流程的富氧燃烧 CCS 示范电站建成。目前来看，制约富氧燃烧技术发展的最大瓶颈在于制氧设备投资和成本太高，而近期出现的一些新的制氧技术，如变压吸附、膜分离等技术，可望大幅度地降低制氧成本，但这些新技术尚未成熟，没有大规模的商业应用。

燃前捕集技术。燃前捕集技术主要是指燃料燃烧前，将碳从燃料中分离出去，参与燃烧的燃料主要是 $H_2$，从而使燃料在燃烧过程中不产生 $CO_2$。该技术主要优点是 $CO_2$ 浓度较高，捕集系统小、能耗低，主要缺点是系统较为复杂，其应用的典型案例是整体煤气化联合循环系统（Integrated Gasification Combined Cycle，IGCC）。自 20 世纪 80 年代中期开始运行第一台 IGCC 电站以来，现在全世界已建、在建和拟建的 IGCC 电站近 30 套。我国现已具有较多套 300 MW 级容量 IGCC 机组的汽化炉设计及建设经验，以及配 200 MW 级及以下容量 IGCC 机组汽化炉设计、建设、运行等业绩。另外，在津临港区建设的 250 MW 的 IGCC 发电机组已于 2012 年 11 月投产发电。

### 2. $CO_2$ 运输技术

$CO_2$ 运输技术主要包括以下三类技术：

1）罐车运输技术。用罐车运输 $CO_2$ 的技术目前已经成熟，而且我国也具备了制造该类罐车和相关附属设备的能力。罐车分为公路罐车和铁路罐车两种。公路罐车具有灵活、适应性强和方便可靠的优点，但是运量小、运费高且连续性差。铁路罐车可以长距离输运大量 $CO_2$，但是除考虑到当前铁路的现实条件，还需考虑在铁路沿线配备 $CO_2$ 装载、卸载以及临时储存等相关设施，势必大大提高运输成本，因此目前国际上还没有用铁路运输的先例。

2）船舶运输技术。从世界范围看，船舶运输还处于起步阶段，目前只有几艘小型的轮船投入运行，还没有大型的用于运输 $CO_2$ 的船舶。但是必须注意到，当海上运输距离超过 1000 km 时，船舶运输被认为是最为经济有效的 $CO_2$ 运输方式，运输成本将会下降到 0.1 元/(t·km) 以下。

3）管道运输技术。由于管道运输具有连续、稳定、经济、环保等多方面优点，而且技术成熟，对于 CCS 这样需要长距离运输大量 $CO_2$ 的系统来说，管道运输被认为是最经济的陆地运输方式。但是，由于海上管道建设难度较大，建设成本较高，因此目前还没有用于 $CO_2$ 运输的海上管道。

从 $CO_2$ 运输技术的整体发展上看，国外已有 40 多年商业化 $CO_2$ 管道输送实践，积累了丰富的输送经验。国外管道输送的主要做法是将捕集到的气态 $CO_2$ 加压至 8 MPa 以上，提升 $CO_2$ 密度，使其成为超临界状态，避免二相流，便于运输和降低成本。目前，全球约有 6000 km 的 $CO_2$ 运输管线，每年运输大约 5000 万 t $CO_2$，其中美国有 5000 多 km 的 $CO_2$ 运输管线（见表 7-1）。

表 7-1　世界主要 $CO_2$ 长输管道情况

| 管　　道 | 管道地点 | 运行者 | $CO_2$ 输量 /(百万 t/年) | 长度 /km | 完成 时间 | $CO_2$ 来源 |
|---|---|---|---|---|---|---|
| Cortez | 美国 | KinderMorgan | 19.3 | 808 | 1984 | McElmoDome |
| Sheep Mountain | 美国 | BP 美国石油公司 | 9.5 | 660 | – | Sheep Mountain |
| Bravo | 美国 | BP 美国石油公司 | 7.3 | 350 | 1984 | Bravo Dome |
| Canyon Reef Carriers | 美国 | KinderMorgan | 5.2 | 225 | 1972 | 汽化厂 |
| Val Verde | 美国 | Petrosource | 2.5 | 130 | 1998 | Val Verde 气体厂 |
| Bati Raman | 土耳其 | 土耳其石油 | 1.1 | 90 | 1983 | Dodan 油田 |
| Weyburn | 美国和加拿大 | 美国北达科他州汽化公司 | 5 | 328 | 2000 | 汽化厂 |
| NEJD | 美国 | DenburyResources | —— | 295 | | |
| Transpetco Bravo | 美国 | Transpetco | 3.3 | 193 | | |
| Snøhvit | 挪威 | StatoilHydro | 0.7 | 153 | 2008 | |
| West Texas | 美国 | Trinity | 1.9 | 204 | | |
| Este | 美国 | ExxonMobil | 4.8 | 191 | | |
| Central Basin | 美国 | KinderMorgan | 11.5 | | | |
| 总计 | | | 49.9 | 2582 | | |

在利用管道输送 $CO_2$ 时，最重要的问题是控制上游气源的含水量符合管道输送要求，同时要做好 $CO_2$ 泄漏检测的报警，有条件时可采用音波泄漏检测系统，实时检测管道的泄漏点。在高压泄放时，要防止人员冻伤。考虑 $CO_2$ 对橡胶的溶解性，清管器密封圈以及阀门和泵类密封材料都要选择强度高的橡胶材料。

对于 $CO_2$ 输送成本，点对点式 $CO_2$ 输送管道在初始阶段建设成本较低，经济性高于管网式，但随着运营时间延长和规模增加，管网式 $CO_2$ 输送管道的成本会大幅下降，更适于大规模 CCS/CCUS 技术应用。

我国 $CO_2$ 输送以陆路低温储罐运输为主，尚无商业运营的 $CO_2$ 输送管道，只有几条短距离试验用管道。如大庆油田在萨南东部过渡带进行的 $CO_2$-EOR 先导性试验中所建的 6.5km $CO_2$ 输送管道，用于将大庆炼油厂加氢车间副产品的 $CO_2$ 低压输送至试验场地。目前，我国有关 $CO_2$ 运输技术研究刚刚起步，与国外相比，主要技术差距在 $CO_2$ 源汇匹配的管网规划与优化设计技术、大排量压缩机等管道输送关键设备、安全控制与监测技术等方面。

### 3. $CO_2$ 利用技术

$CO_2$ 利用技术主要包括 $CO_2$ 地质利用技术、$CO_2$ 化工利用技术以及 $CO_2$ 生物利用技术。

$CO_2$ 地质利用是指将 $CO_2$ 注入地下，利用地下矿物或地质条件生产或强化有利用价值的产品，且相对于传统工艺可减少 $CO_2$ 排放的过程。目前，$CO_2$ 地质利用技术主要包括如下：$CO_2$ 强化石油开采技术，即将 $CO_2$ 注入油藏，利用其与石油的物理化学作用，以实现增产石油并封存 $CO_2$ 的工业过程；$CO_2$ 驱替煤层气技术，即将 $CO_2$ 或者含 $CO_2$ 的混合气体注入深部不可开采煤层中，以实现 $CO_2$ 长期封存同时强化煤层气开采的过程；$CO_2$ 强化天然气开采技术，即注入 $CO_2$ 到即将枯竭的天然气气藏底部，将因自然衰竭而无法开采的残存天然气驱替出来从而提高采收率，同时将 $CO_2$ 封存于气藏地质结构中实现。$CO_2$ 增强页岩气开采技术，即利用 $CO_2$ 代替水来压裂页岩，并利用 $CO_2$ 吸附页岩能力比 $CH_4$ 强的特点，置换 $CH_4$，从而提高页岩气开采率，并实现 $CO_2$ 封存的过程。

$CO_2$ 化工利用是指以化学转化为主要特征，将 $CO_2$ 和共反应物转化成目标产物，从而实现 $CO_2$ 的资源化利用。目前，已经实现了 $CO_2$ 较大规模化学利用的商业化技术主要包括但不限于如下技术：$CO_2$ 与甲烷重整制备合成气技术，即在催化剂作用下，$CO_2$ 和 $CH_4$ 反应生成合成气（CO 和 $H_2$ 的混合物）的过程；$CO_2$ 经 CO 制备液体燃料技术，即将 $CO_2$ 裂解成 CO 和 $O_2$，并与后续成熟技术衔接合成各类液体燃料或化学品的过程；$CO_2$ 加氢合成甲醇技术，即在一定温度、压力下，利用 $H_2$ 与 $CO_2$ 作为原料气，通过在催化剂（铜基或其他金属氧化物催化剂）上加氢反应催化转化生产甲醇；$CO_2$ 合成碳酸二甲酯技术，即指以 $CO_2$ 为原料，在催化剂的作用下，经过直接或间接甲醇来合成碳酸二甲酯的系列技术。

$CO_2$ 生物利用技术是指以生物转化为主要特征，通过植物光合作用等，将 $CO_2$ 用于生物质的合成，从而实现 $CO_2$ 资源化利用。当前，$CO_2$ 生物利用技术还处于初期发展阶段，其研究主要集中在：微藻固定 $CO_2$ 转化为生物燃料和化学品技术，即利用微藻的光合作用，将 $CO_2$ 和水在叶绿体内转化为单糖和氧气，单糖可在细胞内继续转化为中性甘油三酯（TAG），甘油三酯酯化后形成生物柴油；微藻固定 $CO_2$ 转化为生物肥料技术，即利用微藻的光合作用，将 $CO_2$ 和水在叶绿体内转化为单糖和氧气，同时丝状蓝藻能将空气中的无机氮转化为可被植物利用有机氮；微藻固定 $CO_2$ 转化为食品和饲料添加剂技术，即利用部分微藻的光合作用，将 $CO_2$ 和水在叶绿体内转化为单糖，接着将单糖在细胞内转化为不饱和脂肪酸和虾青素等高附加值次生代谢物；$CO_2$ 气肥利用技术，即将来自能源、工业生产过程中捕集、提纯的 $CO_2$ 注入温室，增加温室中 $CO_2$ 的浓度来提升作物光合作用速率，以提高作物产量的 $CO_2$ 利用技术。

$CO_2$ 矿化是近年来提出的 $CO_2$ 封存方法，主要利用地球上广泛存在的橄榄石、蛇纹石等碱土金属氧化物与 $CO_2$ 反应，将其转化为稳定的碳酸盐类化合物，从而实现 $CO_2$ 减排。该技术的优点：一是可规避 $CO_2$ 地质封存的各种风险和不确定性，从而保证了 $CO_2$ 末端减排技术的经济性、安全性、稳定性和持续性；二是 $CO_2$ 矿化量大，若将地壳中 1% 的钙、镁离子进行 $CO_2$ 矿化利用，按 50% 转化率计，可矿化约 $2.56×10^7$ 亿 t $CO_2$，可满足人类约 8.5 万年的 $CO_2$ 减排需求；若再利用钾长石（总量约为 95.6 万亿 t），理论上可再处理超过 3.82 万亿 t $CO_2$。因此，$CO_2$ 矿化是实际可行的大规模减排并开发利用 $CO_2$ 的有效办法。该技术的缺点是常温常压下，矿物与 $CO_2$ 反应速率相当缓慢。因此，提高碳酸化反应速率成为矿物储存技术的关键。

国外一些研究人员开发了基于氯化物的 $CO_2$ 矿物碳酸化反应技术、湿法矿物碳酸法技术、干法碳酸法技术以及生物碳酸法技术等，实验结果均不是很理想。国内中石化与四川大学合作开发了 $CO_2$ 矿化磷石膏（$CaSO_4 \cdot 2H_2O$）技术，采用石膏氨水悬浮液直接吸收 $CO_2$ 尾气制硫铵，已建设 100 $Nm^3/h$ 尾气 $CO_2$ 直接矿化磷石膏联产硫基复合肥中试装置，尾气 $CO_2$ 直接矿化为碳酸钙，使磷石膏固相 $CaSO_4 \cdot 2H_2O$ 转化率超过 92%，72 h 连续试验中尾气 $CO_2$ 捕获率为 70%。

其反应式如下：

$$2NH_3 + CO_2 + CaSO_4 \cdot 2H_2O \rightarrow CaCO_3 \downarrow (固) + (NH_4)_2SO_4 + H_2O$$

该技术在国内外率先提出低浓度尾气 $CO_2$ 直接矿化磷石膏联产硫基复肥与碳酸钙的一步法新工艺，以氨为耦合媒介，将含 $CO_2$ 的烟气与磷石膏转化耦合，把烟气中 $CO_2$ 转移到磷石膏悬浮液中，并通入氨气使之形成气-液-固三相循环流化转化过程，半成品料浆经后续加工可得到硫基复肥-硫铵（$(NH_4)_2SO_4$）和沉淀碳酸钙（$CaCO_3$）两种产品。

磷石膏是生产湿法磷酸过程中形成的废渣，每生产一吨湿法磷酸产生 5~6 t 磷石膏废渣，我国每年产生磷石膏废渣 5000 万 t 左右，每年需新增堆放场地 2800 $km^2$。由于磷石膏中含有少量磷、氟等杂质，这些杂质会通过雨水流到地下水或附近流域，因此磷石膏长期堆放，不仅占用大量土地，而且会因堆放场地处理不规范对周边环境产生污染，更严重会产生溃坝事件。另一方面，我国缺乏硫资源，每年需要进口大量硫磺以维持磷复肥生产。开发利用磷石膏制取硫酸铵和碳酸钙技术，不仅可以解决磷石膏废渣综合利用问题，而且制取的硫酸铵可作为肥料，副产的碳酸钙可以作为生产水泥的原料。

$CO_2$ 矿化磷石膏制硫铵技术的创新点是利用废治废、提高 $CO_2$ 和磷石膏资源化利用的经济性，从而实现工业固废矿化 $CO_2$ 联产化工产品。此技术改变了传统"捕集+封存"的低碳路径，通过对含 $CO_2$ 气体的直接化学利用，消除了 $CO_2$ 捕集和封存的耗费和风险，将低碳的经济性和可靠性得以最大化。同时，此技术通过将废弃的磷石膏转化为有用的硫胺和碳酸钙，有助于消除磷石膏堆放对土地的占用和环境的污染。

### 7.3.6 煤电废物控制技术

#### 1. 煤电废气控制技术

（1）除尘技术

目前，燃煤电厂广泛采用的除尘技术包括电除尘技术、电袋复合除尘技术和袋式除尘技术。我国燃煤电厂主要采用电除尘技术，截至 2016 年年底，配置电除尘器的燃煤机组约占全国燃煤机组总容量的 68.3%，布袋及电袋复合除尘器比例上升速度很快。我国应用的主流技术主要包括低低温电除尘、电除尘器新型高压电源及控制技术、袋式除尘器、电袋复合除尘及湿式电除尘。其中，除湿式除尘器外，上述技术在一定条件下，可以满足烟尘排放浓度达到 20 mg/m³、30 mg/m³，甚至 10~15 mg/m³ 或者更低。

（2）脱硫技术

燃煤电厂主要通过采用高效石灰石-石膏湿法烟气脱硫装置来控制二氧化硫。针对二氧化硫控制新要求，我国燃煤电厂采取了湿法脱硫工艺的"新技术"，例如采用新型喷嘴、喷淋层优化布置、增设托盘、性能增强环等，采用了上述技术后脱硫效率可提升至 98% 以上，但是此类技术尚未突破本身范畴。此外，针对含硫量较高的煤种，单塔双循环技术以及串级吸收塔技术同样可满足工艺要求，使脱硫效率达到 99% 以上。

（3）氮氧化物控制技术

长期以来，我国火电厂所采用的低 $NO_x$ 排放技术措施主要是"低 $NO_x$ 燃烧+选择性催化还原技术（SCR）"，极个别电厂采用"低 $NO_x$ 燃烧系统+选择性非催化还原技术（SNCR）"或"低氮燃烧+SNCR+SCR"。随着"超低"排放概念的提出，我国部分电厂针对燃煤烟气脱硝也已经采用了相关低 $NO_x$ 燃烧控制技术。

该技术通过采用（炉内）低 $NO_x$ 燃烧系统+（炉外）多层高效催化剂的方式大幅降低 $NO_x$ 排放，炉内部分主要采取低 $NO_x$ 燃烧器配合还原性气氛配风系统，降低 SCR 入口 $NO_x$ 浓度，炉外部分主要通过增加催化剂填装层数或者更换活性更强的催化剂的方式最终实现 $NO_x$ 的大幅减排。目前为止，脱硝技术没有创新性技术，主要依赖增加催化剂来实现更低的 $NO_x$ 排放浓度。

（4）大气汞控制技术

目前，燃煤汞排放的控制技术主要有如下 3 种：

1）燃烧前控制。通过洗选煤减少汞含量，达到减少燃煤汞排放的目的。目前我国燃煤洗选的比例仍低于西方国家。

2）燃烧中控制。可将烟气中元素态汞转化成氧化态汞，从而利于后续非汞污染物控制设施的吸附和捕集。主要技术包括煤基添加剂技术、喷射技术、低氮燃烧技术、流化床燃烧技术等。

3）燃烧后控制。燃烧后控制分为协同控制技术和脱汞技术两类技术。其中，协同控制技术，即利用现有的非汞污染物控制设施（如脱硝、除尘和脱硫设施）对汞的协同控制作用，降低汞的排放。该技术是目前控制汞排放最经济、最实用的技术。脱汞技术，即基于现有非汞污染物控制设施的协同控制作用，通过添加剂的氧化、吸附、洗涤、螯合及络合等作用，实现更高的汞脱除效果。

**2. 煤电废水控制技术**

火电厂化学废水中含有多种有害物质，会对周围水源甚至生态环境造成破坏，因此需要对电厂废水进行处理才能排放，以下为集中几种常见的煤电废水控制技术。

（1）脱硫废水处理

根据脱硫废水（一般由石灰石-石膏湿法脱硫装置产生）水质特点，首先利用消石灰进行处理，可以将废水中大部分重金属离子以氢氧化物沉淀的形式去除，同时，消石灰也可起到絮凝剂作用，然后投加有机硫化物除去废水中的重金属离子。脱硫废水其他处理方式包括以下几种：

1）排入渣水系统。常规处理后的脱硫废水排入电厂水力排渣系统，废水中的重金属与碱性的渣水发生反应，但废水中的氯离子对渣水系统的金属管道有腐蚀作用。

2）烟道气蒸发。脱硫废水经过雾化处理后喷入烟道，利用高温烟气使废水中的蒸发结晶，并在除尘器中随烟尘一起脱除，但部分废水中的污染物还会随着烟气排入大气，同时该方法对除尘系统会产生一定腐蚀。

3）反渗透。常规处理后的脱硫废水，经过微滤（MF）预处理后进入反渗透系统，该方法处理分离出来的净水水质较好，但是过程中产生的浓水仍不好处置。

4）蒸发结晶。常规处理后的脱硫废水，再使用苏打水对其进行软化处理，使废水中的 CaCl 和 MgCl 转化为 NaCl，$CaSO_4$ 转化为 $Na_2SO_4$，软化过程产生的碳酸钙可返回脱硫吸收塔循环使用。软化后的废水进入蒸发结晶系统进行蒸发和结晶，结晶盐可作为副产品进行销售。

（2）化学水处理工艺废水处理

化学水处理工艺废水主要是离子交换设备在再生和冲洗过程中，会外排部分含有大量酸碱以及有机物的再生废水。目前许多电厂常用中和池来处理再生过程中所排放的废酸、废碱液。但这种方法运行效果不太理想，排水的 pH 值不稳定，中和时间过长，能耗、酸碱耗量高。目前，国内已有很多电厂将中和池废水引入冲灰系统，排入冲灰管路，由灰浆泵直接排至灰场。

（3）工业冷却水排水

根据工业冷却排水水质特点，由于水中的油大部分呈乳化状，需先通过投加破乳剂进行破乳处理，接着通过气浮将游离油和悬浮物进行去除。

（4）预处理站排泥水处理

根据预处理站排泥水水质特点，由于该类废水主要悬浮物含量超标，通过浓缩、脱水方式去除水中悬浮物，其中的滤液再返回如澄清池，而产生的泥饼运往灰场。

（5）含油废水处理

电厂中含油废水主要来源于油罐区及燃油泵房冲洗和雨水排水、油罐脱水，主要采用重力分离（隔油）、气浮、吸附过滤方法处理，处理后的水可排放或回收利用，油可回收。

（6）含煤废水处理

含煤废水主要指煤场及输煤系统排水，包括煤场的雨水排水、灰尘抑制和输煤设备的冲洗水等。国外电厂处理煤场排水的工艺流程一般如下：从煤场雨排水汇集来的水，先进入煤水沉淀调节池，然后泵入一体化净水设备，同时加入高分子凝聚剂进行混凝沉淀处理，澄清水排入受纳水体或再利用，沉淀后的煤泥用泵送回煤场。

（7）灰渣（冲灰）水处理

灰渣水一般采用酸碱中和、稀释、炉烟处理和灰渣水回收闭路循环等方法，使其 pH 值符合排放标准。同时，需改进电厂设置灰池、提高灰场管理水平，以使其悬浮物不超标。

**3. 煤电固废控制技术**

燃煤发电的过程中会产生固体废料，其中主要包括粉煤灰、脱硫石膏等，主要技术包括如下几方面。

（1）粉煤灰综合利用技术

粉煤灰可用于生产建筑材料、生产筑路材料、作为回填材料、农业以及提取高价值产品等。

（2）脱硫石膏综合利用技术

脱硫石膏主要应用于如下方面：水泥缓凝剂、石膏建材、改良土壤、回填路基材料等。

#### 4. 技术发展方向

在大气污染物控制方面，基于当前处于国际领先水平并持续改进的电除尘、袋式除尘和电袋复合除尘技术，以石灰石-石膏湿法为代表的脱硫技术，以低氮燃烧技术和选择性催化还原法为主的氮氧化物控制技术，到 2030 年左右，研发应用高性能、高可靠性、高适用性、高经济性的电除尘技术（如绕流式、气流改向式、膜式、烟尘凝聚、超细粉尘捕集等）、袋式除尘技术、电袋复合除尘技术、脱硫技术（主要为以区域划分的资源化脱硫技术、水资源缺乏地区的干法脱硫技术）、氮氧化物控制技术（低氮和低温脱硝为主），以及多污染协同控制技术，同时，规模采用重金属控制技术。到 2050 年左右，以更高性能、更经济性的新型污染物控制技术和多污染协同控制技术为主流发展方向。

在废水控制方面，在所有经常性废水中，脱硫废水成分复杂，具有高浊度、高盐分、强腐蚀性及易结垢等特点，采用国内外传统处理工艺，处理后出水水质盐分含量仍会很高，尤其氯离子含量基本不变，且不能复用，处理技术要求相对较高。如何实现该废水以及其他高盐废水的零排放，同时降低能耗，是电厂废水控制技术的主要发展方向。对于有废水零排放需求的电厂，脱硫废水的常规处理+预处理+烟道气蒸发，以及在部分电厂实施的常规处理+预处理+蒸发结晶是主流的应用技术。

在固废控制方面，由于粉煤灰和脱硫石膏属于大宗固体废物，其主要以大宗利用为主，同时结合技术研发进展，推广应用粉煤灰分离提取碳粉、玻璃微珠等有价组分和高附加值产品技术，脱硫石膏用于超高强 α 石膏粉、石膏晶须、预铸式玻璃纤维增强石膏成型品、高档模具石膏粉等高附加值产品生产技术。推动废物资源化利用产业链延伸，逐步形成区域循环经济。

## 7.4　煤炭清洁技术体系

### 7.4.1　重点领域

围绕煤的清洁燃烧利用问题，我国 2050 年前的重点领域简述如下。

1）提高煤电效率：以高效超超临界技术为主攻方向，持续提高煤炭燃烧发电的能源效率。

2）煤电灵活调峰：和可再生能源协同；在提高效率的同时，提高灵活性。

3）发展绿色煤电：实现煤电废气、废水、固废超低或近零排放，促进煤电深度节水，推进煤电低碳化技术攻关。

4）优化终端燃煤：在控制工业锅炉和民用散煤的燃煤使用规模的基础上，迅速提高燃煤工业锅炉的能效和排放性能，大力提升民用散煤的煤质和利用水平。

## 7.4.2  关键技术

### 1. 提高煤电效率

1）在目前高温材料的基础上，自主开发和应用参数为 600℃/610℃/620℃，单机容量为 1000 MW 级的二次再热超超临界机组。

2）开发 650℃ 及 700℃ 机组耐热合金材料，对 650℃ 及 700℃ 机组的关键部件进行试验验证，开发 650℃ 及 700℃ 机组的主要设备和辅助设备，建设 650℃ 及 700℃ 超超临界机组示范工程，全面掌握 650℃ 及 700℃ 超超临界机组技术。

### 2. 煤电灵活调峰

充分利用储能、系统优化和信息、网络技术进步，开发能够进行深度、快速变负荷和能维持清洁高效运行的，适应灵活调峰要求的新一代调峰保障型煤电机组。

### 3. 发展绿色煤电

废气排放控制：发展更高性能、高可靠性、高适用性、高经济性的控制技术，大力发展多污染协同控制技术，实现一种技术对多种污染物的协调控制，促进重金属和三氧化硫控制技术的规模化采用。

废水排放控制：重点研发脱硫废水减量处理、分盐和干燥新技术，实现脱硫废水低成本、低能耗处理及综合利用；创新推广高浓缩倍率下循环水补水预处理工艺，研发循环水排污水电化学和膜处理结合工艺回用技术。

固废排放控制：以大宗粉煤灰和脱硫石膏高利用、生产高附加值产品为主要技术方向。推动废物资源化利用产业链延伸，逐步形成区域循环经济。

煤电深度节水：持续发展和完善空冷发电技术，大力开发和应用干除灰、干除渣技术、辅机空冷技术及烟气水回收技术（或燃褐煤火电机组褐煤取水），大幅降低煤电耗水指标。

CCS/CCUS 技术：①发展低成本、低能耗、高性能的 $CO_2$ 捕集技术，推进燃烧后捕集技术的推广，燃烧前捕集技术的工业示范，大型富氧燃烧捕集技术的研发等；②发展和建设规模化、网络化的 $CO_2$ 运输管道，建立并完善相关标准体系，健全安全控制技术体系；③攻克 $CO_2$ 规模化埋存、利用技术，包括 $CO_2$ 地质利用的源汇匹配优化技术和区域示范，$CO_2$ 化学转化制取合成气、甲醇、聚氨酯等新产品技术的研发和工程示范；不断探索和发展新型 $CO_2$ 生物利用技术，实现第二代技术的商业化和第三代技术的工程示范。

**4. 优化终端散煤利用**

在推进工业锅炉煤改气、改电、改可再生能源的基础上，大力推广清洁高效燃煤工业锅炉技术，提高自动化水平，探索发展解耦燃烧技术。

在大规模替代民用散煤的基础上，积极发展低成本、洁净的优质型煤以及燃具技术，研发应用先进的煤质、燃具的检测、监测技术。

# 7.5　煤炭清洁技术发展路线图

煤炭清洁利用整体技术发展路线图如图 7-1 所示。

各个重点技术所对应技术发展路线图如下。

**1. 提高煤电效率的技术路线和关键技术**

2030 年前后，完成 600℃/610℃/610℃ 二次再热超超临界汽轮发电机组新型布置示范项目并推广应用；完成 650℃ 超超临界机组示范工程建设，并推广应用 650℃ 超超临界机组；在完成 700℃ 机组耐热合金性能评定研究工作及主机关键部件试验验证工作的基础上，完成 700℃ 超超临界机组示范工程建设。

2050 年前后，全面掌握高效 700℃ 超超临界机组技术并推广应用。

**2. 煤电灵活调峰的技术路线和关键技术**

2020 年前后，通过增设储热系统，实现电力生产和热力生产的解耦运行，能够显著提升热电机组的调峰能力，从而缓解可再生能源消纳困境。对于纯凝机组和已进行热电解耦的供热机组，可通过挖掘机组潜力，以及电厂的运行调试、设备优化和控制系统优化，降低锅炉最小稳燃负荷、减少机组出力，在一定程度上解决电力调峰问题。

2030 年前后，通过加大投资力度、采取更进一步的灵活性优化措施，进行机组的启动优化、负荷率提升能力优化，提高机组低负荷下的运行效率，使燃煤火电机组能够更为灵活地应对电力调峰问题。

2050 年前后，实现耦合 CCS/CCUS 技术的煤电灵活调峰技术的商业化。

**3. 绿色煤电技术发展路线图**

2030 年前后，对于燃后捕集技术，在工程示范的基础上实现醇胺法捕集技术商业化推广，完成热钾碱法捕集技术突破，并进行工程示范。对于富氧燃烧技术，实现污染物排放及在大型空分工艺能耗降低的基础上，积极开展大型富氧燃烧捕集技术示范，进一步评价技术的可行性和经济性。对于燃前捕集技术，通过新技术研发和耦合新能源工艺流程的优化，形成低成本、低能耗、高性能燃烧前捕集技术，并进行工业示范。全面掌握产业化技术能力，输送管长达到 1000 km

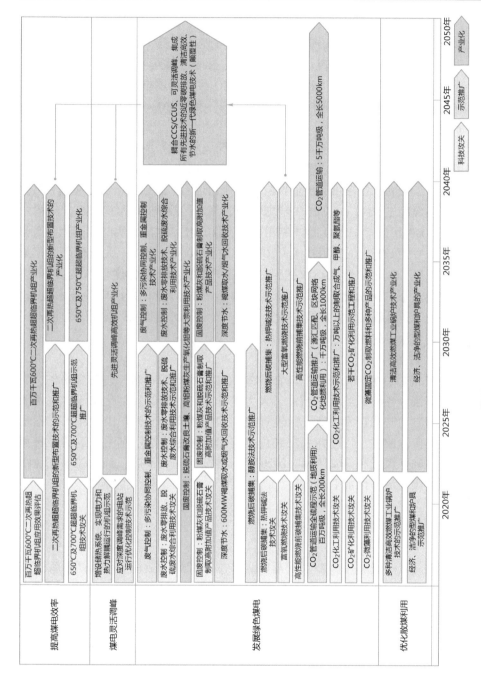

图7-1　煤炭清洁利用整体技术发展路线图

以上，成本控制到 70 元/t，年输送能力超过 1000 万 t。对于 $CO_2$ 地质利用技术，完成源-汇匹配优化研究及规划，开展区块先导试验示范工程建设。对于 $CO_2$ 化工利用技术，加大 $CO_2$ 化学转化制取合成气、甲醇、聚氨酯等新产品技术的研发，建立万吨以上化工利用工程示范。对于 $CO_2$ 生物利用技术，以微藻固碳为重点，建立若干 $CO_2$ 生物利用的规模化能源农场，利用 $CO_2$ 增强生物质液体燃料、化工品等生物能源产出。

2050 年前后，对于燃后捕集技术，形成低成本燃烧后捕集技术体系并商业化应用。对于富氧燃烧技术，实现超超临界富氧燃烧技术规模化应用。对于燃前捕集技术，达到成熟应用，工业推广，商业化运营。全面推广实施应用 $CO_2$ 输送技术，建设超过 5000 km 的 $CO_2$ 输送管道，成本控制到 70 元/t 以下，年输送能力超过 5000 万 t。对于 $CO_2$ 地质利用技术，实现技术推广，实施规模化、商业化的项目。对于 $CO_2$ 化工利用技术，2030 年建立 10 万 t 级以上大规模产业化工程示范，开展 $CO_2$ 化学转化制取能源、化工产品技术产业化优化与装备研发；2050 年建立完整的 $CO_2$ 化工应用与产品体系，形成商业化推广应用技术能力，进行 $CO_2$ 化工利用新技术大规模工业化推广。对于 $CO_2$ 生物利用技术，应用推广以微藻固碳为重点的先进 $CO_2$ 生物利用技术。

### 4. 优化散煤利用技术发展路线图

2020 年前后，加快全面推广清洁高效燃煤工业锅炉技术，包括煤粉炉、流化床、水煤浆等各种工业锅炉技术，大力提升工业锅炉的自动化水平，包括能效和排放的自动监测技术。建设解耦燃烧技术在燃煤工业锅炉中应用的工程示范。加快推广低成本、洁净的型煤和炉具技术，并尽快推广应用先进的检测和监测技术，确保煤质和排放达标。2020 年后继续商业化推广，持续提高工业锅炉和民用散煤的洁净化水平。

## 7.6　结论和建议

从清洁煤炭燃烧利用所涉及的超临界技术、燃煤工业锅炉、民用散煤、煤电深度节水技术、CCS/CCUS 技术和煤电废物控制技术 6 类技术的发展现状和国内外对比看，我国在超超临界、煤电深度节水和废物控制、$CO_2$ 捕集的一些技术领域已处于世界先进甚至领先的水平。然而，即便在上述优势领域，也仍有部分技术和关键设备需要进一步研发或改进。与此同时，在燃煤工业锅炉、民用散煤和 $CO_2$ 运输、利用技术等方面，亟待缩小与国外技术发展的差距。

虽然本章研究涉及了煤炭燃烧利用的众多技术和若干问题，但为了突出重点，重点解决好煤炭清洁燃烧的问题，下面凝练了 5 条战略建议。

**1. 加强宣传，使全社会充分认识到煤炭对于我国能源安全的基础性作用**

虽然天然气和非化石能源的发展日益受到重视，但煤炭仍然是我国最为经济、稳定和可靠的，能够长期保障国家能源安全和维持整个能源系统稳定运行的基础性能源。当前，在雾霾天气频发和全球应对气候变化等严峻挑战下，煤炭被普遍认为是污染和碳排放的罪魁祸首，并引发了众多地区和领域的"去煤化"行动。但所谓过犹不及，这一定程度上并不利于国家能源的安全和稳定。

虽然长远来看，降低煤炭在我国一次能源中的比重是大势所趋，但在当前乃至较长的时间段内，煤炭仍是我国的主体能源。即便是以油气为主要能源的美国，在倡导天然气和可再生能源发展的同时，也始终坚持推进煤炭清洁技术的研发，以此保障国家能源安全。此外，对于未来可再生能源的大规模发展来说，我国煤炭也将长期作为支撑和维持整个能源系统稳定运行的中坚力量，不可或缺。

因此，建议国家通过各种媒体，加大对煤炭清洁燃烧战略意义的宣传力度，使全社会充分认识到煤炭对于我国能源安全的基础性作用，形成对煤炭相关问题更为全面和系统的认识，避免过度"去煤化"和"谈煤色变"可能带来的潜在重大风险，持续重视煤炭清洁燃烧的技术发展。

**2. 规划引领，切实提高煤炭用于集中发电和供热的比重**

在煤炭燃烧利用的各种途径中，大规模发电和供热最有利于集约化高效和清洁利用煤炭。平均意义上而言，民用散煤的污染排放因子是工业排放的数倍，燃煤工业锅炉的污染排放因子又是煤电厂的数倍。其核心问题在于，煤炭是一种适合规模化生产、输送和利用的集中式能源，从高效清洁角度应提倡集中利用而不是分散利用。

相对而言，民用散煤的利用最为分散、单独利用规模最小，最难以实施环保措施和实现环保监管；燃煤工业锅炉其次，尤其是中小燃煤工业锅炉也具有规模小、利用分散和难以环保管控的特点；煤电相对最为集中，相对最易于实施严格的环保措施和全面的环保监管。因此，提高煤炭用于集中发电和供热的比例是实现煤炭清洁燃烧的基本战略途径，应通过五年规划的约束性指标加快提高煤炭用于集中发电和供热的比重。

纵观欧美等发达国家，煤炭用于集中发电和供热的比重都在80%上下，美国更高达93%。因此，建议通过五年规划约束目标的引领，使煤炭用于集中发电和供热的比重2030年达到65%以上，2050年达到75%甚至更高，从用煤结构上保障清洁化，并促进煤电的技术进步。

**3. 加快在中小型燃煤工业锅炉中应用一批新型循环流化床技术，从源头控制工业燃煤污染**

燃煤工业锅炉高污染排放的一个重要原因，是100 t/h以下的中小锅炉数量巨大、分布广泛，而这些中小锅炉出于经济性的原因，普遍使用品质较差的原煤并缺乏环保措施。对这些锅炉实施环保管控的难度较大，其原因在于一是难以全面统计和监管，二是增加的运行和燃料成本可能导致用户难以承受，环保效果也难以持续。

目前，新型的循环流化床锅炉已经可以实现在炉内燃烧阶段就实现烟气排放的低硫、低氮，后续只需安装简易的除尘设备就可实现全面清洁环保、达标排放，并适用于大多数原煤，包括劣质高硫煤。因此，基于该技术，可通过相对简易的工程措施和不需改变煤种，就实现低监管要求的、稳定可靠的燃煤工业锅炉清洁化，较为经济地缓解这部分分散式燃煤的污染问题。

因此，建议在燃煤工业锅炉领域，迅速推广一批新型循环流化床技术，从烟气排放的源头就遏制住工业的分散式燃煤污染。

**4. 加快在民用散烧领域推广一批优质型煤和专用炉具，减少民用源的分散式污染排放**

在民用散烧煤领域，煤炭单独利用规模相对最小、分布最为分散，原煤尤其劣质煤的使用也十分广泛，采用炉内燃烧技术和环保措施实现劣质煤的清洁利用最为困难。因此，比较现实的主要出路还是从煤质的源头上想办法。

基于优质低硫煤，通过团聚制作型煤，或采用低温热解工艺制取兰炭等清洁煤制品，可以从源头上遏制污染的产生，加强型煤固硫剂技术、引火型煤技术等配套技术的研发。但同时，应根据洁净型煤的燃烧特性，加大对型煤配套炉具的研发并加强炉具生产市场监管。因此，应以优质型煤的推广为突破口，重点建立优质型煤的生产、运输、配送、利用和服务一体化的专业化体系，迅速在民用散烧领域推广一批优质型煤和炉具，以较小的经济代价和贴合用户需求的办法，实现这部分煤炭的清洁燃烧。

**5. 重视基础研究，加快推进一批面向未来的绿色煤电技术颠覆式创新的国家重点研发专项**

从煤炭清洁燃烧的长远可持续发展角度来看，发展绿色煤电是主要出路，但必须同时兼顾提高煤电效率、实现废物近零排放、深度节水和切实降低碳排放，以及改善调峰性能等多重要求，同时还需要保障经济性。从目前现实的工程技术基础看，很难较为经济地同时实现可持续煤电的多重目标。

但展望将来，新型材料、储能技术和信息网络技术等活跃领域正不断产生创新成果和技术突破，为彻底改观煤电的基本原理和性能提供了可能。因此，建议国家以颠覆式创新、长期可持续煤电为导向，广泛征集各个前沿领域的思想和技术进展，设立一批向未来的绿色煤电技术颠覆式创新的国家重点研发专项和相关自然科学、社会科学的基础研究重大项目，为未来煤电技术的根本转型打下坚实的理论和方法基础。

# 第8章　水能技术方向研究及发展路线图

本章主要针对水能技术的方向及发展路线图进行具体研究，包括水能利用技术概述、水资源开发与利用技术发展方向、环境友好型水能利用发展路线、水能技术的研发体系、水能技术的应用和推广。

## 8.1　水能技术概述

水电是技术成熟、运行灵活的清洁低碳可再生能源，具有防洪、供水、航运、灌溉等综合利用功能，经济、社会、生态效益显著。经过多年发展，我国水电装机容量和年发电量已突破 3 亿 kW 和 1 万亿 kW·h，形成了包括规划、设计、施工、装备制造、输变电等在内的全产业链整合能力，建成了世界最高碾压混凝土重力坝龙滩水电站（最大坝高 216.5 m）、世界最高面板堆石坝水布垭水电站（最大坝高 233 m）、世界最高双曲拱坝小湾水电站（最大坝高 294.5 m），坝工技术迈入世界领先水平。在引进消化国外技术基础上，实现了 70 万 kW 级水轮发电机组国产化，并已成功应用于三峡、龙滩、拉西瓦等水电站，形成了具有国际竞争力的水电设备制造能力，并以打捆招标和技贸结合的方式，引进并掌握了 30 万 kW 级抽水蓄能机组的装备制造技术，并已广泛应用于抽水蓄能电站建设中。

我国流域水电规划全面开展，为适应西部水电开发的需要，开展了大渡河干流以及乌江、金沙江干流部分河段等水电规划修编和调整工作，启动了怒江上游、雅砻江上游、那曲河、通天河、雅鲁藏布江中游和下游等水电规划，继续完善怒江中下游水电规划方案，开展了金沙江虎跳峡河段、长江干流直宾至重庆河段开发方案论证工作。为适应抽水蓄能电站的发展，以省、区、市为单元，全面启动了抽水蓄能电站选点规划，已完成福建、海南、安徽、广东等省选点规划工作。移民环保工作不断创新，国家修订了移民安置法规，提高了水库淹没补偿标准，完善了后期扶持政策，加大了后期扶持力度，彻底扭转了重工程、轻移民的思想，积极探索先移民后建设的水电开发新方针，初步形成了多渠道、多途径安置移民的工作思路，开展了对淹没土地实行长期货币补偿的移民安置工作试点，移民工作更加科学合理、规范有序。水电开发环境保护意识全面提升，在流域规划和电站建设中高度重视河流生态系统维护、保护区协调、珍稀动植物保护等工作，全面开展河流水电规划环境影响评价，加强环境友好型水电技术研究，重点开展了分层取水、过鱼设施、养繁殖等技术研究和工程应用，已初步形成水电建设环境保护技术标准体系。

我国水电"走出去"战略取得了积极进展，在继续积极参与国际水电建设的同时，加强了与周边国家水能资源开发的合作。发挥技术优势积极参与发展中国家水电建设，承担了哥伦比亚、几内亚、塞拉利昂等国家部分流域水电规划，承建了苏丹麦洛维、马来西亚巴贡等大型水电站，投资建设了柬埔寨甘再、印度尼西亚阿萨汉一级、缅甸瑞丽江一级等水电站；坚持互利互惠，加强了与周边国家水电开发合作，建立了缅甸恩梅开江、迈立开江及伊洛瓦底江、丹伦江部分河段的合作开发机制，开工建设了缅甸其培、柬埔寨额勒赛等水电站。通过加强国际合作，已与 80 多个国家建立了水电规划、建设、投资合作关系。水电已成为我国具有国际竞争力的行业。

2017 年，全球水电装机容量约为 10 亿 kW，年发电量约为 4 万亿 kW·h，开发程度为 26%（按发电量计算），欧洲、北美洲水电开发程度分别达 54% 和 39%，南美洲、亚洲和非洲水电开发程度分别为 26%、20% 和 9%，经济发达地区水能资源开发已基本完毕，南美洲、亚洲和非洲水电开发程度普遍较低。我国水电开发程度为 40% 左右（按发电量计算），与发达国家相比仍有较大差距，如瑞士开发程度达到 92%、法国为 88%、意大利为 86%、德国为 74%、日本为 73%、美国为 67%，部分国家还有较广阔的发展前景。今后全球水电开发将集中于亚洲、非洲、南美洲等资源开发程度不高、能源需求增长快的发展中国家。

预测到 2050 年，全球水电装机容量将达到 20.5 亿 kW；我国水电装机容量将达到 6.7 亿 kW，年发电量达到 24050 亿 kW·h，水电开发程度为 86%，抽水蓄能电站的装机容量达到 1.6 亿万 kW。

## 8.2　水能技术发展现状

### 8.2.1　国外水能技术发展现状

#### 1. 高坝和抗震

大坝是水电站重要建筑物的组成部分。据不完全统计，目前国外建成的 200 m 以上的高坝已有 33 座，在建的还有 14 座。不少高拱坝地处强地震区，大坝抗震成为突出问题。大坝抗震的一个重要方面是场地的设计谱参数。随着地震记录不断丰富，对于大坝场地设计谱的研究主要集中在场地放大系数和近场设计谱的研究。美国开展了下一代地震衰减关系，对反应谱下降段衰减系数进行了修正；对于近场地震利用随机有限断层法等进行了高精度精确模拟。对于结构抗震采取的主要措施有配置抗震钢筋、设置接触缝等方式。

**2. 碾压混凝土坝预制构件使用**

大坝建设中大型廊道、电梯井、闸室等细部构件的浇筑对混凝土浇筑面的影响较大，通常会降低浇筑效率。为解决这个问题，日本大坝工程中心从 2001 年开始尝试在浇筑混凝土大坝时使用预制混凝土构件。使用预制混凝土构件可以解决对于特殊技能工种的需求，减少填筑大坝时的负担，缩短建设周期。如在大滝大坝 1675 m 的廊道中使用了 1486 m 的预制廊道，缩短了 1/5 工期；笛吹大坝利用预制方法简化混凝土浇筑流程，缩短了 30 天工期。

**3. 碾压混凝土坝层间浇筑优化和快速筑坝**

随着科学技术的不断发展，大坝修建中使用碾压混凝土的技术、材料以及施工工艺也得到了不断的发展，人们对于碾压混凝土的性能也有了一定的了解，这使得在进行大坝设计施工的时候，碾压混凝土被大量运用于其中。如果不对碾压混凝土界面采用特殊措施，就会导致层间接合的成熟度达到最大化，进而使得层间接合的强度降低，且还会使得层间的渗透性达到最低。缅甸耶涯大坝通过混凝土原料、拌和输送、大坝建设等的密切配合和协调，使碾压混凝土界面保持在最优状态。

**4. 大坝检测和老坝修复**

（1）水下检测和摄影

法国利用小型潜艇进行此项工作，型号有 Sou-coupe S. P. 350 和 Sous-marin Moana Ⅲ 两种，前者可在水下 350 m 工作，移动速度为 1.5 km/h；后者可在水 400 m 工作。还制成水下摄影设备（ASTROS 200），检测大坝坝面裂缝。

（2）老坝的水下修复

美国德沃歇克重力坝坝高 219 m，坝面发生裂缝，最大开度为 1.65 mm。修复方法是将两条长的尼龙加劲乙烯树脂薄片（厚为 0.508 mm，宽为 4.57 m）由潜水员用钢丝绳吊专门的钢架下水放在坝面上，再用冲击枪将它贴上，并以间距 1.52 m 的盖板（长 1.52 m，宽 1.52 m，厚 3.18 mm）钉上。另外，西班牙埃尔可塔扎拱坝，坝高 134 m，坝面裂缝发生在 85 m 的深水处，它采用"饱和潜水"法进行水下操作。

**5. 水力发电机组**

在传统水电方面，其研究手段上，数值分析与试验研究并重，大量采用先进测量和流场显示技术，如激光多普勒测速技术（Laser Doppler Velocimetry，LDV）、粒子图像测速技术（Particle Image Velocimetry，PIV）技术的应用，使内流实验更为精确，在揭示复杂流动机理方面发挥了越来越大的作用；更加侧重研究高性能水电机组多目标智能优化设计，研究水力机组的空化、空蚀、磨蚀与多相流，水电机组的振动、流激振动与稳定性，水电机组运行控制系统和水电机组智能状态监测与故障诊断。

在小水电方面，小水电发展与周围生态环境友好，其以美国和欧洲为主要代表，研究鱼类通过水轮机下行过坝损伤机理，鱼友型水轮机设计准则、鱼类过机伤害机理和鱼友型水轮机生物设计准则、基于生物设计准则的鱼友水轮机设计理论及关键技术、鱼友型水轮机过鱼模型试验及伤害比尺效应、水轮机过机鱼的损伤率和存活率及有关因素等。

在抽水蓄能电站机组研究方面，研究变速抽水蓄能技术及高水头大容量机组运行稳定性。包括抽水蓄能变速机组在电力系统优化调度技术，抽水蓄能变速机组控制系统、保护系统技术，抽水蓄能变速机组的交流励磁系统控制技术，抽水蓄能变速机组参与电网有功调节技术，变速抽水蓄能与风电、光伏等间歇性电源的协同控制技术以及变速抽水蓄能与分布式电力系统和微电网的协同控制技术。

## 8.2.2 国内水能技术发展现状

### 1. 大型水电发展

大型水电发展以葛洲坝水电站为开始，三峡水电站为高潮，在乌东德、白鹤滩水电站建成后将告一段落，已在 70 万 kW 级机组研制、300 m 级别高坝设计、超大型地下厂房设计、复杂输水系统过渡过程分析、巨型输水系统结构设计等关键技术和相关科学问题上取得突破。

以广州、惠州、西龙池抽水蓄能电站为代表，后续有几十座大型抽水蓄能电站将陆续建成，已在 700 m 水头 30 万 kW 级可逆式机组研制、双向过流复杂输水系统布置、地下厂房洞室群三维分析、高压岔管和厂房振动、过渡过程与控制等工程技术和科学问题研究上达到国际先进水平。

超高水头水电站结合西南地区长距离引水式水电站开发，特别是雅鲁藏布江大拐弯水电站的规划；低水头电站结合江河中下游径流式水电站开发。面临的挑战是在世界上前所未有，亟须开展超高水头超大容量冲击式机组水电站、大容量高水头贯流式机组水电站的机组、系统、结构、调度、控制方面的关键技术和科学问题研究。这一阶段也是今后大水电发展重点之一。

### 2. 小水电的发展现状

绿色小水电是解决农村用电、促进边远山区扶贫开发和环境保护的清洁能源，具有微网、无坝、结构简单、维护费用低、生态副作用小的优点。截至2020 年年底，我国小水电已达 0.8 亿 kW，占整个水电 1/4 左右。据联合国千年发展目标，2030 年，15 亿人有待实现电气化。但我国的小水电发展还存在很多问题，包括安全生产标准低、机组老化、运行效率低、微水头水能资源开发不充分、自动化水平低以及水电增效扩容改造任务重。

### 3. 高坝建设

近年来，我国水电工程建设取得了举世瞩目的成就，一批高坝工程设计建设和安全运行，标志着我国坝工技术整体上达到了国际先进水平。我国高坝大库大多位于西部地区，高坝坝址地形地质条件复杂，不良地基及滑坡崩塌体处理难度大，大坝及电站厂房等水工建筑物布置困难。我国西部地区为强地震区，高坝设计地震烈度高，强震对高坝大库的安全影响至关重要，高坝抗震安全问题突出。

我国高坝大库工程在高坝大库工程设计、高坝大库工程施工、高坝大库运行管理以及水库泥沙淤积问题方面仍存在很多问题。

### 4. 环境影响

水利工程不仅改变了河流的自然状态，水文节律与泥沙通量变化显著，而且改变了河流的连通性，江湖关系变化的问题凸显，具体表现：水电工程改变了生态环境，对水生动物及农业等产生不利影响；水库蓄水后，可能引发地质灾害；河道泥沙变化对航运及下游堤防产生不利影响。

### 5. 调度管理

我国已建成各类水库 9 万余座，长距离调水工程众多，水利工程多目标、多利益主体综合调度及流域水资源一体化管理缺乏有效的理论与技术支撑。但是在单座电站优化调度、梯级电站联合优化调度运行和跨流域水库群的调度管理方面，水资源利用效率与效益未能得到充分发挥。

### 6. 大坝环境影响评估

从规划、项目建设等阶段分析大坝建设对生态环境的影响。从三个层次开展研究工作：开展我国大坝建设与生态环境影响系统调查；通过案例分析大坝建设对生态环境的敏感问题；提出生态友好的大坝建设与运行的生态准则。

## 8.3　水能技术发展方向

### 8.3.1　高水头大流量水资源开发利用

以雅鲁藏布江为代表的高水头、大流量水资源开发，水能资源十分丰富，同时开发技术难度大。雅鲁藏布江水电资源理论蕴藏量的 70% 集中在干流，干流上水电资源最富集的区段是大拐弯这一段，若进行开发利用将是世界上最大的水电站。

#### 1. 雅鲁藏布江水电开发面临的挑战

雅鲁藏布江大峡谷是世界上最深的峡谷，雅鲁藏布江自峡谷海拔最高处（非入口处）开始在南迦巴瓦峰山间绕行，此段全长 400 km，总落差超过

2000 m，形成几个大瀑布，释放出大量水能。水电专家称，如果对河流进行截弯取直，就可以使流量 2000 $m^3/s$ 的河流形成 2800 m 的落差，中国境内雅鲁藏布江水电开发计划总发电量为 65 GW，每年发电 3000 亿 kW·h。

雅鲁藏布江流域很多地区的荒漠化日益严重，由于堤坝建设和干旱的影响，上游很多草场都已不适于放牧。很多地区土地受到侵蚀，日喀则、曲松、泽当等地沙丘、荒漠不断扩张。气候正向干旱河谷地带的类型转变，沙地不断侵蚀牧场。环境恶化导致恶性循环，很多村庄被人遗弃，昔日繁荣已不复存在（见图 8-1）。

图 8-1　雅鲁藏布江源头的杰马央宗冰川

雅鲁藏布江流域亟须解决的问题包括调查气候变化对青藏高原的影响；调查青藏高原的生态价值及作用；调查地震等地质灾害的类型、工程项目的风险、防御极端气候灾害的措施，建立防灾减灾合作机制。

### 2. 巨型冲击式水轮机组研发

雅鲁藏布江的开发存在很多技术难题，今后具有自主知识产权的巨型冲击式水轮机组研发方向包括：异形、大尺寸、高水压、高应力工作状态下配水环管变形与疲劳；超高水头水轮机转轮主要参数选择；高压力、高流速工作状态下喷嘴结构参数的选择；高强度冲击条件下转轮水斗强度；更高级别冲击式水轮发电机组产品研发；高速泥沙对过流部件冲击。

（1）异形、大尺寸、高水压、高应力工作状态下配水环管变形与疲劳

通过应力与流场分析，进行配水环管结构改进；选用高性能材料并对其焊接结构、焊接工艺和水压试验进行研究。

（2）超高水头水轮机转轮主要参数选择

超高水头水轮机转轮主要参数包括 $D_1$（转轮节圆直径）、$d_0$（射流直径）、$m$（转轮特征值）、$Z_1$（水斗数）、水斗安放角等。

主要方法是归纳总结几十年研制高水头冲击式水轮机的经验和教训,并进行逐渐修正,通过 CFD 流场分析和有限元力学分析,使超高水头水轮机转轮通过转轮模型试验验证等。

(3)高压力、高流速工作状态下喷嘴结构参数的选择

选择喷嘴口径和流道参数,研究的主要方法是通过 CFD 流场分析,结合对高强度材料性能的研究、高强度材料焊接结构的研究和焊接工艺研究成果进行综合优化。

(4)高强度冲击条件下转轮水斗强度

研究的主要方法是通过有限元法进行应力分析,在保证水力性能前提下,改变水斗高应力区及水斗切水口形状;采用整体锻造及高位焊胚件整体数控加工,提高转轮材料性能以及转轮能量转换能力。

(5)研制更高级别冲击式水轮发电机组

通过转轮模型水力设计及试验技术研究、机组刚强度及稳定性技术研究、转轮耐疲劳性能研究、转轮整体锻造及高位焊水斗数控加工和测量技术、多喷嘴协联控制及最优模态研究等方法,研制机组水头达到 1500 m 左右、机组容量达到 120 MW 左右。

## 8.3.2  小水电开发与利用技术发展方向

### 1. 微水头水能资源开发与利用

微水头(水头在 2.5 m 及以下)水能资源在我国是极其丰富的,最保守估计都有千万 kW 数量级的资源量可供开发。然而小水电由于没有拦河坝或水库,流量调节能力差,受季节性降雨及灌溉争水等影响,来水情况不稳定,日发电量波动较大。

### 2. 需突破的关键技术

需突破的关键技术包括:水力优化设计,提高机组效率;降低单位千瓦投资;通过整装机组提高使用寿命;小水电与周围生态环境友好。

### 3. 与当地环境相适应的小水电开发

(1)阿基米德螺旋叶片水轮机

阿基米德螺旋转轮包括进水口和出水口,位于转轮内的叶片,其特征是相邻叶片间的流道为阿基米德螺旋流道,流道中沿流道方向有一条在转轮横截面上的投影为阿基米德螺旋线的线。

(2)水动力水轮机

海洋、江河及渠道里蕴含着丰富的水流动能,能量密度相对于风能要大 4 倍左右,开发潜力极大。水动力水轮发电机组可将水动能转换成电能,并能进

行阵列布置，形成"水下风电场"，获得可观的电能产量。

（3）虹吸式进口水轮机

虹吸式进水是一种利用虹吸原理，将上游压力前池的水流引入压力水管的特殊形式的进水。当机组发生故障过速或检修需切断压力水管水流时，只需将空气送入引水管驼峰段破坏压力水管真空，便能迅速、彻底地切断水流，使过速机组能在很短的时间内减速与停止转动，防止机组飞车和便于机组检修，其运用方便可靠，具有一般闸门进水无可比拟的控流功能。

（4）渠道水轮机

渠道水轮机是一种利用大型灌溉渠装水轮机发电新技术，其工艺过程包括：通过水库闸门把水放入大型灌溉渠，在渠中安装水轮机、水轮机上安装增速器，把转速提高到 2000 r/min 左右，再连接发电机，渠中每 30～50 m 距离安装一台，然后把发的电输入电网。渠道水轮机比风力发电、太阳能发电投资小、稳定、功率大，有巨大的节能减排作用，且不产生环境污染。

### 8.3.3　抽水蓄能技术发展方向

抽水蓄能在发达国家已有大量应用，装机比例普遍高于 5%。截至 2020 年年底，我国已投运的抽水蓄能装机规模为 31.79 GW，在建规模为 52.43 GW，仍需大幅提升抽水蓄能装机比例。风电、核电的大规模开发建设需要配套建设一批具有较好调节性能的抽水蓄能电站。随着国务院鼓励社会资本投资水电建设相关规定出台，抽水蓄能电站的开发热情和积极性持续高涨。

#### 1. 抽水蓄能关键技术

（1）水泵水轮机

关键技术包括：多工况、多目标控制参数方法，水轮机"S"区和水泵"驼峰"区流态控制和安全裕度设计，解决机组采用非同步导叶和进水阀参与调节导致的机组振动问题，实现机组双向稳定运行；提出小包角叶片和收缩型圆头翼型设计技术，解决水轮机与水泵两种流道相互适应的难题，使其更适合正反向流动特性；提出转轮水中动态响应计算模型和计算方程，解决水中动态频率精确设计的难题，避免与涡流及转频发生共振。

（2）发电电动机

攻克了发电电动机三大技术难题（见图 8-2），成功研制出高效、安全、稳定等综合性能最优的大型高速发电电动机。

（3）抽水蓄能变速机组-全功率变频变速技术

提出了全功率变频变速技术（见图 8-3），从服务电力系统、电站建设、机组运行三个方面改善了传统变速机组性能。

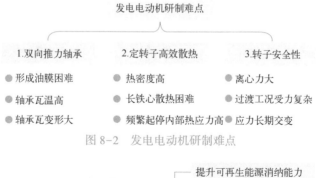

图 8-2　发电电动机研制难点

图 8-3　变速机组优势图

（4）转轮采用长短叶片技术

攻克了长短叶片转轮技术（见图 8-4），相比常规无短叶片混流式转轮，长短叶片水泵水轮机可提高抗腐蚀、抗空化性能，扩大高水头区域效率区间。东方电机有限公司研制的安徽绩溪水泵水轮机就采用了长短叶片。

**2．抽水蓄能研究方向**

抽水蓄能柔性控制技术主要包括：变速抽水蓄能技术；源网协调控制技术；抽水蓄能与其他能源协调控制技术；分布式抽水蓄能电站技术。

抽水蓄能工程建设技术包括：工程规划选点优化技术；工程设计优化技术；优化工程施工技术；施工质量控制、安全监测技术；工程造价控制优化技术；绿色施工与职业卫生防护技术；"五新"技术应用；设备安装调试技术。

抽水蓄能机电装备自主化技术包括：高水头 400MW 蓄能机组装备制造技术；抽水蓄能变速机组装备制造技术；高水头抽水蓄能主进水阀设计制造技术；抽水蓄能关键自动化元器件制造技术；海水抽水蓄能机组装备制造技术；国产

图 8-4　常规混流式转轮与长短叶片式转轮比较图

抽水蓄能机组优化技术。

抽水蓄能电站安全稳定经济运行技术主要包括：抽水蓄能电站（水电厂）运行控制技术深化；抽水蓄能电站（水电厂）远程调控及优化调度技术；抽水蓄能电站（水电厂）运维培训仿真技术；抽水蓄能电站（水电厂）智能故障诊断技术；抽水蓄能电站（水电厂）稳定运行技术；抽水蓄能电站（水电厂）水工建筑物运行维护技术；抽水蓄能电站（水电厂）经济运行技术。

新型抽水蓄能电站技术主要研究：海水抽水蓄能电站技术；适用于分布式能源的抽水蓄能电站技术；利用常规水电站水库进行抽水蓄能的电站建设技术。

基础共性技术主要研究：储能技术；全球能源互联网技术；信息通信及安全技术；物联网技术；安全质量控制技术；战略性前瞻技术。

决策支持技术主要包括：适应新能源政策与全球能源互联网需求的战略研究分析技术；新电改背景下的市场化改革与价格机制分析技术；适应公司治理现代化的企业战略决策支撑研究；研究新电改背景下公司综合计划管理体系及资源投入优化技术；抽水蓄能发展战略研究关键技术；适应能源互联网的智能化抽水蓄能战略研究关键技术；满足经营效率提升的抽水蓄能电站评价与投资策略关键技术。

重点跨领域技术主要包含：抽水蓄能电站（水电厂）智能化；基于"互联网+"基础的抽水蓄能电站（水电厂）运营管理；基于物联网、大数据及云计算的生产管理智能化技术；基于新型光电信息材料的设备传感测量技术的应用；机器人应用技术；无人机应用技术；电站灾害数值预测及应急处置系统。

### 8.3.4　鱼类友好型水轮机研究技术

#### 1. 存在的问题

（1）大坝建设对鱼类上下游通道的阻断

迄今，成年鱼上行过坝设施的研究已有 70 余年历史，取得了很大的成功，而泄放幼鱼设施的效果不理想，迄今还在不断探索改进。

（2）鱼类下行过坝

目前所有下行过鱼设施都会对鱼类产生一定程度的影响，且有些过鱼设施工程造价高、施工难度大，还可能影响水电站的发电量。事实上，无论采用何种下行鱼类过坝措施，都无法避免会有一部分鱼类随着水流进入水轮机。因此，降低水轮机对鱼类的伤害，提高鱼类过坝存活率，对水轮机及其流道进行改造十分重要。有研究表明，鱼类通过设计良好的水轮机的存活率要高于通过溢洪道的存活率。

**2. 鱼友型水轮机研究**

鱼友型水轮机研究方法包括通过 CFD 数值手段和清水模型试验获取水轮机内流场，根据流态分布、流动参数，结合鱼类损伤机理，判定水轮机的友好过鱼能力；通过过鱼模型试验和过鱼现场试验，采用真鱼、传感器鱼、模拟鱼等进行过鱼试验，获取流态分布和流动参数，测试试验鱼损伤率、损伤情况，分析损伤原因等。研究内容如下。

（1）ARL/NREC 鱼友型水轮机

设计目标：设计一种不同于混流式或轴流式水轮机的新型水轮机转轮，最大限度地降低过机鱼的损伤；新型水轮机过机鱼存活率高于 96%，效率至少为 90%。

设计思路：基于泵叶轮的形状，尽量减少叶片数，降低转轮叶片上压力随距离变化梯度，降低速度随距离变化梯度，尽量减小转轮和转轮室的间隙，尽量加大流道尺寸。

（2）Voith Hydro 鱼友型水轮机

混流式水轮机：①减少叶片数，加大流道尺寸；②采用较厚的叶片进口边，使转轮的效率和水头特性曲线更平坦；③降低导叶的悬臂，以消除产生有害涡流的间隙，增加导叶对转轮之间的距离，并使导叶与固定导叶对齐等。

轴流转桨式水轮机：①水轮机组高效无空化运行；②除去转子中心体、叶片和转轮室中环附近的间隙；③适当地布置固定导叶与活动导叶位置，以消除因撞击而使鱼受伤的可能性；④采用生物降解的润滑液、润滑脂和无润滑脂的活动导叶轴瓦，避免有害的污染物进入水中；⑤抛光所有的表面焊缝，以降低对鱼的擦伤等。

（3）最小间隙转轮

最小间隙转轮（MGR）的概念为，除结构上必需的间隙外，叶片与轮毂、叶片与转轮室之间无间隙或者间隙尽可能小。最小间隙转轮设计可以减小与间隙相关的碾磨、空化、剪切力及湍流所引起的过机鱼损伤。

轴流转桨式水轮机通过将轮毂体和转轮室的形状从圆柱体–球体–圆锥体改为整个球体，从而使叶片全部包入转轮室，消除轮毂体、叶片和转轮之间的间隙。

（4）美国瓦纳普姆水电站鱼友型水轮机

设计概念：降低转轮安装高程以改善空化性能；延长固定导叶以改善流态；活动导叶和固定导叶对齐、尾水管改型等。

最关键的设计：转轮叶片从 5 个改为 6 个，叶片长度变短，以便于采用全球型的轮毂体设计。所需要的装机容量通过增大转轮直径（由 285 in[①]增加到 305 in）和降低安装高程来保证。

格兰特县 PUD 采用 8850 尾幼鲑鱼进行了过机鱼存活率试验。试验表明，新水轮机过机鱼存活率的整体加权估值为 97.82%。

（5）最小间隙导叶

最小间隙导叶（MGGV）的应用可以完全取消导叶外伸结构，极大地减小流场中的剪切力区和导水机构下游区域的紊流，从而提高过机鱼的存活率。CFD 分析和模型试验都表明，采用传统导叶和最小间隙导叶，水轮机效率几乎没有改变。

（6）上流式水轮机

上流式水轮机将传统的向下出流式水轮机改为向上出流式，在设计思路中兼顾了环保因素和能量性能的需求，整个水轮机系统结构简洁、紧凑。采用向上开放式出流，无尾水管。这种尾水出流方式可以增加空气的溶入量，消除空化，从而避免剧烈的压力变化，减少由此引起的过机鱼损伤。应用竖直的压力平衡针阀取代导叶，减少了由机械碰撞引起的过机鱼损伤。

## 8.3.5　大坝建设全过程实时监控集成系统

### 1. 高坝施工质量实时监控系统集成理论与相关技术研究

针对高堆石坝、高混凝土坝施工质量实时监控与数字大坝系统的组成结构进行分解，在此基础上进行系统集成关键问题分析，建立施工质量实时监控与数字大坝理论体系；针对工程施工过程中出现的问题进行继承要素分析，建立高坝施工质量实时监控继承概念模型。

### 2. 大坝碾压质量实时监控系统与坝料上坝运输实时监控系统研究

基于实时监控系统资料和监控系统集成理论，建立施工质量控制指标体系，在此基础上建立控制目标函数，建立包含检测数据获取、传输和表现三个层次的技术集成模型，利用计算机三维图形技术，在网络环境下对上坝运输进行实时监控，并与工程管理软件集成，结合施工经验优化筑坝方案。

### 3. 高坝质量控制实时监控系统与数字大坝集成的实现和应用

基于理论研究，通过开放式的设计方案和集成化的设计开发模式，实现高

---

①　1 in = 0.0254 m。

坝施工质量实时监控与数字大坝系统的集成，实现大坝施工质量实时监控与质量、进度、安全、监测、地质等信息的集成管理；实现对大巴施工过程主要环节精细化、全天候实时监控分析，增强系统自动化程度。

## 8.3.6　大坝服役高精度仿真与健康诊断

随着我国水利基础设施全面建设和十大水电基地开发，水利水电工程的健康状态和安全问题日益突出，水利水电工程的安全问题将流域化、区域化。建立水利水电工程健康诊断的统一量化标准，实时诊断和评估工程的健康与安全状态，可以为工程运行维护提供科学依据，避免盲目使用有限的工程技术改造和补强加固资金，这不但关系到单座工程的安全运行问题，而且直接影响到整个流域，乃至整个经济区域的安全和发展。

其主要发展方向：水工结构工程损伤的检测和监测仿真系统；水工结构工程损伤的允许程度和整体安全影响机理研究；水工结构损伤转异特性和宏观效应分析方法；水工结构工程的健康诊断和寿命评估系统；水库蓄水后两岸裂隙地质体中水-力-温-岩多物理场动态演化过程及对谷幅变形的影响机制；考虑施工运行全过程、水流-应力-温度多场耦合作用的库-坝-基-水工作性态高置信度模拟、预警与调控技术；重力坝真实服役性态仿真分析技术；重力坝安全动态调控技术。

## 8.3.7　极端灾害下大坝风险调控

经过多年的水利建设，我国水工程体系已经初步形成，防洪抗旱减灾体系逐步建立，三峡、小浪底、南水北调工程等世界级水利水电工程先后投入运行，在高坝建设的指标和规模方面已跃升世界领先地位，筑坝技术跻身国际先进行列。尽管如此，我国人均库容、水能资源开发程度均远低于世界平均水平，水资源安全保障的工程支撑能力仍明显不足。考虑工程长期运行条件下的性态演变和极端条件影响，协同满足重大水工程建设运行安全和生态环境友好要求，成为水工程建设运行领域的技术发展方向。

主要发展方向：极端荷载枢纽建筑物动力响应特性与破坏机理研究；枢纽建筑物极端动力荷载易损性研究；极端条件枢纽建筑物安全风险与调控措施研究；极端条件枢纽应急调控关键技术研究。

## 8.3.8　水利水电开发对环境影响分析

### 1. 流域（或区域）生态环境承载力评价理论与方法

对生态环境承载力进行评价研究是科学制定水利水电规划的前提，应对其评价指标体系的建立开展研究，进而对生态环境承载力评价的理论与方法体系开展研究。

**2. 流域梯级开发的累积效应与累积影响评价技术与方法**

系统研究流域大坝建设开发对流域生态环境、自然环境及社会经济总体的累积影响；探索流域开发对环境影响的关键因素。从单一规划的角度看，大坝建设可能对生态环境产生较小的影响，但不同的开发活动的叠加，往往会产生加和效应或协同作用。累积影响评价是流域开发规划阶段必须考虑的问题，对流域开发利用累积效应评价技术方法体系开展研究，提出累积影响评价技术方法。

**3. 水利水电规划环境影响评价标准体系**

建立能够体现水利水电规划特点的规划环境影响评价技术标准体系，包括水利水电规划环境影响评价技术标准信息的采集、水利水电规划环境影响评价技术标准的国内外对比研究、水利水电规划环境影响评价技术标准体系的建立与完善。

**4. 水利水电规划环境影响评价技术集成**

开展水利水电规划环境影响评价关键技术综合集成研究，设计具有水利水电特色的规划环境影响评价技术方法与技术标准体系相结合的模式，对流域空间信息数据管理技术与规划环境影响评价方法库进行集成，对其关键技术开展研究。

**5. 水利水电工程的生态环境效应及对策**

研究水利水电工程建设所造成的水文情势变化的程度和方式及其对生物资源的影响，探讨水利水电工程作用与重要生物资源的生态水文学机制。针对主要受影响的种类和对其产生不利影响的关键因素，重点开展补偿技术研究；深入研究并确立大坝建设与水库（电站）运行的基本生态准则；利用水利水电工程建设时机，深入探索可持续发展的新型移民政策。

# 8.4 水能技术体系

## 8.4.1 重点领域

**1. 水情测报与水电联调优化调度系统**

（1）水情测报系统

自动调度系统：建立电网水调自动化系统，实现及时和正确的水库调度，保证电网的安全经济运行。

测雨雷达：采用测雨雷达，可以克服地面观察中由于降雨分布不均而引起的面雨量误差。

多种通信方式的选择：应根据水情预报站网规划，结合流域内地形交通等条件，对各种通信方式进行多方案技术经济比较。

运行体制选择：对不同的流域、不同的使用要求，应当选择与之相适应的工作体制。

新型传感器的开发：传感器能否稳定工作、准确检测水位、有效传输数据则成为水情自动测报的关键。

（2）水电站群水电联调优化调度系统

长、中、短期来水预报技术：开展水库的天然来水预报，以便合理安排水电站的发电计划，提高水量和水头的利用效率。目前主要开展中长期水文预报和短期来水预报。

水电计划调度技术：水电站发电调度计划根据调度期的长短可划分为长期、中期和短期。短期优化调度的主要任务是指长期经济运行已经分配给本时段输入能的基础上，将这些输入能在更短时段内进行合理分配，以此来确定水电站逐日或逐小时的负荷运行状态。而长期发电调度规则的研究多偏重于调度图和调度函数这两种调度方法。

实时调度及控制技术：为电网提供可靠电源、降低发电成本，为水电站自身稳定安全运行提供参考依据，减少水轮机组耗损，改善其性能和挖掘发电潜力。

电力市场水电调度技术：利用水力资源发电，将水火电纳入统一交易平台，共同竞价上网，已成为我国电力市场建设的重要内容之一。

**2. 水电站建设技术体系**

（1）大型地下厂房技术发展方向

施工期洞室开挖地质超前预报技术：即以地质分析、研究为中枢，将地质综合分析贯穿于隧道洞工程超前预报的全过程，把长期、中期、短期和临兆超前地质预报紧密结合于一体，实行地质–物探–水平钻探三结合，优化物探手段的综合超前地质预报技术系统。

复杂地质条件下大型地下洞室施工开挖衬砌及质量控制技术：基于岩体开挖轮廓爆破成缝力学过程，分析高地应区地下厂房岩体开挖程序和轮廓爆破方式比选原则，研究在对岩体开挖卸荷工程进行模拟时，在能反映卸荷状态下的岩体本构关系、力学参数、破坏准则以及计算软件的选取上更加合理，为工程提供经济可靠的设计施工方案。对结构的缺陷模型进行正演模拟，用于指导工程检测的探地雷达数据解释，积累经验和资料，提高无损检测判读的准确性和精度。

大型地下洞室围岩稳定监测反馈信息决策新技术：反馈分析方法能够预测真实岩体的变形及其他力学特性，指导设计、施工和加固措施，为工程的安全稳定提供保证。

大型地下洞室围岩稳定性分析和综合评价方法：地下洞室稳定性问题是一个复杂的非线性力学问题。地下洞室的稳定性分析可以从定性、定量及可靠度等方面考虑，主要包括洞室的整体稳定性分析和洞室局部块体的稳定性分析。

（2）精细边坡开挖技术

边坡勘测、监测新技术：基于边坡深部滑动面上滑动力变化的远程实时监测系统具有集加固、监测、控制和预报多项功能的独特优点，实践中取得了能准确预报滑坡的良好效果。

高边坡开挖料的全利用技术：工程开挖产生的土石料经分选后能够用作混凝土骨料或可用于大坝、围堰填筑的料物。

工程高边坡生态修复技术：施工开挖形成了许多裸露土坡和岩质边坡，使原有生态系统遭到破坏。需开发针对岩质边坡的绿化技术和方法，以收获较好的绿化效果。

高边坡综合治理技术：高边坡综合治理治理的方式可分为两类，即预防性处理和补救性处理，前者适合于潜在不稳定边坡，后者适用于正在变形破坏的边坡和已破坏的边坡。

工程边坡稳定综合分析方法：针对岩体结构和赋存条件的复杂性和多变形而提出的不确定系统理论，为岩体力学的研究寻找到新的方向，这将大大加快岩体力学与岩土工程的发展脚步。

（3）复杂环境条件下爆破开挖技术

随着我国水利水电项目建设的重心逐步转向西部，许多大型水利水电工程均坐落在大西南的高山峡谷地区，这些地区的边坡一般高而陡，地势险峻，地质条件差，开挖技术要求高。

复杂环境条件下的轮廓开挖控制爆破技术：对水利水电工程来说，质量良好的轮廓面至关重要，轮廓爆破技术逐渐开始应用，比较有代表性的是预裂和光面爆破技术。

地下工程开挖爆破设计仿真系统的开发：随着可编程图形硬件和绘制技术的不断发展，结合网络、爆破优化理论等技术，爆破设计仿真系统的模拟准确度和功能上还可进一步地增强和扩展，最终通过计算机技术实现爆破设计的系统化、标准化、自动化，以及管理实施的标准化，这是爆破设计仿真系统未来的发展方向。

精细开挖爆破成洞和锁口技术：精细爆破的核心即关键技术，主要包括4个部分，即定量化设计、精心施工、精细管理和实时监测与反馈。

开挖料符合坝体填料要求的全利用控制爆破技术：传统的土石方工程爆破中通常采用宽孔距、小抵抗线毫秒爆破技术，该项爆破技术无论在改善爆破质量，还是降低单耗、增大延米爆破方量方面都表现出巨大的潜力。

爆破对高边坡稳定影响的控制及动态稳定分析：研究爆破震动对高边坡稳定的影响，必须深入了解爆破震动的传播特性。应从爆源出发，分析爆破方案和爆破参数，以及爆破震动的监测成果，在分析的基础上对爆破中远区的震动影响进行定量研究，从而提出相应的爆破开挖方法和振动灾害控制技术，并进行验证。

（4）水工混凝土裂缝防止和处理方法

新建工程的混凝土裂缝防治方法仍然是水利工程甚至所有混凝土工程建设中最突显的、最不易解决的关键技术问题之一。同时，混凝土裂缝出现后的处理方法也是值得学术界给予特别关注研究的课题。

（5）高边坡和地下洞室的设计理论、方法及快速施工保障技术

随着我国水利水电工程建设的不断发展，以及西部大开发的不断深入、南水北调工程逐步实施，高坝、巨型地下洞室、超长度大洞径隧洞等水工结构越来越多。人工高边坡越来越高，地下洞室的埋深越来越大，跨度越来越大，所处的地质条件也越来越复杂。巨大的地应力、复杂多变的岩体断层和节理，以及无处不在的地下水，使得高边坡、地下水工洞室的工作条件极为复杂，不仅岩体材料具有连续-非连续性、非线性特征，而且其变形也具有非连续性和大变形的特点。

（6）水工新材料、新工艺、新技术研究

一些发达国家的主要贡献在于具有自主知识产权的研发成果及其工程成套技术应用，例如，土工膜用于碾压混凝土坝防渗和土石坝防渗的成套技术与专利；国内的主要贡献在于针对具体工程的实际应用，但缺乏具有自主知识产权的研制与开发成果，也不能形成集成的成套技术与工艺。在基础与应用研究方面，发达国家在反滤、防渗、加筋与防护等领域开展了比较系统、深入的研究；我国在基础与应用方面的研究相当薄弱，并无较为长期的目标。

3. 水电机组研发

（1）超高水头水泵水轮机

超高水头抽水蓄能机组由于具有水头高和水头变幅大的特点，给水泵水轮机的水力设计带来很大设计难度。在机组研发过程中，为了保证机组安全稳定运行，须针对水泵水轮机的S特性、驼峰特性、压力脉动和泥沙磨损进行详细

的水力特性研究。水泵水轮机工作于水轮机和水泵两个主要工况及其之间的过渡工况，在研发过程中需兼顾两种主要工况下的水力性能。同时由于工况的频繁切换，水泵水轮机在非设计工况下的运行时段相对较多。因此，在非设计工况下，由于非定常效应引起的不稳定性值得关注。

（2）低水头贯流式水轮机

要全面提高我国贯流式水轮机的整体技术水平，实现包括产品研制技术及产品的技术性能、应用开发和运行等技术水平的全面提升，结合国内实际和借鉴国际先进经验，应加强计算机及信息技术如计算机 CDF、CAD/CAM 等以及现代制造技术在贯流式水轮机开发、研制和运行等领域的推广和应用，还应加强对国际先进技术的引进、消化和吸收。

（3）高水头、大流量巨型混流式水轮机

巨型混流式水轮机的开发一直是水力机械研究领域关注的热点。对巨型水轮机，能量、空化和稳定性是产品开发的关键，需通过分析技术和模型试验研究以获得更好的性能。优化结构、采用新材料、提高制造质量，是巨型水轮机产品发展的方向。在巨型发电机的设计方面，获得优化的电磁方案不仅要进行传统的电磁计算，还要采用现代电磁场数值技术对发电机的参数、损耗和温升等进行数值计算，同时还需要对发电机的电压波形质量、承受非正常运行工况的能力以及机网扰动的影响进行综合的仿真分析，以获得巨型水轮发电机的最佳结构和运行性能。

4. 水轮机模型试验发展

（1）试验能力的提高

近年来，国内具有自主研发能力的企业及研究机构均对其原有的水轮机模型试验台进行了改造，并新建了一批专用水轮机模型试验台，极大地提高了国内水轮机模型的试验能力。

（2）水轮机模型试验研究领域的拓展

由单纯的外特性研究发展为兼顾外特性和内特性的研究：水轮机内特性试验为空化、稳定性和转轮裂纹的研究开辟了一条新的途径，使水轮机模型试验技术进入兼顾内外特性研究的新阶段。

瞬态过程的研究：随着对水轮机基本规律认识的深入及试验技术的进步，某些原本无法采用稳态试验结果研究的瞬态过程现象，也开始尝试利用稳态试验的结果加以研究。此外，国内一些科研院所已建成了水力机组过渡过程的试验研究平台，可开展包含管路系统在内的水轮机过渡过程研究。水力发电机组瞬态过程现场测试技术也得到了长足的进步。

（3）相关领域研究的深入

压力脉动研究的深入：压力脉动试验仪器完成了由静态传感器到动态传感器的转变，进行了不同空化基准情况下的压力脉动研究以及不同空化基准情况下的压力脉动研究，并对水轮机模型与原型间压力脉动幅值关系和压力脉动随吸出高度的变化规律进行了深入的研究。

空化研究的深入：随着水轮机大型化、巨型化程度以及对水轮机无空化运行要求的不断提高，对水轮机，特别是水轮机转轮叶片吸力面上何时何处开始发生空化的研究，即初生空化现象的研究显得十分重要。

## 8.4.2　关键技术

### 1. 水资源利用关键技术

（1）变化环境下流域多尺度水文预报

水文预报是水文科学的重要组成部分。水文预报是根据已知的信息（测验或分析的信息）对未来一定时期内水文要素的状态做出定量或定性的预测。

（2）水电站群多目标联合优化调度

梯级水电站群系统规划运行调度目标是通过联合运用水库群的调蓄能力，在保证防洪安全的前提下，有计划地对天然径流进行蓄泄，最大限度地满足社会经济各部门的需要，同时维持生态环境的可持续性。

（3）水资源宏观优化配置策略

水资源优化配置研究和应用虽然取得了一定的成绩，但毕竟研究时间很短，还存在很多问题和不成熟的地方：①水资源优化配置的理论体系尚不完善；②未真正体现可持续发展的原则；③重水量轻水质；④水资源价值和价格研究不够；⑤现实应用很少，难以实施。

### 2. 水力机械关键技术

（1）水力机械非稳态、非定常流动研究

为了预测实际复杂流动，进行水轮机内由空间非均匀性和动静部件相对运动所导致的非定常流动的数值模拟已成为现代水轮机研究的热点问题和前沿方向。此外，还应该研究水轮机内部非定常涡流的形成和运动规律；水轮机内部非定常流动机理及其控制；水轮机瞬态过程的内部非定常流动的测试及内流机理；水轮机典型瞬态过程的非定常流动的数值计算模型和仿真技术；水轮机瞬态过程流固耦合振动机理和数值预测方法等。

（2）水力机械的空化、空蚀、磨蚀与多相流关键技术研究

主要的关键技术包括：①针对水力机械的空化、空蚀及其抑制问题，发展

系统的空化空蚀可视化实验技术；②研究水力机械内部非定常空化流动的空化与空蚀模型，并建立水力机械内部非定常空化流动、空蚀数值计算方法及其诱发振动和噪声预测方法，提出抑制水力机械空化和空蚀的对策以及水力机械在空化发生条件下安全运行的评价准则；③研究水力机械内部空化非定常流场特性和多相湍流场的结构以及空蚀的动态特性，揭示空化和空蚀的形成和发展机理；④研究水力机械空蚀发生的物理和化学机理、水力机械空蚀发生的流体动力学条件、空蚀与其他非稳态运行特性之间的关联关系、空蚀与磨损和部件损坏的关系等；⑤研究水力机械空蚀与磨损的相互作用；流动瞬变条件下的磨损机理。

（3）水力机械及系统状态分析和故障诊断研究

对于水轮发电机组，状态分析和故障诊断是需要解决的重要问题。特别需要开展以下研究：①流-机-电系统耦联动态特性研究；②水力机械系统的不稳定流数值仿真；③水力机械系统动态参数辨识与振动荷载的动态识别技术；④故障诊断的智能化理论与新技术；⑤状态监测与故障诊断的新理论与新技术研究；⑥水力机械安全经济运行域边界精确描述的理论与方法；⑦水力机械故障征兆辨识的理论与分析。

（4）水轮发电机组及其系统运行控制研究

水力机械及系统运行控制研究与非线性动力学和控制理论等多领域的发展密切相关，具有明显的多学科交叉的特点。调速器作为实现水轮机运行控制的核心部件，其研究主要从4个方面展开：①以水力系统、水轮机和发电机等调节系统对象的研究为基础，研究和改进调速器控制设计；②应用控制理论的新成果研究水轮机调速器控制策略；③应用控制论和非线性分析理论，研究水轮机调节系统的稳定性；④将水轮机相关系统纳入统一框架下，研究水机电多场耦合条件下，水轮机调速器的控制策略。

（5）抽水蓄能机组关键技术

可变速抽水蓄能机组：可变速机组采用三相、交流励磁方式。为使发电电动机转速连续变化，励磁装置的输出频率须平滑变化；同时，需减少励磁电流的高频谐波，以保证发电电动机端电压质量。

水泵水轮机流动特性：关于水泵水轮机的研究更多的是将内部非定常流动的研究与过流部件结构振动特性分开考虑，忽略了流场与结构场之间的相互耦合作用。随着湍流相关理论的逐渐完善，流固耦合计算方法研究的深入，在试验研究方面流动和振动测量技术的快速发展，使得水泵水轮机的复杂工况条件下内部流动机理研究成为可能。

水泵水轮机流固耦合：在同一求解器中求解流体和固体的控制方程，但是考虑到同步求解的收敛难度问题和耗时问题，直接耦合解法还没有在实际工程问题中应用。分离解法最大限度利用已有的计算流体力学和计算固体力学的方法和程序，只需对它们做少许的修改，而且对内存的需要大幅降低，可以用来解决很多实际工程问题。

**3. 大坝健康服役关键技术**

（1）重力坝工作形态分析

目前分析大坝真实服役性态的方法有多种，包括室内模型试验方法、经验判断方法、数值分析方法。其中室内模型试验方法，经济、人力和时间消耗大，不易重复，但模型的相似性、不同荷载的模拟尚存在未解决的问题；经验判断方法不能反映大坝的具体工作性态，是比较粗略的安全评价方法；数值分析方法主要包括弹性理论法、有限单元法等。

（2）混凝土坝抗震安全评估技术

在目前混凝土坝的抗震设计中，对混凝土的率相关特性做了过分的简化。即不管大坝的动态特性如何、采用的材料性质如何以及可能输入的地震波特性如何，一律将混凝土大坝在地震作用下的强度与弹性模量较静力情况下提高一个相同的百分比，这显然是不合适的，并且目前关于混凝土率敏感性的研究还主要限于单轴、单调加载方面的实验研究。混凝土的动态特性在大坝抗震设计和安全评价方面的应用目前还处在初步阶段。

（3）土石坝抗震安全评估技术

目前土石坝的抗震安全评价方法主要包括拟静力极限平衡分析法、整体变形分析法和 Newmark 滑块位移法。在对土石坝进行动力稳定性分析时，常同时计算坝坡的稳定安全系数和坝体地震永久变形，为评价土石坝的抗震安全性提供参考。

（4）强震作用下地质灾害预测技术

水库的修建必将改变库区岸坡的自然地质条件，带来一系列地质环境问题。从形成机理和分析预测方法上来说，强震作用下地质灾害的分析预测还不成熟、不完善。泥石流成灾机理及灾害预测方面则更是由于对泥石流特性和本构关系研究的缺乏而更多的研究集中在定性评判上，对于机理的研究、灾害的预测未有成熟的技术。堰塞湖形成机理及其防治实际上是在 5.12 汶川地震之后才受到应有的重视，这方面的研究主要是通过现场灾害现象的实地调查，定性分析可能的形成机制，更多研究集中在灾害的应急处理方面，对于形成机理及防治缺乏系统的研究。

## 8.5　水能技术发展路线图

### 1. 水电发展目标

按照我国水电"三步走"发展战略，2020 年后，我国常规水电装机容量达到 3.85 亿 kW，年发电量达到 13220 亿 kW·h。其中东部地区（京津冀、山东、上海、江苏、浙江、广东等）开发总规模达到 3850 万 kW，约占全国的 10%，水力资源基本开发完毕；中部地区（安徽、江西、湖南、湖北等）开发总规模达到 6738 万 kW，约占全国的 17.5%，开发程度达到 90% 以上，水力资源转向深度开发；西部地区总规模为 2.79 亿 kW，约占全国的 72.5%，其开发程度达到 54%，其中广西、重庆、贵州等省市开发基本完毕，四川、云南、青海、西藏还有较大开发潜力。2030 年，我国常规水电装机容量将达到 5.1 亿 kW，年发电量达到 18530 亿 kW·h。其中东部地区 3550 万 kW，约占全国的 8% 左右。中部地区 6800 万 kW，约占全国的 16%。西部地区总规模为 3.26 亿 kW，约占全国的 76%，其开发程度达到 69%，四川、云南、青海的水电开发基本结束，西藏水电还有较大开发潜力。2050 年，我国常规水电装机容量将达到 5.1 亿 kW，年发电量达到 14050 亿 kW·h。其中东部地区 3550 万 kW，约占全国的 6.9%；中部地区 7000 万 kW，约占全国的 13.7%；西部地区总规模为 4.06 亿 kW，约占全国的 79.4%，新增水电主要集中在西藏自治区，西藏东部、南部地区河流干流水力开发基本完毕。

水能资源开发利用程度由 2006 年的 30% 提高到 2050 年的 90% 以上，水电开发程度显著提高，对保障我国能源安全、优化能源结构，将发挥重要作用。

未来 30 余年，我国将深入推进水电"西电东送"战略，重点推进长江上游、金沙江、雅砻江、大渡河、澜沧江、黄河上游、南盘江、红水河、怒江、雅鲁藏布江等大型水电基地建设，通过加强北部、中部、南部输电通道建设，不断扩大水电"西电东送"规模，完善"西电东送"格局，强化通道互连，实现资源更大范围的优化配置。北部通道主要依托黄河上游水电，将西北电力输送华北地区；中部通道主要将长江上游、金沙江下游、雅砻江、大渡河等水电基地的电力送往华东和华中地区；南部通道主要将金沙江中游、澜沧江、红水河、乌江和怒江等水电基地的电力送往两广地区。同时，根据南北区域能源资源分布特点和电力负荷特性，跨流域互济通道建设取得重大进展。

### 2. 水电发展技术路线图

水电发展技术路线图如图 8-5 所示。

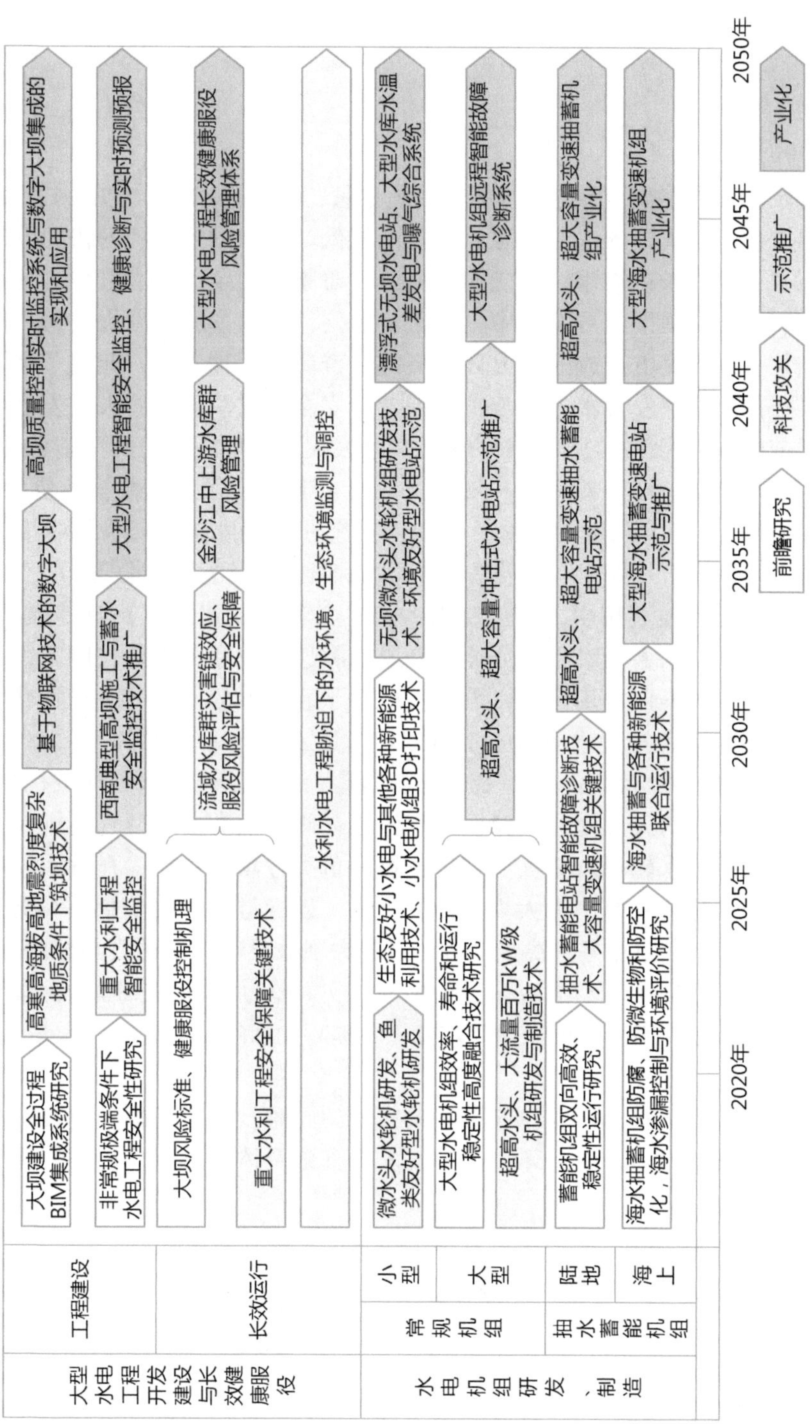

大型水电工程开发建设与长效健康服役

工程建设
- 大坝建设全过程BIM集成系统研究
- 高寒高海拔高地震烈度复杂地质条件下筑坝技术
- 基于物联网技术的数字大坝
- 高坝质量控制实时监控系统与数字大坝集成的实现和应用
- 非常规极端条件下水电工程安全性研究
- 重大水利工程智能安全监控
- 西南典型高坝施工与蓄水安全监控技术推广
- 大型水利工程智能安全监控、健康诊断与实时预测预报
- 大坝风险管控机理
- 健康服役控制标准、健康服役风险评估与安全保障
- 流域水库群灾害链效应服役风险评估与安全保障
- 金沙江中上游水库群风险管理
- 大型水电工程长效健康服役风险管理体系

长效运行
- 重大水利工程安全保障关键技术
- 水利水电工程胁迫下的水环境、生态环境监测与调控

水电机组研发、制造

常规机组

小型
- 微水头小水电机研发、鱼类友好型水轮机研发
- 生态友好型小水电与其他各种新能源利用技术、小水电机组3D打印技术
- 无坝微水头水轮机组研发技术、环境友好型小水电站示范
- 漂浮式无坝水电站、大型水库水温差发电与噪气综合系统

大型
- 大型水电机组效率、寿命和运行稳定性高度融合技术研究
- 超高水头、大流量百万kW级机组研发与制造技术
- 超高水头、超大容量冲击式水电站示范推广
- 大型水电机组远程智能故障诊断系统

抽水蓄能机组

陆地
- 蓄能机组双向高效、稳定性运行研究
- 抽水蓄能机组智能故障诊断技术、大容量变速机组关键技术
- 超高水头、超大容量变速抽水能电站示范
- 超高水头、超大容量变速抽水机组产业化

海上
- 海水抽蓄机组防腐、防微生物和防空化、海水渗漏控制与环境评价研究
- 海水抽蓄与各种新能源联合运行技术
- 大型海水抽蓄变速电站示范与推广
- 大型海水抽蓄变速机组产业化

时间轴：2020年　2025年　2030年　2035年　2040年　2045年　2050年

图例：前瞻研究　科技攻关　示范推广　产业化

图 8-5　水电发展技术路线图

## 8.6 结论和建议

### 1. 结论

我国水能资源丰富，不论是水能资源蕴藏量，还是技术可开发的水能资源，均居世界首位。但我国的水能资源开发程度较低。我国国民经济的快速发展对电力提出了日益增长的需求。在能源、资源日益紧缺的今天，水电作为一种可再生清洁能源，在国民经济发展中具有重要地位，对改善我国以煤电为主的二次能源结构、减轻煤电造成的巨大环境影响及资源和运输紧张，起到了无可替代的重要作用，迅速发展水电是维护我国能源安全的重要环节，大力发展水电是我国目前的重大能源战略。水电的可持续性发展不仅对提供可再生清洁能源，而且对西部环境保护都至关重要。截至 2018 年年底，我国水电装机总量为 3.5 亿 kW，占技术可开发总量的 63%。因此，在充分重视生态和环境影响的前提下，积极有序地进行水库大坝建设是切合国情和社会经济发展所急需。

在未来水能开发利用中，需围绕大型水电工程开发建设与长效健康服役、常规水电机组和抽水蓄能机组等方面，开展前瞻性研究和关键科技问题集中攻关，进行新技术的推广应用示范，最终实现基于新技术的水能开发产业化。包括开发利用高水头大流量水资源，实现对雅鲁藏布江等水资源的高效率利用；积极发展小水电开发与利用技术，提高运行效率；大幅提升抽水蓄能装机比例，形成与风电、核电的大规模开发建设配套体系；研究鱼类友好型水轮机及鱼道的发展技术，降低水轮机对鱼类的伤害，提高鱼类过坝存活率；开发大坝建设全过程实时监控集成系统，为大坝设计、施工、运行与工程建设管理等提供全面、快捷、准确的信息服务和决策支持；开展大坝服役高精度仿真与健康诊断，建立水利水电工程健康诊断的统一量化标准，实时诊断和评估工程的健康与安全状态；研究极端灾害下大坝风险调控分析，提高大坝的安全性。

### 2. 建议

总体来看，我国水电开发在取得巨大成就的同时，依然面临着建设任务紧迫、移民安置难度增加、生态环境保护要求提高以及体制机制障碍逐渐显现等新形势和新问题。

(1) 坚持"保护中开发，在开发中保护"的水电发展理念

大力发展水电，正确处理生态环境保护与水电开发的关系，开发应坚持生态环境保护优先，积极、科学、合理开发利用的原则，在保护中开发，在开发中保护，正确处理好保护与开发的关系，贯彻落实科学发展观，促进人与自然和谐相处，必须以水资源的可持续利用支撑经济社会的可持续发展，把维护河

流健康作为水资源开发利用的基础和前提。

（2）大力发展小水电和抽水蓄能电站

小水电是解决农村用电、促进边远山区扶贫开发和环境保护的清洁能源。发展微型水电的意义不在于投资价值，而在于扶贫价值，应加强分布式小容量水电与其他各种新能源综合利用；积极开展抽水蓄能电站作用和价格形成机制研究。

（3）创新水电移民工作思路，解决水电移民安置问题

探索完善移民安置政策，完善移民补偿制度，创新移民安置方式，坚持移民先行，做到"先移民，后建设"，出台配套政策支持适当超前开展移民安置工作，建立移民安置后评估制度，加强对移民的培训和宣传。广泛听取工程移民及安置区老居民对移民安置规划的意见，建立健全移民管理机构。

# 第9章 生物质能技术方向研究及发展路线图

本章主要针对生物质能技术的方向及发展路线图进行具体研究,包括多种生物质能源及其利用技术概述、提升生物质能源技术性和经济性的研究方向、因地制宜地发展生物质能源的目标及路线、生物质能源技术的研发体系、生物质能源技术的应用和推广等。

## 9.1 生物质能技术概述

生物质能直接或间接来自植物的光合作用,一般取材于农林废弃物、生活垃圾及畜禽粪便等,其来源广泛、储量丰富,且具有环境友好、成本低廉和碳中性等特点,是地球上可再生资源的核心组成部分,是维系人类经济社会可持续发展最根本的保障。生物质能可以通过物理转换(固体成型燃料)、化学转换(直接燃烧、汽化、液化)、生物转换(如发酵转换成甲烷)等形式转换为不同燃料类型,以满足各种形式的能源需求。

目前,迫于能源短缺与环境恶化的双重压力,各国政府在技术、政策、市场等多重支撑下,高度重视生物质资源的开发和利用。据估测,地球每年经光合作用产生的生物质约1700亿t,其中蕴含的能量相当于2019年世界一次能源消费量的4.7倍,但截至2019年人类利用率仅占总量的4.5%。我国生物质资源科转换为能源的潜力约为4.6亿t标准煤,已利用量约2200万t标准煤,还有约4.4亿t可作为能源利用。由于开发利用水平不足以及管理政策的缺陷等原因,我国生物质能(商品能源)占比不到可再生能源开发量的10%,但在欧洲生物质能是最大的可再生能源,比重已占到可再生能源的60%。

2020年前后,单位国内生产总值$CO_2$排放强度比2005年下降40%~45%,非化石能源占一次能源消费比重达到15%左右,亟须开展能源节约、资源循环利用、新能源开发、污染治理、生态修复等领域关键技术攻关,在基础研究和前沿技术研发方面取得突破。我国以煤为主的能源消费结构和粗放型的增长方式已对我国生态环境造成了极大威胁,由此造成的环境问题及生态破坏已经不容小觑,开发绿色、低碳的可再生能源已经是当前科技发展重要任务。生物质能的开发利用不仅能改善生态环境改善,有力支撑美丽宜居乡村建设,而且同时解决了农村的能源短缺，有利于推进农村能源革命，并促进农业绿色产业发展，创造新的经济增长点，因此具有重要的战略意义。

目前，生物质能的技术利用途径主要包括生物质发电、生物质液体燃料、生物质气体燃料和生物质成型燃料等。欧洲仍是全球最大的生物质及垃圾发电市场，2018 年全球生物质及垃圾发电量达到 5810 万 kW·h，比 2017 年增长 5%。欧洲也是世界上最大的生物柴油生产和消费地区，生产能力约 2000 万 t，另外，巴西的乙醇产量替代了全国 50% 以上的汽油。在我国，2019 年生物质和垃圾发电量达到 1111 亿 kW·h，占全球发电量的 5.45%；累计装机容量达到 2254 万 kW，位列世界第四，但显现了更高的增长速度；燃料乙醇和生物柴油技术已实现规模化发展，产量分别达到 289 万 t 和 63 万 t，农村沼气达到 190 亿 m³，生物质成型燃料产量约为 1000 万 t；开发利用量为 1.17 亿 t 标准煤，按每年生物质资源总量 10 亿 t 标准煤计算，年开发利用率仅达到 11.7%，开发利用空间巨大。我国生物质能开发利用存在着生物质利用率低、产业规模小、生产成本高、工业体系和产业链不完备、研发能力弱、技术创新不足等一系列问题。因此，需要制定并实施国家生物质能源科技发展战略规划，加强生物质能源技术研发和产业体系建设，急需提出具有创新性、前瞻性的技术发展方向，为我国生物质能源技术的快速发展提供科技支撑。

## 9.2　生物质能技术发展现状与趋势

### 9.2.1　国外生物质能发展现状与趋势

生物质源化利用技术是世界各国普遍需要解决的重大课题，特别是随着自然资源日趋短缺和废弃物数量剧增，农林废物、畜禽粪便等生物质能的资源化、能源化利用越来越受到人们的重视。国外生物质能制备电燃料、生产液体燃料、气体燃料以及固体燃料等技术已实现了示范及产业化应用。

目前，国际上生物质发电技术是最成熟、发展规模最大的现代生物质能利用技术，截至 2019 年年底，全球生物质发电累计装机容量约为 225.4 GW，生物质发电技术在欧美发展最为完善。生物质液体燃料方面，生物柴油和燃料乙醇技术已经实现了规模化发展。2017，世界生物柴油生产量约为 2700 万 t，燃料乙醇产量为 7000 多万 t；欧盟作为世界上最大的生物柴油生产和消费地区，其生产能力约为 2000 万 t，但受经济下滑和能源价格下跌，2018 年生产量约为 1250 万 t；巴西和阿根廷的生产量分别为 300 多万 t 和 200 多万 t。欧洲是沼气技术最成熟的地区，德国是目前世界上农村沼气工程数最多的国家；瑞典是沼气提纯用于车用燃气最好的国家；丹麦是集中型沼气工程发展最有特色的国家，其中集中型联合发酵沼气工程已经非常成熟，并用于集中处理畜禽粪便、作物秸秆和工业废弃物，大部分采用热电肥联产模式。欧美的成型燃料技术属于领跑水平，其相关标准体系较为完善，形成了从原料收集、储藏、预处理到成型燃料生产、配送和应用的整个产业链；2019，德国、瑞典、芬兰、丹麦、加拿大、美国等国的成型燃料生产量在 2000 万 t 以上。总体上，欧美在生物质发电、液体燃料、气体燃料、成型燃料等技术方面均属于领跑水平，多数生物质能技术实现了示范及产业化应用。

世界各国非常重视应用先进工程技术，提升农业废弃物的肥料化、饲料化、能源化、基质化及工业原料化水平，使技术向机械化、无害化、资源化、高效化、综合化发展，产品向廉价化、商品化、高质化、多样化和多功能化靠拢，以达到物尽其用、变废为宝、消除污染、改善农村生态环境、促进农业可持续发展、高效利用废弃物的目标。具体技术方向：开发集储装备技术，以适用于以农作物秸秆为原料的规模化饲养、工业化发电以及液化、汽化等新兴技术发展的需要；微生物强化堆肥技术基本上达到了规模化和产业化水平，但堆肥设施运行成本偏高；开发高效干法厌氧发酵技术，在提高产气率的同时降低成本；利用麦秆、草和木材等农林生物质为主要原料的纤维素转化生产乙醇燃料技术；进一步开发生物质燃料发电、供热等能源化利用技术。生物质能产量继续增长，也有助于满足一些国家日益增长的能源需求，实现环境目标。然而，生物质能行业也面临诸多挑战，尤其是源于低油价及一些市场政策不确定性的挑战。

从全球来看，生物质能源的发展趋势主要如下：通过科技创新，突破技术瓶颈，以生物炼制为主要方向，实现生物质资源的高效、高值化利用；由单一产品开发转向多产品联产；由发电和成型燃料等传统开发模式转向燃料乙醇、合成燃油和生物燃气等清洁生产模式；由单纯能源生产转向能源、化学品和材料综合开发；由传统农林废弃物利用转向城市有机废弃物和能源植物资源开发。其中，能源植物和二代生物液体燃料技术，如纤维素乙醇和合成燃料等，将是未来产业发展的重点和热点。

可以预料，发达国家在新一轮的能源革命中正努力占据科学技术制高点，颠覆性的技术突破呼之欲出。对具有技术和资源优势的国家来说，推动生物质能源产业化发展，将使生物质液体燃料有可能由国内消费型转为出口型可再生能源。巴西早已开始实施燃料乙醇的出口计划，是国际上第一个出口可再生液体燃料的国家。丹麦、瑞典、英国、德国和意大利也利用其技术优势，试图或正在进入我国技术与装备市场，例如，丹麦向我国转让了生物质发电技术与设备使用许可，德国沼气与发电技术也早已进入我国生物燃气市场。

## 9.2.2　国内生物质能发展现状与趋势

我国政府极其重视生物质能源产业的发展，2006 年就出台了《中华人民共和国可再生能源法》，针对燃料乙醇、生物柴油、生物质发电等具体产业制定了各类规范及实施细则，并运用经济手段和财政补贴政策来保障生物质能产业的健康发展。

在 2006 制定的《国家中长期科学和技术发展规划纲要（2006—2020 年）》中，"农林生物质综合开发利用"优先主题提出："重点研究开发高效、低成本、大规模农林生物质的培育、收集与转化关键技术，沼气、固化和液化燃料等生物质能以及生物基新材料和化工产品等生产关键技术，农村垃圾和污水资源化利用技术，开发具有自主知识产权的沼气电站设备、生物基新材料装备等。"在《国家中长期科学和技术发展规划纲要（2006—2020 年）》实施的 10 年左右，国家相关部委立项 461 项、国拨经费达 10 亿元，投入总经费超过 60 亿元。

随着我国经济社会的发展，未来我国将面临更加严峻的能源消耗、环境保护等方面的压力，能源的生产方式需要发生巨大的改变来应对和解决。同时，农作物废物和畜禽粪便等产生量将与日俱增，这些生物质资源也需要更加合理地利用和转化。生物质能源工程科技的发展对于优化能源结构、促进生态环境改善具有重大意义。生物质能源在我国能源生产和消费结构中所占比例逐步上升，将进一步发挥三种作用：一是生物质资源的能源化利用节省了化石能源，无疑这是优化我国能源结构的一项重要战略选择；二是生物质资源利用本身具有清洁环保性，对环境影响小，加上生物质能利用技术的突破性进步，其全生命周期温室气体排放和污染物排放将更低，相比化石能源将发挥更加明显的环境保护作用；三是生物质能源的开发利用不仅可以变废为宝，因地制宜地解决农村地区电力供应和农村居民生活用能问题，也可以将生物质资源转换为商品能源，有力促进农村经济的发展，有效延长农业产业链，解决农村劳动力的就业问题。

在市场经济和产业化经营的今天，以高值化产品开发为目标，对农业废弃物资源综合利用是其发展趋势之一。利用农业废弃物开发新型的生物材料、生化产品及替代石化产品和紧缺资源替代物的研究日益受到重视，极大地拓展了农业废弃物的资源化领域。当前乡村废物资源化利用技术应在以下几个方面寻求突破：一是研究手段趋于多元性，提升或研发新的农业废弃物生态技术；二是研发方式趋于技术升级与系统集成，利用高新技术对传统技术与产品进行升级改造以及技术系统集成；三是研发技术趋于智能化、规模化、专业化。现代信息技术、生物技术、计算机技术、先进制造技术、高分子材料等领域取得的重大科学突破，正深刻影响着我国现代农业高效利用废弃物资源技术的发展进程，为其科技含量大幅提升带来新的机遇与契机。现代农业高效利用乡村废物资源技术研究正从"精量、高效、低耗、环保"等理念入手，开展前沿与重大关键技术研究，基于高新技术对传统技术与产品进行改造升级，强化各类农业废物资源化利用技术与方法间的有机紧密结合。

### 1. 生物质发电

生物质直燃发电是生物质能规模化利用的重要形式，我国的生物质发电起步较晚。2003 年以来，国家先后批准了多个秸秆发电示范项目。2005 年以前，以农林废弃物为原料的规模化并网发电项目在我国几乎是空白。2006 年《中华人民共和国可再生能源法》正式实施以后，生物质发电优惠上网电价等有关配套政策相继出台，有力促进了我国生物质发电行业的快速壮大。2006—2013 年，我国生物质及垃圾发电装机容量逐年增加，由 2006 年的 4.8GW 增加至 2012 年的 9.8GW，年均复合增长率达 9.33%，步入快速发展期。截至 2019 年年底，我国已投产生物质发电项目 1094 个，并网装机容量为 2254 万 kW，年发电量为 1111 亿 kW·h，年上网电量为 934 亿 kW·h。我国的生物发电总装机容量已位居世界第二位，仅次于美国。在生物质发电技术方面，近几年我国生物质发电技术发展迅速，产业中应用的主要是生物质直燃发电技术，直燃发电中多数引进丹麦水冷振动炉排秸秆直燃技术，该设备价格昂贵，阻碍了直燃发电技术的推广，少数生物质发电采用汽化发电技术。生物质直燃发电技术在锅炉系统、配套辅助设备工艺等方面还有较大差距。汽化发电技术存在效率低、规模小等缺点，在技术上限制了生物质发电技术工业化应用。混烧发电技术还没有建立完善的混烧比例检测系统、高效生物质燃料锅炉及其喂料系统或生物质-煤混合燃料锅炉等，应确定先进生物质发电技术等为重要发展方向，在先进设备与装备和综合利用方面取得突破，研发出一系列生物质原料预处理及高效转化的核心技术，研制一批核心设备与成套装备，建设产业示范，突破产业发展障碍，为产业化提供支撑。

### 2. 生物质液体燃料

我国在生物质制备液体清洁燃料技术方面，开展了木质纤维素原料生物高效转化技术、生物质水解、生物柴油、生物质快速热解液化等研究工作，在技术层面上进一步积累，但相比国外技术，技术研发相对单一，装置的连续生产稳定性有待提高，缺乏生物质液体燃料的精制技术与制造应用技术装备，导致生物燃料产品和技术的工业化、产业化能力不强。生物柴油技术在我国已进入工业应用阶段，但是由于催化剂、精制工艺和副产物回收利用技术的开发力度不足，大多数生产系统都有油品转化率不高、产品质量不稳定等问题，高效催化剂、酶转化工艺和副产物回收技术是实现生物柴油产业化必须解决的关键技术问题；纤维素原料燃料乙醇生产技术多数研究尚处于中试阶段，主要技术障碍是缺乏高效纤维素水解工艺和微生物工程菌；生物质合成燃料技术，我国的研究尚处于起步阶段，主要科技需求为高纯度合成气生产、合成催化剂和先进的工艺设备等。在现阶段需要不断地揭示反应机理，完善改进现有工艺，探索新型反应器和分离提纯术，促进技术发展。藻类等能源植物培育与能源转换方面，我国起步较晚，与国外相比技术研究和产业发展水平整体相对落后。

### 3. 生物质燃气

1）生物质制氢方面，我国开展了农作物秸秆废弃物水解-发酵两部耦合制氢的研究，结果表明，麦草秸秆水解-发酵两部耦合生物制氢的产氢能力达到 68.1 mL/g，与未经处理的底物相比提高了约 135 倍。在流化床反应装置对木质生物质进行了催化热解制氢的研究，发现氢气产量为 33.6 g/kg。另外，采用连续管流反应器，对农业废弃物进行了超临界水汽化实验，氢气体积分数最高可达 41.28%。

2）合成气方面，我国利用农林废弃物制备合成气的研究还比较少，主要集中在少数科研院所，并且大多数仍停留在实验室阶段。在自行研制的小型常压双流化床上进行生物质化学链汽化制备高 $H_2/CO$ 物质的量比合成气的实验研究，燃料反应器温度为 820℃ 时，合成气中的 $H_2/CO$ 物质的量比能达到 2.45。

3）随着我国沼气技术的发展，大型干发酵系统将成为处理畜禽废弃物、农业废弃物和生活有机垃圾的重要选择。沼气提纯主要是对二氧化碳的去除，目前具有商业应用价值的提纯技术主要是变压吸附法、吸收法等，膜分离法有少量应用。2003 年以后，我国大中型沼气工程建设速度明显加快，1999 年，我国大中型沼气数量仅为 746 处，池容为 20.83 万 $m^3$，年产气量为 3947.06 万 $m^3$，到 2007 年数量达到 8576 处，总池容为 214.25 万 $m^3$，年产气量为 2.9127 亿 $m^3$。2015 年，国家发展改革委员会和农业部联合印发了《2015 年农村沼气工程转型升级工作方案》，提出政府将投资支持建设日产沼气 500 $m^3$ 以上的规模化大型沼气工程，截至 2020 年我国沼气产气规模达到 440 亿 $m^3$，其中大中型沼气产气规模达到 140 亿 $m^3$。

### 4. 生物质成型燃料

农林废弃物制备成型燃料的成型技术主要有冷压成型、热压成型和炭后成型；成型设备主要有辊磨挤压式、活塞冲压式和螺旋挤压式设备。我国生物质固体成型燃料技术得到明显的进展，生产和应用已初步形成了一定的规模。2020 年后，国内生物质固体成型燃料生产量为 3000 多万 t，主要用于农村居民炊事取暖用能、工业锅炉和发电厂的燃料等，替代标准煤1500多万t，经济、社会、生态、环境效益显著。生物质低能耗固体成型燃料装备研发与应用方面，研制大规模将原料预处理、粉碎、成型工艺组合集成为一体化、智能化的低能耗成型燃料生产设备，采取以乡镇为单位建立成型燃料厂，开发了适合我国国情的农作物秸秆成型燃料技术，建成了多个万吨级示范基地。

### 5. 生物质功能材料

高蛋白、纤维素是材料利用的有效成分，是农业废弃物材料化利用的重要领域，有着广阔的应用前景。利用农业废弃物中的高纤维性植物废弃物生产纸板、人造纤维板、轻质建材板等材料；利用甘蔗渣、玉米米渣等制取膳食纤维产品，通过固化、炭化技术制成活性炭材料；秸秆、稻壳经炭化后可生产钢铁冶金行业金属液面的新型保温材料；稻壳可作为生产白炭黑、碳化硅陶瓷、氮化硅陶瓷的原料；利用棉秆皮、棉铃壳等含有酚式羟基化学成分制成吸收重金属的聚合阳离子交换树脂。另外，农业废弃物可用作不同基质制作原料。玉米秸、稻草、油菜秸、麦秸等农作物秸秆，稻壳、花生壳、麦壳等农产品的副产物，木材的锯末、树皮、甘蔗渣、蘑菇渣、酒渣等二次利用的废弃有机物，鸡粪、牛粪、猪粪等养殖废弃物都可以作为基质原料。表9-1汇总了我国生物质能发展战略咨询研究及2020年、2030年和2050年的发展目标。

表9-1　我国生物质能发展战略咨询研究及发展目标

| 项目名/书名 | 2020年前后 | | 2030年前后 | 2050年前后 |
|---|---|---|---|---|
| 中国可再生能源发展战略研究 | · 年替代5599万t石油，减排1亿t $CO_2$；<br>· 年替代5540万t标煤，减排1亿t $CO_2$；<br>共计：年产1亿t"生物质油田"和减排2亿t $CO_2$ | | — | 年替代5亿t标准煤的化石能源 |
| 中国至2050年能源科技发展路线图 | 农村生物质燃料、第一代生物质能、商业化利用、生物质材料生产等 | | 生物质替代石油技术（生物质液体燃料、生物质基材料、生物质基大宗化学品） | 能源植物、含油微生物规模化能源开发；藻类生物质利用技术 |
| 中国能源中长期（2030、2050）发展战略研究 | 生物乙醇、生物柴油、车用甲烷三类产量合计 | 2980万t标准油（积极）<br>2281万t标准油（中间）<br>1626万t标准油（常规） | 8370万t标准油（积极）<br>6730万t标准油（中间）<br>4090万t标准油（常规） | 14100万t标准油（积极）<br>11460万t标准油（中间）<br>7000万t标准油（常规） |
| | 生物基工业制品 | 替代1200万t石油 | 替代1500万t石油 | 替代1800万t石油 |

（续）

| 项目名/书名 | | 2020 年前后 | 2030 年前后 | 2050 年前后 |
|---|---|---|---|---|
| 中国生物质能技术路线图研究 | 资源保障 | 3.6 亿 t 标准煤 | — | — |
| | 技术路径 | 生物质产业高速发展时期，各项技术形成较完善的技术体系 | — | — |
| | 效益评价 | 大部分生物质能源化利用技术综合效益大幅提升，可市场化推广 | — | — |

随着我国经济社会的发展，未来我国将面临更加严峻的能源消耗、环境保护等方面的压力，能源的生产方式需要发生巨大的改变来应对和解决。同时，农作物废物和畜禽粪便等产生量将与日俱增，这些生物质资源也需要更加合理的利用和转化。生物质能源工程科技的发展对于优化能源结构、促进生态环境改善具有重大意义。通过突破研发生物质液体燃料、气体燃料和成型燃料的高效清洁制备和利用技术，生物质先进燃烧和热电联产、藻类等高能值能源植物规模化培育及燃料转换技术，实现低碳能源转型，全面推动生物质能源生产和消费方式变革，使生物质能源在能源消费中的比重大幅提高，为保证能源安全、实现能源多元化、促进环境保护和可持续发展提供重要支持。

国家能源局《生物质能发展"十三五"规划》提出，2020 年前后，生物质能基本实现商业化和规模化利用，生物质能年利用量约为 5800 万 t 标准煤。生物质发电总装机容量达到 1500 万 kW，年发电量为 900 亿 kW·h，其中农林生物质直燃发电为 700 万 kW，城镇生活垃圾焚烧发电为 750 万 kW，沼气发电为 50 万 kW；生物天然气年利用量为 80 亿 $m^3$；生物液体燃料年利用量为 600 万 t，其中生物燃料乙醇为 400 万 t、生物柴油为 200 万 t；生物质成型燃料利用量为 3000 万 t。另据预测，2020 年前后和 2030 年前后，我国生物质发电规模分别达到 0.6 亿 kW 和 0.8 亿 kW，生物质能发电成本会进一步降低到与常规能源发电技术相近的水平；生物质成型燃料规模分别达到年产 6000 万 t 和 8000 万 t 以上；生物质燃气总规模年产不低于 6000 万 $m^3$；2030 年生物质液体燃料规模达到年产 1000 万 t。生物质能科技发展对于促进能源结构优化、保障能源安全、稳定能源价格、维护能源市场正常秩序、节能增效、推动建立可持续发展型能源生产方式和消费模式、有效扩大内需、增加社会就业、优化区域环境、提高农村地区人民生活水平等的作用将更加明显。

表 9-2 是我国生物质能潜力分析，将生物质能分为能源作物、农林废物与畜禽粪污三类，2014 年三类物质所能产生的能量分别相当于 0.1 亿 t、5.7 亿 t、4.0 亿 t 标准煤，2020 年前后相当于 0.9 亿 t、5.9 亿 t、4.0 亿 t 标准煤，2030 年相当于 1.7 亿 t、6.0 亿 t、4.0 亿 t 标准煤。由此可见，我国能源作物、农林废物及畜禽粪污等生物质能，在 2021—2030 年每年开发潜力为 10.8 亿~11.7 亿 t 标准煤，开发潜力巨大。

表 9-2　生物质能潜力分析

| 项　　目 | 2014 年 | | 2020 年 | | 2030 年 | |
|---|---|---|---|---|---|---|
| | 亿 t | 亿 tce | 亿 t | 亿 tce | 亿 t | 亿 tce |
| 能源作物 | | 0.1 | | 0.9 | | 1.7 |
| 农林废物 | 11.4 | 5.7 | 11.8 | 5.9 | 12.0 | 6.0 |
| 畜禽粪污 | 44 | 4.0 | 44 | 4.0 | 44 | 4.0 |
| 合计 | | 9.8 | | 10.8 | | 11.7 |

注：tce 为吨标准煤当量。

## 9.3　生物质能技术发展方向

从环境与能源双重效益考量，我国应优先发展被动型生物质能的利用技术。因为被动型生物质能来源于各种农村有机废物，这些废物若不处置将导致直接碳排放量近 30 亿 t，面源污染包括 COD/N/P 排放量超过 1500 万 t，而且治理上述污染需消耗资金超数万亿元/年。而通过物理转换（固体成型燃料）、化学转换（直接燃烧、汽化、液化）、生物转换（如发酵转换成甲烷）等技术将这些有机废物转换为不同类型的燃料，其能源潜力巨大，每年将产生约 10 亿 t 标准煤的能量。同时，被动型生物质资源还可通过高值化的技术开发利用，制成生物材料、生化产品及化工原料等。

为了解决农村有机废物收集难度大、能量密度低、种类复杂、单一产品附加值低等难题，必须改变和颠覆传统单一技术、单一产品的处置方式，需开发集成化、系统化、规模化的技术系统。

### 9.3.1　城乡生活固废综合利用技术系统

通过生活垃圾源头分类+垃圾分选+综合处理与利用，构建分布式一体化垃坂处置模式，建立城乡小区系统示范和城乡系统示范；开发陈旧垃圾填埋场资源化再利用，实现存量垃圾的减量化、无害化和资源化利用，并腾出土地资源；建立餐厨垃圾的源头收集与预处理系统，实现餐厨垃圾的全资源化利用，解决餐厨垃圾的收集、运输、分选困难，提质转化效率低及转化过程二次污染控制等难题，形成生活垃圾能源化、资源化利用领域的技术创新和集成。其关键技术包括：预处理与控污技术、处理与资源化利用技术。并针对传统处理方式单一、技术设备落后导致的资源化利用率和产品品质低、处理成本高、二次污染不易控制等难点问题，开发集分类、收集、预处理、资源化于一体的分布式生活垃圾处理关键技术，形成新型资源化和能源化利用共性技术、系列单项技术、技术优化与集成的整体技术路径，实现全覆盖式全链条产业化应用，生活垃圾实现全量资源化利用，实现无废物排放。

## 9.3.2　农林废物能源化工技术系统

为快速缓解农村农林废弃物就地焚烧状况，分布式区域秸秆类农业废物田间收集-清洁热利用技术与农林废弃物能源化工系统和特色功能材料制备是农林废弃物处理技术发展的主要方向。

开展秸秆类农业废物田间收集-清洁热利用系统模式及技术推广，主要装备包括移动式收集压块设备、热解汽化设备和燃烧供热设备，该系统可广泛适用于水稻秸秆、玉米秸秆、小麦秸秆、棉花秸秆等多种农业废物，能够有效解决我国秸秆类农业废物收集难、直接焚烧造成严重大气污染等问题，同时实现分布式区域能量清洁转化与营养元素快速回收利用，具有成本低、效率高、能耗少、无污染等特点，对于减少大气污染、增强农村能源供给保障、改善乡村生态环境具有十分重要的意义，并将带来显著的社会和经济效益。

利用农林废弃物制备高品位生物燃气、成型燃料、液体燃料及化学品，建立基于热解多联产技术的农林废弃物综合利用体系，形成系统集成优化与示范，逐步实现农林废弃物的全部能源化和资源化利用。其关键技术包括：以农林废物制备高品位生物燃气、制备成型燃料、制备高位液体燃料及化学品、基于热解多联产技术的农林废物综合利用体系为四大基本路线；农林废物定向汽化关键技术，先进的成型燃料与器具技术，热化学制备液体燃料及提质技术，农林废物制备汽、柴油及航空煤油技术，微生物、催化制备烯烃、醇、醚燃料技术，生物质热解多联产资源化利用系统集成与优化，热解油催化制备燃料及化学器技术，基于生物燃气的分布式能源系统，生物燃气制备化学品技术，生物燃气燃料电池技术以及生物炭和碳基功能材料制备技术等是未来技术发展的方向。农林废物颗粒燃料系统方面，包括多原料组成的生物质颗粒低温密致结构技术、高效长寿命生物质颗粒燃料专有设备研发、整体低能耗高产率生物质颗粒燃料系统开发。

### 9.3.3　畜禽粪便能源化工技术系统

逐步提高畜禽粪污的资源化利用率，在替代传统化石能源的基础上突破模块化移动式堆肥装备关键技术和有机肥生产关键技术，实现养分还田。其关键技术包括：高负荷稳定厌氧消化技术、沼气能源化工利用技术、沼液养分回收利用技术、沼渣生产功能有机肥技术等，实现畜禽粪污的高值高效能源化工利用，构建"种-养-能"循环农业体系，综合治理畜禽养殖污染，基本实现规模化养殖场粪污零排放。建立畜禽粪污能源化工系统是未来畜禽粪便处理技术发展的重点方向。

### 9.3.4　多种农村废物协同处置与多联产技术系统

通过"代谢共生产业园"的建设，构建原料多元复合的物理、化学、生物转化于一体的农村有机废物综合利用系统，改变传统单一处置模式，增进各种生物质废物的互补与融合，实现多种废弃物协同处置与多联产，将农林废弃物转化为可燃气、化工原料、有机肥及其他资源，提高农村废弃物综合利用的有效性和经济性，实现多种农村废弃物协同处置和利用。

同时，为了进行生物质能的技术储备，应加强主动型生物质的选种、育种、种植等方面的基础性研究，加大转化关键技术的攻关，开发能源植物选育种植与利用技术系统。研究能源植物选育与种植技术及培养体系，建立优质种质资源数据库，选择高产、高能、高抗且易转化能源植物新品种在边际土地上规模化种植，形成集选种、育种、栽培、高效转化于一体的链条式能源植物开发技术体系。其关键技术包括：优质品种选育技术、高效栽培及栽培管理技术和综合转化利用技术等，形成能源植物选育与种植技术及培养体系，实现高产、高能、高抗且易转化能源植物新品种的产业化应用，形成标准化生物质原料的可持续供应体系。

### 9.3.5　能源植物选种育种与利用系统

完成能源植物选育与种植技术及培养体系，建立优质种质资源数据库，选择高产、高能、高抗且易转化能源植物新品种在边际土地上规模化种植，形成集选种、育种、栽培、高效转化于一体的链条式能源植物开发技术体系；能源植物是未来生物质能发展的重点方向，突破选种、育种、基因改良以及规模化种植等各项关键技术，实现能源植物的大规模培养与过程调控，系统优化示范并产业化推广；开展优良种质生物学信息研究，种质资源数据库集成化，突破能源植物编码功能基因的蛋白组学理论研究，突破能源植物遗传学及基因组学理论关键技术，实现新品种定向选育培育规范化及系统化；采用高效栽培及管理技术，突破高效生物质量栽培与优质管理工艺关键技术；系统开展转化利用技术研究，突破高附加值产品转化技术、联产工艺及技术装备研发，实现系统集成及示范应用。

### 9.3.6　生物质功能材料制备系统

特色农林废物是一种重要的生物质资源，主要包括植物有色壳类（板栗壳、椰壳）、甲壳类（虾头）、植物根类（葛根）等。近年来，新型、高效、低成本吸附剂的制备受到诸多方面重视。其中利用分子筛、纳米材料、生物吸附材料、黏土矿物、多孔性结构的特色农林废弃物作吸附剂是近年来研究最多的领域。因此，将农林废物等生物质材料用于环境工程是新材料的研发方向之一。未来将进一步提高农林废弃物资源化利用率，突破提取剩余物热解制备生物炭关键技术、生物炭物理活化与高效利用关键技术及生物炭制备过程能量自给系统关键技术，加快推动生物炭功能材料利用。

## 9.4　生物质能技术体系

### 9.4.1　重点领域

#### 1. 生物质发电

以高效利用我国丰富的农林废弃物资源生产清洁电力为目标，进一步完善适合我国国情的秸秆燃烧发电技术和配套设施，使秸秆燃烧发电的效率和运行时间与燃煤电厂接近，掌握生物质燃烧装置沉积结渣和腐蚀特性，改善生物质直燃项目运行品质和可靠性。突破低结渣、低腐蚀、低污染排放的生物质直燃发电技术、混燃发电计量检测技术与高效洁净的汽化发电技术，并通过技术装备创新实现大规模产业化应用，未来将建立100 MW级生物质直燃发电站、1000 MW级生物质混燃发电工程和分布式MW级生物质汽化发电工程。

#### 2. 生物质供热

针对我国成型燃料现状，形成从秸秆原料收集、贮存、运输成型、配送到高效转化的完善产业链。通过技术研发掌握生物质成型黏结机制和络合成型机理，实现生物质成型燃料的高品质化和低能耗化；着力提升和推广生物质成型燃料大规模自动化生产与供热应用技术，有效提高生物质成型燃料的生产和应用水平。未来将建立和推广年产 10 万 t 以上生物质成型燃料生产基地，突破高效低成本生物质成型燃料工业化生产关键技术，推广年产 3 万 t 以上生物质成型燃料生产线，建立和推广年产 20 万 t 的成型燃料生产基地等。

### 3. 生物质替代油气

突破农林畜牧废弃物能源化工技术、生物质液体燃料清洁制备与高值化利用技术中的产业化关键问题，探索农林畜牧废弃物能源化工产品和生物质液体燃料规模化生产路径，建设和推广年产万吨级液体燃料示范工程；创新解决主动型生物质能源的培养与转换技术，建设多个藻类能源化示范项目。未来，生物质转化为液体燃料的高效低成本机制被合理地控制，生物质转化为生物柴油、生物油、丁醇、航空煤油等技术将得到颠覆性突破，产油微藻核心性状的遗传多样性、进化途径与诱变育种技术实现突破，同时掌握藻转化制取液体燃料的反应调控机制及改性提质原理，显著提高燃料的转化效率，并降低微藻固碳制油成本，达到可与传统石化柴油价格相竞争的产业化水平。生物质液体燃料转化技术示范推广规模将达到年产千万吨级以上。

### 4. 生物质功能材料

突破生物提取、化学提取、热解制备生物炭、热转化能量自给等各项关键技术，包括高附加值组分提取与纯化关键技术、提取物高值化深加工关键技术、提取剩余物热解制备生物炭关键技术、生物炭物理活化与高效利用关键、技术及生物炭制备过程能量自给系统关键技术等，提高农林废物和生活垃圾的资源化利用率，替代更多的化石能源。

## 9.4.2　关键技术

### 1. 城乡生活固废综合利用系统

#### （1）预处理与控污技术

生活垃圾成分极其复杂，种类繁多，需要根据其物理组成、化学性质和生物特性进行分选、脱水和分解等预处理，要实现各种生活垃圾的自动完全预处理其技术难度很大，而且生活垃圾十分分散，收集困难，且垃圾运输和处理过程中会产生有机污染、重金属污染和重氮素难以控制等二次污染，解决生活垃圾预处理和污染控制等难题涉及的学科也多，既需要突破一系列关键技术问题，也有许多技术集成创新问题，需要通过各种创新要素的协同创新来完成。

#### （2）陈旧垃圾填埋场再生利用技术

陈旧垃圾填埋场再开发、再利用可以节约土地资源，扩大处理容量（腾出75%的容积），解决垃圾场选址矛盾。图 9-1 所示为陈旧生活垃圾场再生利用工艺。

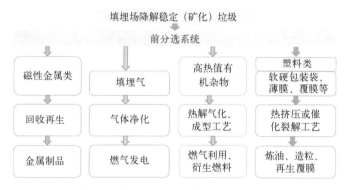

图 9-1  陈旧生活垃圾场再生利用工艺

（3）餐厨垃圾源头收集与预处理系统

餐厨垃圾是重要的环境污染源，但也是生产能源和资源的原料，关键是如何实现无害化、资源化、低成本化，为此，源头处理技术和模式很重要。图9-2所示为餐厨垃圾源头收集与预处理工艺流程。

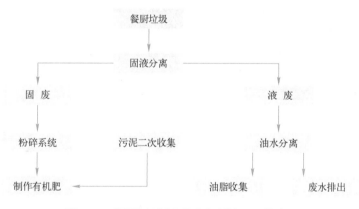

图 9-2  餐厨垃圾源头收集与预处理工艺流程

（4）集分类、收集、预处理、资源化于一体的分布式生活垃圾处理

1）农村生活垃圾分布式资源化利用关键技术。农村生活垃圾具有总量大、分布广、收集难、可腐物成分相对简单等特点，如何充分结合农村现状，实现农村生活垃圾能源化与资源化清洁利用，所采用的技术手段、方法与处置模式相对重要。图9-3所示为农村生活垃圾分布式资源化利用示意图。

2）农村垃圾-畜禽粪便-生物质废物协同处置与多联产系统关键技术。针对

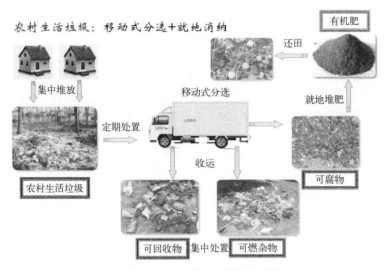

图9-3　农村生活垃圾分布式资源化利用示意图

养殖场周边废物构成特点，以畜禽粪便能源化与资源化利用为主线，耦合园区内及周边生活垃圾与季节性生物质能源，开发热-生-化转化系统关键技术，构建近零排放的全生命周期养殖种植系统关键技术。图9-4所示为农村垃圾-畜禽粪便-生物质废物协同处置与多联产系统示意图。

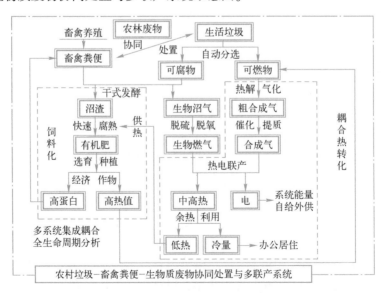

图9-4　农村垃圾-畜禽粪便-生物质废物协同处置与多联产系统示意图

3）多种农村废物深加工多联产技术产品关键技术。利用农林废物、畜禽粪便和水果蔬菜边角料等作为原料，通过厌氧发酵产生沼渣、沼液及沼气等中间体，再利用这些中间体制作有机肥、叶面肥及甲烷、二氧化碳等产品应用于果蔬和农作物的种植及制作化工原料。图9-5所示为多种农村废物深加工多联产技术产品示意图。

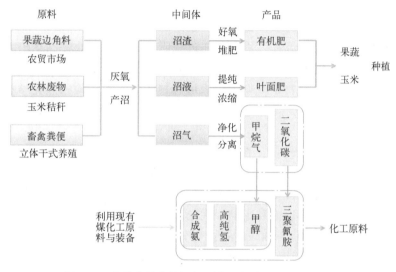

图9-5　多种农村废物深加工多联产技术产品示意图

4）乡村果蔬和农作物的有计划种植关键技术。根据各建设点一定距离内人畜粪便、生物质肥量，配合养殖场饲料与沼气发酵过程需求，有计划、有针对地开展乡村果蔬和农作物的种植，包括高蛋白、高热值经济作物与有机果蔬的种植分配等。

**2. 农林废物能源化工系统**

**（1）分布式区域秸秆类农业废物田间收集-清洁热利用系统**

开展分布式区域秸秆类农业废物田间收集-清洁热利用系统模式及技术推广，主要装备包括移动式收集压块设备、热解汽化设备和燃烧供热设备，该系统可广泛适用于水稻秸秆、玉米秸秆、小麦秸秆、棉花秸秆等多种农业废物，能够有效解决我国秸秆类农业废物收集难、直接焚烧造成严重大气污染等问题，同时实现能量清洁转化与营养元素快速回收利用，具有成本低、效率高、能耗少、无污染等特点，对于减少大气污染、增强农村能源供给保障、改善乡村生态环境具有十分重要的意义，并将带来显著的社会和经济效益。

　　分布式区域秸秆类农业废物田间收集-清洁热利用系统，具有适应性强、无污染、可操作性强的特点，并且系统设计简单，制作成本较低，设备操作也比较简便，经过一定简单培训的人员都可以使用该装置，符合当前我国当前农业种植模式下的农业废物处置需求特点，适用于目前几乎所有类型的农业废物处置。该系统创新性明显：①高效低耗收运模式创新。针对我国农业种植单体规模小、收集效率低、运输成本高的问题，采用移动式田间收集，并通过原位挤压成型，直接获得尺寸均一、物化性质稳定的农业废物衍生燃料，能够有效减少物质体积，缩短收运流程，避免其他过程因素干扰，从而提高运输效率，节约收运成本，切实增加技术推广性。②农业废物热利用技术创新。采用先进的热解汽化技术，将固态农业废物转化为可燃气，继而实现均相热化学燃烧，可有效提升能量转换效率，同时更有利于含钾灰分回收，可避免二次污染物产生，有效降低环境风险。

　　以车载移动式压块设备，直接进入农作物种植进行现场粉碎并压块成型，即首先通过机械剪切将原生农作物秸秆进行粉碎预处理，随后在一定压力和温度条件下，将碎料进行挤压使其成为均匀尺寸和形状的燃料颗粒，从而提高其燃烧热值及密度，便于运输和存储，大幅降低收运成本。秸秆压块燃料的主要技术参数：密度为 $700\sim1400\ kg/m^3$；灰分为 $1\%\sim20\%$；水分 $\leqslant15\%$；热值为 $3700\sim4500\ cal/kg$，秸秆压块燃料的热值以秸秆的种类不同而不同。以玉米秸秆为例，热值为煤的 $0.7\sim0.8$ 倍，即 $1.25\ t$ 的玉米秸秆成型燃料块相当于 $1\ t$ 煤的热值。秸秆汽化，是利用生物质通过无氧或缺氧气氛下，于 $300\sim700℃$ 采用热解法及热化学氧化法后产生可燃气体，这种气体是一种混合燃气，含有一氧化碳、氢气、甲烷等，亦称生物质气。热解汽化燃烧产物排放标准：CO 零排放；$NO_2$ 为 $14\ mg/m^3$（微量）；$SO_2$ 为 $46\ mg/m^3$，远低于国家标准，可忽略不计；烟尘低于 $127\ mg/m^3$，远低于国家标准；灰分约占 $10.0\%$，作为钾肥回田使用。

　　（2）农林废弃物制备高品位生物燃气技术

　　热值作为燃气的最重要参数之一，目前仍需要进一步提高。寻找新的催化剂来提高可燃成分的选择性和产量，进而提高燃气热值仍是目前的研究重点。同时减少有害组分的含量，对生物燃气中有害组分生成进行有效控制和分离也是后续利用的必然要求。

　　（3）农林废物制备成型燃料技术

　　如何优化农林废弃物收集、预处理系统及成型过程的研究，对于后续的生物质成型压缩以及燃料品质的提升有重要的意义。关于黏结剂黏结作用机制及农林废弃物成型黏结机理有待深入研究，以便为农林废弃物利用产业提供理论依据。开发农林废弃物成型产品品质提升新工艺仍是农林废弃物高值化利用的迫切需求，以能提升成型燃料的经济价值。

（4）农林废物制备高品位液体燃料和化学品技术

农林废弃物制备液体燃料已经得到初步发展，但是合成理论和工艺技术仍需完善，原料成本需要降低，液体燃料热值还需进一步提高，下游的精制技术也急需发展。农林废弃物制备的化学品虽然附加值很高，但目前的产量和选择性有待进一步提高，以及转化过程中催化剂寿命较短也是有待解决的问题。因此开发新型高效、稳定、可再生的催化剂，设计新的制备工艺，定向提高产品产量和选择性，如何高效地将高附加值产品完全分离出来等是今后重点探究方向。

（5）农林废弃物制备高附加值碳基功能性材料技术

孔结构、孔隙分布特性、表面官能团是碳功能性材料的重要参数，如何设计和构建更加合理的孔结构、有序的孔径分布、定向的表面官能团需要深入探究。目前的活化剂 $ZnCl_2$、KOH、$H_3PO_4$ 等常常会造成碳骨架坍塌、破坏孔道、设备腐蚀等问题，因此开发绿色环保、温和高效的活化剂将是未来的研究热点。目前碳功能性材料的制备多数在实验室合成，产业化与规模化利用有待加强。

（6）基于热解多联产技术的农林废弃物综合利用体系

热解多联产技术能够将农林废弃物转化为较高附加值的气液固产品，但三态产物间的协同机制还不是很清楚，有待进一步探究，需通过调控各种反应参数，实现三态产物附加值的最大化。多联产生产的液体产品往往需要再进一步炼制，有利于提升液体油的附加值。通过分布式能源供应与精炼工业原料供应有效结合是解决农林废弃物高值化利用的有效方法，即热解多联产工厂分布式布置于农林废弃物产地，而热解多联产得到的液体产品转送到精炼工厂提炼，从而实现将分散的农林废弃物转化为高附加产品。

**3. 畜禽粪便能源化工系统**

（1）高效厌氧消化技术

1）高负荷厌氧消化生物强化与稳定控制技术研发。针对畜禽粪污高有机负荷条件下，厌氧消化过程中氨氮浓度高、产甲烷菌适应 pH 值范围窄、产甲烷菌和互营有机酸降解菌的代谢速率慢、水解发酵产酸菌与产甲烷菌之间易失衡导致的高负荷厌氧消化容易发生酸或氨抑制问题，重点研发：高负荷厌氧消化失稳预警、高效厌氧消化生物强化菌剂、高负荷厌氧消化稳定控制技术与装备等技术。

2）畜禽粪污高效、低耗、稳定厌氧消化新装备研发。现有畜禽粪污沼气工程以湿式厌氧消化为主，针对该工艺存在顶搅拌能耗高、维修难度大，且不适合处理含固率较高的干清粪的问题，重点研发：湿发酵反应器气液双相联合搅拌技术与装备、连续式平推流畜禽粪便干式厌氧消化装备研制与优化等技术。

3）畜禽粪污低热损、太阳能辅热厌氧消化技术与装备研发。畜禽粪污厌氧消化工程的热损失主要由消化剩余物的排放和发酵罐/管道的散热造成，尤其是高温厌氧消化和北方寒冷地区的沼气工程的热损失更为严重；对于寒冷地区冬季的厌氧消化工程，净产能较低，甚至产生的沼气不足以保持正常发酵温度而造成停产，针对以上问题重点研发：消化剩余物余热回收利用装备、寒冷地区太阳能辅助厌氧消化技术与装备等技术。

（2）生物燃气提质及高值化利用

1）生物燃气净化提纯技术。重点研发生物燃气脱硫和脱碳新技术。选育高效生物脱硫菌并研发两段生物脱硫新工艺；开发甲烷-二氧化碳分离专用的高效吸收剂、吸附剂及分离膜，实现膜分离材料的国产化；研发加氢原位甲烷化生物脱碳技术；探索生物燃气脱碳与沼液脱氮除磷耦合处理机制及工艺系统研发。

2）新型生物燃气储运技术。针对不同地形、规模、运输距离、村镇及加气站分布等特点，研发集中供气模式和纯化车用模式的生物燃气储运技术，重点研发吸附式罐装储运技术。

3）基于生物燃气的分布式能源系统。对不同的生物燃气规模、地域地形、季节气候、周边用户需求等特点，研发热电联产模式的发电余热综合利用技术，包括余热制蒸气、供暖、制冷及蓄能等热能技术，构建基于生物燃气的电力、蒸气、供热、供暖、制冷及蓄能等分布式能源系统。

4）生物燃气制备化学品技术。通过生物燃气催化重整制备合成气（$CO+H_2$），利用合成气平台的现有化工产品生产技术，构建生物燃气平台化工体系。

5）生物燃气燃料电池技术。鉴于燃料电池技术的高转化效率、无污染、噪声低、适应不同功率要求等优点，研发适合生物燃气原料的燃料电池技术，重点研制熔融碳酸盐燃料电池（MCFC）和固体氧化物燃料电池（SOFC）系统。

6）混氢天然气（Hythane）利用技术。鉴于氢能的清洁性以及氢能利用系统的不成熟特点，在氢-甲烷厌氧消化联产技术的基础上，构建混氢天然气（HCNG 或 Hythane）的输送和终端利用系统，重点研究现有天然气输送和终端利用系统的可行性、适应性以及技术改造。

（3）沼液高值化利用技术

针对畜禽粪便湿式厌氧消化后所产生的沼液量大且资源化利用率低问题，重点开展如下研发工作：

1）消化剩余物的有效固液分离。要想使发酵残液残渣由传统利用方式向商品肥料利用方式转变，首先需要将发酵残液残渣进行固液的彻底分离，而由于畜禽粪便经厌氧发酵后的残余物是一种粒径分布很广的有机胶体，其加大了固液彻底分离的难度。发酵残液残渣的固液分离是影响发酵残液残渣由传统利用方式向商品肥料利用方式转变的关键因素，因此，研究解决发酵残液残渣固液有效分离的技术是其推广应用的前提条件。重点开发发酵剩余物多级分离设备，实现沼渣沼液的精细分离。

2）沼液成分图谱构建及其安全性评价。针对不同的发酵原料或发酵工艺，分析沼液中 C/N/P/K 等常量元素、钙/镁/铁/锰等微量元素、氨基酸/腐殖酸/维生素等营养成分，对不同来源的发酵剩余物进行聚类分析和差异性分析，建立发酵剩余物营养成分谱图，评价其资源性；分析 As/Cu/Cr/Pb/Cd 等重金属元素、抗生素及大肠杆菌，对不同来源的发酵剩余物进行聚类分析和差异性分析，建立发酵剩余物有害成分谱图，评价其安全性。

3）沼液浓缩调制生产液肥技术。根据不同原料的沼液成分，探讨不同浓缩方法对厌氧发酵液浓缩效果及肥力的影响，建立相应的沼液浓缩工艺和制液肥工艺，开发或改进沼液浓缩新设备，从而建立适合于不同原料特性、产物用途和发酵环境等要素的沼液浓缩调制生产液肥技术。

4）沼液培养细菌固碳生产单细胞蛋白和聚羟基丁酸酯。针对高氨氮沼液，筛选高产单细胞蛋白饲料的氢氧化细菌，研发氢氧化细菌利用沼液中有机碳源、氮源、营养元素的异养产单细胞蛋白技术，研究异-自养联合生产单细胞蛋白工艺；针对低氨氮沼液，筛选高产聚羟基丁酸酯饲料添加剂（益生元）的氢氧化细菌，研发氢氧化细菌利用沼液中有机碳源和营养元素异养产聚羟基丁酸酯技术，研究异-自养联合生产聚羟基丁酸酯工艺。

5）沼液培养微藻固碳生产油脂。选育高产油脂和高效二氧化碳固定的藻类；研发高密度培养技术；针对沼液特点，研发异-自养混合培养技术。

**4. 多种废物协同处置与多联产系统**

根据各地情况，按照分布式和集中式两种模式处置多种废物，针对较为分散的农村废物，可采取分布式处置；对于相对集中的城市废物，可采取产业园的方式集中协同处置，主要关键技术包括：多种废物预调质、高附加值提取、沼肥联产固体、液体有机肥分离和提纯等各项关键技术；车载式生活垃圾自动分选关键技术、平推流式厌氧发酵、热解汽化定向供气关键技术及生物除臭与生物污水处置关键技术；多联产品甲烷、二氧化碳的合成醇醚、氨基化工原料工技术研发；多种原料高效预处置关键技术及能源作物选育与种养一体化系统技术，开发出生物转化、热转化、化学转化系统技术和成套装备，形成生物燃气、有机肥、饲料、电及冷量等一系列绿色产品，构建基于多种废物协同能源化/资源化清洁利用的近零排放的绿色生态系统，实现系统的能量自给，实现区域内废物的零排放与能源化/资源化清洁循环利用，为我国低碳友好社会建设提供一套全新的模式与可模块化组合的系统技术。

**5. 能源植物选种育种与应用系统**

（1）能源植物新品种选育技术

结合能源植物重要生物学性状和主要目标物质分析结果，同时考虑规模化种植的要求，对能源植物重要生物学性状观测和目标物质主要成分分析提出能源植物评价标准。利用选择育种，选择出种子产量高且出油率的品种（系）或地域种质资源，利用杂交育种、诱变育种（辐射诱变、化学诱变、航天育种、离子束注入诱变育种）获得有价值的突变体或单株，为培育新品种（系）提供优良的材料。

（2）能源植物规模化高产值技术

对现有较好前景的能源植物在产业化过程中的关键技术问题展开系统研究；对能源植物进行丰产栽培、发展模式及生理生态评价；建立丰产栽培试验示范基地，获得其高产栽培配套技术与最佳发展模式。

（3）能源植物高效生物炼制技术

生物炼制是未来生物产业的核心，生物转化和热化学转化是生物炼制的两个基本平台。利用能源植物作为原材料是生物炼制长远发展的方向之一。以微生物细胞或者酶的手段，通过一系列的生物化学途径，高效转化能源植物为气体、液体燃料、材料或平台化合物等各类化学品是未来生物炼制过程的核心。如微藻可用于加工生产食品添加剂、不饱和脂肪酸、荧光颜料、生物活性成分、动物饲料、微生物油脂等。借助基因组学、系统生物学和合成生物学等学科基础，构建分子机器或者细胞工厂。利用能源植物资源，建立以微生物转化为核心的生物质化工与生物质能源的科技创新体系，突破生物能源、生物基材料与生物基化学品合成的关键技术，建立燃料与石油化学品的原料替代路线，促进大宗工业原材料摆脱对石油的依赖，逐步转变我国工业化进程对化石资源过分依赖的局面，部分替代不可再生的一次性矿产资源，初步实现以碳水化合物为基础的经济与社会可持续发展。

（4）关键装备系统技术

能源植物产业化发展需要实现关键装备系统技术创新，目前我国能源植物的收储运体系发展不够成熟，种植、收获、运输及储藏等设备的机械化水平偏低，如收获用的收割机是由国外引进的高秆作物收割机发展起来的，国内引进后，根据植物性状进行技术改造，虽取得了一些成果，但是由于技术原因，在实际使用中存在可靠性差、故障率高、使用效率低等缺点。总体来说，国内现有能源植物收储运设备存在作业效率低、环境适应性差、功能单一等缺点。未来能源植物的产业化应用，需要实现收储运体系设备机械化、自动化、智能化、集成化、一体化。

#### 6. 生物质功能材料化制备系统

##### （1）板栗苞制备活性炭技术

活性炭由于其独特的孔隙结构使得它有很高的比表面积、很好的化学稳定性、耐酸、耐碱、耐热等性能，对气体、溶液中的有机或无机物质以及胶体颗粒都具有很强的吸附和脱色能力。随着化工、医药、食品、环保等领域对活性炭需求量日趋增大，围绕利用价廉易得原料、简化制备工艺、控制活性炭孔径、提高活性炭物理性能、扩大应用范围、降低生产成本的研究一直深受关注。以板栗苞为原料，用 $ZnCl$ 活化法制备活性炭，不仅极大地丰富了活性炭的取材资源，还充分利用了农副产品下脚料，解决环境污染问题，促进了农村经济的发展。

##### （2）葛根深加工技术

研究葛根有效成分的提取、分离精制方法和分析检测方法，对合理充分利用葛根资源，有目的地开发疗效不同和功能各异的保健药品和保健食品，具有重要的现实意义。该技术采用水法提取葛根黄酮，同时提取葛根淀粉，由于采用逆浓度梯度提取技术和设备，水用量大大降低，仅为常规水提法的 $1/3 \sim 1/2$，克服了水提法处理量大、成本居高不下的缺点，是实现联产的技术基础。在葛粉生产过程中，采用多效浓缩设备，降低浓缩提取液的能耗，节省了处理时间。采用粗黄酮酸解工艺，有效地提高了葛根素提取率，在柱交换工序前就实现大豆苷元与葛根素的有效分离，降低树脂的处理负荷，有效提高了树脂的分离能力。采用混合溶剂对葛根素粗品进行重结晶工艺，改变混合溶剂的配比，有效提高了产品的纯度。采用滚筒式预糊化设备，精简了常规预糊化过程。经工业化试验，预糊化产品质量稳定，速溶性能好。采用二次配方技术，减少了营养成分因加工而造成的损失。

##### （3）农林废弃物饲料利用技术

秸秆在产地通过联合收获或分段收获后，再运送到饲料厂或养殖场，然后根据秸秆营养价值与水分含量的不同，选择适宜的秸秆饲料化转化技术对秸秆进行饲料化处理，包括青贮、氨化及黄贮等，如图9-6所示。

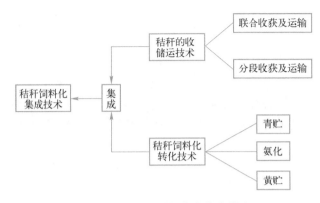

图 9-6　秸秆饲料化集成技术模式

（4）农林废弃物基料利用技术模式

实现农林废弃物基料化利用，可采用"农林废弃物+食用菌+有机肥"模式或"农林废弃物→食用菌→饲料→粪便→回田"模式，形成能量多级利用、物质链式循环生态农业模式。利用机械粉碎成小段并碾碎，以此作为基料栽培食用菌，工艺流程包括原料准备、辅料添加、拌料、装袋、灭菌、接种、发菌及出菇管理等。

## 9.5　生物质能技术发展路线图

### 9.5.1　发展目标

#### 1. 总体目标

近期愿景（2020 年前后）：构建近零排放的生活垃圾能源化/资源化利用系统，实现生活垃圾无害化率达到 90%，能源化/资源化率达到 80%；构建分布式区域秸秆类农业废物田间收集-清洁热利用系统，推广应用面积达 100 万亩，在人口集中区域、机场周边和交通干线沿线以及地方政府划定的区域内，基本消除露天焚烧秸秆现象；构建农林废物能源化工技术系统，建设年产 10 万 t 以上生物质成型燃料生产基地，建设 50 MW 级直燃发电、10 MW 级汽化发电、500 MW 级混燃热电联产示范工程；建立畜禽粪便能源化工技术系统，建设和推广年产万吨级液体燃料示范工程，生物天然气年产量和消费量达到 100 亿 m³；建立多种农村有机废物协同处置与多联产系统，实现农村废物资源化率超过 20%，实现能源植物在农村边际土地大规模种植，建设多个藻类能源化示范项目。

面向"十三五"生物质能发展愿景，应着力提升和推广生物质成型燃料大规模自动化生产技术、生物燃气高效制备与综合利用技术，同时突破农林畜牧废弃物能源化工技术、生物质液体燃料清洁制备与高值化利用关键技术。2020年，生物质能源总量实现标准煤当量3.8亿t，减少碳排放量22.5亿t。

中期愿景（2030年前后）：实现城乡生活垃圾无害化处理全覆盖，能源化/资源化利用率达到90%；分布式区域秸秆类农业废物田间收集–清洁热利用系统应用面积达300万亩，秸秆焚烧现象基本消除；农林废物能源化工技术系统全面提升，高品位成型燃料、气体燃料和液体燃料制备关键技术有效突破，建立年产20万t的成型燃料生产基地，推广年产3万t以上生物质成型燃料生产线，发展100 MW级生物质直燃发电站、1000 MW级混燃热电联产工程和分布式MW级生物质汽化发电工程；大中型的畜禽粪便能源化工系统逐步建立，推广年处理能力10万t以上的生物质燃气工程；多种农村有机废物协同处置与多联产系统全面提升，生物质功能材料制备技术全面推广，能源植物规模化种植关键技术方面取得关键性突破，能源植物年产能达到1亿t标准煤。

面向生物质能发展的中期愿景，需探索和发展前沿性核心技术，如高效低成本生物质成型燃料工业化生产技术；混燃发电生物质计量检测技术；低结渣、低腐蚀、低污染排放的生物质直燃发电技术；高效洁净的汽化发电技术和规模化产业装备技术；高效低成本复合酶制备技术等。2030年，生物质能源总量实现标准煤当量16.5亿t，减少碳排放量117亿t。

长期愿景（2050年前后）：构建生物质能化工综合利用产业链，构建"种–养–能"循环农业体系，实现无废排放的同时，农作物秸秆、城乡生活垃圾、农林废弃物的能源化/资源化率达到100%，实现规模化养殖场粪污零排放，实现高产、高能、高抗且易转化能源植物新品种的产业化应用，实现区域内单一工程对各类有机废弃物协同处置与全量利用，大幅提高农村废弃物综合利用的有效性和经济性，构建标准化生物质原料的可持续供应体系，形成具有竞争力的商业化运营能力。

面向未来30年，力争改变传统单一处置模式，增进各种生物质的互补与融合，提高生物质能的利用效率和环境效益。2050年，生物质能源总量实现标准煤当量21.8亿t，减少碳排放量143亿t。

**2. 具体目标**

（1）城乡生活固废综合利用系统

大力开展以近零排放为目标的生活垃圾能源化/资源化开发利用技术体系研

究；解决生活垃圾的收集及运输难、过程污染重、生活垃圾提质转化效率低、重金属污染重和氮素控制难，以及转化过程二次污染控制等难题；重点研究和开发热转化、生物转化、源头控污染等技术群以及单元技术集成、耦合和优化系统，以打造能源产业、肥料产业、废塑料基化工原料/能源产业以及相关装备产业，形成生活垃圾能源化/资源化利用领域的技术创新和集成技术创新，积极建立相关科技创新平台。分别在 2020 年前后、2030 年前后及未来实现替代能源 2500 万 t 标准煤和 5000 万 t 标准煤。

（2）农林废物能源化工系统

大力开展分布式区域秸秆类农业废物田间收集-清洁热利用系统模式及技术推广，构建包括移动式收集压块设备、热解汽化设备和燃烧供热设备等装备标准化体系，实现装备对于水稻秸秆、玉米秸秆、小麦秸秆、棉花秸秆等多种农业废物的广泛适用性，能够有效解决我国秸秆类农业废物收集难、直接焚烧造成严重大气污染等问题，力争到 2020 年前后，通过构建分布式区域秸秆类农业废物田间收集-清洁热利用系统，在人口集中区域、机场周边和交通干线沿线以及地方政府划定的区域内，基本消除露天焚烧秸秆现象。

通过开发先进的热化学转化技术，可以进一步将农林废弃物转化为高附加值的能源化工产品，如高品位气体燃料、成型燃料、高品位液体燃料和化学品等。通过分布式区域秸秆类农业废物田间收集系统的开发，在新农村周边建设收集、预处理和热解多联产工厂，将当地分散的低品位农林废弃物转化为附加值较高的气、液、固三态产品。生产的气体燃料直接作为分布式新农村城镇生活供能，实现农村能源供应清洁化、便利化。分散加工得到的高能量密度的油炭产品再集中输送到精炼工厂，克服农林废弃物收集难题。油炭产品经精炼加工后，可制备高附加值的液体燃料、化学品及碳功能性材料等。通过分布式能源供应与精炼工业原料供应有效结合，实现农林废弃物的能源化高效转化与高品位利用。分别在 2020 年前后、2030 年前后和 2050 年前后实现替代能源 1.67 亿 t 标准煤、3.2 亿 t 标准煤和 5.0 亿 t 标准煤。

（3）畜禽粪便能源化工系统

目前全国规模化养殖场（猪、牛、鸡三大类畜禽）约 240 万处，其中，中型（养殖出栏 500~3000 头猪）养殖场约 6.5 万处，大中型（养殖出栏 3000 头以上猪）约 9000 处，而这些规模化养殖场基本没有建设粪便处理工程，粪便的集中排放对局地环境污染较严重，矛盾较集中，社会影响较大，已经引起了广泛的关注。进行粪便资源化、无害化和清洁化的集中治理，化害为利，变废为宝，建设大中型的畜禽粪便能源化工系统工程是其发展趋势。综合目前研究，畜禽粪便能源化工系统主要有三个方向：一是直接采用畜禽粪便进行脱水、发酵，然后加工成系列生物有机肥；二是畜禽粪便厌氧发酵生产沼气、发酵后的沼液沼渣进行深加工成不同的有机肥或饲料；三是畜禽粪便厌氧发酵生产氢气，发酵后的残液残渣同样进行深加工，可以做成有机肥或饲料等。分别在 2020 年前后、2030 年前后和 2050 年前后实现替代能源 3700 万 t 标准煤、1.6 亿 t 标准煤和 2.5 亿 t 标准煤。

(4) 多种农村废物协同处置与多联产系统

建设"代谢共生产业园"，实现各类农村废物全量协同资源化利用，大幅提高乡村废物综合利用的有效性和经济性；实现区域内单一工程对各类乡村废物处置利用，无废物排放。乡村废物综合利用过程无污染物排放，解决土壤板结问题，实现土壤修复。乡村废物全面转化为可燃气、化工原料、有机肥及其他资源。构建多原料来源的物理、化学、生物转化于一体的农村废物综合利用系统，解决农村废物问题。分别在 2020 年前后、2030 年前后及未来实现替代能源8300 万 t 标准煤和 10 亿 t 标准煤。

(5) 能源植物选种育种与应用系统

立足国家对农业生态文明建设和能源多元化等重大战略需求，围绕能源植物选种、育种、基因改良以及物规模化种植等科学问题，通过科技攻关与产业发展，力争在能源植物种质的收集与种质保存、种质资源评价与新种质创制、油脂代谢调控机理研究与分子修饰、抗性机理研究与分子育种以及能源植物规模化种植关键技术方面取得关键性突破。通过在边际性土地上发展能源植物作为生物质原料，实现到 2030 年能源植物产能约 1 亿 t 标准煤/年，2050 年产能约2 亿 t 标准煤/年，大幅度提升我国生物质能源在清洁能源中的比例，显著提升生物质能源在总能源消费中的比例，增加农民收入、促进节能减排，改善能源结构。分别在 2020 年前后、2030 年前后和 2050 年前后实现替代能源 5000 万 t标准煤、1 亿 t 标准煤和 3 亿 t 标准煤。

(6) 生物质功能材料制备系统

生物提取、化学提取、热解制备生物炭、热转化能量自给等各项关键技术取得突破。资源化利用率达到 20%，替代能源 400 万 t 标准煤，煤炭 900 万 t(间接替代化肥)，各项技术系统优化示范及产业化推广。分别在 2020 年前后、2030 年前后和 2050 年前后实现替代能源 1500 万 t 标准煤、2700 万 t 标准煤和8000 万 t 标准煤。

## 9.5.2　技术路线图

生物质能技术发展路线图如图 9-7 所示。

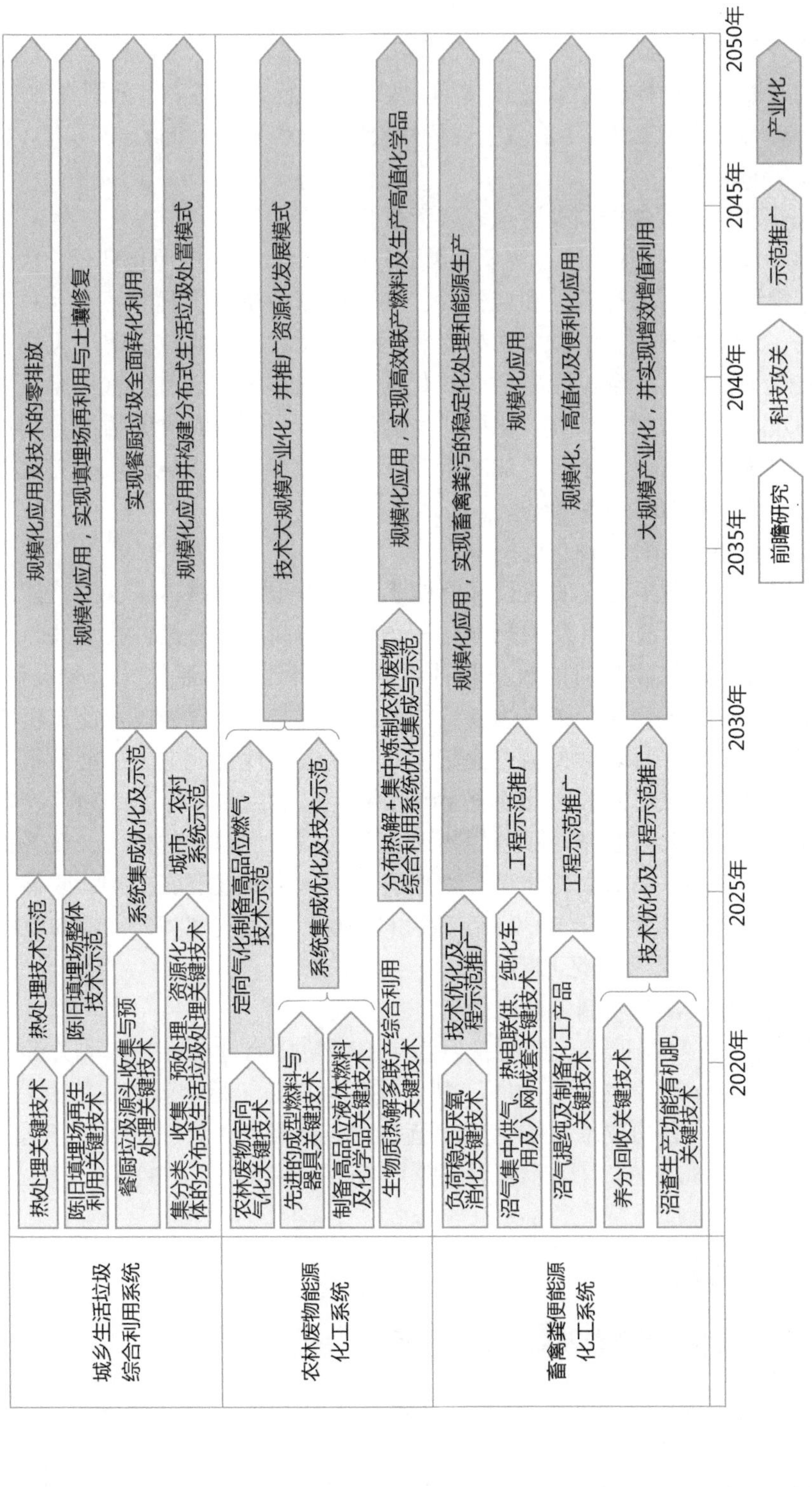


图 9-7 生物质能技术发展路线图(一)

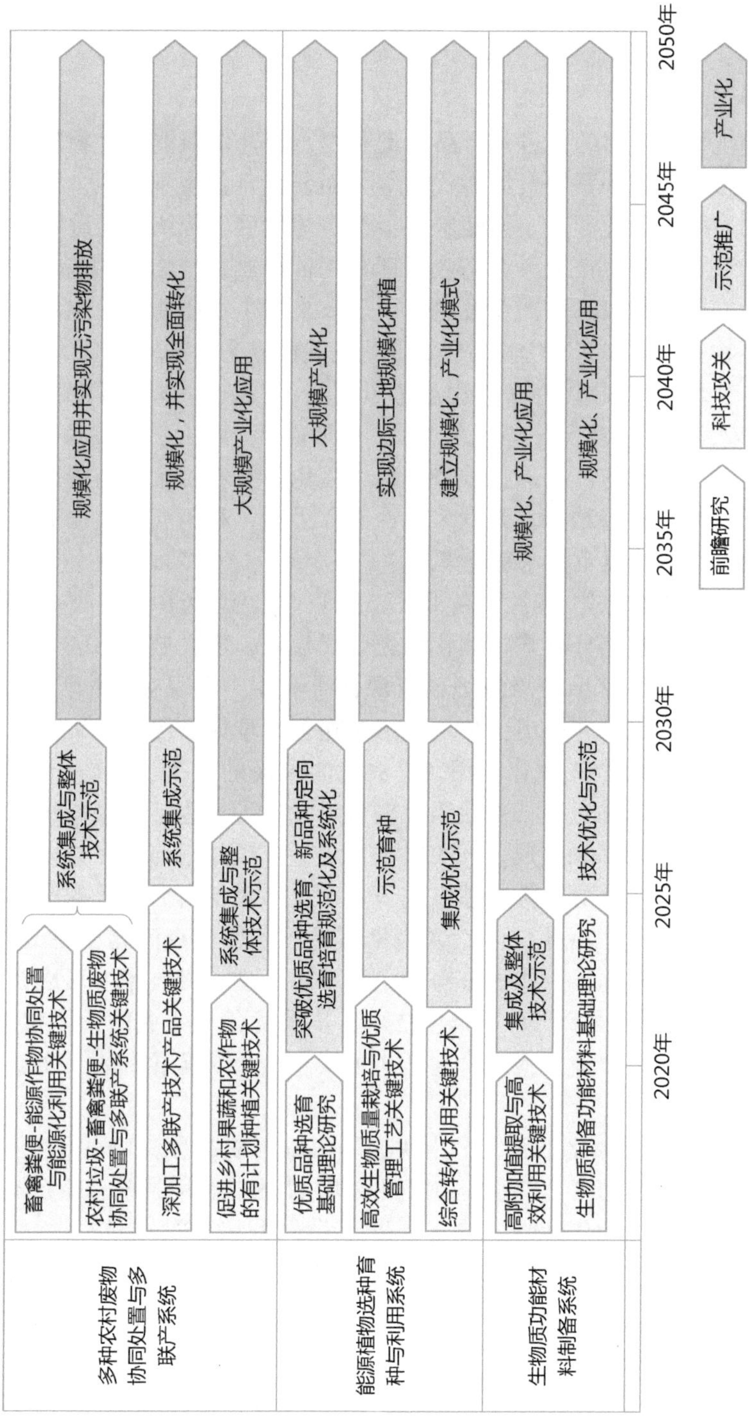

| | 2020年 | 2025年 | 2030年 | 2035年 | 2040年 | 2045年 | 2050年 |
|---|---|---|---|---|---|---|---|
| 多种农村废物协同处置与多联产系统 | 蓄禽粪便-能源化作物协同处置与能源化利用关键技术 / 农村垃圾-蓄禽粪便-生物质废物协同处置与多联产系统关键技术 | 系统集成与整体技术示范 | | 规模化应用并实现无污染物排放 | | | |
| | 深加工多联产技术产品关键技术 | 系统集成示范 | | 规模化,并实现全面转化 | | | |
| | 促进乡村果蔬和农作物的有计划种植关键技术 | 系统集成与整体技术示范 | | 大规模产业化应用 | | | |
| 能源植物选种育种与利用系统 | 优质品种选育基础理论研究 | 突破优质品种选育,新品种定向选育培育规范化及系统化 | | 大规模产业化 | | | |
| | 高效生物质量栽培与优质管理工艺关键技术 | 示范育种 | | 实现边际土地规模化种植 | | | |
| | 综合转化利用关键技术 | 集成优化示范 | | 建立规模化、产业化模式 | | | |
| 生物质功能材料制备系统 | 高附加值提取与高效利用关键技术 | 集成及整体技术示范 | | 规模化、产业化应用 | | | |
| | 生物质制备功能材料基础理论研究 | 技术优化与示范 | | 规模化、产业化应用 | | | |

前瞻研究　科技攻关　示范推广　产业化

图 9-7　生物质能技术发展路线图（二）

## 9.6　结论和建议

被动型生物质资源的高值化产品开发利用，即开发新型的生物材料、生化产品及替代石化产品和紧缺资源替代物等方面研究日益受到重视，极大地拓展了传统生物质的资源化领域。但随着社会经济的发展，传统生物质资源不足以支撑庞大的农林生物质产业，在高效循环利用传统农林生物质的基础上，发展主动型的新兴生物质以满足产业发展需求。未来的生物质能产业化发展需要传统被动型生物质资源和新兴生物质资源并重发展已成为趋势。

首先，从环境和能源的双重效益考量，应优先发展被动型生物质能。以"精量、高效、低耗、环保"等理念入手，开展前沿与重大关键技术研究，基于高新技术对传统技术与产品进行改造升级，强化各类农村废弃物资源化利用技术与方法间的有机紧密结合，开发多元性研究手段，利用高新技术对传统技术与产品进行升级改造以及技术系统集成。

建立生活垃圾能源化/资源化利用系统，通过生活垃圾源头分类+垃圾分选+综合处理与利用，构建分布式一体化垃圾处置模式，建立城乡小区系统示范和城乡系统示范；开发陈旧垃圾填埋场资源化再利用，实现存量垃圾的减量化、无害化和资源化利用，并腾出土地资源；建立餐厨垃圾的源头收集与预处理系统，实现餐厨垃圾的全资源化利用，解决餐厨垃圾的收集、运输、分选困难，提质转化效率低及转化过程二次污染控制等难题，形成生活垃圾能源化、资源化利用领域的技术创新和集成。其关键技术包括：预处理与控污技术、处理与资源化利用技术；并针对传统处理方式单一、技术设备落后导致的资源化利用率和产品品质低、处理成本高、二次污染不易控制等难点问题，提出集分类、收集、预处理、资源化于一体的分布式生活垃圾处理关键技术，形成新型资源化和能源化利用共性技术、系列单项技术、技术优化与集成的整体技术路径，实现全覆盖式全链条产业化应用，生活垃圾实现全量资源化利用，实现无废物排放。

建立农林废物能源化工系统，为快速缓解农村农林废弃物就地焚烧状况，优先建立分布式区域秸秆类农业废物田间收集–清洁热利用系统，该系统具有适应性强、无污染、可操作性强的特点，并且系统设计简单，制作成本较低，设备操作也比较简便，经过一定简单培训的人员都可以使用该装置，符合当前我国当前农业种植模式下农业秸秆处置需求的特点，适用于目前几乎所有类型的秸秆处置，能够有效解决我国秸秆类农业废物收集难、直接焚烧造成严重大气污染等问题。

进一步构建完善的农林废弃物能源化工系统和特色功能材料制备技术，利用农林废弃物制备高品位生物燃气、成型燃料、液体燃料及化学品，建立基于热解多联产技术的农林废弃物综合利用体系，形成系统集成优化与示范，逐步实现农林废弃物的全部能源化和资源化利用。其关键技术包括：以农林废物制备高品位生物燃气、制备成型燃料、制备高位液体燃料及化学品、基于热解多联产技术的农林废物综合利用体系为四大基本路线；农林废物定向汽化关键技术，先进的成型燃料与器具技术，热化学制备液体燃料及提质技术，农林废物制备汽、柴油及航空煤油技术，微生物、催化制备烯烃、醇、醚燃料技术，生物质热解多联产资源化利用系统集成与优化，热解油催化制备燃料及化学器技术，基于生物燃气的分布式能源系统，生物燃气制备化学品技术，生物燃气燃料电池技术以及生物炭和碳基功能材料制备技术等是未来技术发展的方向。农林废物颗粒燃料系统方面，包括多原料组成的生物质颗粒低温密致结构技术、高效长寿命生物质颗粒燃料专有设备研发、整体低能耗高产率生物质颗粒燃料系统开发。

建立畜禽粪便能源化工系统，逐步提高畜禽粪污的资源化利用率，在替代传统化石能源的基础上突破模块化移动式堆肥装备关键技术和有机肥生产关键技术，实现养分还田。其关键技术包括：高负荷稳定厌氧消化技术、沼气能源化工利用技术、沼液养分回收利用技术、沼渣生产功能有机肥技术等，实现畜禽粪污的高值高效能源化工利用，构建"种-养-能"循环农业体系，综合治理畜禽养殖污染，基本实现规模化养殖场粪污零排放。建立畜禽粪污能源化工系统是未来畜禽粪便处理技术发展的重点方向。

其次，加强主动型生物质的选种、育种、种植等方面的基础研究，加大转化关键技术的攻关，建立能源植物选育种植与利用系统。研究能源植物选育与种植技术及培养体系，建立优质种质资源数据库，选择高产、高能、高抗且易转化能源植物新品种在边际土地上规模化种植，形成集选种、育种、栽培、高效转化于一体的链条式能源植物开发技术体系。其关键技术包括：优质品种选育技术、高效栽培及栽培管理技术和综合转化利用技术等，形成能源植物选育与种植技术及培养体系，实现高产、高能、高抗且易转化能源植物新品种的产业化应用，形成标准化生物质原料的可持续供应体系。能源植物选育种植与利用系统具有一定的前瞻性，是主动型生物质能发展的重点方向。

综上所述，基于智能化、规模化的多种城乡废物协同处置与多联产系统，构建多原料来源的物理、化学、生物转化于一体的农村废弃物综合利用系统，改变传统单一处置模式，增进各种生物质的互补与融合，实现多种废弃物协同处置与多联产。其关键技术包括：畜禽粪便-能源作物协同处置与能源化利用技术、农村垃圾-畜禽粪便-生物质废物协同处置与多联产系统、多联产技术产品深加工技术等，建设"代谢共生产业园"，实现区域内单一工程对各类乡村废物处置利用，实现各类农村废物全量协同资源化利用，将农林废弃物转化为可燃气、化工原料、有机肥及其他资源，提高农村废弃物综合利用的有效性和经济性，实现多种农村废弃物协同利用，这是生物质资源化、能源化利用技术重点突破的方向，具有一定的颠覆性。

保障措施及建议如下：发展生物质能技术，必须与美丽乡村建设、精准扶贫等国家重大战略相结合，加强顶层设计。要统筹考虑各种需求，进行系统设计规划；要协同考虑能源、资源、环境、生产模式、生活方式等，进行多元技术集成；要通过工业化的手段实现技术的规模化、组织化、装备化；采用市场化的运行模式，将资本运作、技术服务、商品交易等融入生物质能产业的发展中。必须转变农村零散化、个体化的生产生活模式，相对集中种植和养殖业以及人居区域，以实现连片发展，协同发展，规模发展。例如，建立农村代谢共生产业示范区，以农村代谢的废物以及废物资源化的产品为控制因素，设计、规划养殖、种植、人居规模耦合的区域，实现废物的近零排放与资源最大化利用，构建生产-生活-生态一体化协调发展的新的农村发展模式；积极推进"猪地产""猪物业"事业，通过猪栏的租赁将周边养殖户进行区域集中，解决散户养殖过程的畜禽粪便收集难、处置难的问题，并实现饲料和添加剂统一调控、疫病统一防治以及自动化喂养等，解决养殖气味大、抗生素使用监管难、病死畜禽随意弃置等问题，同时大幅度降低养殖成本，实现环境、生态、经济的共赢。为实现我国生物质能技术发展目标，需从关键技术攻关、示范与应用、规模产业化及等方面提供政策与措施保障。

(1) 关键技术攻关

推动有关部门完善生物质科技发展相关政策和法规，落实国家投资补贴和税收减免政策，制定促进快速发展生物质能源燃料替代行动计划及示范工程推广应用补助政策，推进制定补贴生物质能高效循环利用产品、企业及用户的政策；加强平台建设并完善技术创新体系，依托科研院所、大学和大型骨干企业，组建工程技术中心及重点实验室；设立重大专项，对农林废物能源化工系统、畜禽粪便能源化工系统、农林废物颗粒燃料系统、生活垃圾能源化/资源化利用系统、特色农林废弃物资源化系统、畜禽粪便能源化工系统及能源植物选种育种与利用系统等关键技术方向开展重点攻关，为多种城乡废物协同处置与多联产系统的规模化应用发展做技术铺垫；推进生物质能人才培育纳入人才规划纲要，特别是针对能源植物、生物质功能材料利用等新兴生物质资源开发领域的专业技术人才。

（2）技术示范与应用

要建立一套先进、程序简单、成本低的生物质能示范应用体系，如农村代谢共生产业示范区建设，加强其收购、运输、储存、加工等环节的配套衔接，示范应用时政府应及时给予优惠价格扶持，并保证生物质能示范应用政策的持续性，降低其因高成本带来的风险；需要充分利用市场机制的作用培育生物质能应用的市场环境，并不断吸引私人资本的投入，保持生物质能创新的活力；从生物质能示范应用项目的审批到实践应用各个环节都要给予充分支持，保证示范达到效果；也需要不断将政策纳入法律中，不断推进政策立法，从而保证政策的持续性，增强投资人的信心。

（3）技术规模产业化

要构建生物质能产业技术创新和支撑服务体系，加大企业技术创新的投入力度。发展一批企业主导、产学研用紧密结合的生物质能产业技术创新联盟，支持联盟成员建立专利池、制定技术标准等；要加强知识产权体系建设，健全知识产权保护相关法律法规，制定适合我国生物质能产业发展的知识产权政策；要加强我国生物质能技术指标体系建设，制定并实施生物质能产业标准发展规划，建立标准化与科技创新和产业发展协同跟进机制，在重点产品和关键共性技术领域同步实施标准化；要加强信息技术与生物质能利用的融合，依托云计算、"互联网+"、物联网等智能化、规模化、专业化技术手段，推进市场配置的智慧管理，加大生物质废弃物收集、转移、利用、处置等环节的远程控制的力度。

（4）体制机制

生物质能源的大规模发展不仅是技术问题，更涉及体制机制问题，进一步完善生物质能源发展的体制与机制，从体制和机制上杜绝秸秆田间丢弃和焚烧现象，对于秸秆类农业废物能源化与资源化利用方面的政策补贴，建议在用户终端补贴，通过市场经济拉动前段收集积极性，如每产生一吨热蒸气补贴50元。

# 第 10 章　智能电网与能源网融合技术发展方向和体系研究

智能电网与能源网融合技术是推进我国能源技术革命的重要发展技术之一，本章基于我国能源技术革命的大背景，以能源供给侧提升可再生能源消纳比例、消费侧提高能源综合利用效率、市场侧还原能源商品属性为导向，探索智能电网和能源网融合的形态演变、技术发展方向和技术路线。研究目标是宏观规划智能电网与能源网融合技术的发展前景，分析科技需求并提出 2020 年前后、2030 年及 2050 年的技术发展重点领域及关键技术。

## 10.1　智能电网与能源网融合技术概述

随着传统化石能源的逐渐枯竭及环境污染问题的日渐加剧，现有能源生产和消费模式与节能减排矛盾突显。2020 年，全球能源结构转型正朝向正确的方向迈进，但要实现能源结构完全低碳化发展，面临的挑战仍然很大。我国提出能源结构优化和能源清洁化两大目标，即到 2030 年，非化石能源在一次能源消费比重提高到 20%左右，二氧化碳排放达到峰值且努力达到顶峰，要实现这些目标，我国的能源系统仍需进一步转型升级。

智能电网是对传统电网的继承和改造，但是仅支持电力能源，强调主骨干电网架的优化。随着大量可再生分布能源生产基地的建设，集能源消费与生产于一体的能源产消者（Prosumers）的出现，以及可再生能源的广域分布、即插即用、高度渗透等特征，对主干网大系统的影响将越来越显著，而智能电网所考虑的分布式电源局部协调往往是不够的。近年来，随着电转气（Power to Gas，P2G）、冷热电三联产等多能源转换技术的发展，以及"互联网+"技术的推动，智能电网与能源网的融合渐成为趋势。"能源互联网""全球能源互联网""综合能源网""智能能源网""互联网+智慧能源"等概念相继提出，用以描述这一新的能源利用体系。

1）未来新能源发展迅速，依赖电网本身的调节能力，对太阳能、风能等新能源的消纳仍存在限制，尽管储能技术的发展为解决新能源消纳带来了新的途径，但其高昂的成本仍是限制其应用的重要因素。倘若能借助天然气网、供冷/热网、氢能源网等具有大规模储能优势的能源网，实现能源之间的相互转换与互补，将突破电网自身的局限，使得新能源的消纳手段大大增加。

2）天然气网、冷/热气网、氢能源网的调峰问题以及智能电网的峰谷差调节问题，其根本都是能源网络局限性运行的问题。若能源可以协调统一调度，通过能量转移、信息引导，将不同能源网络联合运作起来，提高控制裕度，促进削峰填谷，将有望有效提高能源综合利用效率。

3）虽然当前电力市场改革步伐加快，但是能源不仅仅是电力问题。若能源市场化只是不同能源供应商采取各自为政的策略，则无法充分调动积极性，促进不同能源之间的优势互补，因此，未来应建立多能源市场，借助互联网平台提供的公开、共享交易平台，以市场机制去促进多能源耦合，推进技术层面的变革。

据此，本章首先阐述智能电网与能源网融合的必要性和重要性，分析智能电网与能源网融合的形态特性，进而结合当前智能电网与能源网的技术发展现状，探索我国未来智能电网与能源网融合网络的演变趋势，并提出 2020 年前后、2030 年及 2050 年的技术发展重点领域及关键技术。

## 10.2　智能电网与能源网融合的意义与形态

### 10.2.1　必要性和重要性

能源技术革命是能源革命的根本动力，为推动实施国家"四个革命，一个合作"的战略思想，国家发展改革委、国家能源局组织编制了《能源技术革命创新行动计划（2016—2030 年)》，其中描述了我国能源技术的战略需求，且能源互联网技术创新在列。能源互联网，实质是推动智能电网与能源网的融合，是推进能源技术革命的一个重要手段。

智能电网与能源网的融合将通过技术的进步和创新推动能源生产、消费两大革命，实现能源消费总量控制，节能优先，提供终端综合能源利用效率，并建立多元化的能源供应体系，为能源市场化提供技术支撑。智能电网与能源网的融合顺应能源转型发展的大趋势，两者的融合对推动我国能源革命，实现能源转型有着积极的作用。总的来看，智能电网与能源网的融合将在以下几个方面取得突破：

1）实现可再生能源消纳比例的提升，包括大规模可再生能源的集中消纳以及高比例可再生能源的就地消纳。在物理系统层面，将电力、燃气、热力、储能等资源捆绑为整体资源，通过实现能源优化替代，统一解决有关能源的有效利用和调峰问题。通过不同能源之间的相互转换，可以满足不同能源网络的需求，实现资源互补，提高了调控裕度，为新能源的消纳提供了更多手段，因此相比于智能电网，智能电网和能源网融合系统的新能源消纳能力将得到有效提升。在信息系统层面，运用新一代互联网、云计算、大数据等信息技术可提高能源系统灵活性、接纳和供应能力，最大程度上利用间歇性、分布式能源，构建多元化的能源供应体系。

2）实现能源利用效率的提升，包括能源传输效率的提升以及用户终端能源综合利用效率的提升。在物理系统层面，可通过在负荷侧新增冷热电联产（Combined Cooling Heating and Power，CCHP）等多能流机组提高能源的综合利用，相比仅用燃气轮机发电，实现三联产后能有效提高能源综合利用效率。同时，可借助于多能源转换中心，实现用户侧多能流的互动，实现多能互补。在信息系统方面，将通过大数据、云计算等新一代信息技术，实时获取海量的用户数据，通过数据挖掘分析，进一步提升用户的节能空间，提高用户的需求侧响应能力及效果。

3）实现能源系统与互联网技术的深度融合，并基于此推动能源商品属性的还原以及传统能源智慧化升级。通过智能电网与能源网的融合，可在物理层面消除不同能源网络之间的技术壁垒，使得多能源在物理层面可以互联互通，多能源市场化的建设成为可能。同时，运用互联网等信息技术实现能源信息透明化，利用大数据分析能源生产、传输和消费各环节，感知用户需求，实现传统能源的智慧化升级。

## 10.2.2 融合形态

智能电网与能源网的融合，狭义来说，指的是能源传输网络的融合，解决的是能源传输模式的问题。但因不免涉及能源生产、传输、转换、存储、消费及信息传输等各个环节，从广义来看，智能电网与能源网的融合将转化为整个能源系统的建设问题。

图 10-1 描绘了智能电网与能源网融合所涉及的三个网络，即智能电网、能源网及互联网。同时三个网络主体也分别代表相关行业的力量，即电力行业、其他能源行业及互联网行业。未来智能电网与能源网融合，将取决于不同行业力量之间的博弈结果，融合模式应存在从不同行业的视角（即图中的 A、B、C 三个视角）分析而形成的三种模式，分别称为"智能电网 2.0"、"互联能源网"及"互联网+能源网"。

### 1. 视角 A：智能电网 2.0

智能电网的主要特点为自愈、互动、更加安全可靠、经济高效、兼容分布式能源接入（Distributed Generation，DG），是结合电力技术、通信技术以及计

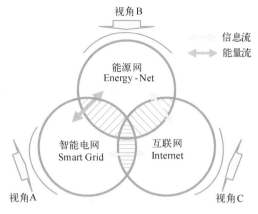

图 10-1　智能电网、能源网和互联网融合关系图

算机控制技术，实现高度自动化、响应快速和灵活的电力传输系统。在视角 A 下，电力行业在同其他行业的博弈结果中占优势地位，以智能电网为主体进行三者的融合，是对智能电网的进一步升级，将其称为智能电网 2.0。

（1）物理融合特征

智能电网 2.0 这种融合网络的物理形态特征首先是电网中心论，能源利用体系特征：在微观上，以适应区域内大规模 DG 接入、实现区域能源自治为目标，建设多个微电网单元，规模可以是智能家居、智能楼宇、智能产业园区等；在宏观上，以（特）高压交流/直流大电网为主干网架，实现远离负荷中心的集中式光伏/风能等电能生产基地、不同区域电网之间的互联，促进能源资源互补。其趋势是可再生能源将逐步替代传统化石能源成为能源生产主导，并转换为电能进行传输；能源消费终端也将被电能所替代，利用电制冷/热、电磁炉等电器替代对传统燃料的需求；电气化交通系统通过充电桩/站、蓄电池等充/放电装置与智能电网形成交互，逐渐摆脱对化石燃油的依赖。

（2）信息融合特征

智能电网 2.0 仍以电力专用通信网络为主，但引入了大数据、云计算等互联网技术。其将通过遍及全网的量测体系和强大的通信计算能力，使得以智能电网为主要呈现主体的融合网络更具有弹性，进而更加安全、经济、高效运行。微电网单元能量流的控制主体为微电网单元调度运营商，其主要职能为充分调动微电网单元内部的控制手段，如 DG、储能和可控负荷等，实现微电网的功率平衡、安稳控制和优化运行。而用户则通过智能电表与微电网单元调度运营商进行电费结算。在与外部大电网交互上，微电网单元被视为一个整体，能量流的控制与电量结算信息将由上级下达至各微电网单元调度运营商，并由其进一步实现微电网与上级电网的协调控制。

综上，同智能电网的基本属性相比，智能电网 2.0 的突出特征如下：

1）不限制电网 DG 接入比例，同时利用储能、可控负荷等手段，使负荷可以随发电出力的大小进行智能调节，以适应电网 DG 高渗透。

2）大数据、云计算等技术被广泛应用，利用其挖掘系统潜在模态与规律，并以更高计算速度满足系统在线实时分析与控制的需求。

智能电网 2.0 框架如图 10-2 所示。

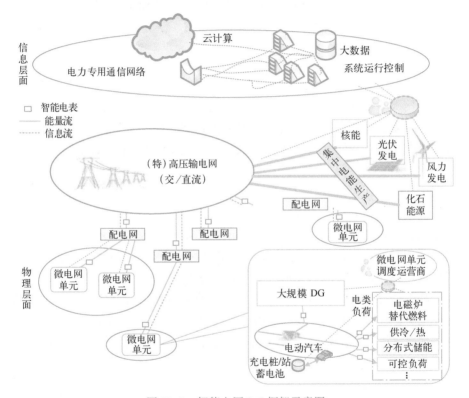

图 10-2　智能电网 2.0 框架示意图

（3）模式效益

智能电网 2.0 以智能电网为核心网络，各种能源转换为电能供用户使用，电力专用网采集各种数据并借助大数据、云计算等技术服务于智能电网的优化运行。该模式的效益如下：

1）跨区域、大规模的能源资源优化配置。在现有的技术水平下，电能进行长距离能量传输仍具有优势。智能电网 2.0 以智能电网为核心网络，将实现跨区域能源资源的优化配置，特别是像我国这样一个能源资源呈逆向分布的情况，利用电能进行西电东送，能实现不同地区能源资源的互补。

2) 新能源的消纳。新能源包括太阳能、生物质能、风能、地热能、波浪能、洋流能、潮汐能以及海洋表面与深层之间的热循环等，要对这些资源进行充分开发利用，无论是广域集式的新能源集中生产，还是分布式就地小型新能源的开发，将其转换成电能并进行能量的输送是最具效率的，但当新能源电力接入比例过大时，电网需增加调控手段以提高新能源的消纳能力。

但是，智能电网 2.0 强调物理融合，局限性在于能源市场化的不足。而能源市场化，是调动源、荷主动参与协调调度的有效手段，它不仅可以改变传统调度模式带来的不足，还能够有效促进削峰填谷等。

**2. 视角 B：互联能源网**

在视角 B 下，除电力行业外的其他能源行业在博弈过程中逐渐显露优势，融合网络中智能电网、能源网同为平等主体，将其称为互联能源网。

**(1) 物理融合特征**

互联能源网强调智能电网与能源网并存，最重要的思想在于"去中心化"，即智能电网与能源网的统一存在无须以何种网（如智能电网）为主导。在互联能源网下，电、热、冷、气等各式能源将通过各类能源转换器实现物理上的连接与交互，不再必须经过电网。在 DG 高度渗透的未来，还可直接由 DG 转化成用户所需的各种能源。互联能源网以微电网单元建设为主要特征，智能电网的统治力被削弱。其所述的微电网，指根据用户对各种能源的需求而构建的多能源耦合系统（包括电、热、冷、气等能源），可孤立运行，亦可与外部跨区域主干网并网运行。智能电网 2.0 与互联能源网能源利用体系对比见表 10-1。

表 10-1　智能电网 2.0 与互联能源网能源利用体系对比

| 对比项 | 智能电网 2.0 | 互联能源网 |
|---|---|---|
| 能源生产 | 清洁能源为主，集中/分布式能源生产<br>一次能源在生产端转换为电能 | 清洁能源为主，集中/分布式能源生产<br>一次能源不一定转换为电能 |
| 传输网络 | 微观上由众多微电网单元构成，实现电力传送和分配<br>宏观上由大电网实现跨区域能源互联 | 微观上由众多微电网单元构成，实现多种能源传送和分配<br>宏观上由多种跨区域能源传输通道实现远方能源互联 |
| 能源消费 | 电能消费为绝对主体，各类电器替代对燃料的需求 | 多种能源消费并存，视用户所需 |

（2）信息融合特征

类似于智能电网2.0，互联能源网的信息网络仍以专用网为主，但智能电网、能源网之间的专用网可以是共用的。同时引入了大数据、云计算等互联网技术，利用其所提供的计算资源及计算平台，对不同形式的能源资源进行综合管理和供需平衡调度，如互为调峰和储能，并为能源系统提供安全保障，提高能源综合利用效率。微电网单元能量流的控制主体则为微电网单元调度运营商，功能与微电网单元调度运营商类似，只是其所管理的网络物理形态不同。综合物理融合和信息融合特征，互联能源网框架如图10-3所示。

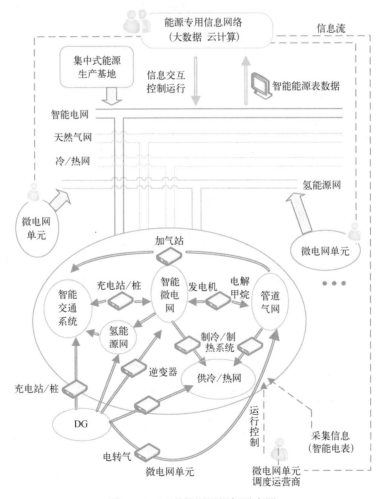

图10-3　互联能源网框架示意图

（3）模式效益

互联能源网融合了智能电网及多种能源网，采集各种数据并借助大数据、云计算等技术服务于能源网的优化运行，强调多种能源互联互通并同时为用户所选择使用。该模式的效益如下：

1）多能源传输的互补优势。智能电网大规模消纳新能源的局限性，除了可利用储能技术来解决，还可借助于不同能源网（天然气网、供冷/热网、氢能源网等）的大规模储能优势，多网融合后，利用不同网络的调节需求，增加了调控的裕度，可有效解决新能源大规模消纳问题。

2）多能源利用对综合能效的提升。多能源耦合为能源综合效率的提高提供了新的途径。在供能侧，可根据负荷侧需求直接供应相应种类能源，避免二次能源的多次转换；在负荷侧，可利用各种能源特性的时空互补特性，实现能源峰谷差的削减，优化利用效率。

类似于智能电网 2.0，互联能源网的局限性亦在于该模式能源市场化不足，互联网技术仅用于物理网络优化运行水平的提高，但还未真正发挥互联网公平、共享的特性，还原能源商品属性。

3. 视角 C：互联网+能源网

近年来，Internet 发展已超越了其技术范畴，正以巨大的力量逐步颠覆多个传统产业的生产和经营方式，建立了极富特色的"互联网+"技术与商业模式，形成更广泛的以互联网为基础设施和创新要素的经济社会发展新形态。在视角 C 下，智能电网与能源网的融合模式正是强调这种利用互联网颠覆传统能源行业的技术革命与商业模式，互联网行业崭露头角，其在满足用户需求的同时，催生新的能源产业链。此种模式下，更加强调的是基于互联网的信息融合以及所带来的商业模式的创新。

（1）物理融合特征

在互联网+能源网的融合模式下，物理网络最终的形成模式将取决于互联网中不同决策主体（用户、售能公司、物理网络运营商等）博弈的结果，在公开透明的信息背景下，各式能源供应商以其新兴的商业模式吸引用户并推动能源供应源、能源传输通道等物理网络的建设。因此在物理融合特征上，可以有更加多元化的形式，包括以智能电网为主的电能传输网络及智能电网、能源网并存等形态。

（2）信息融合特征

互联网+能源网的信息网络以互联网为主，整个物理网信息透明、公开、公平、对等，用以满足不同决策主体的信息需求。信息融合是视角 C 的重点所在，基于信息融合引发的商业模式是视角 C 的核心特征。在互联网+能源网下，不同的能源供应商、不同时段的能源价格、不同能源交易准则等信息将被放之于互联网平台上分享，类似于电子交易模式，能源的生产者和消费者亦将通过互联网平台，进行自由平等的能源交易。中间物理网的存在只是完成供需双方交易的一种约束条件，所谓约束，是指用户可从哪些渠道（通道）获得能源。若存在某种通道约束制约了双边交易，而在此通道下又有利可图时，必将有力量去推动相关网络的建设。

另一方面，物理网络运营商将扮演物流公司的角色，为能源供应、需求双方提供能源输送通道，并借助于大数据、云计算等技术促进能源网安全、可靠和经济运行。其中，能源输送价格的动态核算成为供需双方交易的关键。

综合物理融合和信息融合特征，该模式框架示意图如图 10-4 所示。

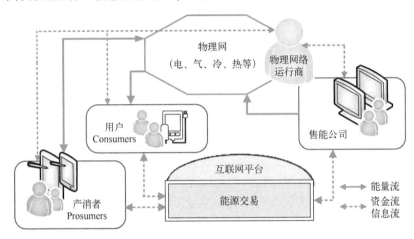

图 10-4　互联网+能源网框架示意图

（3）模式效益

互联网+能源网利用信息通信技术及互联网平台，让互联网与传统能源行业深度融合，创造新的发展生态和商业模式，实现能源产消者与其他用户的能源高效共享，互联网的数据作用于能源网中所有生产者、消费者和产消者的效益优化。该模式的优势如下：

1）利用互联网公平、公开、透明、共享的特性，打破不同能源行业之间的信息壁垒，实现多种能源在效益和效率两个层面的最优。

2）在互联网+能源网模式下，将建立信息共享平台，以政策、市场机制等引导用户主动参与能源管理，以提高综合能源利用效率。

3）能源市场化体制下将催生新的产业链，刺激新的经济增长点。

综上，智能电网与能源网的融合存在从不同视角看待而形成的三种典型模式，不同模式有着各自的效益与不足。此外，不同融合模式的形成也将受到相关技术发展的制约。理清技术发展现状，把握技术发展方向，合理给出技术发展重点领域和关键技术选择，是实现我国智能电网与能源网融合稳健发展的重要路径，也是我国能源转型的重要战略。

## 10.3　智能电网与能源网融合技术发展现状

智能电网与能源网融合趋势使得能源消纳和能源利用形式呈现多元化形态发展。从横向视角而言，能源消纳的空间延伸正朝着广域能源互联与区域微能源组网两个空间纬度双向扩展；从纵向视角而言，能源利用形式正经历从"电能利用为核心"向"多能流综合利用"的过渡。国内外对智能电网与能源网融合关键技术的研究分别在能源系统融合发展模式、新型材料与装备、信息通信技术以及融合运行技术与核心装备等方面取得了一系列初步成果，为构建智能电网与能源网深度融合的未来能源系统奠定基础。

### 10.3.1　能源系统融合发展模式

美国能源部早在 2001 年即提出了针对能源网的发展计划，于 2007 年颁布了能源独立和安全法（EISA），明确要求社会主要供能（电力和天然气）系统必须开展综合能源规划（IRP），将综合能源网研究提升为国家战略行为；2009年，美国总统奥巴马将智能电网列入美国国家战略，目标构建一个融合新型信息技术的高效能、低投资、安全可靠、灵活应变的综合能源网。2009 年，加拿大内阁能源委员会（CEM）颁布的指导意见中明确指出，构建覆盖加拿大全国的社区综合能源系统（ICES），以应对能源危机及实现 2050 年温室气体减排目标，同时将推进社区综合能源系统技术研究和工程建设列为 2010—2050 年的国家能源战略。加拿大还启动了多个针对社区综合能源系统相关理论与技术的重大研究课题，包括 Equilibrium TM 项目、社区计划（Communities Initiative）、清洁能源基金（Clean Energy Fund）、经济能源（ecoENERGY）项目及建设加拿大计划（Building Canada Plan）等。

欧洲是最早提出能源网概念并付诸实施的地区。欧盟第 5 框架（FP5）中有关多种能源形式协同优化的研究被置于显著位置；Energie 项目则寻求传统能源和可再生能源的协同优化和互补，以实现未来替代或减少核能使用的目标；微电网（Microgrid）项目的概念与美国和加拿大所提综合能源网和社区综合能源系统类似，目的是研究用户侧终端综合能源网中可再生能源的友好利用和开发。在欧盟第 6 框架（FP6）和第 7 框架（FP7）中，能源的协同优化与区域和用户

级能源网的相关研究进一步得到深化，实施了诸如 FP6 中的微电网与多微电网
（Microgrids and More Mirogrids）项目、FP7 中的泛欧网络（Trans-European Net-
works）和智能能源（Intelligent Energy）等一大批具有国际影响力的重要项目。
此外，欧洲各国还根据自身需求开展了大量更为深入的相关研究，如英国的高
度分布式电力系统（Highly Distributed Power Systems，HDPS）项目关注大量可
再生能源与电力网间的协同问题，未来高度分布式能源（Highly Distributed
Energy Future，HiDEF）项目关注智能电网框架下集中式、分布式能源系统的协
同优化；2011 年开始，德国在环境部（BMU）和经济与技术部（BMWi）等机
构的统一领导下，每年追加 3 亿欧元，从能源全供应链和全产业链角度实施对
能源系统的优化协调，近期关注的重点是可再生能源、能源效率提升、能源存
储、多能源有机协调以提高能源供应安全等方面的问题。

在亚洲地区，日本是最早开展区域和用户级能源网研究的亚洲国家。2009
年，日本政府公布了其在 2020 年、2030 年和 2050 年的温室气体减排目标，拟
构建覆盖全国的区域和用户级能源网，实现能源结构优化和能效提升，促进可
再生能源的规模化开发。2010 年，日本新能源产业的技术综合开发机构
（NEDO）发起成立了日本智能社区联盟（JSCA），致力于智能社区技术的研究
与示范。智能社区类似于加拿大的 ICES 方案，基于 ICES 实现与交通、供水、
信息和医疗系统的一体化集成。东京燃气公司（Tokyo Gas）则提出更为超前的
综合能源网解决方案，在上述传统综合供能系统基础上，还将建设覆盖全社会
的氢能供应网络。

我国的智能电网与能源网融合的相关技术发展尚处在起步阶段。在科学研
究方面，天津大学在 2009 年以国家"973 计划"项目为载体研究微能源网（简
称微电网）的规划设计、运行控制、仿真分析等问题，并完成了多个微电网示
范工程建设。2015 年 4 月，清华大学成立能源互联网创新研究院，致力于建立
我国基础设施智能化、生产消费互动化、信息流动充分化的新型能源体系，促
进能源市场体系建立，推动能源科技创新变革，带动能源产业发展。2015 年 10
月，华北电力大学成立能源互联网研究中心，旨在充分利用当前科技发展优势，
在科学研究、产业化和人才培养等方面，促进能源互联网发展。在企业技术研
发方面，由国内联方云天科技（北京）有限公司设计开发的"EnergyRouter"，
可支持多路电源输入，包含交流、直流、再生能源及电池，能源转换效率高并
具备智能输入切换能力、UPS 不断电能力及大容量电池组管理功能，若同时将
多台"EnergyRouter"并网输出，即可形成直流微电网；新澳集团则提出了泛能
网的概念，即利用智能协同技术，将能源网、物质网和互联网耦合形成的"能
源网"模型，泛能网概念是目前国内提出的体系较为完善的一种能源网的技术

体现形式。

## 10.3.2　新材料新装备技术

### 1. 超导材料与超导电力技术

目前超导材料的主要研究领域涵盖低温超导材料、二硼化镁（$MgB_2$）超导材料、铜氧化物超导材料及铁基超导材料等，在核磁共振成像（MRI）、加速器以及强场磁体工程等方面有着重要的应用。目前低温超导材由于具有较好的超导性能和机械性能（易加工成各类应用所需的线材）而被广泛应用，约占整个超导材料市场的 90% 以上。其中，$MgB_2$ 超导材料的优点是可运行于 $10\sim20\mathrm{K}$ 温区，可用相对廉价的手段解决冷却问题，在 MRI 超导磁体应用上有着一定的技术和成本优势；铜氧化物材料及铁基材料等是高温超导研究领域的重点研究对象，在美国、日本、意大利、澳大利亚和中国等国家正研究开发这类材料的实际生产工艺及应用。

超导材料在电力电缆的应用使其具备具有容量大、损耗低、占地少等突出优势。目前投入实际应用的典型工程有 2006 年投运的美国纽约长岛电力局的高温超导电缆示范项目及中国科学院电工研究所研制的世界首条 360 m、10kA 高温超导直流输电电缆。韩国目前正在推动现有电力传输网采用高温超导电缆的进程，预计在未来五年内将实现 50 km 高温超导电缆投入商业运营。此外，ABB 瑞士公司，美国 SuperPower 公司、AMSC 公司和 Zenergy 公司，日本九州电力公司和我国的中国科学院电工研究所、清华大学、华中科技大学等企业和科研机构还在超导限流器、超导变压器、超导电机等领域展开了深入研究与探索。

### 2. 新型导电材料

目前对新型导电材料的探索主要围绕高性能铜/铜合金材料、铜/碳纳米复合导电材料以及新型碳-金属合金材料三方面进行深入研究。

高性能铜/铜合金材料方面，对纯铜的强化通常使用塑性变形细化其显微结构，减小晶粒尺寸，利用晶界强化，避免引入固溶合金元素，以减少对电导率的影响。

中国科学院金属所利用脉冲电解沉积技术获得强度为 1 GPa 并保持较高导电率的纳米高密度生长孪晶纯 Cu 薄膜。科学界也发现碳纳米管具有独特的结构、优异的电学、热学和力学性能，且载流能力高，最大电流密度可达 $1.1010\,\mathrm{A/cm^2}$。瑞典 ABB 公司基于碳纳米管优异特性，提出金属/碳纳米管高电导率复合材料的概念，证明了制造只有铜 50% 室温电阻的超低电阻材料的可行性。

铜-碳合金是一种新型金属基含碳纳米材料，通过在熔融状态下通大电流的方法提高碳在铜中的溶解率，从而形成内嵌石墨烯结构铜基体的基本结构。与纯金属相比，铜-碳合金的热导率和电导率大幅提高，而且具有优异的机械强度，在电力传输线降低传输损耗，制造小型化的变压器、电动机、发电机、电动汽车以及航空和国防等领域具有极大的应用潜力。

### 3. 磁性材料

磁性材料在电力领域和通信领域有着广泛的应用。钴基、镍基和铁基等非晶软磁合金材料，在配电变压器、电感器和传感器中得到了广泛的应用。非晶合金带材铁耗极低，仅为冷轧硅钢片的 1/10~1/5，甚至 1/15。非晶合金变压器比硅钢片变压器的空载损耗低 70%~80%，是节能效果较为理想的配电变压器。非晶合金材料能够显著降低电机的铁耗，尤其是对于高频电机，包括移动电源用发电机、电动汽车用发电机和驱动电动机、高速主轴电机、风机、压缩机驱动用高频电机等，铁心损耗占电机总损耗的比例很高，使用非晶合金铁心可以明显提高效率。

目前国际上采用非晶合金定子铁心开发研制的非晶电机，运行效率可达95%。2015 年，日本东北大学金属材料研究所成功开发了 FeSiBPCu 系高 Bs 纳米晶合金宽带材的制备技术，带材的宽度可达到 120 mm。该团队与松下电气公司合作试制成功的高效率电机，与普通硅钢电机相比，铁损减少约 70%。并成功制作了 200 V·A 的电力变压器原型机。

永磁材料的发展也受到电力领域的充分重视，该材料通常用于永磁同步电机的制作材料。风力发电具有两个主要特征：风能密度不够大、风速和风向的多变和不稳定性。为了获得电压和频率稳定的电能，风力发电机需要采用变速恒频控制技术。永磁发电机比传统的电励磁同步发电机体积和重量小，电机的效率损失可降低 2~4 个百分点，因此，永磁发电机无疑是采用电力电子功率变换器变速恒频风力发电系统的最佳选择。

### 4. 宽禁带半导体材料

以半导体为核心的电力电子技术近年来在发电、输电、配电、用电全过程都得到了广泛而重要的应用。随着电力系统对电力电子设备在耐压能力、功率容量以及可靠性等方面更高的要求，以硅（Si）、砷化镓（GaAs）等第一代和第二代半导体材料为基础大功率器件日渐难以满足这些需求，制约了现代电力电子技术在现代电力系统中的应用。

宽禁带半导体材料的出现为解决上述难题带来了契机。主流研究的宽禁带半导体材料主要包括碳化硅（SiC）、氮化镓（GaN）等。这类材料具有较大的禁带宽度（禁带宽度大于 2.2 eV）、高的热导率、高的击穿电场、高的抗辐射能力、高的电子饱和速率等特点，适用于高温、高频、抗辐射及大功率器件的制作。

碳化硅材料所制造的电力电子器件的显著优势在于具有高压（达数万伏）高温（大于 500℃），突破了硅基功率半导体器件电压（数 kV）和温度（小于 150℃）限制所导致的严重系统局限性。由于受成本、产量以及可靠性的影响，碳化硅功率器件率先在低压领域实现了产业化，目前的商业产品电压等级在 600～1700 V。随着技术的进步，高压碳化硅器件已经问世，并持续在替代传统硅器件的道路上取得进步。随着高压碳化硅功率器件的发展，已经研发出了 19.5 kV 的碳化硅二极管、3.1 kV 和 4.5 kV 的门极可关断晶闸管（GTO），以及 10 kV 的碳化硅 MOSFET 和 13～15 kV 碳化硅 IGBT 等。它们的研发成功以及未来可能的产业化，将在电力系统中的高压领域开辟全新的应用。

基于 GaN 材料制造的电力电子器件具有通态电阻小、开关速度快、高耐压及耐高温性能好等特点。与 SiC 材料不同，GaN 除了可以利用 GaN 材料制作器件外，还可以利用 GaN 所特有的异质结构制作高性能器件。目前，全球涉足GaN 器件的公司主要有美国的国际整流器公司、射频微系统公司、飞思卡尔（Freescale）半导体公司，德国的 Azzurro 公司，英国的普莱思公司，日本的富士通公司和松下公司，加拿大的氮化镓系统公司等。2015 年，美国 Qorvo 公司推出雷达和无线电通信用塑料封装氮化镓晶体管。而日本松下宣称 2016 年量产用于电源和电动机控制的 GaN 半导体。

## 10.3.3　信息通信技术

### 1. 信息通信

信息通信相关技术主要包括智能计量、信息平台、人工智能、分布计算、数据传输、高性能计算以及通信网络等，通过光纤接入网、电力无线专网、微功率无线等多种方式，实现电力通信网络延伸向试点建设区域的居民侧覆盖。其中，扩展用电信息采集系统的带宽及通信处理能力，为有序用电、双向互动服务等工作提供有效的基础通信保障。

互联网通信网络技术具有易扩展、便维护、支持多业务等特点，可保证控制策略的及时、有效与可靠性，是互联网中的重要技术支撑。互联网在起初就是基于电话网络，不断完善设施发展成今天的规模的。未来智能电网与能源网融合的通信网络架构也需要充分利用现有的网络与通信设施，并且突破挖掘新功能。在此过程中，把能量传输与信息通信整合是一大任务，经此可以有效发布能源价格、可用能源分布、控制决策等信息，并且支持分布式控制，汇总负荷和能源供应信息，综合利用储能与高度管理使得供需趋稳，为独立供电、分布式发电以及能源交易提供基本业务保障。

## 2. 物联网

在 2005 年度的信息社会世界峰会中发布了《ITU Internet Reports 2005-The Internet of Things》，介绍了物联网的特征、相关的技术、面临的挑战和未来的市场机遇。所谓的物联网（The Internet of Things）是通过射频识别（RFID）装置、红外感应器、全球定位系统、激光扫描器等信息传感设备，按约定的协议，把任何物品与互联网相连接，实现物品的自动识别和信息的互联共享，以实现智能化识别、定位、跟踪、监控和管理的一种网络。

物联网与互联网有密切的关系，互联网是将多个计算机终端、客户端、服务端通过信息技术手段互相联系起来的网络，物联网的底层则借助 RFID 和传感器等实现对物件的信息采集与控制，通过传感器网络将传感器的信息汇集并连接到基础通信网络。可以说物联网的基础仍是互联网，互联网是物联网的基础平台。

根据国际电信联盟的建议，物联网可以分为感知层、网络层和应用层三个层次。感知层主要用于采集物理世界中发生的物理事件和数据。该层的主要功能有数据采集与执行，以及短距离通信两部分，通过智能传感器、身份识别等信息采集技术来收集物体的基本信息，并接收上层网络发来的控制命令，完成相应动作。网络层可以完成大范围的信息沟通，依靠广域网络通信系统，把感知层感知到的信息快速、可靠、安全地传送到世界的各个地方，实现物品的远距离通信。应用层可以完成物品信息的汇总、协同、共享、分析和决策功能，前两层收集的信息将汇总在应用层进行统一的分析、决策，用于支撑跨行业、应用、系统之间的信息协同、共享、互通，提高信息的综合利用度。

物联网的支撑技术主要包括：基于传感器的感知与标识技术、基于大数据的数据处理技术、通信和网络技术、安全技术等。物联网的应用领域包括智能电网、农业生产、个人家庭、交通服务应用、安全监督等，广泛应用于社会生产、管理和人们的日常生活方面。在智能电网方面，智能电表、智能家电都是物联网技术的重要组成部分。在智能交通方面，涉及传感器、RFID、无线通信、GPS、信息发布等技术，可以建立起实时、准确、高效的交通运输管理系统，保障人、车、路、环之间的交流，提高交通系统的安全和效率，降低能耗。智能家居是物联网理念的重要体现，自动智能调节工作状态的家电可以为人们提供舒服宜居的生活空间。

## 3. 信息安全

智能电网与能源网深度融合需实现海量能源生产设备与用能设备的综合协调与灵活控制。该协调控制过程需要信息在各设备之间的有效双向传递，因此信息流是智能电网与能源网融合系统的重要因素。随着系统复杂度的不断提高，确保信息的安全、准确和及时性将成为一个重要的任务，同时更为复杂的系统对于运行的信息安全的要求也会更高，因此有必要深入地研究智能电网与能源网融合系统的信息安全问题。

信息物理安全性在智能电网中已经有了一些研究，是智能电网与能源网融合系统研究的核心内容之一。作为未来社会最重要的基础设施，智能电网与能源网融合系统的安全一旦遭到破坏，后果将难以估量。以下几个方面的研究工作值得重点关注：①网络攻击和信息系统故障对于系统动态安全的影响；②考虑到物理系统故障和信息系统故障可能同时发生，要分析两者的复杂交互影响机理，应将其放在统一的框架下研究，而不是割裂开分析；③信息物理安全性的量化问题；④针对不同类型的网络攻击手段和信息系统故障的安全防护手段以及协调；⑤智能电网与能源网融合系统中不只有电网，还有天然气、交通等复杂系统组成，应该研究信息系统故障对于该复杂多网系统的影响。

## 10.3.4 智能电网与能源网的融合核心装备与规划运行技术

在智能电网与能源网融合的核心装备与规划运行技术方面，国内外围绕能源高效便捷传输、多能源形式灵活转换以及能源大规模存储等方面开展了诸多有益的探索与尝试。

### 1. 能量耦合转换技术

与传统电网集中式能量分配与调度不同的是，能量不再只能从电网到用户单向流动的运行模式，在智能电网与能源网融合系统中，能源能够以 peer-to-peer 的形式在市场上进行自由对等的交易和兑换，用户既是能源消费者又是能源的供应者。这种开放式的能源交互对智能电网与能源网融合系统中能源的接入、控制和传输提出了挑战。借鉴 Internet 交换设备概念，设计能源路由器将其作为能源生产、消费、传输基础设施的接口，实现不同能源载体的输入、输出、转换及存储。能源耦合转换设备作为构建智能电网与能源网融合系统的核心部件，需承担能源单元互联、分布式能源或微电网单元互联、能源质量监控和调配、信息通信保障及维护管理机制部署等功能，体现了信息与能源基础设施一体化的理念，其分层架构主要包括应用层、传输层和物理层。

美国基于以电能转换为核心的能源路由器建立了未来可再生电能传输及能量管理系统示范项目。项目以电力电子变压器（Solid State Transformer，SST）为核心，通过远程可控的快速智能开关，实现微电网和线路的智能通断，并加以能量管理系统。通信单元采用 Zigbee、Ethernet 和 WLAN 三种模式实现能源路由器间和内部的数据交互。根据能源路由器的基本功能和结构，其关键技术主要包括电力电子变压器技术、大规模储能技术和柔性直流输电技术。

1）电力电子变压器技术。SST 内置交直流变换器，具有变压、变频、故障隔离、故障限流、功率因数调整、潮流控制和无功发生等功能。相比传统变压器，SST 体积小、重量轻，但在效率、容量和可靠性上仍有待提高。

2）储能技术。储能单元是能源路由的重要组件，可以降低供电和用电的同步性要求。储能装置根据通信单元反馈的电网及分布式发电的能量流状态和电价等信息，经过控制算法智能调节充放电模式，削峰填谷。

3）柔性输电技术。能源路由器间的能量交换通过柔性输电技术来实现。柔性输电技术基于高压直流输电，但可控性更强、模块化程度更高、配用电中间转换环节更少、配用电效率更高，广泛应用在风电场接入、海上钻井平台供电、异步电网互联等场合。

除了以电能转换为核心的能源路由器，能源耦合转换设备还包括以微型燃气轮机、燃气轮机和电驱动压缩机为代表的电力-天然气耦合设备，以热电联产、热泵、电锅炉、浸入式加热器等技术的电力-热力系耦合设备等。

**2. 储能技术**

传统意义的电力储能可定义为实现电力存储和双向转换的技术。在智能电网与能源网融合背景下，储能不仅包含实现电能存储及双向转换的设备，还应包含电能与其他能量形式的单向存储与转换设备，包括电力、热能、化学能、机械能等。传统配电网规划中仅针对电负荷供给平衡，而在智能电网与能源网融合系统中，该平衡将拓展为包括冷负荷、热负荷在内的多种后消费能量综合平衡。图 10-5 为电化学储能、储热、氢储能、电动汽车等储能技术围绕电力供应的示意图，在该体系中实现了电网、交通网、天然气管网、供热供冷网的"互联"，多种能源形成了耦合关系，达成了"多能互补"的格局。冷热电三联供、电解制氢-燃料电池发电等技术都是典型贯彻多能互补理念的能源技术。

储能在智能电网与能源网融合系统中的作用主要可以分为以下几大类：

1）支撑高比例可再生能源发电的电网运行。电力系统对储能的需求大体可以分为功率、能量服务两类。对于功率服务，需要响应快速的大容量储能技术，代表技术有飞轮、超级电容等。对于能量服务，双向的电力储能需要具有长时间尺度的存储能力、高的循环效率及较低的成本，以实现可再生能源发电在时间维度上的转移，解决可再生能源间隙特性这一核心问题，抽水蓄能、电池储能就是该领域的代表技术。此外，制储氢、储热、储冷等单向的大规模储能技术，也为冗余的新能源发电提供了向其他能源形式转移的途径，提高了整个能源系统运行的灵活性与可靠性。

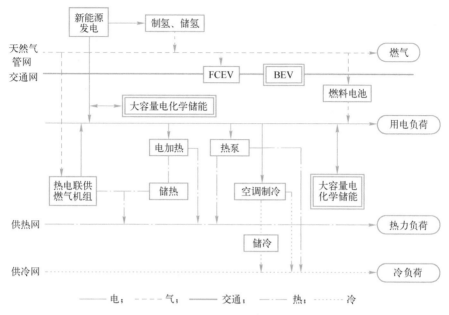

图 10-5 智能电网与能源网融合系统中的储能技术

注：FCEV—Fuel Cell Electric Vehicle，燃料电池电动车；BEV—Battery Electric Vehicle，纯电动汽车

2）提高系统灵活性与可靠性。储能的引入可以提高多元能源系统的灵活性和可靠性，使得不同种类、空间、时间的能源以最优化的方式来流动运行。在提高电网调频能力方面，减小因频繁切换而造成传统调频电源的损耗；在提升电网调峰能力方面，根据电源和负荷的变化情况，及时可靠响应调度指令，并根据指令改变其出力水平；在提高配电网的供电可靠性方面，当配网出现故障时，作为备用电源持续为用户供电；在改善电能质量方面，作为系统可控电源对配电网的电能质量进行治理，消除电压暂降、谐波等问题。

3）储能将在智能电网与能源网融合系统中发挥能量中转、匹配和优化的重要作用，为多元能源系统能量管理和路径优化提供支持。储能和释能管理是多能源系统运行决策的重要对象。智能电网与能源网融合系统的信息与控制系统可依据储能状态的信息，对整体网络中的储能器件进行统一的运行管理，维持系统内供需平衡，优化储能的功率流向和大小，从而使系统获得最优的能效、能量流路径与经济效益。

4）提高能源交易的自由度。传统的电能的生产、传输与消费几乎是即时的，整个系统显现出刚性，能源交易的自由度不高，因此形成了传统的垄断式层级结构。储能技术不仅建立了多种能源之间的耦合关系，更为智能电网与能源网融合系统互动、开放、优化共享的机制和目标提供了必要的支撑。基于储能技术，才能使许多在空间、时间上分布不均的可再生能源被有效地存储，并在更需要的时候进入能源体系，从而使得能源交易市场具有更好的弹性。比如光伏用户可以用储能存储白天发出的多余的电能，参与市场交易；或者将谷电存储后再在峰值时刻卖出，从而实现套利。储能技术有助于提高市场主体参与市场竞争的灵活性，增加市场模式的多元性，可以促进消费者向产销一体者方向转化，促进能源系统的扁平化、去中心化，从而提高市场运行活力和效率。

### 3. 直流电网与直流输电技术

目前世界范围内运行的输、配、用电网络主要基于交流输电技术，随着电力系统自动化水平与电力用户电气化水平的提高和信息技术的迅速发展，分布式能源发电技术以及电力储能系统的逐步推广应用，直流驱动负载比重逐渐增大，对电网运行的可控要求也越来越严苛。目前基于传统的交流输电技术在驱动直流负载时必须要经过一级乃至多级的交-直/直-交的转换环节，交直流变换损耗高，同时电网中配用电灵活性差、配用电环节匹配性低的问题日益凸显，低能效带来的能源结构低碳化的压力同样与日俱增。而如果直接采用直流电网技术与直流输电技术，可减少交直流转换环节数量，提高能量转换效率，提升电网运行的可靠性和灵活性，有效解决分布式新能源和储能系统接入对电网稳定性影响问题，这是国际配用电研究领域的重要发展方向。

根据 2011 年国际大电网会议（CIGRE）B4-52 工作组在《HVDC Grid Feasibility Study》报告中给出的定义，直流电网是换流器直流端以互联组成的网格化结构电网。将直流侧的直流传输线连接起来，形成"一点对多点"或"多点对一点"的形式，这样就形成了直流电网。直流电网的拓扑结构由用途决定，可以分为网状（主要用于输电网）与树枝状（主要用于配电网）两大类。在负荷密集的区域，直流电网使用网状结构，可以保证供电的高可靠性和容量输送；而在配电网中，树枝状结构则可以更有效地将直流电压降到用户负荷要求的电压等级。在直流电网中，电压源换流器可以限制电压波动；基于电力电子技术的直流断路器可毫秒级分断电流，配合运行控制系统可以实现潮流的快速调整。目前所采用的直流输电技术目前主要有 3 种：线换相高压直流输电技术、电压源换相高压直流输电技术，以及混合直流输电技术。

1）线换相高压直流输电技术（Line Commuted Converter High Voltage Direct Current，LCC-HVDC），即常规直流输电技术。该技术发展始于 20 世纪 50 年代，经过数代技术革新，目前采用的高压大功率晶闸管，有效改善了直流输电的运行性能与可靠性，促进了直流输电的发展。该技术的关键点基本已经成熟，应用项目的电压等级也在不断提高，我国 ±1100 kV 特高压直流输电项目已经投入运营。该技术的优点：①线路走廊窄，造价低，损耗小；②线路输送容量大，输送距离不受限制；③直流输电不存在交流输电的稳定问题；④电网间无须同步运行。但是问题在于：①需要交流系统提供换相电流，连接弱交流电网时容易换相失败；②无功消耗大，没有无功调节能力，需要增加谐波滤波装置；③潮流反转时电压极性反转，有功、无功功率不能独立控制，构建直流电网时存在局限；④换流站设备多，占地大，不适合占地受限地区的普及发展。

2）电压源换相高压直流输电技术（Voltage Source Converter High Voltage Direct Current，VSC-HVDC）。自 2000 年以来，VSC-HVDC 分别由 ABB、SIEMENS 等跨国公司先后开发建设，并迅速得到了推广应用。VSC-HVDC 可灵活控制有功功率、无功功率，并且能轻易实现潮流反向。相比于传统的基于晶闸管的 LCC-HVDC，基于 VSC-HVDC 的直流输电网具有换流站之间控制调节的相对独立、直流端电压极性不会改变、与交流电网高度解耦、有功无功功率可独立控制、易于实现潮流反转、可向无源网络供电、可为交流系统提供无功支持、占地面积小等优点，使得直流输电网大规模发展更容易。目前，受到全控功率电力电子器件容量的限制，VSC-HVDC 技术还不能完全满足远距离大容量电力输送的要求，目前在建设成本、运行经验及可靠性、换流站损耗方面与 LCC-HVDC 相比还不占优势。因此在今后的一段时间内，直流电网仍然要靠 LCC-HVDC 与 VSC-HVDC 技术共同构建。

3）混合直流输电技术（Hybrid High Voltage Direct Current，Hybrid HVDC）。混合直流输电技术基于 LCC-HVDC 与 VSC-HVDC 技术各自具有的优缺点，综合两者的优势发展而来。该技术结合了 LCC-HVDC 技术成熟、成本低以及 VSC-HVDC 技术无换相失败、控制灵活、拓展性强的优点。但主要缺点是，其传输功率不如传统 LCC-HVDC 大，调节灵活性不如 VSC-HVDC，且不能实现潮流反转。

## 10.4　智能电网与能源网融合技术发展方向

### 10.4.1　新材料新装备技术

#### 1. 超导材料与超导电力技术

超导材料的未来研究方向上，需要进一步提高超导材料的临界温度；大幅提高辅助设备（主要是低温和制冷设备）的长期运行可靠性；同时，进一步大幅降低高温超导材料的价格也是超导材料发展的方向之一。

**2. 新型导电材料**

新型导电材料未来的研究可优先开展铜基高导电材料的研究与开发，解决该材料在制备、加工过程中的关键科学问题；制备大容量、低能耗远距离输电电缆与变压器等；基于新型高导电材料优异的导热、导电性能，制备电力电子器件及大功率半导体照明产业亟须的高效热控材料；建设完善的新型导电材料性能测试平台，建立行业或国家标准。

**3. 磁性材料**

软磁材料方面，需加强以纳米晶软磁材料为主的软磁材料的基础和应用研究。永磁材料方面，可加快高性能或新型稀土永磁材料的研究，开发性能优于NdFeB 的第四代稀土永磁。研究低钕、高耐蚀性、长寿命、低重稀土、混合稀土烧结钕铁硼材料急需解决的部分共性关键核心技术问题。而磁性功能材料方面，探索超磁致伸缩材料在能量转换和传感方面的新应用，探索巨磁阻材料在电力传感器等领域的应用。降低低频左手材料的固有损耗、实现低频左手材料的微型化，是左手材料的研究方向。

**4. 宽禁带半导体材料**

未来技术应重点研究包括 SiC、GaN 等宽禁带半导体材料的大尺寸、低缺陷、高可靠制备；半导体材料的表面沟道钝化技术；新型半导体材料的研制和功能解析；更高电压等级、更大电流容量、更低导通电阻、更快开关速度的硅基电力电子器件的设计和制备；多芯片多模块的功率器件组合扩容和串并联技术；宽温度特性、高运行特性的新一代电力电子器件的新结构、新工艺、新原理和新设计；电力电子功率器件的先进封装、驱动、保护技术；电力电子功率器件的可靠性分析和应用技术等。

## 10.4.2 信息通信技术

信息通信技术正处于高速发展期，是支持未来智能电网与能源网融合的关键技术，未来能源系统的通信技术将由智能感知技术、云计算和大数据分析等构成，代表能源领域信息通信技术的发展方向。

**1. 智能感知技术**

智能感知技术包括数据感知、采集、传输、处理和服务等技术。未来智能感知技术发展方向一方面在于全光纤传感网络的建设。目前全光纤传感器在环境稳定性和度稳定性方面还需进一步研究。光纤技术的发展可将光学传感器以光的形式联系起来，形成真正的全光纤传感器网络。

另一方面，IEC 61850、IEEE 1888 等标准可作为数据采集、传输标准的参考借鉴。利用基于 IPV6 的开放式多服务网络体系，支持端到端的业务，实现用户与能源系统的互动。

**2. 大数据与云计算技术**

来自于计算机和信息技术领域最前沿的大数据和云计算技术，将成为未来信息通信技术的核心。云计算技术中的分布式存储技术和并行计算技术，将实现能源系统海量数据的存储和计算。大数据技术可以看成是云计算技术在能源系统中高级业务需求的实现过程，关键在于开展集成管理技术、分析技术、处理技术和展现技术的研究。集成管理技术重点考虑 NoSQL 数据库技术的应用；分析技术重点开展大数据挖掘并行化方面的研究；处理技术应根据具体的应用需求考虑分布式计算、内存计算、流处理等技术；展现技术可考虑可视化技术、空间信息流展示技术、历史流展示技术等。

## 10.4.3　智能电网与能源网融合的核心装备与规划运行技术

本节从分布式发电设备、能源存储设备、能源转换设备、能源传输设备和 ICT 设备等方面提出核心装备的发展方向，涵盖能源的生产、输送、存储、利用和数据采集的各个方面；同时，提出运行技术的 4 个重点发展方向。

**1. 核心装备**

智能电网与能源网融合关键装备技术发展方向见表 10-2。

表 10-2　关键装备技术发展方向

| 领　　域 | 发 展 方 向 |
|---|---|
| 分布式发电 | 在当前基础上降低设备成本、提高设备效率、增加设备使用范围 |
| 能量存储 | 电动汽车 V2G 技术<br>液流电池<br>天然气固态储存技术<br>地下储热技术 |
| 能量转换 | 电-气：电转气（Power-to-Gas, P2G）技术<br>热-电：基于热耦合效应的新型电池<br>能量路由器 |
| 能量传输 | 能源连接器、超级电缆等 |
| ICT | 光纤传感器、CCD 传感器、智能电表等 |

**2. 规划技术**

智能电网与能源网的融合可能有不同种模式，或存在电/气/冷/热等多种能源形式、多种能源转换环节、多种运行方式以及多样性的用户用能需求。对于这样一个复杂的对象，实现对其设计方案的科学评价比选，挖掘和利用不同能源之间的互补替代性，实现各类能源由源至荷的全环节、全过程协同优化设计，是需要解决的关键技术难点。

智能电网与能源网优化规划设计的目的：在满足差异化用户供能可靠性要求的前提下，科学化地实现系统内各种分布式能源类型及容量、系统拓扑结构等的选择和设计。其核心包括优化规划设计方法、综合评价指标体系及规划设计支持系统。构建一套科学的综合评价指标体系和评价方法，是进行智能电网与能源网融合一体化设计和运行调控的关键；科学考虑不同类型负荷的时空分布特性和用户需求差异性，深入挖掘利用不同能源间的互补替代能力，是智能电网与能源网融合一体化设计的核心工作。

### 3. 运行技术

1）促进可再生能源消纳的智能电网关键运行技术。可再生能源发电具有波动性和间歇性，这将使得可再生能源发电设备直接并网运行会对能源网产生一定的冲击。实现可再生能源能量输出的精准预测以及智能化、精细化运行调度是解决该问题的重要方向。我国的可再生能源发电预测与智能化调度体系仍有待完善，预测精度有待于进一步提高，未来技术发展方向在于结合大数据、云计算等新一代信息技术的应用，完善气象平台的建设使之提供精确的高分辨率数值天气预报，提高可再生能源发电功率预测的准确度；发展与完善适应于分布式电网/能源网运行需求、融合源-网-荷-储-电动汽车的智能调度决策体系，发挥智能电网与能源网的协同互补作用，推动可再生能源就地全额消纳。

2）多能流能量管理技术。多能流耦合是未来智能电网与能源网融合网络区别于智能电网的关键特征之一，其最基本的特点是由多类异质能流系统组成，不同能流系统耦合在一起，成为能源领域的重要发展方向。多能流系统的安全高效运行离不开多能流能量管理的研究和系统开发应用。多能量管理的技术核心在于：多能流实时建模与状态估计；多能流多时间尺度安全分析与安全控制；多能流混合时间尺度的优化调度。在此基础上构建多能流能量管理系统（EMS），实现多能流的综合管理，提高综合能效和可再生能源消纳。

3）用户侧需求综合管理技术。传统需求侧管理技术只考虑单一能源网络，主要建立在用户含有可调负荷的基础上，有一定的弊端。未来用户侧综合管理技术的核心思想是在充分利用不同能源的价格特性、供应特性和耦合特性的基础上，用户可以通过转移其能源消耗成分或改变其消费能源种类来参与需求侧管理计划，从而提高能源网络的稳定性和利用率，节约用户用能综合成本。用户侧需求综合管理是传统需求侧管理技术向新型需求侧管理发展的方向，其物理载体是开发具有用户侧特性和智能量测功能的智能能源集线器，该模型在原有能源集线器基础上增加信息流，允许用户监视并控制所用能源，使其具有自优化功能。

　　4）信息保障技术——态势感知。态势感知（Situation Awareness，SA）是指在一定的时空范围内，认知、理解环境因素，并且对未来的发展趋势进行预测的技术。目前态势感知在计算机网络安全等领域进行了广泛的研究和应用，但能源系统态势感知的研究仍处于探索阶段。多源信息融合的能源网态势感知技术，旨在研发可以实现主动感知的装置和应用软件，为实现区域级能源网的主动控制、管理、服务和规划提供同步量测、负荷特性、运行状态、预测及风险评估等信息。能源网态势感知技术是区域和用户级能源网运行状态评估和其他高级应用的基础，是连接所有研究的重要纽带。深度态势感知使区域和用户级能源网的更有效的运行控制策略成为可能。

## 10.5　智能电网与能源网融合技术体系

### 10.5.1　重点领域

#### 1. 新材料新装备

　　1）开展超导电力技术研究与智能装备的研制。重点突破超导电力技术所涉及的超导物理基础、高温超导材料制备关键技术、长寿命高可靠性低温与制冷关键技术、超导输电电缆制造关键技术。

　　2）开展先进电工磁性材料研究及相应智能装备的开发。重点加强软磁材料、永磁材料应用于智能电力设备制造的研究，加强基于磁性液体材料、超磁致伸缩材料、巨磁材料的智能传感器制造，探索左手材料在无线输电领域的应用。

　　3）开展铜基等高导电材料的研究和开发。推动新型导电材料在实际工程中的应用。

　　4）开展以 SiC 半导体为代表的第三代宽禁带半导体材料的研究和推广应用。积极探索基于智能材料的一次设备的研制。

#### 2. 先进信息通信技术

　　1）加强全光纤电流互感器、光纤温度传感器的研制和开发。推广其在实际工程中的应用。

2）开展基于纳米光学的光纤传感技术研究。探索基于光纤传感技术的全光纤电力设备状态检测系统的建设。

3）推进能源信息处理方式的变革。重点开展云计算和大数据技术在能源系统的应用研究，促进能源系统的自动化升级和智能化。

4）推进能源信息交互方式的变革。重点开展基于移动互联网的人与能源系统之间的交互技术，探索能源系统泛在网络的建设，实现能源业务、管理以及服务的移动化、信息化。

### 3. 广域能源互联网

广域能源互联网是连接大规模能源生产基地与负荷中心，保证安全和高效的能源输送，与信息通信系统广泛结合，并实现广域集中式能源消纳的能源网络新业态。

掌握特高压交直流输电技术、柔性直流输电技术，推进柔性直流输电技术的工程应用。重点开展与远距离输电能力提升和大电网安全稳定能力提升相关的技术研究；研究适应大规模可再生能源集中消纳的相关技术，如虚拟同步发电机技术、负荷调度与发电调度协同运行技术等；探索未来基于多端柔性直流技术发展起来的直流电网新方向。

### 4. 区域与用户级智能能源网

区域与用户级智能能源网是用户终端集分散式能源生产、传输、转换、存储、消费于一体，电、热、冷、气多能流耦合，广泛结合信息技术，实现分布式能源就地消纳的终端用能新模式。

开展氢气/空气聚合物电解质膜燃料电池技术的研究，解决新能源汽车的动力需求。重点研究高效储能技术，如超导储能技术、石墨烯电池储能技术；研究适应多能流融合需求的高效能源转换技术，如电制造氢技术、高效燃气轮机技术；研究适应高比例可再生能源就地消纳的相关技术，如主动配电网技术、能量流实时动态管理技术等；探索直流配电网的建设。

### 5. 互联网+智慧能源

互联网+智慧能源是基于互联网思维推进能源系统的智慧化，包括能源生产、传输、消费的智慧化，是构建多种能源优化互补、供需互动开放共享的能源系统和生态体系。

开展与互联网相关的能源系统新技术新业态研究。包括信息双向互动平台及用户智能终端建设，基于用户互动平台及用户智能终端，引导社会力量广泛参与互联网+智慧能源的建设，实现用能的自主化、便捷化；能量交易平台建设，支持分布式能源、终端用户与综合能源服务商、售电公司等形成零售交易或者代理交易的关系；能源大数据平台建设，实现数据的交换、存储与管理。

## 10.5.2　关键技术

**1. 近期（2020 年前后），以当前重大需求为牵引，开展一批智能电网、能源网及其融合的创新性技术研究**

（1）提升远距离输电能力技术

以提升未来远距离输电能力、实现跨区域大规模资源配置为目标，开展相关关键技术研究和试点示范。重点研究：特高压交流输电技术、超导限流技术、交直流大电网系统保护与控制技术。

（2）提升新能源高比例消纳技术

以高比例消纳可再生能源，减少弃水、弃风、弃光为目标，开展相关关键技术研究和试点示范。重点研究：柔性直流输电技术、超导储能技术、主动配电网技术。

（3）提升大电网自动化智能化技术

以提升大电网自动化智能化水平，高可靠性避免大面积停电为目标，开展相关关键技术的研究和试点示范。重点研究：高比例可再生能源的大电网优化调度运行技术、气象及能源大数据综合利用技术、大电网实时风险评估与状态检修技术。

**2. 中期（2030 年前后），研究和发展若干有一定前瞻性的有重大影响的技术**

（1）高效能源转换技术

为适应智能电网与能源网融合所发展起来的多能流耦合场景，高效能源转换技术成为多能流耦合的核心装备。重点研究：电制氢技术、高效燃气轮机技术、能源路由器（固态变压器）技术、直流断路器与直流电网技术。

（2）大容量高效储能技术

为适应新能源不断渗透的场景，支持可再生能源全额消纳，大容量高效储能技术成为关键。重点研究：石墨烯电池储能技术、基于软件定义的网络化电池管理技术。

（3）透明电网/能源网技术

智能电网、能源网状态的高度透明化、高度智能化成为趋势。技术重点：互联网化的芯片级传感器技术，能源一、二次系统融合的智能装备。

3. 远期（2050 年前后），攻关具有革命性、颠覆性的核心技术，建设适应革命性的能源网络系统，适应可再生能源占主导位置（占比 90% 及以上）的网络系统研究和发展若干有重大影响的技术

（1）基于功能性材料的智能装备

重点攻关基于功能性材料的开关断路器、具有生物自愈特性的智能一次设备、基于功能性材料的传感器。

（2）基于生物结构拓扑的电力电子与储能装备

重点攻关突破物理串并联约束的新型拓扑的电力电子与储能装备、适于互联网化的可软件定义的能量管理系统。

（3）泛在网络与虚拟现实技术

重点攻关无线输电、取能技术；信息网络、能源网络共享技术，构建泛在信息能源网；能源管理的虚拟现实技术。

## 10.6　智能电网与能源网融合技术发展路线图

未来能源利用体系在生产、消费、交易方面将不断变革，能源传输网络（智能电网、能源网）的定位及形态亦将有所转变，整体趋势为逐渐提升电网与能源网的融合程度，融合网络演变的趋势如图 10-6 所示。基于 2020 年、2030 年及 2050 年智能电网、能源网融合的定位及形态演变，两者融合的技术路线图如图 10-7 所示。

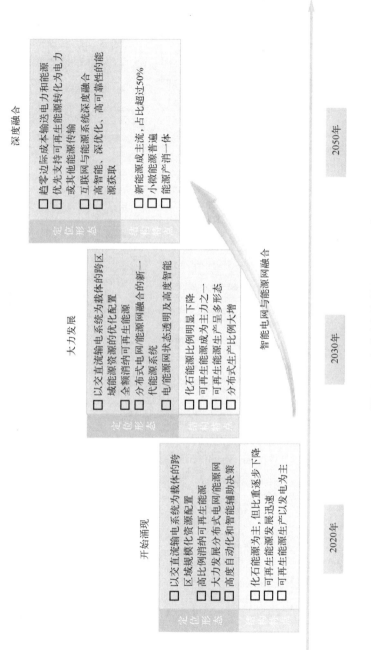

图 10-6　智能电网与能源网融合形态

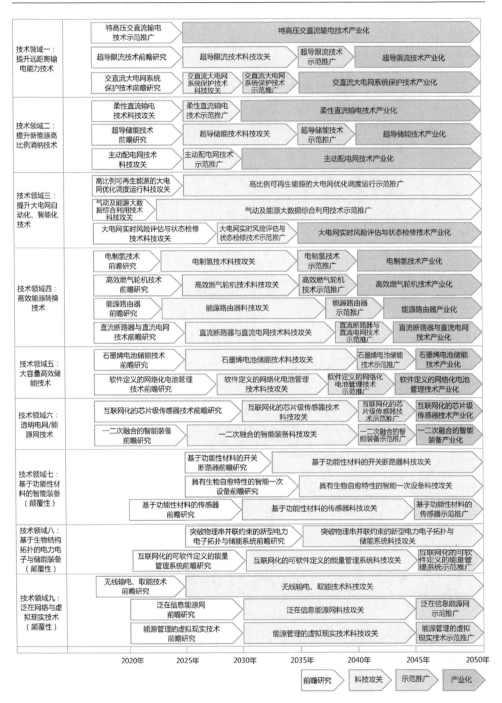

图 10-7　智能电网与能源网融合技术发展路线图

## 10.7　结论和建议

　　智能电网与能源网的融合顺应了我国能源转型发展的大趋势，对推动我国能源革命，实现能源转型意义重大。融合目标：能源供给侧优化能源结构、提升可再生能源比例，消费侧实现多能互补、提高能源综合利用效率，市场侧还原能源商品属性，并以新的技术带动新的产业，创造新的经济增长点。

　　智能电网与能源网的融合使得能源消纳、利用形式及网络形态呈现多元化发展趋势。能源消纳的空间延伸正朝着广域能源互联与区域微能源组网两个纬度双向扩展；能源利用形式正经历从"电能利用为核心"向"多能互补综合优化"的转变；能源网络形态正由传统的封闭单向运转网络转变为高效互动的透明网络。

　　近期愿景（2020 年前后）：智能电网与能源网融合开始涌现。以大规模远距离交直流输电系统为载体，实现化石能源与可再生能源的跨区域规模化资源配置；大力发展分布式电网/能源系统，集中配置与分布消纳并举，实现可再生能源的高比例消纳，减少弃风、弃光现象；基于高度自动化与智能辅助决策的实现，电网输电能力、运行可靠性及安全稳定水平得到充分提升，可避免大面积停电事故的发生。

　　中期愿景（2030 年前后）：智能电网与能源网大力融合。以远距离交直流输电技术/跨区域能源网为手段促进能源资源的跨区域优化配置；发展分布式电网与能源网融合的新一代能源系统，实现可再生能源的全额消纳；利用先进的信息感知与处理技术，实现电网与能源网状态数据化与透明化，以及决策的高度智能化，构建透明电网/能源网。

　　长期愿景（2050 年前后）：形成智能电网与能源网全方位深度融合的能源系统。依托先进能源传输装备与智能化的协调控制技术，优先支持可再生能源的传输与调度；可再生能源的分布式广泛接入与用户侧的产销一体化，使能源的生产、传输、转换、消费及交易趋向零边际成本，实现能源系统效率最优及能源价值最大化利用；互联网与能源系统深度融合，形成智慧化、深优化、高可靠性、能源触手可及的泛在能源网。

　　为达成以上愿景，智能电网与能源网融合关键技术的研究重点包括：（创新性、前瞻性、颠覆性）智能材料技术、高效能源转换与存储技术、人工智能技术、透明电网/能源网技术等领域。在融合关键技术研制的基础上，大力推动具有智能控制与信息互联的智能用能设备的普及，推动智能电网与能源网融合相关智能装备产业发展，探索如能源定制、能源救援、能源期货等创新用能服务形态。

# 第11章  节能技术方向研究及发展路线图

节约能源、保护环境是我国基本政策，节能技术是推进我国能源技术革命的重要发展技术之一。本章基于我国能源技术革命的大背景，从电力、交通、建筑、工业四大方面，对我国主要行业的节能技术进行简要概述，研究我国主要行业的节能技术发展方向、重点领域和技术发展路线图。

## 11.1  节能技术概述

节能是指加强用能管理，采取技术上可行、经济上合理以及环境和社会可以承受的措施，减少能源开采、运输、加工、转换、使用等各个环节中的损失和浪费，更加有效、合理地利用能源，提高能源有效利用程度。节能作为缓解能源危机的重要举措，当前越发引起世界的关注，与煤、油气、水能、核能四大能源相并列，被称为"第五大能源"。同时，节能是我国可持续发展的一项长远发展战略，是我国的基本国策。

目前，我国经济增速由高速转变为中速，节能基本形势也发生了较大改变。据国家统计局报告，2020 年全年能源消费总量为 49.8 亿 t 标准煤，比 2019 年增长 2.2%，约占全球消费总量的 23%，其中，煤炭消费量下降 0.6%，原油消费量增长 3.3%，天然气消费量增长 7.2%，电力消费量增长 3.1%。煤炭消费量占能源消费总量的 56.8% 比 2019 年下降 0.9 个百分点，天然气、水电、核电、风电等清洁能源消费量占能源消费总量的 24.3% 比上年上升 1.0 个百分点。重点耗能工业企业单位电石综合能耗下降 2.1%，单位合成氨综合能耗上升 0.3%，吨钢综合能耗下降 0.3%，单位电解铝综合能耗下降 1.0%，每千瓦时火力发电标准煤耗下降 0.6%。全国万元国内生产总值二氧化碳排放下降 1.0%。受国内资源保障能力和环境容量制约，我国经济社会发展面临的资源环境瓶颈约束更加突出，节能减排工作难度将不断加大。

由《中国能源统计年鉴：2018》可知，尽管我国能源结构得到显著优化调整，工业、电力、交通、建筑仍为四大用能方向，具有巨大的节能潜力。研究表明，通过控制建筑规模总量、提倡节约生活和技术进步，初步估计建筑的节能潜力在 2050 年为 6 亿 t 标准煤。通过优化结构和运输方式，交通运输节能在 2030 年为 1.18 亿 t 标准煤，2050 年为 2.77 亿 t 标准煤。

　　通过社会制度安排和宣传教育,对未来能源服务的产业结构和生活水平进行正确的定位和主动引导,倡导节能优先的生产、生活方式,避免产能的盲目扩张和奢侈浪费的消费。通过规划引导和系统协调,避免发展过程中,由于重复建设、过度建设和缺乏协调导致能源设施寿命不足或使用不足所造成的建设性能耗浪费。持续提高现役和新建能源设施的能源效率,减少单位能源服务产出的能源消耗。通过在役主力技术的渐进性技术创新,逐步提高能源效率,加强对根本性技术创新的探索,谋取能源效率的跨越式发展。

## 11.2　节能技术发展现状

### 11.2.1　电力领域节能技术

　　电力是我国能源消费的主体,是典型的高耗能行业,也是实现节能的重点行业。在碳排放的刚性目标约束下,我国能源面临战略性的转变,这也要求电力在保证可靠供应和高效率发展的同时实现电力节能目标。本节从发电、电网和用电三个方面阐述电力节能技术的现状。

　　**1. 发电节能仍需持续改善**

　　目前,我国发电环节节能主要包括两个方面的内容:一是通过采取有效的节能政策措施和技术降低电力消耗,提高能效;二是鼓励非化石清洁能源的发展,实现结构上的节能减排。

　　(1) 燃煤电厂节能技术现状

　　在我国电源结构中,火电占比在 70% 左右。随着我国能源政策和环保政策的不断完善改进,虽然燃煤火电的比例将会有所减少,水电、核电、风电和其他新能源发电将会有所上升,但从火电占比、机组出力、负荷调节,以及电价经济性等方面综合评价,以煤电为主的电源结构格局在短时期内难以改变,而且其总量还会继续上升。目前火电机组热效率一般在 43% ~ 47%,50% 以上的能量在煤电转换过程中损失。中国电力企业联合会数据显示,2020 年全国 6000 kW 及以上电厂火电机组供电标准煤耗为 305.5 g/kW·h,同比降低 4 g/kW·h,距离世界上发达国家的煤耗率还有一定距离。同时,伴随风电、太阳能等可再生能源发电比重的快速提高,煤电调峰作用将显著增强,机组参与调峰越多,煤耗越高,通过增加新机组方法优化煤电机组结构降低供电煤耗的空间越来越小,燃煤机组节能压力越来越大。

　　目前,我国火电厂燃煤节能主要从两个方面来提高燃煤能效,一是锅炉本体与燃烧制粉系统及辅助设备改造;二是改造汽轮机本体与汽水系统及辅助设备，具体节能改造技术如下：

1）锅炉受热面改造及风机改造。当前我国燃煤锅炉普遍存在排烟温度高、减温水量大、风机耗电高，通过改造，可降低排烟温度、减温水量和风机电耗，达到提高锅炉效率的目的。具体措施包括：一次风机、引风机、增压风机叶轮改造或变频改造；锅炉受热面或省煤器改造。预计改造后可降低煤耗 1.0~2.0 g/kW·h。

2）锅炉烟气余热利用。锅炉排烟余热回收利用系统，是在空气预热器之后、脱硫塔之前烟道的合适位置通过加装烟气冷却器，用来加热凝结水、锅炉送风或者城市热网低温回水，回收锅炉排烟的部分热量，从而达到节能提效、节水效果。采用低压省煤器技术，若排烟温度降低 30℃，机组供电煤耗可降低 1.8 g/kW·h，脱硫系统耗水量减少 70%。

3）锅炉运行优化调整。当电厂实际燃用煤种与设计煤种差异较大时，对锅炉燃烧造成很大影响。开展锅炉燃烧及制粉系统优化试验，确定合理的风量、风粉比、煤粉细度等，有利于电厂优化运行。预计改造后可降低煤耗 1.0~2.0 g/kW·h。

4）汽轮机通流部分改造。对于 13.5 万 kW、20 万 kW 汽轮机和 2000 年前投运的 30 万 kW 和 60 万 kW 亚临界汽轮机，其通流效率低，热耗高。目前有多种成熟、先进的汽轮机本体技术改造，如采用全三维技术优化设计汽轮机通流部分，采用新型高效叶片和新型汽封技术改造汽轮机，可提高汽轮机各缸效率、降低汽轮机热耗率、提高机组的运行经济性。预计改造后可降低供电煤耗 10~20 g/kW·h。

5）汽轮机间隙调整及汽封改造。部分汽轮机普遍存在汽缸运行效率较低、高压缸效率随运行时间增加不断下降的问题，主要原因是汽轮机通流部分不完善、汽封间隙大、汽轮机内缸接合面漏气严重、存在级间漏气和蒸汽短路现象。目前已具备多种成熟、先进的气封技术可供选择，通过汽轮机本体技术改造，可提高运行缸效率，节能提效效果显著。预计改造后可降低供电煤耗 2~4 g/kW·h。

6）汽轮机蒸汽参数提高。提高汽轮机进汽参数可直接提高机组效率，综合经济性、安全性与工程实际应用情况，当主蒸汽压力提高至 27~28 MPa 时，主蒸汽温度受主蒸汽压力提高与材料制约一般维持在 600℃，再将热蒸汽温度提高至 610℃ 或 620℃，可进一步提高机组效率。预计相比常规超超临界机组，仅此一项可降低供电煤耗 1.5~2.5 g/kW·h。

除以上降煤耗技术之外，对辅机变频节能改造、采用节能型变压器或高效电动机、减少发电机组封闭母线输电过程中的铁磁性损耗、调节厂用电经济电压均可降低厂用电率，提高火电厂整体效率。

（2）非化石能源节能技术现状

1）核电节能技术。核电节能主要指燃料的节约，目前节能技术重点在加强燃料的循环，提高燃料的利用率，采取先进核燃料管理软件和技术，以及先进的反应堆技术。使用第三代反应堆，即美国西屋公司开发的 AP1000 非能动型压水堆核电技术或法马通、西门子联合开发的 EPR 压水反应堆技术，不仅提高了核电厂的安全性以及经济性，还提高了燃料的利用率和反应堆的效率。

2）风电节能技术。风电场主要能耗为主变、箱变损耗；风机自耗电；自建送出线路与集电线路损耗、场内用电损耗等。针对各种损耗，目前应用的相关节能降耗技术有提高主变电压、控制运行方式、调整线路电压等，具体节能技术如下：对于主变、箱变损耗，根据情况调整主变分接头，提高主变一次电压来降低小风或者无风天气变压器空载运行的损耗；在低于切入风速时将风机切至维护方式，以降低风机自动对风、解缆、变桨等操作的自耗电，以及尽可能缩短各用电系统和机组的工作时间，控制起停次数，从而降低风机组的自身能耗；对于自建送出线路与集电线路损耗，可按照一定的负荷曲线，制定相应的电压曲线，按照曲线及时调整线路电压，根据母线电压及时投退无功补偿装置，维持低损耗运行。

此外，常见的风电节能技术还包括提高风资源的利用，比如提高低风速场、复杂山地场的风能量捕获等。

3）太阳能发电节能技术。太阳电池节能的主要方法是降低电学损失和光学损失，提高电池发电效率，目前采取的方法是推进太阳电池加工工艺革新和采用最大功率跟踪控制。

一般工业晶硅太阳电池的光电转换效率为 14%~16%，而采用新的激光加工技术可以提高太阳电池的光电转换效率。目前，很多国内厂家都利用激光加工技术生产硅太阳电池，如采用激光刻槽埋栅极技术、发射区围壁导通技术等，降低屏蔽损耗，提高光电转换效率。德国某研究所的研究人员，已经研制出一种制造太阳电池的新工艺，即背交叉单次蒸发（RISE）工艺，辅以激光加工技术，用该工艺制造的背接触式硅太阳电池的光电转换效率达到 22%。

而通过最大功率跟踪控制，可以改变太阳电池阵列的输出电压或电流，使阵列始终工作在最大功率点上。目前实现的跟踪方法主要有恒压法、功率匹配电路、曲线拟合技术、微扰观察法和增量电导法等。

**2. 电网节能仍需优化**

2020 年，我国完成跨区送电量为 6130 亿 kW·h，同比增长 13.4%，全国跨省送电量为 15362 亿 kW·h，同比增长 6.4%，跨区送电量增长主要是前两年投产的特高压直流工程新增送出，如锦苏直流、宾金直流、哈郑直流送电分别增长 8.2%、32.7% 和 92.7%。

电力网络传输过程中由于电力网络、电力负荷和其他因素的影响，电能会产生一定的损耗。目前，制约电网节能能力最主要因素之一是电网的系统线损，其中输电线路损耗和变压器损耗占据较大的比例。

虽然我国电网综合线损率近年来呈平稳下降趋势，但是我国线损率与主要发达国家相比仍高出 1~2 个百分点。

受电源电网规划建设不同步、电网统筹协调不足以及"传统计划调度"方式等因素影响，现有电力网络结构不尽合理，局部地区存在重载、"卡脖子"现象，局部地区设备安全可靠性不高，电网安全运行压力较大，在方式安排、设备检修时较难考虑节能经济运行；同时我国水电、风电、光伏发电主要集中开发投产在西部低负荷地区，在增加就地消纳的同时，仍需要外送，现有的电网输送通道难以完全适应新能源快速增长的要求，导致部分地区新能源送出受限，一定程度上加剧了弃水弃风弃光问题，造成了大量的电能浪费。

在当前配电网络中，局部区域负荷不均衡，负荷高峰时段部分线路重载、过载严重；配电网存在大量高损耗设备，如空载损耗高、负载损耗大的 S10、S9、S7 系列配电变压器；配电网低压设备技术水平普遍比较落后，故障率相对较高，也会相应增加损耗。

针对上述我国电网侧的损耗情况，目前应用推广的节能技术主要有以下几个方面：

1）优化规划。构建合适的网架结构和电力结构可以降低线损。在电网规划中，合理配置无功是有效降低线损的重要途径之一，例如在受电端规划无功补偿装置，可减少负荷的无功功率损耗，提高功率因数，从而提高电气设备的有功出力。目前，改善供电环境无功优化调控技术的成熟技术有静止无功补偿器（SVC）和静止同步并联补偿器（STATCOM）等。

对于配电网降损，目前全国推广配电自动化和智能用电信息采集系统，它不仅可以兼顾电动汽车、充电桩以及分布式能源快速发展的接入要求，实现配电网可测可观可控，还能提高电网自身的节能降损能力。

2）节电优化经济调度。电力系统节能发电调度在保障电力可靠供应的前提下，按照节能、经济的原则，优先调度可再生发电能源，按机组能耗和污染物排放水平由低到高排序，依次调用化石类发电资源，最大限度地减少能源、资源消耗和污染物排放。

发电环节，节能优化调度主要应用的技术有利用等耗微增率、最优潮流、基于等综合煤耗微增率与动态规划法等以节能发电调度出力分配优化算法，确定机组的组合优化、运行顺序，提高机组出力系数，降低发电煤耗。从电网优化运行角度考虑，节能调度就是对有功、无功潮流进行优化调度。通过考虑电网中各种约束条件、设备安全运行的目标，采用电压无功优化算法，如非线性规划法、光滑牛顿法、人工智能算法、模拟退火法、遗传算法、粒子群优化算法等提高功率因素，实现网损最小。除此之外，节电优化经济调度技术还包括变压器的经济运行、线损在线分析、大用户优化调度、分布式电源优化调度以及线路经济运行实时控制系统等。

3）节能设备改造。推进和强化节能电力设备改造能够有效促进电力节能降耗。在输配电项目中，推广使用低损耗变压器，如非晶合金铁心变压器 S11 系列是目前推广应用的低损耗变压器，其空载损耗较 S9 系列降低 75% 左右。使用节能导线和金具，更换大截面导线，使用新型导电材料，如高性能铜/铜合金材料、铜/碳纳米复合导电材料等也可进一步降低损耗。近些年，电力电子器件的不断改进和创新，如以静止变流器取代了水银整流器和旋转变流机组，将原获得直流系统的效率提高了近 30%；晶闸管直流调速技术的普及与推广，将旋转变流的直流调速系统，改为静止变流器供电，节能效果显著；直流电源高频开关化节能效果明显，不但将运行效率提高了近 30%，而且体积较原线性电源缩小了 30%~80%，重量也减轻了近 30%~90%，既实现了电能的节约，又减少了原材料的消耗；宽禁半导体材料，如碳化硅（SiC）以及氮化镓（GaN）等高性能的电力电子元件的应用为我国电气设备节能做出了较为重要的贡献。

4）特高压输电。利用特高压输电可以降低远距离输电的线路损耗，其中特高压串补装置还可增强电力系统稳定性，改善运行电压和沿线路的电压分布，降低网损，实现资源在更大范围内的优化配置；特高压可控并联电抗器是解决特高压输电系统长距离重载线路限制过电压和无功补偿矛盾的重要装备，其具备优化无功分布、降低网损、提高特高压系统稳定性的特性。我国大力推广的特高压直流输电不仅可以解决我国能源分布不均的问题、优化资源配置，还可以有效节省输电走廊，降低系统损耗，提高送电经济性。

5）电网智能化。相较于传统电网，目前开展的智能电网技术对新能源接入更友好，不仅可以优化主骨干电网架，提升终端能源利用效率，还为能源市场化提供技术支撑，对优化我国能源结构、减少电能浪费有着积极的作用。

**3. 用电节能空间大**

根据能源局数据显示，2020 年，全国全社会用电量为 7.51 万亿 kW·h，同比增长 3.1%。我国用电侧节能技术应用较少，终端用电效率耗能高，用户侧节能提成升空间较大，目前开展的用电侧节能方法如下：

1）需求响应。美国最早提出通过开展需求响应实现了峰荷削减，来降低用电侧的损耗。美国电力市场环境开放，目前是世界上实施需求响应项目最多、种类最齐全的国家，目前有三种典型的运作模式：政府直接管理模式、电网公司管理模式和独立第三方管理模式，主要提供的市场产品：容量（装机容量）、能源（日前、实时平衡）、辅助备用服务（调频、旋转备用、非旋转备用）。欧洲各国也根据自身情况实施了不同模式的需求响应，如英国实施分时电价和可中断负荷模式，挪威实施可中断负荷和需求侧竞价模式。输电协作联盟（UCTE）指出欧洲各国现有需求响应资源平均可削减峰荷的 2.9%。

我国在 20 世纪 90 年代引入电力需求侧管理的概念。前些年我国电力需求响应工作主要是缓解用电缺口，以有序用电为主要措施，逐步推广峰谷分时电价和阶梯电价，但相比国外峰谷电价比 5~8 倍，我国峰谷电价比仅有 2~3 倍，且实施省份相对较少。我国需求响应中可中断负荷补偿标准太过笼统，没有考虑到用户的类型，无法对用户产生有效的激励。除此之外，我国对储能电站等需求响应资源的经济吸引力也远不够。

2）电能替代。目前我们正积极推广"以电代煤、以电代油"等电能替代，具体实施技术包括在燃煤锅炉、热泵、家庭电气化、电动汽车等领域实施电能替代项目。

3）节能设备改进。用户侧节能设备改进主要选用高效用电设备、实行节电运行、采用能源替代、实现余能余热回收和应用高效节电材料、作业合理调度、改变消费行为等方法提高终端用电效率。目前实施的主要措施是推广高效节能电冰箱、空调器、电视机、洗衣机、计算机等家用及办公电器，降低待机能耗，引导用户侧采用无功补偿、智能控制技术、变频调速和高效变压器/电动机等节电控制技术和产品，实现电网削峰填谷、优化电网运行方式、改善用能结构、降低环境污染，提高终端电能利用率。

4）用户侧大数据分析。在用电环节，以物联网和云计算为代表的新一代通信技术得到广泛推广和应用，用户侧电力数据已经形成了一定规模，利用其分析用户侧的产业结构、经济走势以及消费能力等用电情况，预测负荷，提高了能源效率。

在电力大数据的研究和应用方面，欧美等发达国家一直走在世界的前列。近几年他们的焦点主要聚焦在分布式传感器和其控制系统上，比如开展多年的法国电力公司 Linky 智能电表项目在 2020 年共安装 3500 万台，电力公司通过智能电表得到的数据可直接生成用户用电负荷曲线及其关联数据；美国加州大学洛杉矶分校开发的洛杉矶电力地图，通过大数据分析得到更为准确的社会各群体的用电习惯，可为电网规划和运行提供更准确的负荷预测。

近些年，电力需求侧的大数据技术在我国也得到了广泛的推广，国家电网和南方电网公司已在多省部署用电信息采集系统、电力营销业务管理系统以及电能服务管理平台等。

## 11.2.2　交通领域节能技术

### 1. 轨道交通节能技术现状

铁路机车按照牵引动力来源可分为蒸汽机车、内燃机车以及电力机车，蒸汽机车已基本淘汰；由于电动机调速比机械调速更方便和高效，目前运行的内燃机车实际也是由内燃机带动发电机，发出的电力再带动电动机来驱动机车；电力机车则是由供电系统驱动且电能可直接用于客车车厢中的照明、取暖以及车厢空调设备，与前面两种机车相比，具有功率大、速度快、损耗少和运行综合效率高的特点，符合节能减排的要求。截至 2020 年，我国铁路电气化率已达70%，受当地建设改造条件和成本所限，部分铁路仍未实现电气化。对于内燃机车以及调车机车的节能，主要是通过减摩修复技术来使内燃机摩擦表面的材料特性、表面形貌得到改善和优化，从而减少摩擦、降低损耗、节约机械设备能量消耗。对于电力机车，我国逐步提高铁路的运行速度，从而优化铁路系统整体的运行效率。在铁路运输的发展过程中，我国通过借鉴法国阿尔斯通、加拿大庞巴迪、日本川崎重工等多方的列车技术，并进行创造性的消化与创新，目前高速动车组的制造水平已经与外国同行相当，并逐步提升核心技术的自主研发能力。除了铁路运输外，我国的地铁、轻轨等轨道运输也发展迅速，节能潜力巨大。

调速系统是影响机车运行效率的重要环节，变频调速技术与变极调速、改变转差率调速相比，具有损耗小、工作效率高的特点，是一种广泛应用于电力机车的节能技术。永磁调速同步电机采用精密的纯机械调速设备进行调速，在重量、体积和能耗上都有明显优势，但目前大功率永磁电机的成本依然较高，且永磁体的机械强度和耐高温性能均有待提高。目前我国首列永磁电机地铁已在长沙地铁 1 号线正式投入载客运营。为了进一步提高电力机车的综合效率，可通过再生制动技术将制动能量回馈至供电系统，目前该技术已得到广泛应用。

与轮轨列车不同，磁悬浮列车通过电磁力实现列车与轨道之间的无接触的悬浮和导向，再利用直线电机产生的电磁力牵引列车运行，避免因轮轨摩擦引起的损耗。我国上海磁悬浮列车专线是中德合作开发的世界第一条磁悬浮商运线。此外，日本和我国还对适用于市区和市郊的中低速磁悬浮进行了研究和试点，与地铁和轻轨相比，磁悬浮可减少噪声、降低损耗、提高运行效率。我国已成功自主研制出常导短定子中低速磁悬浮示范列车，长沙磁浮工程是我国第一条具有自主知识产权的中低速磁浮交通线。

2. 公路交通节能技术现状

目前在汽车中使用较多的发动机节能技术主要有高效内燃机、增压技术和自动变速器等。汽油机和柴油机的燃油喷射技术与点火系统电子控制技术的配合使用，提高了充气效率高、燃油雾化率和空燃比的控制精度，从而提高了燃烧效率。发动机稀薄燃烧技术通过使发动机在实际空燃比大于理论空燃比的情况下燃烧，燃烧更加完全，具有良好的燃油经济性。增压技术通过对新鲜空气进行预压缩，提高进入燃烧室的空气量，可以燃烧更多的燃料，从而提高发动机有效功率，降低单位功率质量，缩小外形尺寸，降低燃油消耗。

电动汽车由于在运行过程中零排放，且直接使用电能，综合利用效率较高，得到世界各国政府和汽车企业的重视。电动汽车最为核心的部分为电动机控制系统，按电动机类型可分为直流电动机、异步电动机、永磁电动机和开关磁阻电动机。其中，直流电动机调速性能好，但体积大，重量较重；异步电动机由于依赖转子和旋转磁场之间的转差，调速范围不如其他类型的电动机；永磁电动机具有重量轻、高效、高控制精度、高转矩、低噪声等特点，但稀土等磁钢材料一般成本较高；开关磁阻电动机兼具直流、交流两类调速系统的优点，结构简单坚固，调速范围宽，调速性能优异，且在整个调速范围内都具有较高效率，但其振动与噪声较大。储能电池是限制电动汽车发展的重要因素，目前得以商业应用的储能电池主要有磷酸铁锂、钴酸铁锂、磷酸铁锰锂和三元聚合物锂电池。其中，钴酸铁锂电池组和三元聚合物锂电池续航里程和电池总容量较高，但由于其功率密度大、相对容易热解，对安全控制系统要求较高。

除了普通的化学储能电池外，燃料电池汽车采用的氢氧混合燃料电池，是一种不燃烧燃料而直接以电化学反应方式将燃料的化学能转变为电能的高效发电装置，具有效率高、噪声低、无污染物排出等优点。由于无须等待蓄电池从电网中获取电能，燃料电池汽车还具有快速补充燃料的优点。美国、欧盟、日本和韩国都投入了大量资金和人力进行燃料电池车辆的研究，通用、福特、克莱斯勒、丰田、本田、奔驰等大公司都已经开发出燃料电池车型并已经在公路上运行，普遍状况良好。近年来，我国在燃料电池方面的投入也不断加大，北京奥运会、上海世博会期间都有燃料电池轿车和大客车进行了示范运行。

混合动力汽车，是指配备两个以上驱动装置（动力源）的车辆，目前以发动机和电动机的组合为主流。在低速区发挥力量的电动机与在高速区发挥力量的发动机互相补充，以最佳效率充分发挥驱动性能，同时拥有"发动机"和"电动机"两大动力源，在拥有平顺的加速性、极佳的静谧性的同时，也兼顾了低油耗、低排放的特点。

高性能新型材料在交通工具节能的运用至关重要，是实现轻量化的实际途径。石墨烯的强度被认为比传统钢材强 200 倍，是制造汽车的理想材料，利用石墨烯能打造轻量高强度的车身。2016 年 7 月，汽车公司 Briggs 在英国国家石墨烯研究所发布了世界上第一台车体采用石墨烯制成的汽车，名为 BAC Mono。

智能交通系统是把卫星技术、信息技术、数据通信传输技术、电子控制和计算机技术结合在一起的交通自动引导、调度和控制系统，包括智能交通调度系统、信号灯自适应系统、驾驶信息系统、不停车收费系统及紧急情况处理系统等。自动驾驶技术，是利用计算机的驾驶比人类驾驶员更高效，可以使车辆之间互相协调，拥堵情况得到改善；根据空气动力学原理，自动驾驶的车辆还能列队行驶以减少空气阻力，从而达到节能的目的。

### 3. 航运交通节能技术现状

近年来，各国的节能船型设计成果较多，如对称船尾、双尾船型、涡尾船型、球尾船型等；以节油为目标的新型柴油机研制也取得进步，如采用两级涡轮增压及 VTA（Variable Turbine Area）涡轮增压技术。在节能高效推进器研究方面，欧洲一些国家的科研组员开发出几款推进效率高的新型螺旋桨，这些螺旋桨在保持船速不变的前提下可以在一定程度上节约主机功率，同时也可以延长船体和设备的使用寿命。较典型的应用有螺旋桨和正反转螺旋桨。

传统船舶的能量全部来源于船用柴油机，随着石油资源的枯竭和环保要求的不断提高，绿色船舶的研究得到重视。目前比较有代表性的是清洁能源船舶辅助系统，即仍然采用船用柴油机作为船舶推进动力，同时充分利用风能、太阳能以及波浪能等可再生能源发电，将电能应用于电气设备或储存起来，为船上设施提供相对独立的能量来源，可在降低船舶发电机或主机能耗的同时保证船舶的正常航行。

合理的航行速度可以降低燃油消耗，管理人员可利用燃油消耗量与船舶航行速度的线性比例关系来确定的船舶最佳航行速度。船舶节能航速智能化系统，可通过无线网络将时间、航次和运行轨迹等船舶航行数据传送到岸上，管理人员通过分析航运数据来对多艘船舶生产调度和航行方式进行指导，从而保证船舶以安全高效的最佳方式顺利完成航行任务。

#### 4. 航空运输节能技术现状

飞机辅助发动机也叫机载辅助动力源（Auxiliary Power Units，APU），为飞机机载电器、引气机及其他设备提供电源和气源；同时也作为飞机上主发动机的起动机。为进行机务维修、客舱清洁等工作，机载 APU 在自飞机降落滑跑开始到飞机再次离场起飞期间的长时间运行，将消耗大量航空燃油。使用地面动力设备，如电源车、气源车或廊桥直接供电供气，代替机载 APU 运行，可以将 APU 的运行时间由原来的 12 h 甚至更长的时间缩减到少于 10 min 或者更短，减少 APU 的使用，节省了燃油。常见的地面动力设备有电源车、气源车或廊桥直接供电供气等方式。

飞机在起飞、低空飞行和降落过程中的耗能都要比高空飞行要大，适当地采用大型化飞机，可以降低单位载客（货）量的油耗；还可以降低机场跑道的拥挤程度，提高航空事业整体效率。例如，双层四发动机巨型客机空中客车 A380，投产时是载客量最大的远程宽体客机，采用了更多的复合材料，改进了气动性能，使用新一代的发动机、先进的机翼和起落架，减轻了飞机的重量，减少了油耗和排放，是首架每乘客（座）的百公里油耗不到 3 L 的远程飞机。

飞机航行速度快，通过空气动力学的原理减少空气阻力是一个重要的节能途径。翼稍小翼是一项提高飞行经济性、节省燃油的先进空气动力设计措施。通过在机翼的翼稍处安装一个由碳纤维复合材料和铝合金制造的小翼片，可以改变翼尖附近的流场，减少诱导阻力，从而减小涡流的强度，且改进后的角度也能同时产生向上和向前的分力来增加飞机的推力和升力。

### 11.2.3　建筑领域节能技术

目前主要从建筑本体（围护）结构技能、建筑设备节能以及可再生能源利用三个方面减少建筑耗能。

#### 1. 建筑围护结构节能技术

1）屋面保温隔热。在美国，矿岩棉、玻璃棉和泡沫塑料包括聚苯板、聚氨酯等三大类高效材料已成为建筑主体节能材料。屋面保温主要采用发泡聚苯板或挤塑型聚苯板的倒置屋面保温隔热技术、聚氨酯材料屋面保温隔热技术、干铺加气混凝土块屋面保温隔热技术。英国还将废纸制成纸纤维，并吹入屋顶的钉层夹层，形成保温层。

我国屋面保温采用水泥聚苯板和加气混凝土砖块，然后逐渐过渡到以高效保温材料为主。在屋顶防水层下设置导热系数小的轻质材料用作保温，如膨胀珍珠岩、玻璃棉等；也可在屋面防水层以上设置聚苯乙烯泡沫、聚氨酯泡沫塑料等材料进行保温，其他广泛采用的保温隔热材料还包括聚乙烯塑料、膨胀蛭石。国内还研究了夜间通风相变贮能吊顶系统，在利用相变材料的同时采用了堆积床换热器形式，从而大幅度提高了系统的传热面积和传热能力。

2）墙体保温。北美国家的墙体保温以外保温为主，已形成以聚苯板玻纤网布增强聚合物砂浆抹灰、岩棉外挂钢丝网聚合物砂浆抹灰、外保温层外挂预制薄板三大应用体系。内保温主要是保温层挂装型的，采用龙骨加上矿岩棉或玻璃棉再加上硬质面板。欧盟研制了热二极管墙体，传热薄片热二极管只允许单方向传热，可有效发防止墙体热量散失。此外还可以采用蓄热墙技术，充分吸收太阳热量，冬季能使室温升高，夏季通过特定的孔道可形成热对流，能促进凉爽气流的循环，实现冬暖夏凉的效果。

我国墙体主体结构为砖砌体、钢筋混凝土和混凝土空心砌块。外保温主要以胶粉聚苯颗粒外墙外保温系统和泡聚苯板现浇混凝土外墙外保温系统为主。内保温采用保温板砌贴以及由保温板和空气层厚组成的保温层。保温板可采用水泥聚苯板等单一材料，也可采用高效保温材料和纸面石膏板等硬质面板组成的复合材料，如纸面石膏聚苯复合板、纸面石膏岩棉复合板、纸面石膏玻璃棉复合板等。中保温将保温材料设置在双层墙中间，采用双层混凝土空心砖砌块内夹厚发泡聚苯板或岩棉板。

3）门窗节能。欧洲国家广泛采用 UPVC 塑料型材，主要成分为硬质聚氯乙烯，材料导热系数小，多腔体结构密封性好，保温隔热性能好。美国窗体材料主要采用铝合金断热型材、铝木复合型材、钢塑整体挤出型材和塑木复合型材节能产品。铝合金窗和钢板窗物理性能较高，但保温隔热性能比较差，逐渐退出市场。目前我国大量采用 PVC 塑料窗，其热工和物理性能较差，但是由于国内生产工艺不够，导致复合型窗体材料还未被大规模推广使用。

为了解决大面积玻璃造成能量损失过大的问题，将普通玻璃两片平板玻璃四周密封起来，间隙抽成准真空并密封排气口，制成真空玻璃，以减少热量散失；也可以加工成双层中空玻璃，用氮气和氩气填充使窗户的热阻提高；进一步采用磁控真空溅射方法镀制含金属银层的玻璃、镀膜玻璃（包括反射玻璃、吸热玻璃）、LOW-E 玻璃（高强度低辐射镀膜玻璃）以及智能玻璃。其中智能玻璃是未来的主要发展方向，智能玻璃能感知外界光的变化并做出反应，以减少热辐射，包括光致变色玻璃、热致变色玻璃和电致变色玻璃。

**2. 建筑设备节能技术**

1）空调节能技术。目前空调节能主要采用变容量方式（VRV）和变风量方式（VAV）控制方式。VRV 空调根据系统运行优化准则和人体舒适性准则，通过变频等手段调节压缩机输气量，实现节约电能效果。VAV 空调由集中式空调按照某一设定温度送风给所有空调，各自空调根据室温调节送风量，可以在避免任何冷热能量抵消的情况下，实现各空调空间的温度自动调节，减少统一控制下的电能浪费情况。此外，新型空调控制技术包括多分区空调控制技术和多层空调控制技术。多分区空调控制技术根据各分区负荷变化自动调节送风参数，智能全自动控制可以实现非工作时间风机低速节电运行。分层空调技术仅对高层空间中下部工作区进行制冷，降低能耗。还可以采用溴化锂空调，结合高温废水、高温烟气等的热回收，将回收回来的热量来驱动溴化锂机组进行制冷，减少电能消耗。温湿度独立控制系统由毛细管平面辐射等干式末端系统和独立新风系统组成，采用温度和湿度两套独立的空调系统，避免了温湿度联合处理所带来的损失。

2）照明节能技术。采用发光效率高、光色好和显色性能优异的新光源，如金属卤化灯、高压钠灯、LED 和荧光灯。在 4.5 m 层高以下优先选择直管细管径荧光灯或者直管稀土三基色细管径荧光灯，采用紧凑型荧光灯代替白炽灯，逐渐淘汰白炽灯等低效光源。在 4.5 m 层高以上采用金属卤化物灯，主要包括石英金属卤化物灯和陶瓷金属卤化灯。目前 LED 等光通量较小，尚未作为普遍的室内照明光源。

采用节能附件可以提高灯具的光效，节能技术包括电容式补偿节能技术、调压节能技术和电子镇流器节能，通过提高负载电流与电压的相位差余弦值或者降低灯电压，实现节能。采用智能照明控制系统，实现照明时序控制和灯光程序化管理，提高能效。亮度传感器探测室内光照条件，对光照、光色进行自动控制，同时利用红外及微波传感器探测是否有人工作，当无人工作时，自动转入"夜间"工作状态。通过建筑物的采光设计来实现天然光导入，如反射挡光板的采光窗、阳光凹井采光窗等；也可利用先进的导光方法和导光材料，如反射法、导光管法、光导纤维法、高空聚光法空，实现高效利用天然光。

3）能量回收和储存。对空调以及电梯的能量进行回收利用，同时利用蓄冷蓄热技术将富裕的能量储存，以减少能量的损耗，提高能量利用效率。水蓄冷是利用冷水储存在储槽内的显热进行蓄冷，夜间制出 4~7℃ 的低温水供白天空调用。冰蓄冷将水制成冰，利用冰的相变潜热进行冷量的储存；共晶盐蓄冷是利用无机盐、水、成核剂和稳定剂组成混合物的固-液相变特性蓄冷；气体水合物蓄冷技术是利用气体水合物可以在水的冰点以上结晶固化的特点形成的特殊蓄冷技术。用制冷剂气体水合物作为蓄冷的高温相变材料，可以克服冰蓄冷效率低、水蓄冷密度小和共晶盐换热效率低、易老化失效等蓄冷介质的弱点。

显热蓄热利用蓄热材料的温度变化进行热量储存，常用的蓄热材料包括水、混凝土、导热油、液态钠和砂-石-矿物油。蓄热密度小，导致蓄热设备体积庞大，效率不高，这都限制了高温显热蓄热材料的发展。高温相变蓄热材料主要通过蓄热材料发生相变时吸收或放出热量来实现能量的储存和释放。高温相变蓄热材料可以分为以下 5 类：单纯盐、金属与合金、碱、混合盐和氧化物。常见的高温相变蓄热材料有硝酸钠-硝酸钾混合盐、氟化锂-氟化钙混合盐和铝基合金等。热化学反应蓄热主要通过可逆化学反应的反应热来进行蓄热，关于无机氢氧化物的研究主要集中在 $Ca(OH)_2$ 和 $Mg(OH)_2$ 上。

空调冷凝热技术包括直接式和间接式，直接式是制冷剂从压缩机出来后进入热回收器，直接与自来水换热制备生活热水；间接式是指利用空调冷凝器侧排出的高温冷却空热气或 37℃ 的冷却水再通过热回收器、复叠式热泵等设备来间接加热制备生活热水，其增加设备多，换热效率低。单冷凝器型同时具有冷凝器和热回收器的功能，当不制取热水时，冷凝热通过冷却塔排除；需要热水时，关闭冷却塔，制冷剂与蓄热箱中的水进行换热来制取热水。双冷凝器型由主冷凝器（风冷冷凝器或水冷冷凝器）和副冷凝器（热回收器）组成，两者以并联或者串联的形式共同承担冷凝负荷。

在电梯系统中加装能量回馈和再生技术，将空载上行、重载下行时厢和对重之间的机械能转换成电能，转换的能量储存在直流母线回路的电容中，通过有源逆变技术将其逆变为与电网同频同相的交流电，反馈回电网供其他设备使用。

**3.** 可再生能源利用技术

（1）太阳能

目前太阳能在建筑节能应用最多的为太阳能热水技术，其主要采用真空管式太阳能集热器和平板式太阳集热器进行太阳能收集，进一步可构成太阳能热水采暖系统。采用太阳能热泵进行供暖，主要技术包括串联式太阳能热泵、直膨式太阳能辅助热泵。美国的 SolarKing 系列以及澳大利亚的 Quantum 系列走在了产业化的前端，我国处于初级阶段。太阳能制冷技术包括太阳能朗肯循环驱动的蒸气压缩式制冷系统和太阳能蒸气喷射式制冷系统。太阳能采暖系统采用特朗伯集热墙、水墙以及附加日光间等集热部件收集太阳能，组成热水采暖和空气采暖。此外还可进行光伏建筑一体化，将光伏器件与建筑材料集成化。美国、日本、德国等发达国家已开发出不少光伏器件与建筑材料集成化的产品，如双层玻璃大尺寸光伏幕墙、光伏屋面瓦、隔热隔音外墙光伏构件和代替屋顶蒙皮的光伏构件等，有的已在工程上应用，有的在试验示范，并且还在进一步研究更新品种。

（2）地源热能

地源热泵技术是利用地下浅层地热资源，实现向建筑物提供制冷、采暖和生活热水的高效节能环保型空调技术，主要包括土壤源热泵、地表水热泵、和地下水热泵等技术。土壤源热泵是利用地下浅层岩土层中热量进行闭路循环的热泵系统，通过循环液在密闭的地下埋管中的循环流动，与土壤进行冷热交换。由于地埋管换热器冬夏两季累计向土壤的放热量与取热量并不一定相等，这样就会造成地下土壤的冷热失衡，取放热量不平衡逐年堆积就会超过土壤自身恢复能力，造成其温度不断偏离初始温度，并导致冷却水温度随之变化和系统运行效率逐年下降。地下水热泵系统从水井（小于 50 m）或废弃的矿井中抽出地下水之后将水送到换热器和热泵机组，提取或者释放热量之后再送回地下，但是地下水不能完全进行回灌，造成地下水位下降。地表水热泵使用地表水作为冷热源，抽取江河湖海水，形成开式循环或者闭式循环。开式循环直接抽取地表水进行热交换，闭式循环则使用水盘管热交换器和地表水进行热交换。

地源热泵技术与太阳能利用技术结合，即太阳能地源热泵，可以平衡地热负荷，延长太阳能集热板使用寿命，并解决了土壤过热的问题。地源热泵技术与蓄冷技术结合，地源热泵与余热回收利用技术结合，均可提高能源的综合利用率。

（3）生物质能

生物质能可以转化为常规的固态、液态和气态燃料，应用于建筑采暖、空调制冷、热水供应以及炊事方面。生物质固化技术是将秸秆等生物质加工成生物质压块，采用专用的采暖炉，配套和普通热水和蒸汽采暖系统类似的散热器片实现热水和取暖。

生物质热解液化是生物质在完全缺氧或有限氧供给的条件下热降解为液体生物油、可燃气体和固体生物质炭三个组成部分，反应器的类型及其加热方式的选择，在很大程度上决定了产物的最终分布。需改进反应器，保证加热速率快、反应温度中等、气相停留时间短。

生物质汽化是在不完全燃烧条件下，利用空气中的氧气或含氧物质作汽化剂，将生物质转化为含 $CO$、$H_2$ 和 $CH_4$ 等可燃气体的过程。我国热解汽化技术的研究主要集中在稻壳和秸秆的汽化技术上，先后完成了 2.5~200 kW 采用各种不同汽化方式机组的研制。另外，在广大农村可以通过沼气池将生物质经过微生物发酵作用生成以甲烷为主的可燃气体。沼气发酵技术涉及原料的预处理、接种物-菌种选择、富集培养、合理配料和料液 pH 值、厌氧环境和发酵温度等方面。瑞典开发了"二步法"秸秆类生物质制沼气技术，并已进行中间试验，还开发了低温高产沼气技术。

## 11.2.4　工业领域节能技术

工业节能工作的推进得益于节能技术的发展及推广应用。国家先后制定了《工业绿色发展规划（2016—2020 年）》《"十三五"节能减排综合工作方案》等一系列规划方案及工作方案，组织各工业领域组织落实工业锅炉窑炉节能改造、内燃机系统节能、电机系统节能改造、余热余压回收利用、热电联产、工业副产煤气回收利用、企业能源管控中心建设、两化融合促进节能减排、节能产业培育等重点节能工程，提升企业能源利用效率，促进节能技术和节能管理水平再上新台阶。总体上，目前我国工业节能技术发展情况包括生产设备节能、生产流程节能及管理体系节能三个方面。

### 1. 生产设备节能

生产设备节能主要是提高设备本身的能源使用效率，使其达到节约能源的效果。工业炉是各工业领域最常见的通用耗能设备，主要涉及的工业炉包括蒸汽锅炉、热水锅炉、热风炉及电炉等。为此我国实施了工业锅炉窑炉节能改造重点工程，实施在线运行监测、等离子点火、粉煤燃烧、燃煤催化燃烧等工业锅炉窑炉节能技术来改善工业锅炉窑炉自控水平低、平均负荷低、装备陈旧落后等问题；采取窑体减少开孔与炉门数量、使用新型保温材料等措施提高工业窑炉的密闭性和炉体的保温性；对燃煤加热炉采用低热值煤气蓄热式技术改造，对燃油窑炉进行燃气改造，对石灰窑综合节能技术实施改造和对轻工烧成窑炉低温快烧技术实施改造，实现工业锅炉窑炉节能。具体节能技术：一是提高炉窑燃烧效率，我国目前主要采用局部富氧燃烧技术、煤粉复合燃烧技术、改善二次风布置、降低飞灰含碳量、重油磁化节能技术。如局部富氧燃烧技术，通过将富氧通过喷嘴喷入炉膛内，可提高火焰温度和黑度增加辐射热，加快燃烧速度促进燃烧，并减少燃烧后的烟气量，从而强化燃烧效果。对于大多数窑炉（包括循环流化床锅炉），局部富氧燃烧技术可节能 5% 以上，是目前国内最常见的节能技术之一。西方一些发达国家要求新建的工业锅炉必须采用富氧空气助燃技术，以提高炉膛燃烧效率。二是减少热力损失，我国目前主要采用减少蒸气泄露、常温除氧、加强保温等节能措施。如通过常温除氧可改善水质，提高锅炉实际供汽能力，消除了热力除氧将部分蒸汽排到大气中现象，节约锅炉总输出热量的 1%~2%。

电动机是风机、泵、压缩机、机床及传输带等各种设备的驱动装置，广泛应用于冶金、石化、化工、煤炭、建材及公用设施等多个行业和领域，是用电量最大的耗电机械。据统计测算，我国各类电动机总装机容量约为 4.2 亿 kW，耗电 1 万 kWh 以上，占全国用电量的 60%~70%，然而，运行效率却比国外先进水平低 10~20 个百分点。其原因在于当前我国电动机及其拖动设备效率低；设备陈旧；系统匹配不合理，设备长期低负荷运行；系统调节方式落后等。为此我国也实施了电动机系统节能改造重点工程。采用变频调速、永磁调速等先进电动机调速技术，改善风机、泵类电动机系统调节方式，逐步淘汰闸板、阀门等机械节流调节方式，提高电动机系统运行效率；通过软起动装置、无功补偿装置、计算机自动控制系统等，合理配置能量，实现系统经济运行；使用先进的电力电子技术传动方式改造传统的机械传动方式，采用交流调速取代直流调速，采用高新技术改造拖动装置，改善电动机调节方式落后等问题。

制冷系统如中央空调机组也为目前工业主要耗能设备之一。目前制冷系统节能包括主机余热回收、主机变频控制、大温差小流量控制、合理使用室外新风量、降低冷凝温度、提高蒸发温度等节能技术。例如一种冷凝器自动在线清洗装置，能使冷却水出水和冷凝温差控制在 1℃左右（相当于新机的效果），使冷凝器始终保持最佳热转换效率，主机节能 10% 左右。

此外工业生产设备的节能还包括工业内燃机、空压机、工业照明系统等设备的节能。

### 2. 生产流程节能

生产流程节能即根据生产实际需要，对于能源进行空间和时间上的再分配，从而提高能源总体使用效率，实现节能。生产流程节能主要包括生产过程工艺节能和生产末端余热余压节能两方面节能。

通过选用连续性、操作便捷、能量转换效率较高的工艺，可以有效避免间歇性生产工艺过程切换中能源浪费，是工业生产提高生产效益和节能降耗的重要技术手段。工业生产各行业工艺复杂，使得目前生产过程节能各行业各具特色。如高耗能钢铁行业，目前主要采用干法熄焦技术、汽动鼓风机替代电动鼓风机、钢坯热送技术、冷轧薄板的连续退火法、脱湿鼓风、富氧鼓风、优化高炉操作技术、对热风炉管道进行保温等节能技术，取得了良好的节能效果。如化工行业，大型合成氨采用"温和转化"设计改变转化工艺或转化炉型，采用低水碳比高活性的催化剂提高 CO 变换率，采用低能耗的脱碳工艺和新型高效填料，干煤粉或水煤浆加压汽化、耐硫变换，低温甲醇洗、液氮洗，低压氨合成工艺等能有效地提高氨生产的节能效果；制碱过程中联碱法采用高效淡液蒸馏塔，降低淡液蒸馏汽耗，结晶工序推广氨直冷和逆料取出技术能有效降低冷量消耗。

此外，生产末端通过回用生产所释放的富余压力和热能，可有效实现节约能源及资源。如焦炉煤气、高炉煤气、转炉煤气、炼化尾气等工业副产煤气的回收及综合利用技术；转炉余热发电，冶炼烟气废热锅炉和发电，粗铅、镁冶炼余热回收，硫酸生产低品位热能利用等余热余压利用，炭黑余热利用等节能技术。

目前，工业余气、余热、余压的回收利用节能技术得到了广泛应用，并取得了显著的节能效果。如在钢铁行业有高炉炉顶压差发电技术、纯烧高炉煤气锅炉技术、低热值煤气燃气轮机技术、转炉负能炼钢技术、蓄热式轧钢加热技术；有色金属行业采用烟气废热锅炉及发电装置、窑炉烟气辐射预热器、废气热交换器等回收其他装置余热用于锅炉及发电；化工行业推广应用节能型烧碱生产技术、纯碱余热利用、密闭式电石炉、硫酸余热发电等技术。在其他行业中，玻璃生产也推广余热发电装置、吸附式制冷系统及低温余热发电–制冷设备。在纺织、轻工等其他行业推广供热锅炉压差发电等余热、余压、余能的回收利用。

### 3. 管理体系节能

管理体系节能即采用更高效的短流程取代长流程，从而减少能耗以及原料损失，实现良好的运行维护和设备更新。通过对企业能源生产、输配和消耗实施动态监控和管理，改进和优化能源平衡，提高企业能源利用效率和管理水平。如能源管理优化系统、行业企业能源管控中心、企业数字能源解决方案、绿色数据中心、绿色基站、绿色电源等。

目前，我国总结完善钢铁企业能源管控中心实践经验，在有色金属、化工、建材、造纸等行业推广实施企业能源管控中心。为加快加快电子信息和绿色通信技术在工业节能降耗中的应用，促进信息化和工业化的深度融合，我国鼓励信息化企业开发数字能源解决方案，推动信息通信技术在重点用能行业和企业中的应用，提高能源管理水平，推动智能电网、智能建筑、智能交通等建设。重点推广绿色数据中心、绿色基站、绿色电源，统筹数据中心布局、服务器、空调等设备和管理软件应用，选址考虑能源和水源丰富的地区，利用自然冷源等降低能源消耗，选用高密度、高性能、低功耗主设备，积极稳妥引入虚拟化、云计算等新技术；优化机房的冷热气流布局，采用精确送风、热源快速冷却等措施。

尽管目前工业节能得到了显著进展，但目前工业节能降耗仍存在一些问题：一是产业结构调整进展缓慢；二是行业间和企业间发展不平衡，先进生产能力和落后生产能力并存，总体技术装备水平不高，单位产品能耗水平参差不齐；三是企业技术创新能力不强，无法支撑节能发展需求；四是市场化节能机制尚待完善，企业节能内生动力不足；五是工业节能管理基础薄弱，节能服务能力与市场需求发展不相适应。因此，未来我国工业节能仍需加大工业节能技术遴选，加快工业节能技术推广应用。

### 11.2.5　各领域系统性问题日益突出

经过多年的努力，我国的能源技术已经得到了大幅改善。以主要工业产品的能效为例，如火电发电煤耗，钢可比能耗、电解铝交流能耗和水泥综合能耗，虽然产品单耗水平仍落后于国际先进水平，但差距已经逐渐缩小。某些行业的能源效率，如火电工业，已经达到国际先进水平。因此今后通过渐进性技术创新进一步提高能源效率节能的潜力相对有限。

与此同时，系统性问题导致的能源浪费却日益突出。由于各部门各自盲目扩张，能源设施过度建设，重复建设等问题愈演愈烈，能源设施寿命和功用不足的问题日益严重。例如，火电装机容量迅速增长的同时，火电小时数迅速下降，大量高效超临界、超超临界机组不能满负荷运行；水运交通、陆运交通无法高效利用，不能全周期地载荷运行，存在浪费现象；没有将信息技术与传统行业结合，导致节能技术只能在单一环节发挥，无法形成行业内部多环节和跨行业多领域间的节能凝聚效应，无法最大化的发挥技术效用。例如，在发电侧，没有实现风电的集群协调控制；在用电侧，没有将各行业接入需求响应中心，无法实现广域范围内的能效管理。

## 11.3　节能技术发展方向

### 11.3.1　基础节能技术研究

#### 1. 节能材料

1）电力电子器件材料。研究碳化硅、砷化镓、金刚石等具有宽温度特性、高运行特性的新一代电力电子器件的新工艺、新原理、新设计、新封装、新驱动以及新保护等技术。

2）建筑节能材料。推广无机保温隔热材料的研发和使用，开发屋顶保温绝热板系统（SIPS）；研发外墙保温及饰面系统（EIFS）和隔热水泥模板外墙系统（ICFS）等新型节能材料，减少通过围护结构的传热；研究相变材料储能机理以及简化生产工艺。研发传热系数小的门窗材料以及推广应用中空玻璃或低辐射镀膜玻璃（Low-E玻璃）。

3）交通节能材料。研究轻型运输工具材料，尽量选用轻金属、高分子材料以及复合材料来实现轻量化。推广基于表面活性剂等新型材料的温拌沥青技术，以及泡沫沥青冷再生、乳化沥青冷再生和水泥冷再生等沥青路面冷再生技术，实现旧沥青路面再生利用。

**2. 节能设备**

1）开发节能高效运输工具。推广高压变频调速电力机车、永磁电机地铁、多发电机组调车机车、混合动力交流传动调车机车；推广柴油车辆、混合动力汽车、替代燃料车等节能车型，推广应用自重轻、载重量大的运输设备；研发推广新一代节能型运输船舶。采用新技术、新材料、新工艺和新结构提高船舶设计制造水平。从热力学及空气动力学的角度推动节油型发动机和机体的研发，推广使用涡桨发动机、翼梢小翼等高效发动机和机体。

2）工业锅炉窑炉节能。开发新型高效煤粉锅炉、大型流化床锅炉、燃气锅炉烟气全热回收、高炉煤气锅炉蓄热稳燃、高效低氮解耦燃烧、新型低温省煤器、智能吹灰优化与在线结焦预警系统等工业锅炉节能技术；实施燃煤加热炉低热值煤气蓄热式技术改造，燃油窑炉燃气改造，石灰窑综合节能技术改造和轻工烧成窑炉低温快烧技术改造。

3）电动机系统节能。研究新型自励三相异步电动机、磁阻电动机、稀土永磁同步电动机、变极起动无集电环绕线转子异步电动机等新型高效电动机节能技术与设备。研究大型往复压缩机流量无级调控、磁悬浮离心式鼓风机、曲叶型离心风机等拖动设备节能技术。

4）内燃机系统节能。研究用醇醚燃料、生物燃料、气体燃料作为燃用替代燃料的内燃机节能技术与装备。推广高压燃油喷射、增压、排气后处理、高效滤清、低摩擦和高密封等技术，提高内燃机的综合效率，降低内燃机燃油消耗。

5）智能家电产品。研究空调器的先进变频技术以及热泵除霜技术，提高空调运行的能效比；研发螺杆机及多级高效吸收式制冷机以及磁悬浮变频离心式中央空调机组，降低空调的能耗水平；研究变频洗衣机等家电产品，降低单位能耗比。

6）绿色照明技术。研究智能照明控制技术，实现动态调光控制，避免大范围无意义光照造成的能量损耗。研发 LED 灯、荧光灯和无极灯等高效光源，提高灯具寿命，降低能耗；研发照明节电器等节电设备。

**3. 余能回收技术**

重点研发冶金渣余热回收、冶金余热余压能量回收同轴机组应用、全密闭矿热炉高温烟气干法净化回收利用、焦炉荒煤气余热回收、转炉煤气干法回收、化工生产反应余热余压利用、高效长寿命工业换热器、螺杆膨胀动力驱动、有机朗肯循环（ORC）低品位余热发电等工业余能深度回收利用节能技术和设备。在钢铁、有色金属、化工、建材、轻工等余热余压资源丰富行业，全面推广余热余压回收利用技术，推进低品质热源的回收利用，形成能源的梯级综合利用。

钢铁行业基本普及焦炉干熄焦装置、高炉干法除尘及炉顶压差发电装置，重点推广焦炉实施煤调湿改造、转炉余热发电装置和烧结机余热发电装置；有色金属行业重点建设冶炼烟气废热锅炉和发电装置，推广粗铅、镁冶炼余热回收利用技术；化工行业重点推广硫酸生产低品位热能利用技术和炭黑余热利用技术；建材行业在新型干法水泥生产线全部配套建设纯低温余热发电系统，重点推广玻璃熔窑余热发电技术、煤矸石烧结砖生产线余热发电技术；轻工行业加快对造纸生产实施全封闭气罩热回收节能技术改造。

## 11.3.2　共享经济

共享经济是伴随着物联网、云计算、大数据、移动互联网等信息通信技术的创新应用而兴起的，以生产资料和生活资源的使用而非拥有为产权基础，通过以租代买等模式创新，实现互通有无、人人参与、协同消费，充分利用知识资产与闲置资源的新型经济形态。由国家发展和改革委员会等十部门制定的《关于促进绿色消费的指导意见》中指出"支持发展共享经济，鼓励个人闲置资源有效利用，有序发展网络预约拼车、自有车辆租赁、民宿出租、旧物交换利用等。"

### 1. 共享汽车

目前的共享汽车包括顺风车和专快车，它们能精确地动态匹配闲置资源的供需双方，实现闲置资源使用权交易。顺风车通过鼓励与小汽车出行人员具有相近目的地的出行人员共享车辆，以提高出行车辆的共乘使用效率。通过提高车辆单次乘坐人数，解决了一部分应该由公交、地铁、出租车等公共交通工具承担的运输任务，对于缓解私家车出行率高、空载率低、交通拥堵等起到了一定的作用。快车服务是指由既有私人小汽车提供出租车服务，在不增加额外基础设施投资建设的基础上扩大既有交通运输能力，践行共享理念。

### 2. 分时租赁

分时租赁指以小时或天计算提供物品的随取即用租赁服务，消费者可以按个人使用需求预订服务。该模式减少了消费者对低频使用物品的重复购买率与闲置率，变单独占用为共同分享，使物尽其用；另一方面租赁公司通过有效分发服务提高了物品的使用率。目前已有的分时租赁服务包括共享单车、共享充电宝、共享雨伞、租车服务以及民宿出租。

### 3. 旧物交换使用

旧物交换使用实现消费模式从"扔掉型"转变为"再利用型"，通过社会存量资产调整实现产品和服务的合理分配和资源及商品最大程度的利用。通过建立绿色易站，为闲置物品搭建起资源化的平台，用户在交换中各取所需，变废为宝，实现旧物焕新生，进一步提升资源利用率。

## 11.3.3  电能替代和新能源利用

### 1. 提高煤电比例，坚持输电输煤并举

目前国家采取输煤和输电两个策略。输煤，即把西部的部分煤炭通过铁路运到港口再装船运到江苏、上海、广东等地。输电，即用西部的煤炭、水力资源就地发电，再通过输电线路和电网把电送到中东部地区。整个输煤过程要经过三装三卸，中途还要储存，要借助火车、轮船这些运输工具，所以运输成本很高，能源利用效率较低。因此应该大力推行洁净煤电发电技术，提高煤炭转换为电力的比重，加快现有机组节能减排改造，积极发展先进的燃煤发电技术，如超（超）临界发电技术、流化床联合循环发电技术、燃气化联合循环发电技术、碳捕捉与封存技术、增压富氧燃烧等技术等，降低单位煤耗，提高发电效率。发展特高压交直流输电技术，实现远距离大容量输送电力，逐渐提高输电比例。

### 2. 推动电能替代战略

从能源的终端利用效率来看，电能的终端利用效率最高，可以达到90%以上；燃气的终端利用热效率为50%~80%，而燃煤的终端利用效率通常不高于40%。因此需以电能替代为主要方向推进终端能源替代。在居民采暖领域，存在采暖刚性需求的北方地区和有采暖需求的长江沿线地区，大力推广碳晶、石墨烯发热器件，发热电缆、电热膜等分散电采暖替代燃煤采暖。在生产制造领域，逐步推进蓄热式与直热式工业电锅炉应用，推广电窑炉。在交通运输领域，支持电动汽车充换电基础设施建设，推动电动汽车普及应用。在沿海、沿江、沿河港口码头，推广靠港船舶使用岸电和电驱动货物装卸。支持空港陆电等新兴项目推广，应用桥载设备，推动机场运行车辆和装备"油改电"工程。

### 3. 新能源的高效利用

基于大数据和云计算的风电场群优化协调控制的研究等来保障风电的高效、大规模、可持续开发利用。研究地源热泵技术，以大地为热源和热汇，通过埋入地下的换热器与大地进行冷热交换，减少空调系统对地面空气的热循环；开发热泵系统的设计软件和方案，提高地源热泵系统的能效比；研究地源热泵的优化控制运行技术，实现在夏冬两季提供相对较低的冷凝温度和较高的蒸发温度，减少地面能源的消耗。研究太阳能一体化建筑设计技术，推广光电屋面板、光电外墙板、光电遮阳板、光电窗间墙、光电天窗以及光电玻璃幕墙，提高太阳能的利用率；研究太阳能热泵技术，利用太阳能作为蒸发器热源的热泵系统，把热泵技术和太阳能热利用技术有机地结合起来，提高太阳能集热器效率和热泵系统性能；开发太阳能集热器，实现光热转换，

以热制冷；推广太阳能发电系统，实现以电制冷，降低能源消耗；研究太阳能吸附式制冷技术，应用到大型空调系统。推广基于生物质能的高效清洁炊事灶，提高使能源利用率；研究高效的生物质能制气技术，获取高品位能源，实现供热、供电以及照明利用；研究利用生物质能热量进行吸附式制冷和吸收式制冷技术，降低空调的耗能量；研究沼气系统与太阳能热利用的综合利用技术，提高生物质能的转化效率。

## 11.3.4 "互联网+"在系统节能中应用

### 1. 智慧交通

智慧交通指建设具备多维感知、智慧决策等功能的智能化交通基础设施，通过各类传感器、移动终端或电子标签，使信息系统对外部环境的感知更加丰富细致，逐步实现交通基础设施、运输装备以及旅客或货物之间的有效通信和互操作。在实现多区域交通信号的联网覆盖，城市点、线、面交通路段信号区域协调控制后，不断增加完善信息集成子系统，然后进行大型综合系统集成应用，多个子系统协调联动，从而提高管理效率和水平。交通各环节乃至交通车辆间能够被感知，相关数据能够实时采集、整理和分析，有效解决车辆自动识别、动态监测及流量精确预测等难题，在此基础上，通过交通信号控制、出行诱导、公交信息服务等一系列交通管理及服务系统，引导交通流合理分布，实现城市交通的动态组织管理，提高交通运行效率，保障城市畅通有序，从而有效缓解城市人车路之间的矛盾。

加强以高速公路客运为骨干的现代客运信息系统、客运公共信息服务平台、货运信息服务网和物流管理信息系统建设，促进客货运输市场的电子化、网络化，实现客货信息共享，提高运输效率，降低能源消耗。加快港口信息化、智能化建设。研发推广港口能源管理信息系统、集装箱码头集卡全场智能调控系统和智能化数字港口管理技术等，充分利用港口 EDI 技术，整合港口生产管理信息系统，加快推进港口物流综合信息服务平台建设，促进现代港口物流发展。

### 2. 绿色制造工业

推动互联网与绿色制造融合发展，提升能源、资源、环境智慧化管理水平，推进生产要素资源共享，用分享经济模式挖掘资源与数据潜力，促进绿色制造数字化提升。

1）推动能源管理智慧化。实施数字能效推进计划，鼓励企业通过物联网、大数据、云计算、先进过程控制等技术应用，对能源消耗情况特别是大型耗能设备，实施动态监测、控制和优化管理，提高企业能源分析、预测和平衡调度能力，实现企业能源管理数字化和精细化。

　　2）促进生产方式绿色精益化。利用移动互联网、云计算、大数据、物联网及分享经济模式促进生产方式绿色转型，推动研发设计、原材料供应、加工制造和产品销售等全过程精准协同，强化生产资料、技术装备、人力资源等生产要素共享利用，实现生产资源优化整合和高效配置。发展大规模个性化定制、网络协同制造、远程运维服务，降低生产和流通环节资源浪费。

　　3）创新资源回收利用方式。发展"互联网+"回收利用新模式，支持利用物联网、大数据开展信息采集、数据分析及流向监测，鼓励再生资源利用企业与互联网回收企业建立战略联盟、电商业务向资源回收领域拓展以及智能回收机向互联网回收延伸。鼓励互联网企业积极参与工业园区废弃物信息平台建设，推动现有骨干再生资源交易市场向线上线下结合转型升级，逐步形成行业性、区域性、全国性的产业废弃物和再生资源在线交易系统。

　　**3. 智能建筑**

　　利用物联网和云计算技术将建筑群内所有传感器和控制器连接起来，在完成建筑现场级智能化控制和系统集成的基础上，通过物联网网络将大量分散的单栋建筑连接成建筑群整体，并将建筑群内部的所有能耗、控制等，由平台实时自动进行数据统计、分析和处理后，反馈至 IP 物联网自适应控制系统，实现整体化的智慧建筑和智慧城市的能源管控中心功能。

## 11.3.5　多平台参与智能电网需求侧响应

　　建立智能电网的需求侧响应中心，通过能源大数据平台与智慧交通、智慧工业、智慧建筑实现数据对接。需求侧响应中心根据负荷的类别、大小、时间特性、优先级等数据，综合评估不同智慧平台的需求响应潜力，并依据当前需求响应总任务分发下达子任务份额。智慧交通平台根据交通运力裕度、输送需求，调控电动汽车的充放电计划以及电力机车的运行计划；智慧工业根据各工业流程的进度、原料的运送达到时间差、产品交付期，合理安排耗能工厂的生产计划；智能建筑综合人体舒适度要求、负荷的时间优先级、用户自身配备储能设备以及智能设备的响应速度，制定合理的采暖制冷计划以及智能家居设备的工作计划，积极参与电网的需求侧响应。

# 11.4　节能技术体系

## 11.4.1　节能材料和节能设备

　　新型电力节能材料：开展新型电力电子器件材料和新型拓扑结构研发，

重点研究铜基等高导电材料，以及 SiC、GaN 等具有宽温度特性、高运行特性的第三代宽禁带半导体材料在电力电子器件应用上的新设计、新封装、新驱动以及新保护等；开展超导电力技术研究与设备的研制，重点研究高温超导材料制备关键技术、长寿命高可靠性低温与制冷关键技术、超导输电电缆制造关键技术；开展新型节能变压器的研究与设备的研制，重点研究新一代非晶合金铁心变压器；开展新型储能材料的研发工作，重点开展对化学电池中的硬碳负极材料、新概念储能技术（液体电池、镁基电池等）、功能电解液的研究以及高能量密度、高功率密度、长寿命超级电容器的制备技术的研究。

隔热保温技术：研究高效隔热保温材料，降低导热系数，提高材料热阻，并增强其防火性和经济性。研究高效热反射材料，形成热反射膜，提高屋面的折射率。研究有机无机复合型保温隔热材料，提高抗老化性能和耐久性，降低生产能耗和成本。研究相变过程可逆性好、导热系数大、储能密度大以及温度变化范围宽的复合类相变材料，提升围护结构的保温效果。在两片玻璃上镀有导电膜及变色物质，通过调节电压，促使变色物质变色，调整射入的太阳光，可在统一调度下增强隔热效果。

提高设备能效技术：研究高效的空调压缩机，如三螺杆压缩机+经济器、高效离心式压缩机以及高效涡旋压缩机，提高空调系统能效。研究二氧化碳制冷剂技术和配套的压缩机技术，如 $CO_2$ 亚临界循环螺杆式压缩机和 $CO_2$ 双级滚动转子压缩机，提高容积效率和绝热效率，提高制冷效果。研发高效光源，如有机发光二极体（OLED）固态光源、纳米场效平面发光元件、高演色性陶瓷复金属灯光源技术以及高频无极灯。研究智能照明控制器，利用电磁电压技术，实时动态跟踪照明系统，克服电压波动和谐波问题，提高节能效果。研究磁性蓄冷材料、复合蓄冷材料和高温相变蓄热材料、热化学蓄热材料，同时研究冷水蓄冷技术和吸附式蓄热技术。

## 11.4.2 共享经济平台

需求匹配技术：在 B2C 的共享经济平台，如共享单车、分时租车等，能够准确描述用户的资源需求以及需求偏差的容忍度，正确提供可供选择的闲置资源。在 C2C 的共享经济平台，如旧物置换，民宿出租、共享汽车等，需要动态刻画闲置资源供需的资源需求、需求偏差的容忍度、自身资源属性的定价及定价偏差的容忍度，准确匹配两方，提高共享的成功率。

需求预测技术：根据用户信息、需求类型、需求间隔、需求地域及天气温度等因素多维度地刻画用户的需求习惯，并能预测下一阶段用户需求的概率，提前做出物资调配，提高用户需求即时满足的成功率，从而提高物品的共享使用率。如共享单车的合理调配，可减少资源的浪费。

需求迭代技术：对于共享汽车，能够合理优化顺风车路径，提高共乘率和能源使用率。利用需求预测技术与智慧交通系统，优化派单业务，实现多次乘坐人的目的地和出发地的衔接，减少空车运行的概率。对于旧物交换，则提高旧物的二次交换率。

### 11.4.3 高效燃煤发电

二次再热：在常规一次再热的基础上，汽轮机排汽二次进入锅炉进行再热。汽轮机增加超高压缸，超高压缸排汽为冷一次再热，其经过锅炉一次再热器加热后进入高压缸；高压缸排汽为冷二次再热，其经过锅炉二次再热器加热后进入中压缸，比一次再热机组热效率高出 2% ~ 3%，可降低供电煤耗 8 ~ 10 g/kW·h。

700℃超超临界：在新的镍基耐高温材料研发成功后，蒸汽参数可提高至 700℃，将大幅提高机组热效率，供电煤耗预计可达到 246 g/kW·h。

冷热电联供：发展溴化锂吸收式余热设备技术；多能组合系统集成技术；精确冷热电配比技术；冷热电自动控制核心技术等提升冷热电联供的综合能源利用率。

### 11.4.4 新能源高效利用技术

研究太阳能一体化建筑设计技术，推广光电屋面板、光电外墙板、光电遮阳板、光电窗间墙、光电天窗以及光电玻璃幕墙，提高太阳能的利用率；研究太阳能空调，提升吸附式制冷效果。针对不同种类、不同水质的地表水进行特定设备研发，以减少堵塞以及生物附着的风险，提高地源热泵的运行效率。结合地源热泵与太阳能系统，形成光电/光热综合利用太阳能热泵系统或双热源热电冷三联供热泵系统。研究地面污水热泵系统，提取污水中的热能。研究超临界水生物质催化汽化制氢技术、新型加压液化和超临界液化技术，提高生物质能转化效率。研究提高北方沼气系统冬季运行效率的关键技术，包括选择新的菌种、发展新的沼气池型，以及与太阳能热利用的综合解决方案。

### 11.4.5 智慧能源大数据平台

构建交通、工业和建筑智慧能源大数据分析平台，在基层采集、通信传输、管理支撑、实际应用等各层面实现协同管理。利用物联交互技术，通过完整的数据实时采集、收集为智能调度和统筹控制提供必要的基础信息数据。对采集传输到平台里的数据进行智能分类处理、分布式云计算、归纳、整理、存储、分析、验证及大数据决策并执行控制。建立实时、流动、更新的数据库，保障信息是即时最新的，能准确刻画用户用能行为，为智慧交通、智慧工业以及智慧建筑的能量分析提供可靠的信息依据。

在此基础上，基于现有节能运行现状分析以及仿真和实际观测的各关键点数据对比，对未来可能出现的高能耗进行预测，并就各个可能出现的问题提出可供比选的改进措施，进行全方位的资源整合，实现生产、传输和消费环节的衔接和能耗资源的优化配置，避免资源浪费。

## 11.5　节能技术发展路线图

如图 11-1 所示，2020 年前后，重点行业基本形成具有自主知识产权的先进节能技术和装备体系，建立开放的节能标准、检测、认证和评估技术体系。共享经济平台中物品共享使用率提升，燃煤发电效率提高，电能替代终端大面积使用，替代散烧煤、燃油消费约 1.3 亿 t 标准煤。重点高耗能产品单位能耗明显降低，终端用能产品能效大幅提升。主要交通运输工具能耗显著下降，以超低能耗、高比例非化石能源为基本特征的绿色建筑体系初步形成，能源全局系统优化技术初见成效。

2030 年前后，在能源消费领域全面建立具有自主知识产权的先进节能技术体系，节能技术、产品和装备具有全球竞争力。形成国际先进的能效标准、检测、认证和评估技术体系。共享经济领域延伸到社会方方面面，可实现即时可用，用完即走。建成完备的远距离输电网络，电能替代率实现50% 以上。基本建成智慧数据平台，初步实现对工业、交通和建筑的能耗优化控制。

2050 年前后，全面建成国际领先的节能技术和设备体系，引领全球节能技术创新。先进节能技术与互联网+深度融合，智慧工业、智慧交通、智慧建筑能积极参与智能电网的需求响应，实现能源在全生命周期的高效利用。

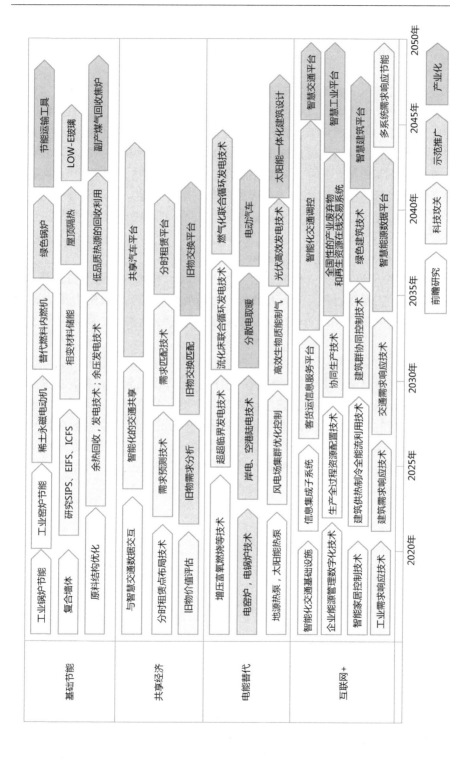

图 11-1 节能技术发展路线图

## 11.6    结论和建议

**1. 发展电能替代，提高电能在终端能源消费中比例**

坚持实施"以电代煤、以电代油、以电代气、电从远方来、来的是清洁电"的电能替代战略。在生产环节，持续推进清洁燃煤发电，提高煤电比例，避免煤炭的直接燃烧；加强风光等新能源的集群并网控制，提高消纳能力。在输送环节，建设特高压交直流电网，实现电能的安全高效传输；坚持输电输煤并举，逐步提高输电比例。在消费环节，在居民采暖、生产制造、交通运输、电力供应与消费、家庭电气化等领域实现电能替代，提高电能占终端能源消费中比重，提高电气化水平。

**2. 发展共享经济，提高资源的重复使用率**

大力建设共享经济平台，积极采用"大云物联"技术实现闲置资源供求双方的精准匹配，实现互通有无、人人参与、协同消费。有序发展网络预约拼车、自有车辆租赁、民宿出租、旧物交换利用等，实现绿色消费，提高资源的重复率。

**3. 发展智慧能源数据平台，提高系统节能水平**

将现代电网、交通、工业以及建筑的生产、运行以及管理过程与先进信息技术的发展进行深度融合，建立智慧能源数据平台；从产品单一环节的节能延伸到全生命周期的节能，从能源流程单一阶段的节能的扩展延伸到能源生产-传输-加工-消费-回收全过程的节能；从社会系统单一领域的节能跨越到多领域多系统的能源信息互动，实现全视角下多目标的节能。

# 第12章　能源技术革命体系战略

## 12.1　基本原则

1）坚持技术引领。把能源技术革命作为能源发展的核心任务，把技术创新作为引领能源发展的第一动力，通过技术创新带动体制创新和商业模式创新，充分发挥市场配置资源的决定作用，增强发展活力，促进能源持续健康发展。

2）坚持自主创新。必须把自主创新摆在能源技术创新的核心位置，强化原始创新、集成创新和引进消化吸收再创新，具有自主产权的关键技术取得重大突破，以点带面，推动能源装备制造业优化升级，引领能源产业加快发展。

3）坚持重点突破。以国家能源安全和重大能源战略为导向，充分发挥国家示范工程、科技重大专项的引领和带动作用，重点突破一批安全保障急需和对能源发展具有重大意义的关键技术，以重点领域科技创新支撑新兴产业发展。

4）坚持协调发展。坚持节约资源的基本国策，把节能贯穿于经济社会发展全过程，推动形成全社会节能型生产方式和消费模式。以智能高效为目标，加强能源系统统筹协调和集成优化，推动各类能源协同协调发展，大幅提升系统效率。

## 12.2　技术体系

如图12-1所示，未来的能源技术体系，从纵向来看分为核能、风能、太阳能、储能、油气、煤炭、水能、生物质能、智能电网与能源网融合、节能这十个领域，从横向来看，包括创新性技术、前瞻性技术以及颠覆性技术。

煤炭领域需专注于煤炭高效燃烧技术、煤电废物控制技术；终端散煤利用技术，$CO_2$捕集、传输和利用技术；磁流体联合循环发电技术。

油气领域需专注于全波地震勘探技术、精确导向智能钻井技术；智能完井采油技术；仿生钻采系统技术。

| 创新性技术 | 前瞻性技术 | 颠覆性技术 |
|---|---|---|
| **煤炭领域** · 煤炭高效燃烧技术 · 煤电废物控制技术 | · 终端散煤利用技术 · $CO_2$ 捕集、传输和利用技术 | 磁流体联合循环发电技术 |
| **油气领域** · 全波地震勘探技术 · 精确导向智能钻井技术 | 智能完井采油技术 | 仿生钻采系统技术 |
| **核能领域** · 自主第三代压水堆型谱化开发 · 模块化小型压水堆 | · 消除大量放射性物质释放 · 压水堆闭式燃料循环技术 · 快堆及第四代反应堆 · 模块化小堆多用途利用 | · 快堆闭式燃料循环 · 核聚变 |
| **水能领域** · 高水头大流量水电技术 · 复杂条件下的水电站筑坝技术 | · 环境友好型及新型水能利用技术 · 大坝全生命周期设计、使用、维护技术 | · 水电站智能设计 · 水电站智能制造 · 水电站智能发电 · 智能流域综合技术 |
| **风能领域** 风电机组智能化制造 | 风机智能化运维和故障智能预警及反应技术 | 大功率无线输电的高空风力发电技术 |
| **太阳能领域** · 晶硅太阳电池升级 · 太阳能光热发电 | · 薄膜太阳电池技术 · 太阳能制氢技术 | 可穿戴柔性轻便太阳电池技术 |
| **生物质能领域** 城乡废物协同处置与多联产 | 生物质功能材料制备 | 能源植物选种育种以及种植 |
| **智能电网与能源网融合** · 提升远距离输电能力 · 提升高比例新能源消纳 · 提升大电网自动化 | · 高效能源转换技术 · 透明电网/能源网技术 | · 基于功能性材料的智能装备 · 基于生物结构拓扑的智能装备 · 泛在网络与虚拟现实技术 |
| **储能领域** · 高比能量和安全性的锂电池 · 高循环次数的铅碳电池 | 液流型钠硫电池 | · 锂硫电池 · SOEC水电解氢储能 |
| **节能领域** · 电能替代技术 · 共享经济 | 先进节能技术与"互联网+"的深度融合 | · 智慧能源数据平台 · 多系统参与需求响应 |

图 12-1　我国能源技术体系

核能领域需专注于先进深部铀资源开发技术；压水堆优化和规模化推广利用技术；快堆及第四代堆开发利用技术；核燃料循环前端和后端技术匹配发展；模块化小堆多用途利用；受控核聚变技术研发。

水能领域需专注于高水头大流量水电技术、水电站筑坝技术；环境友好型水能利用技术、大坝维护技术；水电站智能设计、智能制造、智能发电和智能流域综合技术。

风能领域需专注于风能资源评估以及监测、大功率风电机组整机设计；风机运维与故障诊断；大功率无线输电的高空风力发电技术。

太阳能领域需专注于晶硅太阳电池升级、太阳能光热发电；薄膜太阳电池技术、太阳能制氢技术；可穿戴柔性轻便太阳电池技术。

生物质能领域需专注于城乡废物协同处置与多联产；生物质功能材料制备；能源植物选种育种以及种植。

智能电网与能源网融合领域需专注于提升远距离输电能力技术、提升高比例新能源消纳技术、提升大电网自动化技术；高效能源转换技术、透明电网/能源网技术；基于功能性材料的智能装备、基于生物结构拓扑的智能装备、泛在网络与虚拟现实技术。

储能领域需专注于高比能量和安全性的锂电池技术、高循环次数的铅碳电池技术；液流型钠硫电池技术；锂硫电池技术、SOEC 水电解氢储能。

节能领域需专注于电能替代技术和共享经济；先进节能技术与"互联网+"的深度融合；智慧能源数据平台和多系统参与的需求侧相应。

## 12.3　发展路线

### 12.3.1　愿景及路线

如图 12-2 所示，2020 年前后，能源自主创新能力大幅提升，一批创新性技术取得重大突破，突破煤炭高效清洁利用技术，初步形成煤基能源与化工的工业体系；突破非常规油气的深度勘探开采技术，建立油气行业微纳测井和智能材料基础研发体系；在充分利用水力资源和远距离超高压交直流输电网的同时，突破太阳能热发电和光伏发电技术、风力发电技术，初步形成可再生能源作为主要能源的技术体系和能源制造体系；自主第三代核电形成型谱化产品，带动核电产业链发展；模块化小型压水堆示范工程开始建设；逐步提高核能、可再生能源和新型能源的比重，减少 $CO_2$ 排放量。助力未来能源发展方向转型，根本扭转能源消费粗放增长方式。能源自给能力保持在 80% 以上，基本形成比较完善的能源安全保障体系；能源技术装备、关键部件及材料对外依存度显著降低，我国能源产业国际竞争力明显提升，进入能源技术创新型国家行列，基本建成中国特色能源技术创新体系。

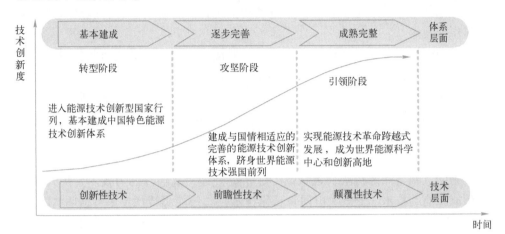

图 12-2　我国能源技术革命发展路线图

2030 年前后，建成与国情相适应的完善的能源技术创新体系，能源自主创新能力全面提升，能源技术水平整体达到国际先进水平。突破生物质液体燃料技术并形成规模化商业应用，突破电力新材料新装备技术以及安全信息技术，实现大容量低损失的电力传输和终端高效利用，初步形成以光伏技术、风能技术为主的分布式微电网的新型电力系统，初步实现智能电网与能源网的融合；以耐事故燃料为代表的核安全技术研究取得突破，全面实现消除大量放射性物质释放，提升核电竞争力；实现压水堆闭式燃料循环，核电产业链协调发展；钠冷快堆等部分第四代反应堆成熟，突破核燃料增殖与高放废物嬗变关键技术；积极探索模块化小堆（含小型压水堆、高温气冷堆、铅冷快堆）多用途利用；实现核能、可再生能源和新型能源的大规模使用。能源自给能力保持在较高水平，更好利用国际能源资源；发展前瞻性技术，促进我国能源结构发生质变，支撑我国能源产业与生态环境协调可持续发展，初步构建现代能源体系，跻身世界能源技术强国前列。

2050 年前后，通过颠覆性技术打破传统能源技术的思维和路线，实现能源革命跨越式发展，突破天然气水合物开发与利用技术、油替代技术、氢能利用技术、燃料电池汽车技术，实现快堆闭式燃料循环，压水堆与快堆匹配发展，力争建成核聚变示范工程，建立节能技术体系，基本形成化石能源、新能源与可再生能源、核能并重的低碳型多元能源结构，形成成熟完整的能源技术创新体系，成为世界能源主要科学中心和创新高地，引领新一轮科技革命和产业革命。能效水平、能源科技、能源装备达到世界先进水平；成为全球能源治理重要参与者；建成现代能源体系，保障实现现代化。

## 12.3.2　近期/中期/远期目标

能源技术革命的发展愿景，概括了各阶段需实现的宏观目标，着重于体系研究，如工业体系、技术体系、创新体系以及能源体系，展望了未来我国在各阶段的能源结构变化，以及在世界能源治理中的话语权。纲领性的发展愿景需依托于各能源领域在 2020 年前后、2030 年、2050 年三个时间阶段具体的技术发展目标来实现，即围绕能源技术技术革命的发展路线，各能源领域通过攻克技术难题，逐步发展创新性技术、前瞻性技术以及颠覆性技术，实现能源技术的阶段性发展和跨越式发展。

### 1. 近期目标

核能开发与利用技术：按照《核电中长期发展规划（2011—2020 年)》，2020 年前后核电运行装机容量达到 5800 万 kW，在建容量达到 3000 万 kW。自主第三代核电形成型谱化产品，开展批量建设，带动核电装备行业的技术提升和发展；通过开展核燃料产业园项目整合核燃料前端产能，海水提铀、深度开采等技术取得突破；突破关键技术，实现后处理厂示范工程及商业规模工程的建设，开展乏燃料中间贮存技术和容器研制，与后处理实现合理的衔接；全面实施中低放废物的处理，制定轻水堆的延寿和退役方案，积极推进核废物地质处置和嬗变技术，使核能利用的全生命周期能够保证公众和生态安全。开发模块化小型堆技术，建设陆上示范工程实现热电联产和海水淡化，同时推动浮动核电站建设，开拓海洋资源。建成 60 万 kW MOX 燃料快堆示范工程；建立与示范快堆匹配的 MOX 燃料生产线，开展核燃料循环中的压水堆乏燃料后处理后送入快堆燃烧的工业规模验证。建立干法后处理实验设施，开展 MOX 快堆乏燃料和金属元件乏燃料干法后处理研究，确定我国干法后处理技术发展路线。建成具有自主知识产权的 20 万 kW 级模块式高温气冷堆商业化示范电站。

风能开发与利用技术：2020 年前后，我国风电装机容量达到 2.81 亿 kW，建立起适用于我国气候特征的数值天气预报模式，风电功率超短期、短期预测月均方根误差降低至 8%~10%，年电量预测精度达到 90%；建立完善的大规模风电并网多时空仿真与实证分析手段，研发掌握大规模海上风电并网技术，研发掌握风电机组智能化发电与运行控制技术；完成 10 MW 级及以上风电机组、

100 m 级及以上风电叶片、10 MW 级及以上风电机组变流器研制；提高电力系统对大规模风电的智能优化调度能力，大幅提高电力系统对大规模风电的适应性和消纳能力，全面减少风电弃风限电。

太阳能开发与利用技术：升级现有晶硅太阳电池产线，推广普及高效电池技术和工艺提高晶硅太阳电池效率；同时，关注降低晶硅电池制备成本的制造技术，大幅度推广产线自动化，采用金刚线切割减薄硅片厚度，降低硅材料消耗，节约原材料，降低成本；大力支持分布式太阳能电站建设并与电池储能结合，最好争取分期付款，国家补贴利息。在应用技术研究方面，继续支持分布式光伏智能化技术、分布式光伏直流并网发电技术、多接入点、直流并网分布式光伏发电系统集成技术、分布式光伏/储能/主动负荷运行控制技术、区域性分布式光伏功率预测技术、光伏微电网互联技术等；促进太阳能热发电实现商业化，关键技术达到世界水平。

储能技术：进一步研发锂离子电池与铅碳电池，用于 MW 级分布式电源，包括家庭电源与分散电站；铅碳电池与超级电容器组合，可大幅度提高储能的安全性。液流电池应用于百 MW 级规模储能。电池系统能量转换效率提高到 75% 以上；电堆额定工作电流密度提高到 180 mA/cm² 以上，电池系统成本降低到 2500 元/kW·h 以下；建立起完善的原料供应、生产、物流、安装和维护的全产业链体系，实现商业化应用，满足大规模、大容量、长寿命储能的技术要求。

油气开发与利用技术：建立油气行业 MEMS/NEMS 和智能材料两大核心技术基础研发体系，原始创新技术占比达到 5%~10%；依靠技术创新，确保原油产量>2.0 亿 t、储量接替率>100%，天然气产量平均同比增幅>4%，储量接替率>200%。

煤炭开发与利用技术：推广应用 600℃/610℃/620℃、单机容量为 1000 MW 级的二次再热超超临界机组；完成 600℃/610℃/620℃ 二次再热超超临界汽轮发电机组新型布置示范项目；完成 700℃ 机组耐热合金性能评定研究工作；完成 700℃ 主机关键部件试验验证工作；推广燃煤电厂综合系统节能提效技术；重点建设多污染协同控制、重金属控制技术的示范工程；开展脱硫废水常规处理+预处理+蒸发结晶技术的研发；积极推广 $CO_2$ 废气利用技术，开展其他捕集技术和各种 $CO_2$ 利用技术的研发；加快全面推广清洁高效燃煤工业锅炉技术，包括煤粉炉、流化床、水煤浆等各种工业锅炉技术，大力提升工业锅炉的自动化水平，包括能效和排放的自动监测技术。建设解耦燃烧技术在燃煤工业锅炉中应用的工程示范。加快推广低成本、洁净的型煤和炉具技术，并尽快推广应用先进的检测和监测技术，确保煤质和排放达标。

水能开发与利用技术：开展高寒高海拔高地震烈度复杂地质条件下筑坝技术、高坝工程防震抗震技术、超高坝建筑材料等技术攻关；研发大坝建设全过程 BIM 集成系统，构建大坝三维综合数字信息平台，并在工程整个生命周期里，实现综合信息的动态更新与维护，为工程决策与管理、大坝安全运行与健康诊断等提供信息应用和支撑平台。研究非常规条件下水工程的真实安全性、灾变机理及演化规律，解决非常条件下水工程安全的保障问题。建立水利水电工程健康诊断的统一量化标准，实时诊断和评估工程的健康与安全状态，研究重大水利水电工程失事模式、失事概率和风险评价与风险标准等理论和技术，创建水工结构工程的实时在线健康诊断和寿命评估系统。掌握微水头水轮机研发、鱼类友好型水轮机研发技术；研究无坝微水头整装式水轮机组研发技术；研究浸没式蒸发冷却、机组柔性启动等技术；研究大型水电机组效率、寿命和运行稳定性高度融合技术；研究海水抽蓄机组防腐、防微生物和防空化技术，研究海水渗漏控制与环境评价技术；研究"互联网+"智能水电站技术；研发和建立数字流域和数字水电，探索"互联网+"智能水电站和智能流域。研发大型变速抽水蓄能机组技术；研究蓄能机组双向高效、稳定性运行技术；探索电力体制改革背景下抽水蓄能电价形成机制。

生物质能开发与利用技术：建立和推广年产 10 万 t 以上生物质成型燃料生产基地，建设 50 MW 级直燃发电、10 MW 级汽化发电、500 MW 级混燃热电联产示范工程；生物天然气年生产量和消费量目标达到 100 亿 $m^3$；探索农林畜牧废弃物能源化工产品和生物质液体燃料规模化生产路径，建设和推广年产万吨级液体燃料示范工程；创新解决主动型生物质能源的培养与转换技术，建设多个藻类能源化示范项目。实现无害化率达到 90%，能源化/资源化率达到 80%，替代能源达到 3.8 亿 t 标准煤，替代化石能源及有机废物腐烂发酵产生的碳排放减少量达到 22.5 亿 t。

智能电网和能源网的融合技术：形成以智能电网为核心的能源供应系统，即以大规模远距离交直流输电系统为载体，实现化石能源与可再生能源的跨区域规模化资源配置；大力发展分布式电网/能源系统，集中配置与分布消纳并举，实现可再生能源的高比例消纳，减少弃风、弃光现象；基于高度自动化与智能辅助决策的实现，电网输电能力、运行可靠性及安全稳定水平得到充分提升，可避免大面积停电事故的发生。

节能技术：电力、交通、建筑、工业等重点行业基本形成具有自主知识产权的先进节能技术和装备体系，建立开放的节能标准、检测、认证和评估技术体系。重点高耗能产品单位能耗明显降低，终端用能产品能效大幅提升，主要交通运输工具能耗显著下降，以超低能耗、高比例非化石能源为基本特征的绿色建筑体系初步形成，能源全局系统优化技术初见成效，对实现节能减排目标形成有力支撑。

### 2. 中期目标

核能开发与利用技术：2030 年前后，预计核电运行装机容量约为 1.5 亿 kW，在建容量为 5000 万 kW，核电发电量占国内总需求电量的 10%～14%，达到国际平均水平，实现规模化发展。完成耐事故核燃料元件开发和严重事故机理及严重事故缓解措施研究，预期核安全技术取得突破，在运行和新建的核电站全面应用，实现消除大量放射性物质释放；非常规铀开采形成产业化规模；形成商业规模的后处理能力，闭合压水堆核燃料循环，建立地质处置库。建成大功率高增殖金属燃料示范快堆（CDFR），之后逐步推广商用快堆（CFR-1000），建成中间规模干法后处理实验设施。逐步掌握高温气冷堆 60 万 kW 级多模块群堆核能发电技术、超超临界发电技术、超高温气冷堆氦气透平循环发电技术。建成铅铋冷却示范快堆和 ADS 示范装置。关注超临界水堆、熔盐堆、行波堆和气冷快堆的研究。建立近堆芯级稳态等离子体实验平台，预研聚变工程实验堆（CFETR）关键部件。建成峰值电流 60～70MA 的 Z 箍缩驱动器，实现单发聚变点火，探索 Z 箍缩驱动的聚变-裂变混合堆（Z-FFR）。

风能开发与利用技术：2030 年前后，我国风电装机容量预计将达到 4 亿 kW，届时风电功率超短期与短期预测误差降低至 5%～8%，年风电功率预测精度达到 95%、月风电功率预测精度达到 90%；建立计及经济性和可靠性的风电并网分析的全景仿真和评估体系；海上风电发展成为一定程度可控、可预测、可调度的电网友好型发电技术；研制拥有自主知识产权的 20 MW 及以上功率等级海上风电机组的控制系统产品；建立包含风电的多种类型新能源发电通用化试验与实证体系；实现大规模风电具有与常规电源接近的并网运行调控性能，通过智能优化调度实现风电等多种新能源与常规电源协调互补，可预测、可控制；大幅提高电力系统消纳风电电量比例。

太阳能开发与利用技术：薄膜太阳电池在基础研究基础上，实现批量生产和商业化应用，提高太阳能在建筑、企业、事业单位的利用率，特别是解决边远地区用电的供应；充分发挥薄膜太阳电池的原材料用量少、制备温度低、能量回收期短、技术含量更高、污染小等独特优势，可做成柔性、轻便和多结电池，促进其在便携、可穿戴等方面的特殊应用；加强硅基薄膜太阳电池产业化技术研发，特别是适用于柔性衬底的多结硅薄膜太阳电池组件规模化生产工艺技术、卷对卷连续规模生产核心设备等。

储能技术：发展液流型钠硫电池，彻底解决电池的安全性问题。推进 PEMFC 电解水制氢应用；突破液流型电极设计的钠硫电池技术，从根本上解决其在电池短路的情况下发生的燃爆隐患，从而有效地提高电池的安全可靠性。采用质子交换膜的可再生能源水电解制氢技术将重点发展降低成本技术与规模化生产技术，实现规模化示范应用。

油气开发与利用技术：建立油气行业 MEMS/NEMS、智能材料两大科技成果高效转化体系，以及材料自组装、量子技术基础研发体系，原始创新技术占比达到 20%~30%，我国油气资源技术体系整体换代率>50%，整体跻身世界先进；依靠技术进步，保持原油产量基本稳定、储量接替率>100%，天然气产量同比增幅>3.5%，储量接替率>150%。

煤炭开发与利用技术：完成 700℃超超临界机组示范工程建设；全面掌握700℃超超临界机组技术并推广应用。对于 CCS/CCUS，推广醇胺法燃烧前捕集技术，建设热钾碱法燃烧前捕集技术、大型富氧燃烧技术、高性能燃烧前捕集技术；形成适应不同煤种、系列化的先进煤气化技术体系，突破基于新概念的催化汽化、加氢汽化等技术。实现百万吨级低阶煤热解转化技术推广应用，突破热解与汽化过程集成的关键技术。

水能开发与利用技术：解决高寒高海拔地区特大型水电工程施工技术，大坝（群）安全风险评价体系、灾害风险评估和监测预警技术，从水工程超长服役的根本要求出发，综合运用安全监控和健康诊断理论和方法，研究水工程整体性能下降机理及提升技术，解决水工程长效安全运行问题；考虑流域库群的风险链式效应，基于系统安全与风险控制的理论与技术，研究流域库群风险孕育机制，解决流域库群系统安全与风险调制问题；在小水电利用方面，建立环境友好型水能利用评价指标体系，研究环境友好型水电站设计；研究生态友好小水电与其他各种新能源利用技术；发展小水电机组 3D 打印技术；研制 40 万kW 以上超高水头大型冲击式水轮发电机组技术；解决 40 万 kW 级、700m 级超高水头超大容量抽水蓄能机组设计制造技术；实现"互联网+"智能水电站和智能流域。研究 40 万 kW 及以上变速抽水蓄能机组技术；研制 10 万 kW 及以上海水抽水蓄能机组装备制造技术；攻克抽水蓄能电站智能故障诊断技术。2030 年，我国常规水电装机容量将达 4.3 亿 kW，年发电量 18530 亿 kW·h，水电开发程度达到 69%；抽水蓄能电站容量达到 1.4 亿 kW。

生物质能开发与利用技术：推广年产 3 万 t 以上生物质成型燃料生产线，建立和推广年产 20 万 t 的成型燃料生产基地；高效利用我国丰富的农林废弃物资源生产清洁电力，发展 100 MW 级生物质直燃发电站、1000 MW 级生物质混燃发电工程和分布式 MW 级生物质汽化发电工程；建立年生物质原料处理能力 10 万t 以上的生物质燃气工程。实现无害化全覆盖，能源化率资源化率达到 90%，替代能源达到 16.5 亿 t 标准煤，替代化石能源及有机废物腐烂发酵产生的碳排放减少量达到 117 亿 t。

　　智能电网和能源网的融合技术：形成智能电网与能源网交互并存的能源系统，即以远距离交直流输电技术为手段促进能源资源的跨区域优化配置；发展分布式电网与能源网融合的新一代能源系统，实现可再生能源的全额消纳；利用先进的信息感知与处理技术，实现电网与能源网状态数据化与透明化，以及决策的高度智能化。

　　节能技术：在能源消费领域全面建立具有自主知识产权的先进节能技术体系，节能技术、产品和装备具有全球竞争力。形成国际先进的能效标准、检测、认证和评估技术体系。主要领域能源效率达到国际先进水平，系统节能成为能效提升的关键驱动力，支撑温室气体排放在 2030 年前尽早达到峰值。

### 3. 远期目标

　　核能开发与利用技术：预计 2050 年我国先进核能系统发展初具工业规模，基本实现压水堆与快堆的匹配发展，核电装机容量有望达到 3 亿~4 亿 kW。实现压水堆-大型水法后处理厂-金属燃料快堆（随堆的干法后处理）为核心的闭式燃料循环的产业化应用，压水堆与快堆匹配发展，实现我国可持续核能系统的目标。力争建成磁约束聚变原型电站。

　　风能开发与利用技术：我国风电装机容量预计 2050 年将达到 10 亿 kW，届时将全面实现风能资源精细化评估，风电功率超短期与短期预测误差降低至 2%~5%，年电量预测精度达到 98%；全面实现风电开发建设的环境友好；风电仿真分析技术向在线、实时分析等功能转变，并与预警、控制功能结合；实现海上风电规模化开发与高效利用；实现风电全周期监测和全过程分析评估；掌握基于预测的多电源系统高效运行与能量优化技术，实现风电电力、常规电源以及储能装置的优化调度和经济运行，基本实现风力发电全额消纳。

　　太阳能开发与利用技术：预期实现可穿戴柔性轻便太阳电池技术突破，进行示范应用；有机薄膜太阳电池、染料敏化太阳电池、硅基薄膜太阳电池等应该是可穿戴应用的主角。

　　储能技术：解决高比能量锂硫电池的循环寿命问题，使锂硫电池达到商业化应用；解决高温 SOEC 水电解技术的材料与电堆结构设计问题，实现高效 SOEC 储能的示范应用。

　　油气开发与利用技术：建立油气行业材料自组装、量子技术科技成果高效转化体系，原始创新技术占比>35%，我国油气资源技术体系整体换代率>80%，引领技术发展；依靠技术进步，力求保持原油产量基本稳定、储量接替率接近

100%，天然气产量 3000 亿 m³ 长期稳定、储量接替率>120%。

煤炭开发与利用技术：从发展目标看，根据国家能源战略行动计划和相关研究，2050 年煤炭在我国一次能源结构中的比重还将保持在 50% 左右，煤炭消费总量将达到 45 亿~48 亿 t。因此 2050 年应形成完整的煤炭清洁高效利用技术体系，整体达到世界领先水平，煤炭加工转化全生命周期经济、社会和环保效益显著提高。先进超超临界技术全面商业化，700℃常规煤电技术供电效率达到 52%~55%；掌握磁流体发电联合循环（MHD-CC）发电等探索技术；全部煤电机组实现低成本污染物超低排放，重金属污染物控制技术全面得到应用。

水能开发与利用技术：实现高坝质量控制实时监控系统与数字大坝集成的全面应用，建立我国大坝风险标准体系以及大坝除险加固决策方法和模型，建立大坝安全预警指标体系与预测模型，建立大型水电工程智能安全监控、工程健康诊断与实时预测预报系统，建立健全长效健康服役风险管理体系，持续、常态化研究水利水电工程胁迫下的水环境、生态环境监测与调控。实现生态友好环境下的智能水电与其他各种新能源利用技术和全球能源互联运行模式下的储能技术，实现大型水库水温差发电技术和大型水库区域建设太阳能电站等技术。实现漂浮式无坝水电站、水能气动发电技术和水下风帆式水力发电各种技术。实现"互联网+"智能设计、智能制造、智能水电站和智能流域综合技术。掌握超高水头、超大容量抽水蓄能机组总体研发技术，实现"互联网+"抽水蓄能机组智能设计、智能制造，抽水蓄能服务全球能源互联网的支撑技术；掌握面向能源互联网的未来智能化抽水蓄能发展技术以及基于新型光电信息材料的设备传感测量技术。

生物质能开发与利用技术：实现城乡生活垃圾、农林废物的全量资源化利用，构建生物质能化工综合利用产业链，形成具有竞争力的商业化运营能力；实现畜禽粪污的高值高效能源化工利用，构建"种-养-能"循环农业体系，综合治理畜禽养殖污染，基本实现规模化养殖场粪污零排放；实现高产、高能、高抗且易转化能源植物新品种的产业化应用，形成标准化生物质原料的可持续供应体系；建设"代谢共生产业园"，实现各类生物质能全量协同利用；大幅提高乡村废物综合利用的有效性和经济性，实现区域内单一工程对各类乡村废物处置利用；实现无废物排放的同时能源化率资源化率达到 100%，替代能源达到 21.8 亿 t 标准煤，替代化石能源及有机废物腐烂发酵产生的碳排放减少量达到 143 亿 t。

智能电网和能源网的融合技术：形成智能电网与能源网全方位深度融合的能源系统，即依托先进的能源传输装备与智能化的协调控制技术，优先支持可再生能源的传输与调度；可再生能源的分布式广泛接入与用户侧的产销一体化，使能源的生产、传输、转换、消费及交易趋向零边际成本，实现能源系统效率最优及能源价值最大化利用；互联网与能源系统深度融合，形成智慧化、深优化、高可靠性、能源触手可及的泛在能源网。

节能技术：全面建成国际领先的节能技术体系，引领全球节能技术创新。先进节能技术与新一代信息技术深度融合，各领域能源获得充分、高效和有序利用。

# 第 13 章　能源技术发展建议

## 13.1　我国能源技术发展的结论

2014 年 6 月 13 日，习近平总书记在中央财经领导小组第六次会议上，强调要加快实施能源领域重点任务重大举措，从国家发展和安全的战略高度，审时度势，提出"推动能源技术革命，带动产业升级。立足我国国情，紧跟国际能源技术革命新趋势，以绿色低碳为方向，分类推动技术创新、产业创新、商业模式创新，并同其他领域高新技术紧密结合，把能源技术及其关联产业培育成带动我国产业升级的新增长点"。

历史经验表明，科技革命总是能够深刻改变世界发展格局。世界未来能源的格局，不是依靠资源占有的多少，而是看谁能够占领能源技术的高峰。能源技术革命作为能源革命战略的重要一环，是助推能源消费、供给、体制革命和加强国际合作的基础，是构建绿色、低碳、安全、高效可持续的现代能源体系的重要支撑，是建设创新型国家的重要内容。经过长期发展，我国已成为世界上最大的能源生产国和消费国，进入"十三五"后，我国能源消费增长换挡减速，保供压力明显缓解，供需相对宽松，能源发展进入新阶段。新时期、新形势、新任务，要求我们在能源科技创新方面要有新理念、新设计、新战略，本书正是针对"能源技术革命的技术方向和体系战略"这一重大历史命题开展专题研究，得到了如下结论。

**1. 我国核电与国际最高安全标准接轨，自主第三代核电技术进入大规模应用阶段，核燃料循环前端和后端比较薄弱；第四代核电技术全面开展研究工作，研究力量比较分散**

我国核电与国际最高安全标准接轨，并持续改进，机组安全水平和运行业绩良好，安全风险处于受控状态。自主第三代压水堆核电技术落地国内示范工程，并成功走向国际，已进入大规模应用阶段。正在积极开发模块化小堆，开拓核能利用范围。第四代核电技术全面开展研究工作，快堆示范工程即将开工，高温气冷堆示范工程开始建造。我国核能发展势头很好，但在一些重要方面与国际先进水平尚有不小差距。核电发展长期"重中间，轻两头"，铀资源勘查程度低，燃料组件制造产能不足；乏燃料干式贮存、后处理和废物处置落后于世界水平，亟须赶上；延寿和退役工作正在起步，技术储备不足。自主第三代核电还需解决好安全性和经济性的平衡、主泵等少数核心装备的国产化、核设施运行与维修技术向"高端智能式"升级、加强严重事故机理与缓解措施研究、加强核电软件能力建设等迫切问题。核能领域有几项技术可能会对未来能源结构产生深远影响，如海水提铀、快堆、钍铀循环、聚变能源、聚变-裂变混合能源。每一项技术又存在不同的技术路线，造成国内研究力量分散，各自为战。另外，近几年我国部分地区出现核电消纳困难的新问题。这些问题的解决需要国家进一步加强顶层设计和统筹协调。

**2. 风电设备产业链已经形成，基于大数据的风电场设计和智能运维技术与国外差距较大**

我国风电机组整机制造技术基本与国际同步，风电设备产业链已经形成，MW 级以上风电机组配套的叶片、齿轮箱、发电机、电控系统等已经实现国产化和产业化。陆上风电已经积累了丰富的设计、施工、建设、运维和检测经验，已建立了完善的集中式风电调度运行体系和技术支持系统。以大数据和互联网为基础对风电场设计、运行及维护进行改进及优化已经成为风力发电降低成本、提高发电量和高效率的重要手段，国外在此领域已经具备成熟的解决方案，国内在风电大数据标准、分析及基于大数据的风电场优化方面差距较大。未来，基于大数据开发出适用于不同类型风电场的设计及运维技术，将为我国大型风电基地以及分散式风电系统的优化布局和可靠运行提供技术支撑。

**3. 太阳能利用集中于光电转换和光热转换，更有效、实用和有发展前景的方式是将太阳能直接转换为化学能**

目前主要采用晶硅太阳电池和薄膜太阳电池实现光电转换，我国高效晶硅太阳电池生产技术水平和世界同步，产业规模全球第一，光伏产品性价比国际领先，已形成了完备的晶硅光伏产业链和光伏应用体系，未来光伏产业的发展方向是低成本高效率的技术路线。薄膜太阳电池则可做成柔性、轻便和多结电池，在便携、可穿戴等应用中有特殊市场。采用光解水制氢与光化学转换 $CO_2$ 制燃料是太阳能光化学转换的两个重要方向。

**4. 电化学储能是目前最常用的化学储能技术，相对于其他储能技术而言，电化学储能具有能量密度高、灵活、可规模化等优势而成为储能领域强有力的竞争者**

储能技术有利于促进风能、太阳能大规模开发，推动化石能源向清洁能源转变，优化电力资源；不同电化学电池的储能覆盖的规模较广，可涵盖从 kW 级到百 MW 级的储能要求。我国在液流电池、锂离子电池、铅碳电池、钠硫电池等方面取得了长足进展，有望实现大规模应用。2020 年前后，推广铅碳电池，发展以锂离子电池和全钒液流电池为主的储能应用。

5. 我国能源需求、能源结构及能源行业发展现状，决定了在 2030 年前采用"稳油兴气"发展战略，面临着较多的勘探开发技术难题或关键技术需求

世界油气科技革命已经来临，新一代油气资源技术以智能化、一体化、信息化、微型化、实时动态、绿色环保为主要特征，最终以颠覆性创新实现大幅降本。

我国剩余石油资源具备"稳油"基础，但未来稳产难度增大；天然气资源十分丰富，但剩余资源主要集中"两深一非"领域，勘探开发难度快速增大；为了在 2030 年前实现"稳油兴气"战略，加快发展低成本智能化油气资源技术已迫在眉睫。

形成低成本智能化油气资源技术的关键是针对我国剩余油气资源分析特征，快速形成两大类核心技术能力（MEMS/NEMS 和超硬材料/智能材料），发展 8 项重大工程技术系列（基于 MEMS/NEMS 的新一代油气探测技术、精确导向智能钻完井技术、智能纳米采油技术、陆相非常规油藏原位改质增能技术、非常规天然气藏智能开采技术、滩浅海中小型油气藏群经济有效开采技术、深海油气勘探开发配套技术、石油工程智能化核心技术及重大装备研制）。

为了实现油气战略目标，需加快构建世界科技前沿动态监测与技术预测体系，加快油气科技创新体系的体制机制改革。

在科技创新体制机制调整及时和政策到位的条件下，2020 年前后能快速形成部分生产急需的、具有一定颠覆性特征的新一代技术，为使我国原油产量到 2030 年在 2 亿 t 左右基本稳产，天然气产量在 2030 年达到 3000 亿 $m^3$ 以上提供技术支撑；在 2030—2040 年将可望与西方前沿技术基本持平。

6. 煤炭长期作为最重要的基础能源，作为单个能源品种的占比最高，是能源稳定、安全的基本保障，过度去煤化并不利于能源安全；煤炭燃烧利用是煤炭利用的主要方式，煤炭清洁燃烧的技术创新始终是能源发展的重要任务

从清洁煤炭燃烧利用所涉及的超超临界技术、燃煤工业锅炉、民用散煤、煤电深度节水技术、CCS/CCUS 技术和煤电废物控制技术 6 类技术的发展现状和国内外对比看，我国在超超临界、煤电深度节水和废物控制、$CO_2$ 捕集的一些技术领域已处于世界先进甚至领先的水平。然而，即便在上述优势领域，也仍有部分技术和关键设备需要进一步研发或改进。与此同时，在燃煤工业锅炉、民用散煤和 $CO_2$ 的运输及利用技术等方面，亟待缩小与国外技术发展的差距。

7. 发展水能是决定我国未来能源实现绿色、低碳可持续发展的重要保障

水能是技术成熟、运行灵活的清洁低碳可再生能源，具有防洪、供水、航运和灌溉等综合利用功能，经济、社会、生态效益显著。水能对保障我国能源

安全、优化能源结构发挥重要作用。发展水能是决定我国未来能源实现绿色、低碳可持续发展的重要保障。截止到 2020 年年底，我国水电总装机容量约为 3.8 亿 kW，约占全国总发电量的 19.4%。按照装机容量计算，开发率为 53.2%（技术可开发），其中小水电（装机容量 ≤50 MW 的水电站）技术可开发量为 1.28 亿 kW，已经开发 7500 万 kW，开发率为 58.6%。已投产抽水蓄能电站装机容量约 2300 万 kW，装机比例仅占 1.70%，需要大幅提升抽水蓄能电站装机比例。预测 2050 年，我国常规水电装机容量将达 5.1 亿 kW，水电开发程度达 86%，抽水蓄能电站的装机容量达到 2.5 亿万 kW。

**8. 我国生物质能开发利用技术部分达到国际先进水平，但相对于欧美发达国家生物质能整体发展技术还有较大差距，需加强生物质能源技术研发和产业体系建设**

建立城乡生活垃圾综合利用系统，实现全覆盖式全链条产业化应用，城乡生活垃圾实现全量资源化利用，实现无废物排放。建立农林废弃物能源化工系统，制备高品位生物燃气、成型燃料、高位液体燃料及化学品。建立畜禽粪便能源化工系统，实现畜禽粪污的高值高效能源化工利用，构建"种-养-能"循环农业体系，综合治理畜禽养殖污染，基本实现规模化养殖场粪污零排放。建立多种城乡废物协同处置与多联产系统，实现各类农村废物全量协同资源化利用，实现区域内单一工程对各类乡村废物处置利用。建立能源植物选育种植与利用系统，完成能源植物选育与种植技术及培养体系，形成标准化生物质原料的可持续供应体系。建立生物质功能材料制备系统，实现规模化产业化应用，实现生物质多元化利用。

**9. 我国正积极推动智能电网与能源网融合，融合趋势将朝智能化、透明化、智慧化三个层次递进发展**

我国在特高压输电、柔性直流输电、大容量储能、大电网调度、主动配电网、微电网及能源转换设备等电网智能化技术方面处于国际领先水平。但当前电网与能源网长期保持着独立运行、条块分割的局面，跨系统间的行业壁垒严重，市场交易机制缺失，屏蔽了多样化能源的互补属性，极大地制约了不同种类能源间互联互通、相互转换、自主交易所带来的能效提升和优化运行的优点。

目前，我国电力与能源体制改革不断深入，有力地推动智能电网与能源网的融合进程，开展了一批能源互联网、多能互补和增量配电网示范项目的建设。随着我国一次能源占比要求的不断提高，以及智能材料与信息通信技术的发展，智能电网与能源网的融合将朝智能化、透明化、智慧化三个层次递进发展，智能电网与能源融合模式也将呈现出三种不同的形态：以智能电网广域互联为载体，实现可再生能源集中式消纳与跨区域能源资源配置；以区域与用户级综合能源系统为载体，实现可再生能源就地消纳与终端能效提升；以智能装备与泛在能源网络为载体，构建零边际成本能源网络，实现能源生产和消费的新业态、新模式。

**10. 在电力、交通、建筑以及工业等领域单个技术的效率迅速提高，但尚未形成系统性的节能技术体系**

经过多年的努力，我国的能源技术已经得到了大幅改善。某些行业的能源效率，如火电工业，已经达到国际先进水平。因此今后通过渐进性技术创新进一步提高能源效率节能的潜力相对有限。与此同时，系统性问题导致的能源浪费却日益突出。由于各部门各自盲目扩张，能源设施过度建设、重复建设等问题愈演愈烈，能源设施寿命和功用不足的问题日益严重；没有将信息技术与传统行业结合，导致节能技术只能在单一环节发挥，无法形成行业内部多环节和跨行业多领域间的节能凝聚效应，无法最大化地发挥技术效用。

## 13.2　我国能源技术发展的建议

**1. 制定阶段性能源技术发展路线**

我国需制定目标明晰、协同发展的能源技术阶段发展路线，集中力量突破重大关键技术瓶颈，推动能源技术革命，引领能源生产和消费方式的重大变革。

1）创新性技术，实现能源技术自主。近期（2020 年前后），在能源各领域推进创新性技术研发攻关和自主创新，强化原始创新、集成创新和引进消化吸收再创新。

2）部署前瞻性技术，赶超国际先进水平。中期（2030 年前后），在能源各领域加强未来潜在技术发展方向的布局，科学分析各技术的可行性及技术发展潜力，产学研用协同闭环，逐步缩小与国际先进水平的差距，甚至在某些能源技术方向取得突破，实现超越。

3）探索颠覆性技术，领跑世界能源科技。远期（2050 年前后），敏锐识别、捕获和培育那些对能源供应安全具有战略影响的颠覆性技术，科学地、系统地开展研究，抢占能源新科技变革的战略主动权，奠定我国在未来世界能源科技竞争格局中的优势地位。

**2. 尽快确定核电发展技术方向**

目前核电发展提出的堆型有十几种，各有优势，各有前景，但研究力量分散，方向不明，不利于核电未来发展。核能领域有几项前沿或者颠覆性的技术，可能对未来能源结构产生深远影响，比如海水提铀、快堆、钍铀循环、聚变能源、聚变-裂变混合能源。这几项技术理论上都可以解决全人类千年以上的能源供应问题。每一项技术又存在不同的技术路线，造成国内研究力量分散，各自为战。

针对上述问题，建议国家进一步加强顶层设计和统筹协调；系统布局，建立和完善核能科技创新体系；加强基础研究，特别是核电装备材料、耐辐照核燃料和结构材料等共性问题的研究；加强包括前端和后端的核电产业链的协调配套发展。建议依托我国现有的核相关领域有实力的科研机构和企业，整合国内资源，组建一个国家实验室，集中力量推进我国核能产业健康、快速发展，促进我国能源向绿色、低碳转型。

### 3. 设立我国风电开发的生态和气候环境效应重大基础科学研究计划

设立国家重大基础科学研究计划，组织空气动力学、生态学、气候学、环境保护和风力发电行业专家，开展风电开发对生态和气候环境影响的调查、外场观测和实验室研究；认识风电机组运行对动植物和大气环境的影响机理；建立参数化数值模式系统，预估不同风电发展情景下的气候变化影响，并提出适应和减缓措施。

### 4. 加强柔性薄膜太阳电池发展

加快我国柔性薄膜太阳电池发展，用于可穿戴领域，实现无毒可穿戴电池技术产业化。充分发挥薄膜太阳电池的原材料用量少、制备温度低、能量回收期短、技术含量更高、污染小等独特优势，可做成柔性、轻便和多结电池。加强硅基薄膜太阳电池产业化技术研发，特别是适用于柔性衬底的多结硅薄膜太阳电池组件规模化生产工艺技术，同时发展大面积柔性制备关键技术。

### 5. 加快我国油气资源勘、采、监技术攻关和升级

提高油气勘探科技水平，寻找更多油资源，研究深层勘探技术。设立基于MEMS/NEMS 的油气探测、超级石油钻头、智能连续管、钻机、钻井、完井采油、压裂技术、陆相致密油原位增能开采、油气水管式分离、单井全技术链信息化一体化技术体系等国家重大科技攻关项目群。

设立智能钻头、油藏纳米机器人、井间无线网络与多井通信、海底钻采系统、石油原位改质、石油量子通信与量子计算机、核能驱动钻采系统、防生钻采系统等国家重大前沿技术攻关项目。

加快构建世界科技前沿动态监测与技术预测体系：基于纵横向大幅跨界和扁平结构，发展基于全球大数据的超远期技术预测理论与方法，形成具有科学远见和洞察力的国家、行业、企业科技战略规划体系，指导油气行业快速跟进国际前沿，以颠覆性创新推动行业升级转型。

**6. 加快煤炭清洁燃烧新技术发展**

优先支持工业锅炉及民用散煤污染控制技术的开发应用；进一步提高煤电效率和促进煤电灵活调峰；进一步深化环保、节水和低碳的煤电技术发展；规划引领，切实提高煤炭用于集中发电和供热的比例；加快在中小型燃煤工业锅炉中应用新型低污染技术；加快在民用散烧领域推广一批优质型煤和专用炉具；加快推进一批面向未来绿色煤电技术的重点研发专项。

**7. 大力发展生态友好型中、小水电**

坚持"保护中开发，在开发中保护"的水电发展理念，大力发展生态友好型中、小水电。围绕低水头、大流量中小水电设备的制造、微小水电的稳定与长期运行技术以及机组自动控制技术、生态友好型小水电设计准则、鱼类友好型水轮机设计、"互联网+小水电/智能云电站"技术和生态友好的大坝建设的生态准则，开展前瞻性研究和关键科技问题集中攻关，进行新技术的推广应用及产业化，促进水能最终成为清洁可再生能源的一大支柱。

**8. 从技术和机制上全面推进我国生物质能利用技术发展**

我国生物质能资源很丰富，被动生物质资源达到 10 亿 t 标准煤。目前利用尚不充分，其中有技术问题也有机制问题。应优先发展被动型生物质能，通过物理转换（成型燃料）、化学转换（直接燃烧、汽化、液化）、生物转换（如发酵转换成甲烷）等技术将这些生物质转换为不同类型的燃料；同时还可通过高值化的技术开发利用，制成生物材料、生化产品及化工原料等。加强主动型生物质的选种、育种、种植等方面的基础研究，加大转换关键技术攻关，建立能源植物选育种植与利用系统。

**9. 建立清洁能源国家技术创新中心**

面向国家重大需求，凝练重大科学问题，强化多能源系统融合、多能源学科交叉、政产学研用结合、人财物资源整合以及体制机制创新，加强能源与材料、信息、化学、控制、机械等基础科学的协同创新，推动能源技术与大数据、云计算、物联网、人工智能等应用技术的集成创新，破解制约能源技术革命的重大科技和装备瓶颈。

**10. 建立国家能源大数据中心**

加强全国范围内多种能源数据、多维度的采集、传输、存储、分析和应用，从海量能源数据中快速提炼出深层知识并发挥其应用价值，全面掌握各地区、各行业的能源利用情况等重要数据，发挥国家大平台资源调配作用，为推动我国能源转型发展提供科学决策参考。通过统一能源信息采集、集成和存储标准，解决多源数据异构所带来的信息孤岛问题。

# 缩略词中英文对照

| | | |
|---|---|---|
| ADS | Accelerator Driven Sub-critical System | 加速器驱动次临界系统 |
| AEM | Alikaline Anion Exchange Membrane | 固体聚合物阴离子交换膜 |
| AFCI | Advanced Fuel Cycle Initiative | 先进燃料循环倡议 |
| AWE | Alkaline Water Electrolysis | 碱液水电解 |
| BJBC | Back-Junction Back-Contact | 背结和背接触 |
| CCS/CCUS | Carbon Capture、Storage and Utilization | 碳捕捉与封存、利用技术 |
| CdTe | Cadmium Telluride | 碲化镉 |
| CERTS | The Consortium for Electric Reliability Technology Solutions | 美国电力可靠性技术解决方案学会 |
| CFD | Computational Fluid Dynamics | 计算流体动力学 |
| CFETR | China Fusion Engineering Test Reactor | 中国聚变工程实验堆 |
| CHP | Combined Heat and Power | 热电联产 |
| CIGS | $CuIn_{1-x}Ga_xSe_2$ | 铜铟镓硒 |
| CMS | Condition Monitoring System | 状态监测系统 |
| CSP | Concentrating Solar Power | 聚光光热 |
| DSSC | Dye-Sensitized Solar Cell | 染料敏化太阳电池 |
| EWEA | The European Wind Energy Association | 欧洲风能协会 |
| FEWD | Formation Evaluation While Drilling | 随钻地层评价测量系统 |
| GNEP | Global Nuclear Energy Partnership | 全球核能伙伴关系计划 |
| HIT | Heterojunction with Intrinsic Thin Layer | 异质结电池 |
| IAEA | International Atomic Energy Agency | 国际原子能机构 |

| IBC | Interdigitated Back Contact | 交指式背接触 |
|---|---|---|
| IGCC | Integrated Gasification Combined Cycle | 整体煤气化联合循环系统 |
| ITER | International Thermonuclear Experimental Reactor | 国际热核聚变实验堆 |
| LC | Lead-Carbon Battery | 铅碳电池 |
| LWD | Logging While Drilling | 随钻测井 |
| MA | Minor Actinide | 次锕系元素 |
| MCF | Magnetic Confinement Fusion | 磁约束聚变 |
| MEMS | Micro-Electro-Mechanical System | 微电子机械系统 |
| MOX | Mixed Oxide Fuel | 钚铀氧化物混合燃料 |
| MWD | Measure While Drilling | 随钻测量 |
| NAS | Sodium Sulfur Battery | 钠硫电池 |
| NCAR | National Center for Atmospheric Research | 美国国家大气研究中心 |
| NEDO | New Energy and Industrial Technology Development Organization | 日本新能源产业的技术综合开发机构 |
| NEMS | Nano-Electromechanical System | 纳机电系统 |
| NREL | National Renewable Energy Laboratory | 美国国家可再生能源实验室 |
| OECD | Organization for Economic Co-operation and Development | 经济合作与发展组织 |
| PEM | Proton Exchange Membranes | 固体聚合物质子交换膜 |
| PERC | Passivated Emitter Rear Contact | 钝化发射极及背局域接触 |
| PERL | Passivated Emitter and Rear Locally-diffused | 钝化发射极和背部局域扩散 |
| BIPV | Building Integrated PV | 建筑光伏一体化 |
| R-SOFC | Reversible Solid Oxide Fuel Cell | 可逆固体氧化物燃料电池 |
| SCADA | Supervisory Control and Data Acquisition | 数据采集与监视控制 |

| SMR | Small Modular Reactor | 模块化小型堆 |
| --- | --- | --- |
| SOC | Solid Oxide Cells | 固体氧化物池 |
| SOE | Solid Oxide Water Electrolysis | 水电解以及固体氧化物 |
| SOEC | Solid Oxide Electrolyzer Cell | 固体氧化物电解电池 |
| SOFC | Solid Oxide Fuel Cell | 固体氧化物燃料电池 |
| WANO | World Association of Nuclear Operators | 世界核电运营者协会 |
| WRF | Weather Research and Forecasting Model | 天气预报模式 |
| Z-FFR | Z-pinch Driven Fusion-Fission Hybrid Power Reactor | Z 箍缩驱动聚变-裂变混合能源堆 |
| Z-pinch | Zeta Pinch | Z 箍缩 |

# 参 考 文 献

[1] 刘振亚. 促进中国能源可持续发展 [J]. 中国产业，2011 (10)：23.

[2] 中华人民共和国国务院新闻办公室. 中国的能源状况与政策 [R]. 北京：中华人民共和国国务院新闻办公室，2009.

[3] BP. 世界能源统计年鉴（2016）[R]. London：BP，2016.

[4] 国家统计局. 2016 年国民经济和社会发展统计公报 [R]. 北京：国家统计局，2017.

[5] 国家统计局. 2016 年能源生产情况 [R]. 北京：国家统计局，2017.

[6] 国家能源局. 2016 年风电并网运行情况 [R]. 北京：国家能源局，2017.

[7] 中国核能行业协会. 2016 年核电运行情况报告 [R]. 北京：中国核能行业协会，2017.

[8] 中国电力企业联合会. 2016 年全国电力工业统计快报 [R]. 北京：中国电力企业联合会，2017.

[9] 中国电力企业联合会. 2016—2017 年度全国电力供需形势分析预测报告 [R]. 北京：中国电力企业联合会，2016.

[10] 中华人民共和国国务院办公厅. 能源发展战略行动计划（2014—2020 年）[R]. 北京：中华人民共和国国务院办公厅，2014.

[11] 中华人民共和国，美利坚合众国. 中美气候变化联合声明 [R/OL]. http://www.gov.cn/jrzg/2013-04/13/content_2377183.htm，2013-4-13.

[12] 中国石油经济技术研究院. 2050 年世界与中国能源展望 [R]. 北京：中国石油经济技术研究院，2016.

[13] 中国能源研究会. 中国能源展望 2030 [R]. 珠海：中国能源研究会，2016.

[14] 中国社会科学院. 世界能源中国展望（2014—2015）[R]. 北京：中国社会科学院，2015.

[15] 中华人民共和国国家发展和改革委员会. 中华人民共和国国民经济和社会发展第十三个五年规划纲要 [R]. 北京：中华人民共和国国家发展和改革委员会，2016.

[16] 中华人民共和国国家发展和改革委员会，国家能源局. 能源发展“十三五”规划 [R]. 北京：中华人民共和国国家发展和改革委员会，国家能源局，2017.

[17] 中华人民共和国国家发展和改革委员会，国家能源局. 电力发展“十三五”规划 [R]. 北京：中华人民共和国国家发展和改革委员会，国家能源局，2017.

[18] 中华人民共和国国家发展和改革委员会，国家能源局. 煤炭工业发展“十三五”规划 [R]. 北京：中华人民共和国国家发展和改革委员会，国家能源局，2017.

[19] 中华人民共和国国家发展和改革委员会，国家能源局. 石油发展“十三五”规划 [R]. 北京：中华人民共和国国家发展和改革委员会，国家能源局，2017.

[20] 中华人民共和国国家发展和改革委员会，国家能源局. 天然气发展“十三五”规划. 北

京：中华人民共和国国家发展和改革委员会，国家能源局，2017.

[21] 中华人民共和国国家发展和改革委员会，国家能源局. 可再生能源"十三五"规划 [R]. 北京：中华人民共和国国家发展和改革委员会，国家能源局，2017.

[22] 中华人民共和国国家发展和改革委员会，国家能源局. 风能发展"十三五"规划 [R]. 北京：中华人民共和国国家发展和改革委员会，国家能源局，2017.

[23] 中华人民共和国国家发展和改革委员会，国家能源局. 太阳能发展"十三五"规划 [R]. 北京：中华人民共和国国家发展和改革委员会，国家能源局，2017.

[24] 中华人民共和国国家发展和改革委员会，国家能源局. 生物质能发展"十三五"规划 [R]. 北京：中华人民共和国国家发展和改革委员会，国家能源局，2017.

[25] 国家能源局. 能源技术创新"十三五"规划 [R]. 北京：国家能源局，2017.

[26] 中华人民共和国国家发展和改革委员会，国家能源局. 能源技术革命创新行动计划 (2016—2030 年) [R]. 北京：中华人民共和国国家发展和改革委员会，国家能源局，2017.

[27] 中华人民共和国国家发展和改革委员会，国家能源局. 能源技术革命重点创新行动路线图 [R]. 北京：中华人民共和国国家发展和改革委员会，国家能源局，2017.

[28] 中华人民共和国国家发展和改革委员会，国家能源局. 能源生产和消费革命战略 (2016—2030) [R]. 北京：中华人民共和国国家发展和改革委员会，国家能源局，2017.

[29] 国家国防科技工业局. "十三五"核工业发展规划 [R]. 北京：国家国防科技工业局，2017.

[30] 中华人民共和国国家发展和改革委员会. "十三五"全民节能行动计划 [R]. 北京：中华人民共和国国家发展和改革委员会，2017.

[31] 中华人民共和国国家发展和改革委员会. "十三五"节能减排综合工作方案 [R]. 北京：中华人民共和国国家发展和改革委员会，2017.

[32] 中国工程院. 中国能源中长期 (2030、2050) 发展战略研究：综合卷 [M]. 北京：科学出版社. 2011.

[33] 中国工程院. 中国能源中长期 (2030、2050) 发展战略研究：节能·煤炭环境卷 [M]. 北京：科学出版社，2011.

[34] 中国工程院. 中国能源中长期 (2030、2050) 发展战略研究：电力·油气·核能·环境卷 [M]. 北京：科学出版社，2011.

[35] 中国工程院. 中国能源中长期 (2030、2050) 发展战略研究：可再生能源卷 [M]. 北京：科学出版社，2011.

[36] 中国科学院. 中国至2050年能源科技发展路线图 [R]. 北京：中国科学院，2017.

[37] 中华人民共和国国家发展和改革委员会. 核电中长期发展规划 (2011—2020 年) [R]. 北京：中华人民共和国国家发展和改革委员会，2012.

[38] 中华人民共和国国家发展和改革委员会能源研究所. 中国2050高比例可再生能源发展情景暨途径研究 [R]. 北京：中华人民共和国国家发展和改革委员会能源研究

所, 2015.

[39] 国家可再生能源中心. 中国新能源展望 2016 [R]. 北京：国家可再生能源中心, 2016.

[40] 国家可再生能源中心. 中国风电发展路线图 [R]. 北京：国家可再生能源中心, 2014.

[41] 国家可再生能源中心. 中国可再生能源发展路线 2050 [R]. 北京：国家可再生能源中心, 2015.

[42] 中华人民共和国国家发展和改革委员会能源研究所. 重塑能源：面向 2050 年能源生产和消费革命路线图研究 [R]. 北京：中华人民共和国国家发展和改革委员会能源研究所, 2016.

[43] 2050 中国能源和碳排放研究课题组. 2050 中国能源和碳排放报告 [M]. 北京：科学出版社, 2010.

[44] 中国社会科学院. 中国能源展望 (2015—2016) [R]. 北京：中国社会科学院, 2014.

[45] 中华人民共和国国家发展和改革委员会能源研究所. 中国 2050 年低碳发展之路：能源需求暨碳排放情景分析 [R]. 北京：中华人民共和国国家发展和改革委员会能源研究所, 2010.

[46] BP. 2030 世界能源展望 [R]. London：BP, 2016.

[47] 中国社会科学院能源与环境政策研究中心. 中国能源需求与供应 [R]. 北京：中国社会科学院能源与环境政策研究中心, 2014.

[48] 清华大学能源环境经济研究所. 中国未来能源需求的推动力 [R]. 北京：清华大学能源环境经济研究所, 2014.

[49] Energy Information Agency (EIA). International energy outlook 2016 [R]. Washington, DC：EIA, 2016.

[50] International Energy Agency (IEA). World energy outlook 2016 [R]. Paris：IEA, 2016.

[51] International Energy Agency (IEA). World renewable energy outlook 2030—2050 [R]. Paris：IEA, 2016.

[52] International Energy Forum (IEF). Global energy outlook 2015 [R]. Riyadh：IEF, 2016.

[53] Lawrence Berkeley National Laboratory (LBNL). China energy and emissions paths to 2030 [R]. Berkeley：LBNL, 2012.

[54] Lawrence Berkeley National Laboratory (LBNL). China energy and carbon emissions outlook to 2050 [R]. Berkeley：LBNL, 2012.

[55] National Development and Reform Commission (NDRC). The energy state of the nation (ES-ON) 2015 [R]. Beijing：NDRC, 2015.

[56] Duke University. China's energy future [R]. Durham：Duke University, 2015.

[57] Simmons Company International. China's insatiable energy needs [R]. Houston：Simmons Company International, 2014.

[58] Asian Development Bank. Energy outlook for Asia and the Pacific (2013) [R]. Mandaluyong：Asian Development Bank, 2013.

[59] NDP Consulting Group. China's quest for energy [R]. Washington, DC：NDP Consulting

Group, 2011.

[60] Royal Dutch Shell. Shell energy scenarios to 2050 [R]. The Hague: Royal Dutch Shell, 2014.

[61] Japan Institute of Energy Economics (IEEJ). Asia/world energy outlook [R]. Tokyo: IEEJ, 2015.

[62] ExxonMobil. The outlook for energy: A view to 2040 [R]. Irving: ExxonMobil, 2013.

[63] US Department of Energy. What is the smart grid [R]. Washington, DC: US Department of Energy, 2008.

[64] BAKKEN D, BOSE A, CHANDY K M, et al. Grids with intelligent periphery: Control architectures for Grid 2050 [JC]. IEEE International Conference on Smart Grid Communications, Brussels, 2011.

[65] Australian Government. Smart grid smart city [R]. Canberra: Australian Government, 2010.

[66] European Commission. Technology platform smartGrids. smartGrids SRA 2030 [R]. London: European Commission, 2012.

[67] SMR Nuclear Technology Pty Ltd. Compensating for renewables: SMR capability for load following [R]. Adelaide: SMR Nuclear Technology Pty Ltd, 2016.

[68] OECD-NEA. Technical and economic aspects of load following with nuclear power plants [R]. Paris: OECD-NEA, 2011.

[69] Nuclear Fuel Cycle Royal Commission. Nuclear fuel cycle royal commission: Tentative findings [R]. Adelaide: Nuclear Fuel Cycle Royal Commission, 2016.

[70] BULLOUGH C, GATZEN C, JAKIEL C. Advanced adiabatic compressed air energy storage for the integration of wind energy [C]. Proceedings of the European Wind Energy Conference, London, 2004.

[71] Gas Infrastructure Europe (GIE). EU storage data [R]. Brussels: GIE, 2014.

[72] DICKINSON R R, BATTYE D L, LINTON V M, et al. Alternative carriers for remote renewable energy sources using existing CNG infrastructure [J]. Int. J. Hydrogen Energy, 2010, 35 (3): 1321-1329.

[73] FUCHS G, LUNZ B, LEUTHOLD M, et al. Technology overview on electricity storage [C]. International Symposium on Power Electron. Elect. Drives, Sorrento, 2012.

[74] IHS Energy. Rivalry: the IHS planning scenario [R]. Englewood: IHS Energy, 2016.

[75] PIRA Energy Group. Scenario planning guidebook [R]. New York: PIRA Energy Group, 2016.

[76] ExxonMobil. 2017 outlook for energy: A view to 2040 [R]. Irving: ExxonMobil, 2016.

[77] CNPC Economics & Technology Research Institute. Energy outlook 2050 [R]. Beijing: CNPC Economics & Technology Research Institute, 2016.

[78] Greenpeace. Energy revolution [R]. Amsterdam: Greenpeace, 2015.

[79] International Energy Agency (IEA). World energy outlook 2009 [M]. Paris: OECD Publish-

ing, 2009.

[80] Japan Petroleum Energy Center. Our background and objectives: Focus on climate change policy in Japan and petroleum industry [R]. Tokyo: Japan Petroleum Energy Center, 2008.

[81] LI J F, GAO H, SHI P F, et al. Wind power report [M]. Beijing: China Environmental Science Press, 2007.

[82] CAPUANO L. International energy outlook 2018 (IEO2018) [J]. US Energy Information Administration (EIA), 2018: 21.

[83] OECD/IEA. Energy balances of OECD countries (2015 edition) [M]. Paris: OECD Publishing, 2016.

[84] OECD/IEA. Energy balances of Non-OECD countries (2015 edition) [M]. Paris: OECD Publishing, 2016.

[85] World Bank. The world bank development indicators [R]. Washington, DC: World Bank, 2016.

[86] China Energy Research Institute (ERI). 2050 China energy and $CO_2$ emissions report [M]. Beijing: Science Press, 2009.

[87] National Development and Reform Commission (NDRC). China's policies and actions on climate change (2014) [M]. Beijing: NDRC, 2014.

[88] 中华人民共和国国家发展和改革委员会. 国家应对气候变化规划 (2014—2020)[R]. 北京: 中华人民共和国国家发展和改革委员会, 2014.

[89] Reuters. China $CO_2$ emissions to rise by one third before 2030 peak: study [R]. London: Reuters, 2014.

[90] LIU Q, LEI Q, XU H, et al. China's energy revolution strategy into 2030 [J]. Resources, Conservation and Recycling, 2018, 128: 78-89.

[91] FGE. China oil & gas monthly: Data tables [R]. London: FGE, 2015.

[92] Energy Information Agency (EIA). China oil and gas monthly data tables [R]. Washington, DC: EIA, 2015.

[93] CNPC. Oil and gas provinces [R]. Beijing: CNPC, 2015.

[94] FGE. China's overseas oil and gas investments: An update [R]. London: FGE, 2014.

[95] FGE. China's LNG regasification terminals: An update [R]. London: FGE, 2014.

[96] IHS Energy. Coal rush: The future of China's coal market [R]. Englewood: IHS Energy, 2013.

[97] China Energy Research Institute (ERI). 2050 China energy and $CO_2$ emissions report [M]. Beijing: Science Press, 2009.

[98] HASANBEIGI A. Analysis of energy-efficiency opportunities for the cement industry in Shandong province, China [J]. International Journal of Energy, 2010, 35: 3461-3473.

[99] Japan Institute of Energy Economics (IEEJ). Energy Data and Modeling Center (EDMC) handbook of energy and economic statistics in Japan [R]. Tokyo: IEEJ, 2010.

[100] Lawrence Berkeley National Laboratory (LBNL), Energy Research Institute (ERI). Guidebook for using the tool BEST cement: Benchmarking and energy savings tool for the cement industry [R]. Berkeley: LBNL, 2008.

[101] National Development and Reform Commission (NDRC). National key energy conservation technologies promotion catalogue [R]. Beijing: NDRC, 2013.

[102] National Development and Reform Commission (NDRC). National key energy conservation technologies promotion catalogue [R]. Beijing: NDRC, 2014.

[103] National Development and Reform Commission (NDRC). National key energy conservation technologies promotion catalogue [R]. Beijing: NDRC, 2015.

[104] European Renewable Energy Council. Renewable energy technology roadmap to 2020 [R]. Brussels: European Renewable Energy Council, 2007.

[105] United States Department of Energy. National hydrogen energy roadmap [R]. Washington, DC: United States Department Of Energy, 2002.

[106] International Energy Agency (IEA). Energy technology perspectives: Scenarios and strategies to 2050 [R]. Paris: IEA, 2012.